园艺园林专业系列教材

园艺植物病虫害防治技术
（第二版）

吴雪芬　主　编

苏州大学出版社

图书在版编目(CIP)数据

园艺植物病虫害防治技术/吴雪芬主编. —2版
. —苏州：苏州大学出版社,2015.11(2023.12重印)
园艺园林专业系列教材
ISBN 978-7-5672-1506-1

Ⅰ.①园… Ⅱ.①吴… Ⅲ.①园林植物—病虫害防治
—高等职业教育—教材 Ⅳ.①S436.8

中国版本图书馆CIP数据核字(2015)第217512号

园艺植物病虫害防治技术
（第二版）

吴雪芬 主编

责任编辑 陈孝康

苏州大学出版社出版发行
（地址：苏州市十梓街1号 邮编：215006）
广东虎彩云印刷有限公司印装
（地址：东莞市虎门镇黄村社区厚虎路20号C幢一楼 邮编：523898）

开本 787mm×1 092mm 1/16 印张 23 字数 559千
2015年11月第2版 2023年12月第2次印刷
ISBN 978-7-5672-1506-1 定价：48.00元

苏州大学版图书若有印装错误，本社负责调换
苏州大学出版社营销部 电话：0512-67481020
苏州大学出版社网址 http://www.sudapress.com

园艺园林专业系列教材(第二版)
编委会

顾　问：成海钟

主　任：李振陆

副主任：钱剑林　夏　红

委　员（按姓氏笔画为序）：

　　　尤伟忠　束剑华　周　军　韩　鹰

本书编写人员

主　编　吴雪芬（苏州农业职业技术学院）
副主编　钱兰华（苏州农业职业技术学院）
参　编　孙振军（苏州市农业局植保植检站）
　　　　查国贤（苏州市农业局植保植检站）
　　　　陈绍彬（苏州市东山果树研究所）
主　审　许志刚（南京农业大学）

再版前言

"十二五"期间,我国经济社会发展迅猛,人民生活水平显著提高,农业现代化速度显著加快,园艺园林产业发展水平不断提升,专业教育、教学改革逐步深入。因此,在2009年编写出版的园艺园林专业系列教材的基础上,结合当前产业发展的实际和教学工作的需要,再次全面修订出版园艺园林专业系列教材十分必要。

苏州农业职业技术学院是我国近现代园艺园林职业教育的发祥地。2015年,江苏省政府启动新一轮高校品牌专业建设工程,该院园艺技术、园林技术专业均入选,这既是对该院专业内涵建设、品牌特色的肯定,也是为专业建设与发展注入新的动力与活力。苏州农业职业技术学院以此为契机,精心打造"园艺职业教育的开拓者"、"苏派园林艺术的弘扬者"这两张名片。

再次出版的《观赏植物生产技术》《果树生产技术》《园林植物保护技术》《园艺植物种子生产与管理》四部教材已入选"十二五"职业教育国家规划教材,《园林苗木生产技术》已入选"十二五"江苏省高等学校重点教材。当前苏州农业职业技术学院正在推进整体教学改革,实施以能力为本位和基于工作过程的项目化教学改革,再版的教材必然以教学改革的基本理念与思路为指导。系列教材的主编和副主编均为苏州农业职业技术学院具有多年教学和实践经验的高级职称教师,聘请的企业专家也都具有丰富的生产、经营管理经验。教材力求及时反映当前科技和生产发展的实际,体现专业特色和高职教育的特点是此次再版的宗旨。

园艺园林专业系列教材编写委员会
2015年7月

再版说明

"园艺植物病虫害防治技术"是高等农业职业院校三年制园艺技术等专业（包括果树、蔬菜、观赏植物等）的一门主要专业核心课程，是一门研究相关植物病、虫、草、鼠等有害生物的发生、发展规律及综合治理的科学，是保护园艺植物正常生长发育的科学，也是一门直接服务于园艺生产及养护的应用性科学，对提升农业职业院校学生的综合素质具有重要作用。

为贯彻国家高职高专培养目标及21世纪对素质教育的要求，贯彻落实《教育部关于全面提高高等职业教育教学质量的若干意见》（教高〔2006〕16号）文件精神，我们以全面提高教学质量为目标，以创新课程教学体系和改革教学内容为重点，依据国家高等职业教育的特点和专业人才培养目标，适应新情况，对应高职学生毕业后从事的岗位群必需的专业知识与专业技能，力争使理论知识与实训项目相辅相成为一体，以培养能直接从事园艺植物病虫害防治的高级应用性技术人才为目标，本着统一性和针对性的原则，精选教材内容而编写了《园艺植物病虫害防治技术》（第二版）。

本书为了突出与生产紧密结合的特点，注重应用性，特聘请了生产、科研、管理部门的专家参与编写。在内容选取上，将目前生产上经常发生的园艺植物病虫害内容尽量编入其中，在园艺植物病虫害种类相关内容安排上，以园艺植物常见病虫害相关内容为主。在结构上，打破传统的以学科为中心的教材体系，力争内容编排贴近园艺生产需求，遵循学生能力培养规律，并结合课程实际，设计了与课程能力目标相符的实施任务，以实现理论教学与实践教学相结合，"教、学、做、训"一体化，以及教学过程的实践性、开放性和职业性。

本教材由于编写时间仓促及作者水平有限、经验不足，难免有不妥之处恳请读者提出宝贵意见，以便再版时修改。

编　者
2015年7月

目录 Contents

走进园艺植物病虫害防治技术 …………………………………………………… 001

项目一　园艺植物主要病虫害类群识别 …………………………………… 006
　　任务一　园艺植物主要昆虫和螨类识别 ………………………………… 006
　　任务二　园艺植物病原真菌类群识别 …………………………………… 066
　　任务三　园艺植物病害识别诊断 ………………………………………… 087

项目二　园艺植物病虫害防治原理与措施 ………………………………… 121
　　任务一　园艺植物病虫害防治原理 ……………………………………… 121
　　任务二　植物检疫 ………………………………………………………… 123
　　任务三　园艺技术防治措施 ……………………………………………… 125
　　任务四　生物防治技术 …………………………………………………… 128
　　任务五　物理机械防治技术 ……………………………………………… 131
　　任务六　化学防治技术 …………………………………………………… 132

项目三　园艺植物害虫和螨类防治技术 …………………………………… 145
　　任务一　园艺植物地下害虫防治技术 …………………………………… 145
　　任务二　园艺植物食叶性害虫防治技术 ………………………………… 154
　　任务三　园艺植物吸汁类害虫防治技术 ………………………………… 188
　　任务四　园艺植物钻蛀性害虫防治技术 ………………………………… 214
　　任务五　园艺植物其他害虫防治技术 …………………………………… 230

项目四　园艺植物真菌病害防治技术 ……………………………………… 242
　　任务一　园艺植物苗期及根部真菌性病害防治技术 …………………… 242
　　任务二　园艺植物叶、花、果真菌性病害防治技术 …………………… 247
　　任务三　园艺植物茎干真菌性病害防治技术 …………………………… 301
　　任务四　园艺植物其他真菌性病害防治技术 …………………………… 313

项目五　园艺植物其他病害防治技术 ……………………………………………… 326

　　任务一　园艺植物细菌性病害和植原体病害防治技术 …………………………… 326

　　任务二　园艺植物病毒病害防治技术 ……………………………………………… 337

　　任务三　园艺植物线虫病害和藻斑病等防治技术 ………………………………… 345

　　任务四　园艺植物寄生性种子植物防治技术 ……………………………………… 352

主要参考文献 ………………………………………………………………………… 360

走进园艺植物病虫害防治技术

知识目标

1. 掌握园艺植物病虫害防治的概念、性质、研究内容和任务。
2. 了解园艺植物病虫害防治在园艺生产上的作用和重要地位。
3. 了解我国园艺植物病虫害防治的现状、发展趋势和本学科的进展。

能力目标

1. 明确我国植物保护工作的方针。
2. 明确学习本课程的目的、要求和学习方法。

知识平台

✳ 知识点1 园艺植物病虫害防治的重要性 ✳

园艺植物又称作园艺作物,是指在露地或保护地中人工栽培的蔬菜、果树、花卉、草坪、观赏树木、香料及部分特用经济作物等。

园艺植物在生长发育及其贮运过程中,不可避免地会遭受多种病、虫、草、鼠的为害,使产量降低,品质变劣,给国民经济、人民生活带来严重的影响,甚至灾难性的后果。据统计,全世界因病虫草害造成的损失,在蔬菜中占27.6%,其中病害为10.1%、虫害为8.6%、草害为8.9%;在果树中占28.0%,其中病害为16.4%、虫害为5.8%、草害为5.8%。

我国历史上就有蝗灾肆虐上千年而得不到有效治理,致使人们流离失所、哀鸿遍野的例子。新中国成立前夕,我国东北地区由于苹果树腐烂病发生严重,苹果树病死达140多万株,减产25万吨。自20世纪80年代以后,梨树由于黑星病的危害,病果达30%~60%,严重的减产30%~50%。葡萄黑痘病在流行年份,致使我国长江流域及沿海地区葡萄减产50%以上。蔬菜病害中,茄科、瓜类病毒病、枯萎病等都是生产上突出的病害。迄今为止,全国各地普遍发生的大白菜病毒病、霜霉病、软腐病和茄黄萎病等,仍是生产上重要的问题。观赏植物方面,1995年以来,昆明地区铁线莲枯萎病、白粉病的蔓延,唐菖蒲病毒病在云南的流行,1999年世博会期间鸡冠花褐斑病在昆明世博园荷兰园的发生,都给花卉生产在数量、品质上的提高带来重大影响;漳州、崇明水仙都是闻名世界的传统球根花卉,却由于病毒病而影响出口。林木方面,松材萎蔫线虫病自1982年在我国南京市中山陵首次发现后,在短短的十几年内,又相继在安徽、广东、浙江等省局部地区发现并流行成灾,导致大量松树枯死,对我国的松林资源、自然景观和生态环境造成了严重破坏,且有继续扩展蔓延之势。

随着我国改革开放和人民生活水平的提高,蔬菜、水果和花卉等的生产受到各级政府部门、生产者和广大消费者的高度重视,特别是近年来随着我国农业种植结构的调整,园艺植物品种增加、数量翻番,为某些病虫提供了丰富的营养物质,并为其创造了适于生活的环境条件;同时,削弱了非园艺植物和以园艺植物为营养物质和生活环境的其他生物和天敌的生活条件,减少了园艺生物群落中的物种组分和种群之间的竞争,致使有害生物的种群数量急剧上升,给园艺生产带来不同程度的经济损失。在正常防治的情况下,每年病虫害仍造成较大的经济损失,蔬菜为15%～25%,果品为20%～30%;如果防治失利,损失可能达到50%。

因此,病、虫等危害是园艺植物丰产增收的一大障碍,没有园艺植物病虫害防治,园艺植物丰产就没有保证。人们为了保护园艺植物,避免或减少病虫为害损失,不断开展病虫害防治工作。园艺植物病虫害防治就是人类在长期与病虫害的斗争中逐渐形成和发展起来的。

✽ 知识点2　园艺植物病虫害防治的含义、任务及发展趋势 ✽

园艺植物病虫害防治是研究园艺植物(果树、蔬菜、花卉等)病害的症状识别、发病规律以及害虫的形态特征、生活习性、预测预报和防治方法的一门科学,是直接为园艺植物生产服务的一门应用科学。因为病虫生活是由环境、寄主植物、天敌等因子组成的复杂生态系统,所以园艺植物病虫害防治这门课是以植物及植物生理学、园艺植物栽培学、生态学、统计学等有关学科为基础,研究园艺植物病害、虫害等的发生和为害规律,并采用积极有效措施进行预防和治理的课程,是种植类专业的必修课。

随着病虫害综合治理理论和技术向高、深层次发展及系统工程原理和方法在有害生物治理技术中的应用,病虫害的计算机优化管理水平也将逐步提高,这使园艺植物病虫害防治与信息学、环境学、社会学、经济学、决策学、计算机与信息科学等也发生越来越密切的联系。

学习园艺植物病虫害防治的主要任务是在认识园艺植物病虫害防治重要性的基础上,掌握主要园艺植物重要病虫害的发生、发展规律,吸取前人研究成果和国内外最新研究成果,结合生产实际,积极推广行之有效的综合防治措施,进一步提高和创新防治水平。同时,对目前尚未搞清楚发生规律的病虫,要加强科学研究,不断提高理论水平,及时解决生产实践中的实际问题,确保园艺植物生长健壮、优质、高产。

我国园艺植物病虫害防治研究与实践的历史悠久,2600年前就有治蝗、防螟的科学记载,2200年前已开始应用砷、汞制剂和藜芦杀虫。公元前1世纪的《氾胜之书·种禾》中关于谷种的处理,是世界上最早记载的药剂浸种。公元304年,在广东就有关于黄猄蚁防治柑橘害虫的记载。公元528—549年,开始运用调节播种期、收获期、选用抗虫品种防治害虫。公元12世纪宋朝韩彦直的《橘录》中也记载了多种病害的防治方法。

近代园艺植物病虫害防治的发展甚为迅速。新中国成立后,国家对病虫防治工作极为重视,通过广大植保工作者的共同努力和实践,取得了举世瞩目的成就。特别是20世纪60年代以来,由于遗传学、微生物学、分子生物学、电子显微技术、电子计算机等学科的发展和应用,植物病虫害防治的研究已经由宏观、微观向超微观发展,从一般形态观察进入分子生物学研究阶段。各种高新技术在园艺植物病虫害防治的研究和实践中日益普及,遥感、遥控技术已用于害虫的分布情况和为害程度的遥测侦察,为预测预报工作提供了可靠的依据;原子能、激光、超声波、激素、遗传工程等技术已在病虫害的管理和防治上显示出愈来愈重要的作用。

纵观20世纪的植物保护学科,园艺植物病虫害防治技术随着其他科学技术的突飞猛进也得到了迅速发展。进入21世纪,由于世界经济全球化趋势增强,科技革命迅猛发展,人民生活水平不断提高,这对园艺植物生产和植保工作提出了新的要求。我国植保工作要适应21世纪新形势的要求,实现新的发展目标,必须树立"以人为本"和科学发展观的思想,重视资源和生态环境保护。由于我国是一个发展中国家,经济和社会因素与发达国家相比还有很大差距,化学农药品种结构不合理,其中高毒、高残留的农药所占的比例较高,杀虫剂占农药总量的60%,有机磷农药占杀虫剂的60%,高毒品种又占有机磷农药的60%的状况还十分突出。因而,努力改进农药品种和减少化学农药用量,发挥生物防治和农业防治等其他防治措施的作用,达到既有效防治有害生物,又不破坏生态环境,将有害生物控制在经济损失允许水平以下的范围内,从而达到园艺植物的可持续生产,是植保工作者追求的一个重要目标。

当前,我国园艺植物病虫草害防治的研究正在向着可持续发展的方向迈进,如在防治策略上,由追求短期行为开始向以生态学为基础的方向发展。过去那种"头痛医头,脚痛医脚"的粗放管理、短期行为产生的严重不良后果,让人们认识到园艺植物病虫害防治必须从生态学的观点出发,坚持可持续发展,把病虫草害防治纳入园艺植物生产或园艺建设的总体规划中去。例如,在农药选择上,积极选用生物源农药和与环境相容的高效、低毒、低残留的绿色环保型化学农药;在施药技术上,推广点片施药、局部施药、轮换施药;在防治手段上,由单一化学防治向综合治理方向发展;在效果评价上,由单项指标评价向多指标综合评价方向发展。不再追求所谓100%的理想防效,而是严格按照防治指标用药,将病虫草害控制在经济损失允许水平以下。

随着我国经济的发展和社会整体福利水平的提高,人们对食品品质、生存环境的要求越来越高,消费选择也从数量型向质量型转变。特别是绿色食品和有机食品的兴起,加速了这一转变进程,引起食品消费进入一个新的发展阶段,从而使人们对园艺植物病虫草害防治水平的要求越来越高。

❋ 知识点3　我国的植保工作方针 ❋

1950年我国就提出了"防重于治"的植保工作方针,提倡有准备、有计划地防治农作物病虫害。随着农业、工业生产的迅速发展和植保工作经验的不断积累,针对不同时期的具体情况,我国曾对植保方针进行了几次修改、补充,但是"预防为主"一直是植保工作的指导思想。

20世纪60年代,由于连年大面积使用化学农药,忽视了化学农药的负面效应,结果引起了污染环境、天敌等有益生物急剧减少、有害生物产生抗药性和再猖獗等严重问题。自此人们对病虫害防治的认识进一步深化，加之世界范围内保护环境、保护生态平衡的呼声日益高涨，以农业防治为基础、多种措施协调配合的综合防治策略便应运而生。1964 年的全国农作物主要病虫害综合防治讨论会认真总结了病虫害治理的经验和教训，一致认为"农作物病虫害的防治，要考虑经济、安全、有效。防治病虫害的目的是农业生产的高产、稳产、增收，同时也要注意保证人、畜安全，避免或减少环境污染和其他有害副作用"，这表明了综合治理的必要性和迫切性。1965 年，在全国植保工作会议上进一步研究确定了"预防为主、综合防治"为我国植保工作的总方针，使我国的农作物病虫害防治进入了一个新阶段。1980 年全国植保工作会议上提出"因地、因时、因病虫制宜地协调运用农业的、化学的、生物的和物理的各种手段，经济有效地将病虫草害控制在经济损害允许水平之下"。20 世纪 80 年代以来，农业生态系统工程原理、有害生物生态调控策略和可持续发展理论应用到病虫害综合防治中，为"预防为主、综合防治"的植保工作方针又赋予了新的内容。以生态学为基础，实施可持续的病虫害控制策略已成为"病虫害综合治理"战略的核心。

"预防"是贯彻植保工作方针的基础，"综合防治"不应被看成仅仅是防治手段的多样化，更重要的是以生态学为基础，协调应用各种必要的手段，经济、简易、安全、有效地持续控制病虫为害。任何防治有害生物的设计，如果脱离了这一指导思想，采用的措施再多，也不是好的综合防治。

园艺植物保护是一门既有理论性又有极强实践性的课程。学习上应注意掌握基本概念、基本理论和基本方法；注意基础知识和应用之间的关系，如掌握昆虫口器的类型与运用杀虫剂和生物农药的关系等。要善于运用比较分析的方法掌握学习的内容，本课程中涉及病、虫种类达数百余种，学习时一一记住是不可能的，也无必要，重要的是能否举一反三，灵活运用，提高分析问题和解决问题的能力。例如，各类植物上的害虫，在生物学特性上有其共性，也有其个性，害虫防治措施常是以害虫生物学特性作为依据的，因此可以通过对代表性害虫的比较分析，从其发生和为害规律中找出薄弱环节，作为制定防治措施的依据。园艺植物病虫害防治具有较强的实践性和应用性，包括病虫害发生和为害规律及采取的防治措施；又有地域性和季节性的特点，必须因地、因时制宜。因此，不仅要学好本书的内容，还必须通过实验、实训项目的开展，教学实习、顶岗实习和生产实习等实践性教学环节的实施，才能巩固和加深理解课程的基本内容。

知识应用

我国劳动人民对植物病虫害防治积累了丰富的经验，并有很多创造发明。我国劳动者早在 3000 年前就已经与蝗虫、螟虫开展了斗争，纪元前 300 年左右开始应用农业技术和矿物药剂防治虫害，1600 多年前就开始以虫治虫，6 世纪时对注意选择抗害品种、轮作和种子处理方法就已有比较详细的记载。对有些病虫害我国劳动者已基本上能够控制，如飞蝗、麦类黑穗病、麦类锈病、小麦线虫病及甘薯黑斑病等。

案例分析

园艺植物由于发生病虫害，给国民经济、人民生活带来严重的影响，甚至灾难性的后果。松材萎蔫线虫病自1982年我国在南京市中山陵首次发现以来,在短短的十几年内,又相继在安徽、广东、浙江等省局部地区发现并流行成灾,导致大量松树枯死,对我国的松林资源、自然景观和生态环境造成严重破坏,而且有继续扩展蔓延之势。马尾松毛虫20世纪70~80年代曾在苏州市吴中区部分林地爆发成灾,2001—2003年在常熟虞山大发生。

1845—1846年的爱尔兰饥馑(Irish famine),指的是爱尔兰由于发生严重的马铃薯晚疫病,饿死几十万人,并迫使150万人逃荒移居美洲;1942—1943年印度的孟加拉饥荒(Bengal famine),指的是孟加拉由于水稻胡麻斑病大流行,饿死200多万人;1880年法国波尔多地区葡萄种植业因遭受霜霉病的为害,而使酿酒业濒临破产停业;1910年美国南部佛罗里达州的柑橘园因溃疡病的流行而被迫大面积销毁病树,烧毁了25万株成树,销毁了300万株树苗,损失1700万美元。

复习思考

1. 园艺植物病虫害防治的任务是什么？我国的植保工作方针是什么？
2. 举例说明园艺植物病虫害防治在园艺植物生产上的重要性。
3. 如何学好园艺植物病虫害防治技术这门课程？

项目一　园艺植物主要病虫害类群识别

任务一　园艺植物主要昆虫和螨类识别

知识目标

1. 掌握昆虫的一般形态特征,昆虫的繁殖、发育和变态类型。
2. 理解昆虫头部、胸部、腹部及其附器的特征。
3. 掌握园艺植物主要害虫所属目、科的识别特征。
4. 掌握昆虫口器、体壁、消化系统、呼吸系统、神经系统的构造和原理在害虫防治上的应用。
5. 掌握昆虫的发生与环境的关系。

能力目标

1. 能识别常见园艺植物主要害虫所属目、科。
2. 能采集及制作、鉴定完整的昆虫标本。

知识平台

昆虫与人类的关系

昆虫种类和数量极多,分布很广,其中很多种类与人类有密切关系。有些昆虫对人类有害,有些昆虫对人类有益。

1. 有害的昆虫

48.2%的昆虫是以植物为生,如蝗虫、天牛、象甲、蚜虫等危害农林植物,称"农林害虫"。蚊子、跳蚤等能吸人血传病,称"卫生害虫"。牛虻、厩蝇、虱等叮咬牲畜,称"家畜害虫"。昆虫还能传播植物病害,植物的病毒病多数是由刺吸汁液的昆虫传播的,据记载蚜虫可传播170种病毒病,叶蝉可传播133种病毒病。

2. 有益的昆虫

家蚕、紫胶虫、白蜡虫、五倍子蚜虫、胭脂虫等昆虫虫体及其代谢产物是重要的工业原料,称为"原料昆虫"。有的昆虫是以害虫为食物的,称为"天敌昆虫",如食虫瓢虫、草蛉、食蚜蝇、螳螂等能捕食害虫,赤眼蜂、小茧蜂、姬蜂等寄生在害虫体内。有些昆虫可传播花粉,如蜜蜂、壁蜂,称为"传粉昆虫",目前85%的显花植物是由昆虫传播花粉的。有些昆虫的虫体、产物可入中药,称为"药用昆虫",如冬虫夏草、九香虫、斑蝥等。有些昆虫色彩鲜艳、形态奇异、鸣声悦耳,或有争斗性,可供人们欣赏娱乐,称为"观赏昆虫",如蝴蝶画、斗蟋蟀都有较高的观赏和经济价值。有些昆虫的虫体可作为畜禽、蛙鱼的饲料,称为"饲料昆虫",如黄粉虫、人工笼养家蝇。腐食性昆虫以动植物遗体或动物排泄物为食,是地球上的清洁工,加速了微生物对生物残体的分解,称为"环保昆虫",如埋葬甲、蜣螂。这些昆虫对人类都有益,简称为益虫。

知识应用

通过学习昆虫纲的特征和昆虫与人类的关系,可以区分日常生活中见到的虫子哪些是昆虫,哪些不是昆虫;还可以辨别哪些昆虫对人类有益,哪些对人类有害,通过辩证的分析,控制害虫的为害,充分利用有益昆虫资源,造福于人类。

案例分析

昆虫对人类的益害不是绝对的,会因条件不同而转化。例如,柑橘凤蝶,成虫主要是观赏昆虫,但其幼虫为害园林植物,又是害虫。又如,寄生蝇类,寄生在害虫体内对人类有益,但寄生在柞蚕体内,则成为人类有益昆虫的害虫。

✳ 知识点1　昆虫的形态特征 ✳

1.1.1.1　昆虫的外部形态特征及识别

昆虫是动物界中种类最多、数量最大、分布最广的一个类群。全世界已知昆虫种类有一百多万种,约占整个动物界的2/3,我国已知昆虫近5万种。昆虫繁殖能力强,如一个白蚁巢中白蚁数量达百万个,一株树上可有10万头蚜虫。从热带到两极,从高山到平原,从陆地到海洋,从空中到地下,都有昆虫的分布。

昆虫属于动物界,节肢动物门,昆虫纲,因此其具有节肢动物门的共同特征。节肢动物门的特征如下:体躯分节,由一系列的体节所组成;整个体躯被有含几丁质的外骨骼;有些体节上具有成对的分节附肢,"节肢动物"的名称即由此而来;体腔就是血腔;心脏在消化道的背面;中枢神经系统由脑和腹神经索组成。下面对节肢动物门中5个比较重要的纲作概略介绍,以示各纲之间的异同(表1-1)。

表 1-1　节肢动物门主要纲的区别

纲名	体躯分段	复眼	单眼	触角	足	翅	生活环境	代表种
蛛形纲	头胸部、腹部	无	2~6 对	无	2~4 对	无	陆生	蜘蛛
甲壳纲	头胸部、腹部	1 对	无	2 对	5 对以上	无	水生或陆生	虾、蟹
唇足纲	头部、胴部	1 对	无	1 对	每节 1 对	无	陆生	蜈蚣
重足纲	头部、胴部	1 对	无	1 对	每节 2 对	无	陆生	马陆
昆虫纲	头、胸、腹	1 对	0~3 个	1 对	3 对	2 对或 0~1 对	陆生或水生	蝗虫

① 蛛形纲　体躯分成头胸部和腹部两个体段。头部不明显,无触角。一般 4 对行动足。陆生,以肺叶或气管呼吸。常见的有蜘蛛、螨、蜱等(图 1-1-1)。

② 甲壳纲　体躯分成头胸部和腹部两个体段。有 2 对触角。至少 5 对行动足。水生,以鳃呼吸。常见的如虾、蟹、水蚤等(图 1-1-2)。

③ 唇足纲　体躯分成头部和胴部两个体段。有 1 对触角。每一体节有 1 对行动足,第 1 对足特化为颚状的毒爪。陆生,以气管呼吸。蜈蚣为本纲典型代表(图 1-1-3)。

1. 蛛形纲代表蜱　　2. 甲壳纲代表蟹　　3. 唇足纲代表蜈蚣　　4. 重足纲代表马陆

图 1-1　昆虫的近亲

④ 重足纲　与唇足纲很接近,故也有将两者合称为多足纲。与唇足纲比较,重足纲的各个体节除前方 3、4 节及末后 1、2 节外,其他各由 2 节合并而成,所以各节有 2 对行动足。马陆为本纲典型代表(图 1-1-4)。

⑤ 昆虫纲　成虫体躯明显地分为头部、胸部、腹部 3 个体段;头部具有口器和 1 对触角,通常还有复眼和单眼;胸部具有 3 对足,一般还有 2 对翅;腹部由 9~11 个体节组成,缺少行动用的附肢,但多数会转化成外生殖器,有时还有 1 对尾须(图 1-2)。

图 1-2　昆虫纲代表蝗虫体躯的构造

1.1.1.2 昆虫的头部及附器

头部是昆虫体躯的第一个体段,以膜质的颈与胸部相连。头壳坚硬,多呈圆形或椭圆形。头部通常着生 1 对触角,1 对复眼,1~3 个单眼和口器,是昆虫感觉和取食的中心(图 1-3)。

1. 昆虫头部的构造

在头壳形成过程中,由于体壁内陷形成许多沟和缝,将头壳表面分成若干区。位于头壳上方的是头顶,前方的是额区,下方是唇区,两侧为颊,后方为后头和后头孔。

1. 正面;2. 侧面;3. 后面

图 1-3 昆虫头部构造

2. 昆虫的头式

不同的昆虫,其口器在头部着生的位置或方向也有所不同,常依据口器在头部的着生位置把昆虫头部的型式(即头式)分为下列 3 种(图 1-4):

① 下口式 口器着生在头部下方,与身体纵轴垂直。多见于植食性昆虫,如蝗虫、鳞翅目幼虫等。

② 前口式 口器着生在头部前方,与身体纵轴呈钝角或几乎平行。多见于捕食性及钻蛀性昆虫,如蠼螋、天牛幼虫等。

③ 后口式 口器向后伸,与身体纵轴成锐角。多见于刺吸式口器的昆虫,如蚜虫、蝽类等。

昆虫头式的不同,反映了取食方式的不同,是昆虫对环境的适应。因此头式是昆虫识别的依据之一,可依据头式的类型判别植物的被害状,为科学合理防治提供依据。

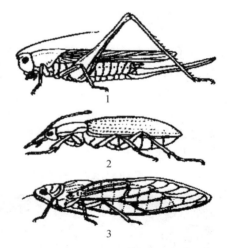

1. 下口式(蝗虫);2. 前口式(步行甲);
3. 后口式(蝉)

图 1-4 昆虫的头式

3. 触角

触角位于额区两复眼间的一对触角窝内,由柄节、梗节、鞭节 3 节组成(图 1-5)。触角上有许多感觉器和嗅觉器,在昆虫觅食、求偶、产卵、避敌等活动中起着重要的作用,少数昆虫的触角还具备呼吸、抱握功能。多数昆虫鞭节因种类和性别不同而外形变化很大（图1-5），常作为识别昆虫种类的主要依据之一。

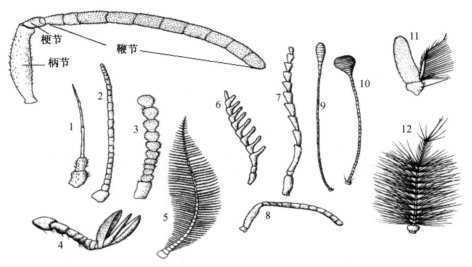

1. 刚毛状（蜻蜓）；2. 丝状（飞蝗）；3. 念珠状（白蚁）；4. 鳃叶状（金龟甲）；
5. 羽毛状（樗蚕蛾）；6. 栉齿状（绿豆象）；7. 锯齿状（锯天牛）；8. 膝状（蜜蜂）；
9. 球杆状（菜粉蝶）；10. 锤状（长角蛉）；11. 具芒状（绿蝇）；12. 环毛状（库蚊）

图1-5　昆虫触角的结构与类型

知识应用

　　了解昆虫触角的类型和功能。① 鉴定昆虫种类：触角的形状、着生位置、分节数目等，常作为昆虫分类的重要依据之一。② 辨别昆虫的性别：如舞毒蛾雄蛾触角栉齿状，雌蛾触角丝状略带锯齿状。③ 用于害虫防治：如根据地老虎成虫、黏虫对糖、醋、酒味的喜好，配制毒饵来加以诱杀；又如利用黄守瓜对雷公藤、蚊子对酞酸二甲酯的拒避，可用这些药物作为拒避剂来防止这些害虫的危害等。

4. 眼

分为复眼和单眼两种（图1-6）。

图1-6　昆虫的复眼

① 复眼　全变态昆虫成虫和不全变态昆虫成虫、若虫都具有复眼。多为圆形、卵圆形。复眼由许多六角形小眼组成。一般小眼数越多，它的视力越强。复眼对于昆虫取食、觅偶、

群集、避敌等起着重要作用。另外复眼对光的反应比较敏感,如对光的强度、波长、颜色等都有较强的分辨能力。

② 单眼　有些昆虫的成虫在1对复眼之间还生有1~3个单眼。另外,不全变态的若虫和全变态的幼虫也有单眼。单眼没有调节光度的能力,只能辨别光线强弱。有无单眼、单眼的数目、排列状况、着生位置等特征是识别昆虫种类的重要依据。

知识应用

昆虫单眼和复眼的原理,在实践中被广泛应用于仿生学和害虫防治中,如据此制成飞机对地速度计、新型"昆虫眼"照相机,提高雷达系统的灵敏度,用黑光灯诱杀害虫、黄板诱杀蚜虫、覆盖银灰色薄膜避蚜等。

5. 口器

由于食性和取食方式的不同,昆虫口器的构造也有不同的类型。一般分为咀嚼式和吸收式两大类。其中吸收式又分为虹吸、刺吸、舐吸、刮吸等类型(图1-7、图1-8、图1-9)。咀嚼式口器是原始的形式,主要由上唇、上颚、下颚、下唇、舌等几个部分组成(图1-10(1))。从口器的演化来看,所有别的口器类型都是由咀嚼式口器这一基本形式演变成的(表1-2)。

图1-7　蝶的虹吸式口器　　图1-8　苍蝇的舐吸式口器

1. 头部侧面观;2. 头部正面观

图1-9　蝉的刺吸式口器

A. 上唇；B、C. 一对上颚；D、E. 一对下颚；F. 下唇；G. 舌

(1) 昆虫咀嚼式口器的构造

(2) 昆虫咀嚼式口器的为害状

图1-10 昆虫咀嚼式口器构造及为害状

表1-2 常见昆虫口器结构特征及为害特点

类型	结构特征及作用					为害特点(代表昆虫)
	上唇	上颚	下颚	下唇	舌	
咀嚼式	位于口器上方,单片状,具味觉功能	位于上唇下方,1对,坚硬带齿,能切磨食物	位于上颚后方,1对,有1对具味觉功能的下颚须,辅助上颚取食	位于口器底部,片状,生有1对下唇须,具味觉和托持食物的功能	位于口腔中央,柔软袋状,具味觉功能,帮助运送和吞咽食物	取食固体食物,蚕食叶片成缺刻穿孔,或留叶脉,甚至吃光,花蕾残缺不全(斜纹夜蛾),潜食叶肉(美洲斑潜蝇),吐丝缀叶(樟巢螟)、卷叶(棉大卷叶螟),在果实(桃小食心虫)或枝干内(天牛)钻蛀为害,咬断幼苗根部(蛴螬)(图1-10(2))
刺吸式	贴于口器基部,三角形	上颚和下颚均延长呈针状,包在喙内,形成食物道和唾液道		延伸成分节的喙,保护口针	位于口针基部,柔软袋状	吸取植物汁液,常使植物呈现斑点、卷曲、皱缩、枯萎、畸形、虫瘿。多数还可传播病害(蚜虫、飞虱、叶蝉等)
虹吸式	退化	退化	延长并嵌合成管状卷曲的喙,内形成食物道	退化	退化	除部分夜蛾危害果实外,一般不造成为害(蛾、蝶类成虫)
锉吸式	与下唇组成喙	右上颚退化,左上颚和1对下颚特化成口针		下唇与上唇组成喙,另外下唇与舌构成唾液道		锉破植物表皮以喙吸取汁液(蓟马)

了解昆虫口器构造、取食方式及植物的被害状,不仅能判别昆虫的进化地位,且可根据害虫类型来选择合适的农药剂型开展防治。

 知识应用

昆虫口器类型与害虫防治关系密切。防治咀嚼式口器的害虫,一般选用胃毒剂或触杀剂,如灭幼脲、菊酯类杀虫剂等。对于蛀茎、潜叶或蛀果等钻蛀性害虫,施药时间应在害虫蛀入之前;对于地下害虫,一般使用毒饵、毒谷。防治刺吸式口器害虫,可使用内吸剂,如吡虫啉等;也可用触杀剂,如菊酯类杀虫剂等。防治虹吸式口器的昆虫,可将胃毒剂制成液体毒饵,使其吸食后中毒,如用糖、醋、酒与胃毒剂的混合液诱杀多种蛾类等。

1.1.1.3 昆虫的胸部及附器

胸部是昆虫的第二体段,由3节组成,依次称为前胸、中胸和后胸,各胸节的侧下方均生1对足,依次称前足、中足和后足。在中胸和后胸背面两侧通常各生1对翅,分别称前翅和后翅(图1-11)。足和翅是昆虫主要运动器官,所以胸部是昆虫的运动中心。

1. 胸足

胸足是昆虫体躯上最典型的附肢,是昆虫行走的器官,由基节、转节、腿节、胫节、跗节、中垫、爪组成(图1-12)。昆虫跗节和中垫的表面具有许多感觉器,害虫在喷有触杀剂的植物上爬行时,药剂也容易由此进入虫体引起中毒死亡。

图1-11　昆虫胸部的构造　　　　图1-12　昆虫胸足的基本构造

各种昆虫由于生活环境和生存方式不同,足的构造和功能产生了相应的变化,形成各种类型的足(图1-13)。了解昆虫足的构造及类型,对于识别昆虫,推断其栖息场所,研究它们的生活习性和为害方式,以及害虫防治和益虫保护,都有一定意义。

1. 步行足(步行虫);2. 跳跃足(蝗虫);3. 开掘足(蝼蛄);4. 游泳足(龙虱);
5. 抱握足(雄龙虱的后足);6. 捕捉足(螳螂);7. 携粉足(蜜蜂)

图1-13　昆虫足的类型

2. 翅

(1) 昆虫的翅　一般为三角形,有3条边、3个角、3个褶、4个区(图1-14)。翅面上贯穿着翅脉(图1-15)。昆虫的翅一般为膜质,但有些昆虫由于适应特殊需要和功能而发生变异(表1-3)。

图1-14 昆虫翅的构造

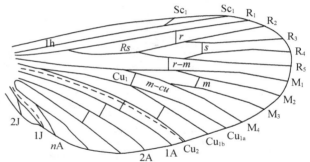

图1-15 昆虫翅的假想模式脉序图

表1-3 昆虫翅的类型及特点

类 型	质地与特点	代表昆虫
鳞翅	膜质,翅面上覆有鳞片	蝶、蛾类
复翅	皮革质,较厚,翅脉隐约可见	蝗虫、蝼蛄、蟋蟀的前翅
缨翅	膜质,狭长,边缘上着生很多细长的缨毛	蓟马
鞘翅	角质坚硬,翅脉消失或不明显	金龟子、叶甲、天牛的前翅
半鞘翅	基部为革质或角质,端部则为膜质	蝽象的前翅
平衡棒	后翅退化成极小的棍棒状,飞翔时用以平衡身体	蚊、蝇、雄性介壳虫的后翅
毛翅	膜质,翅面布满细毛	石蛾

昆虫获得了翅,就扩大了它们的活动范围,便于觅食、求偶和逃逸等,增强了生存的竞争能力,因此翅对昆虫的兴盛意义重大。翅的类型是昆虫分类的重要依据之一(图1-16),在昆虫纲内有近半数的目是以其翅的特征命名的,如鞘翅目、鳞翅目等。

A.膜翅;B.缨翅;C.毛翅;D.鳞翅;E.复翅;F.半翅;G.鞘翅;H.平衡翅

图1-16 昆虫翅的基本类型

(2)翅的连锁 有些昆虫飞翔时,为了协调两对翅的动作,前后翅间有有效连锁构造,称连锁器(图1-17)。

图 1-17　昆虫翅的连锁方式

 知识应用

研究昆虫足的构造和类型,可以识别害虫,推断昆虫栖息场所,了解昆虫生活方式,有利于害虫防治和益虫的利用;足上具有各种感觉器,多位于跗垫和中垫上,是某些触杀剂进入虫体的通道。昆虫翅的质地、对数、大小、被物、脉相等的变异,是昆虫分类的重要依据。

1.1.1.4　昆虫的腹部及附器

腹部是昆虫的第三体段,通常由 9~11 个体节组成,1~8 节两侧各有 1 个气门,用于呼吸。腹内包藏着各种脏器和生殖器,末端具有外生殖器,因此,腹部是昆虫新陈代谢和生殖的中心。

1. 外生殖器

昆虫用以交配和产卵的构造统称为外生殖器,雌为产卵器,雄为交尾器(又称交配器)。交尾器位于第 9 腹节,主要由阳具和抱握器组成(图 1-18)。产卵器位于第 8、第 9 节的腹面,由腹产卵瓣、背产卵瓣和内产卵瓣、生殖孔等组成(图 1-19)。由于昆虫产卵的环境场所不同,产卵器的外形变化也很大。例如,蝗虫的产卵器呈短锥状,螽斯的产卵器呈刀剑状;蛾、蝶及蝇类等昆虫无特殊构造的产卵器,仅在腹末有一个能够伸缩的伪产卵器。了解昆虫外生殖器的形态和构造是识别昆虫种类和性别的重要依据之一。

图 1-18　昆虫雄性外生殖器的构造

图 1-19　昆虫雌性外生殖器的构造

知识应用

了解昆虫的产卵器和交尾器，便于进行虫情调查和预测预报，同时也是识别昆虫的重要依据之一；根据产卵器的形状和构造，可以了解害虫的产卵方式和产卵习性，从而采取针对性的防治措施。

2. 尾须

尾须通常是1对须状突起，着生在腹部第11节。尾须在低等昆虫，如部分无翅亚纲（缨尾目、双尾目）及有翅亚纲的蜻蜓目、蜉蝣目、直翅类等昆虫身上普遍存在，并且形状和构造等方面变化很大。

1.1.1.5 昆虫的体壁及与害虫防治的关系

体壁是昆虫骨化了的皮肤，包在昆虫体躯的外围，具有与高等动物骨骼相似的作用，所以称"外骨骼"，具有支撑身体，着生肌肉，防止体内水分过度蒸发，调节体温，防止外部水分、微生物及其他有毒物质的侵入，接受外界刺激，分泌各种化合物，调节昆虫的行为等功能。

1. 体壁的构造与特性

体壁极薄，但构造复杂，由里向外分为底膜、皮细胞层及表皮层。底膜是紧贴细胞层的薄膜，是体壁与内脏的分界；皮细胞层由单层活细胞组成，部分细胞能特化成各种不同的腺体和刚毛、鳞片等。表皮层是皮细胞层向外分泌的非细胞性的物质层，由内向外区分为内表皮、外表皮和上表皮3层（图1-20）。表皮层含几丁质、骨蛋白和蜡质等，因而体壁坚韧，对外来物质的侵入有较强的抵抗力。

图1-20 昆虫体壁的构造

昆虫的体壁很少是光滑的，常向外凸出或向内陷入，形成体壁的衍生物。体壁的外长物有非细胞性外突和细胞性外突两大类。非细胞性外突是表皮突起形成的，没有细胞参与，如小刺、微毛、脊纹等。细胞性外突可分为单细胞和多细胞两类。单细胞突起是由部分皮细胞变形而成的，如刚毛、鳞片、毒毛和感觉毛等。多细胞突起是由部分体壁向外突出而成的，如刺、距（图1-21）。

1,2. 非细胞表皮突起；3. 刺；4. 距；5. 刚毛；6. 毒毛；7. 鳞片

图 1-21　体壁的外长物

2. 体壁与害虫防治的关系

了解昆虫体壁的构造和特性可以采取相应的措施，破坏体壁的构造，提高化学防治效果。例如，在使用触杀剂农药防治时必须接触虫体，穿过体壁渗入体内才能发挥药效。从体壁构造来看，体表的许多毛、刺、鳞片阻碍了药剂与体壁接触，更重要的是上表皮具疏水性的蜡质使药剂不易黏附，老龄昆虫体壁较厚，药剂难于进入。但是昆虫各处体壁厚薄不均，膜区和感受器区域体壁较薄，低龄幼虫体壁较薄，药剂易于渗入。故在使用触杀剂防治害虫时最好在幼虫低龄阶段，以使用黏附力、穿透力强的油乳剂为好。

知识应用

昆虫体壁构造及性能与药剂防治关系密切。疏水性的表皮层的蜡层和护蜡层，油乳剂易渗透进入，杀虫效果比可湿性粉剂高。低龄幼虫体壁较薄，农药容易穿透，易于触杀，因此，防治害虫要"治早治小"。抑制昆虫表皮几丁质合成的杀虫剂，如灭幼脲、抑太保等，使幼虫蜕皮时不能形成新表皮，变态受阻或形成畸形而死亡。

1.1.1.6　昆虫的内部器官与害虫防治的关系

昆虫的体壁包绕形成体腔，体腔内充满血液，所以体腔又叫血腔，内部器官浸浴在血液中。整个体腔由背膈和腹膈分成背血窦、腹血窦、围脏窦3个部分。消化道纵贯中央，在上方与其平行的是背血管，在下方与其平行的是腹神经索。与消化道相连的还有专司排泄的马氏管。消化道两侧为呼吸系统的侧纵干，开口于身体的两侧，即气门。生殖器官中的卵巢或睾丸位于消化道背侧面，以生殖孔开口于体外。这些内部器官虽各有其特殊功能，但它们联系紧密，故成为不可分割的

图 1-22　昆虫内部器官构造

整体（图 1-22）。了解昆虫的内部器官及生理特点是科学制定害虫防治措施的基础。

1. 昆虫消化系统的基本结构和功能

消化道由口到肛门，纵贯体躯中央，由前肠、中肠、后肠 3 部分组成（图 1-23）。咀嚼式口器消化系统包括前肠（又包括口腔、咽喉、食道、嗉囊和前胃）、中肠和后肠（包括回肠、结

肠和直肠）。中肠又称胃，主要功能是分泌消化酶，消化食物和吸收营养。有些昆虫前肠前端向前突出形成管状或其他形状的胃盲囊，用以扩大分泌和吸收面积。胃盲囊的基部就是中肠和前肠的分界。

图 1-23　昆虫消化道模式图

刺吸式口器昆虫，中肠一般细而长，常常首尾相贴接，其前后端分别与前肠和后肠相连，包藏于一种结缔组织中，形成滤室。滤室的作用是能将食物中不需要的或过多的游离氨基酸、糖分和水分等直接渗入中肠后端或后肠，经后肠排出体外（即蜜露），以保证输入中肠的液汁有一定的浓度，提高中肠的效率。

在中肠和后肠的交界处，生有许多细微的盲管，称为马氏管，是昆虫的一种排泄器官。后肠的功能是吸收食物和回收尿中的水分及无机盐类，并排出食物残渣和代谢产废物，形成粪便，以调节血淋巴渗透压和酸碱度等。

昆虫食物的消化，主要依赖消化液中各种酶的作用，将糖类、脂肪、蛋白质等降解或水解为较简单的、可溶性小分子，这样才能被中肠的肠壁细胞所吸收，而各种消化酶必须在一定的酸碱度条件下才能起作用，一般昆虫消化液的 pH 为 6~8。酶的活性要求一定的酸碱度，所以昆虫中肠液常有较稳定的 pH，一般蛾蝶类幼虫中肠 pH 为 8~10。胃毒杀虫剂的作用与昆虫中肠 pH 有密切关系，因为 pH 的大小与农药的溶解度有关。了解昆虫中肠的 pH，有助于正确选用胃毒剂。

例如，敌百虫在碱性作用下，水解形成更毒的敌敌畏，故敌百虫对肠液偏碱性的蝶蛾类幼虫杀灭效果好。苏云金芽孢杆菌（Bt 乳剂及转基因棉花）在碱性条件下，水解释放出毒蛋白（毒素）、芽孢，毒素穿透昆虫肠壁引起败血症而使昆虫死亡。所以，了解昆虫消化液的性质，对胃毒杀虫剂的选用具有指导意义。

2. 昆虫呼吸系统的基本结构和功能

大多数昆虫靠气管系统进行呼吸。在游离氧的参与下，有机物质被分解而释放能量，供昆虫生长、发育、繁殖、运动之需。

昆虫呼吸系统由气门、气门气管、侧纵干、背气管、内脏气管和微气管组成，某些昆虫气管的某一部分扩大形成膜质的气囊，用以增加贮气和促进气体的流通。

气门是气管在体壁上的开口，在昆虫身体的两侧，一般昆虫的气门有 10 对，即中、后胸及腹部第 1~8 节各 1 对，圆形或椭圆形，孔口有骨片、筛板或毛刷遮盖，有开闭机构，依需要而开关。气门通常属疏水性，同一种毒剂的油乳剂，比水剂杀虫力大。

气门连通两侧的侧纵干，通过横走气管，连接主气管及分布于昆虫组织细胞中的微气管，组成呼吸系统。昆虫呼吸时进行气体交换，主要靠虫体运动的鼓（通）风作用和空气的扩散作用,即虫体内外气体浓度压力差——气管内和大气中不同气体的分压不同而进行。

某些杀虫剂的辅助剂,如肥皂水、面糊水等,能堵塞气门,使昆虫因缺氧而死亡。

3. 昆虫循环系统的基本结构和功能

昆虫的循环器官是一条结构简单的背血管。昆虫的循环系统背血管由一系列心室构成的心脏和前端的大动脉组成。昆虫的循环作用是开放式循环,即心脏收缩时,心室两侧心门关闭,血液由心室经前端大动脉流入昆虫头腔,压入体腔(血腔)。心脏舒展时,心室两侧心门打开,血液由体腔(血腔)进入心室,循此往复,从而完成昆虫的血液循环。在这个循环过程中,昆虫主要完成了对营养物质的运送和代谢废物的排出。

昆虫的血液又称体液,一般为无色、绿色、黄色或棕色,没有红细胞,不能输送氧气。昆虫血液的主要功能:运送营养物质给全身各部组织,将代谢废物送入排泄器官,吞噬脱皮时解离的组织细胞、死亡的血细胞和入侵的微生物,愈合伤口,调节体内水分,传递压力以利孵化、蜕皮、羽化和展翅等。某些昆虫的血液具有毒性,能分泌到体外御敌。血液循环与药剂防治的关系:某些无机盐类杀虫剂能使昆虫血细胞发生病变,破坏血细胞;烟碱类药剂能扰乱血液的正常运行;除虫菊素能降低昆虫血液循环的速度;有机磷杀虫剂低浓度能加速心脏搏动,高浓度则抑制心脏搏动甚至致使昆虫死亡。

4. 昆虫神经系统的基本结构和功能

昆虫的神经系统是一个重要的系统。神经系统是生物有机体传导各种刺激,协调各器官系统产生反应的机构。昆虫的神经系统包括中枢神经系统、交感神经系统和周缘神经系统三部分。中枢神经系统包括起自头部消化道背面的脑,通过围咽神经连索与消化道腹面的咽喉下神经节联结,再由此沿消化道腹面,联结胸部和腹部的各个神经节纵贯于腹血窦的腹神经索。构成神经系统的基本单位是神经元,一个神经元包括一个神经细胞体和由此发出的神经纤维。由神经细胞体分出的一根较长的神经纤维主枝称为轴状突,由轴状突侧生分出的一支副支称为侧支。轴状突和侧支端部都一分再分而成为树枝状的细枝称为端丛。由神经细胞体本身向四周分出的短小端丛状纤维称为树状突。

昆虫的一切生命活动都受神经支配。一切刺激与反应相互联系的一条基本途径就是一个反射弧。构成反射弧的各神经元的神经末端并不直接相连,它们通过乙酰胆碱传导冲动。突触中间的传导作用是由前一个神经末梢受到冲动后,由囊泡中分泌出一种化学物质——乙酰胆碱来传导冲动,靠这种物质才能把冲动传到另一神经元的端丛(即称为化学传导),完成神经的传导作用。乙酰胆碱完成传导冲动后,就被吸附在神经末梢表面的乙酰胆碱酯酶很快水解为胆碱和乙酸而消失,使神经恢复常态。下一个冲动到来时,重新释出乙酰胆碱而继续实现冲动的传导。

目前使用的有机磷杀虫剂和氨基甲酸酯类杀虫剂都属于神经毒剂,杀虫机理就是抑制乙酰胆碱酯酶的活性,使神经末梢释放出的乙酰胆碱无法进行水解,扰乱正常代谢作用,使昆虫神经长时间过度兴奋。辛硫磷等农药能够抑制胆碱酯酶的活动,使昆虫持续保持紧张状态,导致过度疲劳而死亡。

5. 昆虫生殖系统的基本结构和功能

生殖系统是昆虫的繁殖器官。雌性生殖器官包括1对卵巢、1对侧输卵管、中输卵管、受精囊、生殖腔(或阴道)、附腺等;雄性生殖器官包括1对睾丸、1对输精管、储精囊、射精管、附腺等。

（1）交配　又称交尾，是指同种异性个体交配的行为和过程。昆虫的交配是以性外激素、鸣声、发光、发音等因子刺激后，雌、雄个体才能求偶和配偶，通过交尾，雄虫才能将精液或精珠注入雌虫的生殖器内。多数昆虫的交配是由雌虫分泌性外激素引诱雄虫的，但也有一些昆虫，如蝶类是由雄虫分泌性外激素引诱雌虫的。不同种昆虫一生交配次数不同，有的一生只交配1次，有的则交配多次，往往雌虫比雄虫交配次数少。例如，棉红铃虫雌虫一生交配1~2次，而雄虫交配6~7次；昆虫交配的时间与分泌性外激素的节律是一致的，多数昆虫都发生在每日的黄昏时候，有些雌、雄虫羽化时间相差1~2d，以免与同批雌、雄个体近亲交配。昆虫交配的地点多与下一代幼虫的取食有关。鳞翅目昆虫多在幼虫的寄主植物附近交配，这些植物的气味能刺激雌虫释放性信息素，从而吸引雄虫；寄生性昆虫常在寄主密集的场所交配和产卵，使幼虫孵化后迅速找到寄主。雌虫在交配以后，交配囊内的精子又能刺激它释放一种激发产卵的体液因子，促进雌蛾的产卵活动。

（2）授精　两性交配时，雄虫将精液或精珠注入雌虫生殖器官，使精子贮存于雌虫受精囊中的过程称授精。昆虫的授精方式可分为间接授精和直接授精两种，间接授精是指雄虫将精包排出体外，置于各种场所，再由雌虫拾取；直接授精是雄虫在交配时将精子以精液或精包形式直接送入雌虫生殖道内。多数昆虫都是采用直接授精方式进行授精。鳞翅目、膜翅目、鞘翅目和双翅目中某些昆虫，雄性附腺分泌物在精子排出前后，按一定顺序直接射入阴道或交配囊内，形成一定形状的精包，可被用于害虫的预测预报。

（3）受精　雌、雄成虫交配后，精子被贮存在雌虫的受精囊中，当雌虫排卵经过受精囊孔时，精子由卵孔进入卵子中，精子核与卵核结合成合子，这个过程称受精。

（4）利用雌虫释放的性外激素诱杀雄虫　目前使用的性诱引剂多数是根据或模拟天然的性外激素的化学结构而合成的，并用于生产上诱集和诱杀害虫；还可通过解剖观察雌虫卵巢管内卵子发育情况，预测其产卵为害时期；此外，利用某些方法可使卵不能受精，造成不育。

6. 昆虫分泌系统的基本结构和功能

昆虫的生长发育和繁殖等一系列生命活动，除决定于遗传特性外，还受到产生于昆虫体内的一种特殊化学物质的控制，这种物质就是激素。激素是属于受神经系统节制的内分泌器官和腺体分泌的微量化学物质。按激素的生理作用和作用范围可分为内激素和外激素两类。内激素分泌于体内，调节内部生理活动。外激素是腺体分泌物挥发于体外，作为种内个体间传递信息之用，故又称信息激素。内激素的种类很多，主要的是脑激素或称活化激素、脱皮激素、保幼激素。外激素中，目前已经发现的主要有性外激素、性抑制外激素、示踪外激素、警戒外激素和群集外激素等。目前只有性外激素和性诱剂，在害虫预测预报和防治上应用。

昆虫的排泄器官主要是马氏管。此外，昆虫体内的脂肪体、肾细胞、体壁以及由体壁特化而成的一些腺体，也具有排泄作用。

昆虫的内部器官及生理特点是科学制定防治措施的基础（表1-4）。

表 1-4 昆虫内部器官结构、功能与害虫防治的关系

内部器官	结构	功能	与药剂防治的关系
消化系统	消化道（前肠、中肠、后肠）、唾腺	消化食物，回收食物残渣里的水分	胃毒剂、内吸剂和拒食剂等在害虫的消化道内的溶解度与肠液中的酸碱度及其他因素有关，另外这些药剂可以破坏害虫的食欲和消化能力
呼吸系统	气门、气管（侧纵干、支气管、微气管）	调节气流，防止水分蒸发，进行气体交换	通过气门开放，增强昆虫的呼吸作用，加速对熏蒸药剂的吸收，从而达到高的熏杀效果
循环系统	血液、背血管（大动脉、心室、心门）	运输、排泄、吞噬、愈伤、孵化、脱皮及羽化	破坏血细胞，扰乱血液的正常运行，抑制心脏搏动
排泄系统	马氏管	吸收各组织新陈代谢排出的废物，水分及盐的吸收、排泄	破坏对各组织新陈代谢排出的废物的吸收从而累积中毒
神经系统	中枢、交感、周缘神经系统，神经元	传导外部刺激和内部反应的冲动作用，形成一定的习性行为和生命活动	破坏乙酰胆碱的分解作用，使神经传导一直处于过度兴奋和紊乱状态，破坏了正常的生理活动，以致麻痹、衰竭而死。
生殖系统	雌性生殖器官，雄性生殖器官	繁殖后代	破坏受精过程，造成卵的不受精，形成不育

✱ 知识点 2 昆虫的主要生物学特性 ✱

昆虫的生物学特性主要研究昆虫的繁殖方式、个体生长发育规律、年生活史及行为习性等。昆虫的生活、繁殖和习性行为是在长期演化过程中逐步形成的。昆虫种类不同，其生物学特性也不一样。了解昆虫生活方式和习性行为，可以找出害虫生活史中的薄弱环节，或利用害虫习性特点等进行防治，具有非常重要的作用。

1.1.2.1 昆虫的生殖方式（图 1-24）

1. 两性生殖

昆虫绝大多数是雌雄异体，通过两性交配后，雌虫产出受精卵，每粒卵发育为一个新个体，这种繁殖方式又称为两性卵生，是昆虫繁殖后代最普通的方式。

2. 孤雌生殖

指雌虫不经交配，或卵不经受精而产生新个体的生殖方式，这种生殖方式又叫单性生殖。有些昆虫通常是两性生殖，偶尔出现孤雌生殖，如家蚕。有些昆虫完全或基本上以孤雌生殖进行繁殖，这类昆虫一般没有雄虫或雄虫极少，如介壳虫、竹节虫、蓟马等。另外，一些昆虫如棉蚜、桃蚜等，两性生殖和孤雌生殖随季节变化而交替进行，春、夏季节进行孤雌生殖，秋末冬初气温下降时，进行两性生殖，产生雄性个体，交配产卵越冬，称为异态交替或世代交替。

图 1-24 昆虫的生殖方式

3. 多胚生殖

指某些昆虫母体产下的每一个卵,分裂发育成两个或更多的胚胎,每个胚胎发育成一个新个体的生殖方式,如内寄生性蜂类的小蜂、姬蜂等。

4. 卵胎生(孤雌生植)

指昆虫的卵在母体内发育成熟,胚胎发育所需营养来自卵黄而不是母体,孵化直接产下新个体的生殖方式,如蚜虫和一些蝇类。

另外,少数昆虫在母体还未达到成虫阶段,处于幼虫期就进行繁殖,称为幼体生殖,如一些瘿蚊。

昆虫的生殖方式多样化、高产,是对多变、复杂的外界环境的适应,以保证其种族的繁衍。

知识应用

利用昆虫性信息素,以诱捕器作为防治工具杀灭害虫。根据当地主要害虫种类,正确选用靶标害虫性信息素诱芯,在田间设置诱捕器(通常使用水盆式诱捕器)。在靶标害虫成虫发生期间,在田间大量设置性信息素诱捕器,大面积统一放置,雄蛾可受诱芯释放的性信息素引诱投入水盆中而死亡。诱芯的有效期一般为30d左右,田间盆式诱捕器一般每667m^2设置2~3个,诱捕器的间隔距离为60~80m,当晚盆内诱集的成虫次日上午捞出,便于次日晚上继续诱杀。

1.1.2.2 昆虫的变态

昆虫在生长发育过程中,不仅体积和体重不断增加,在外部形态和内部构造上也发生了显著变化,从而形成几个不同的发育阶段,这种从卵孵化到成虫性成熟所经过的形态上的变化,称为变态。按昆虫不同发育阶段的变化,变态可分为不全变态与完全变态两大类(图 1-25)。

1. 不全变态

昆虫一生中只经过卵、幼虫(若虫或稚虫)、成虫 3 个虫期。若虫与成虫的外部形态和生活习性很相似,仅个体的大小、翅及生殖器官发育程度不同,这种若虫实际相当于幼虫。一般可分为 3 种类型:

(1)渐变态 幼期与成虫期的形态、习性及栖息环境等都很相似,只是幼期的个体小,翅发育不完全(称为翅芽),性器官未成熟。幼期虫态称为若虫。属于这种变态类型的昆虫主要有蝗虫、螳螂、叶蝉、蚜虫等。

A. 不全变态；B. 完全变态
图 1-25　昆虫变态类型

（2）半变态　幼虫期水生，成虫期陆生，幼虫期与成虫期在形态、器官、生活习性上均存在明显差异。此类幼虫虫态称为稚虫，如蜻蜓目、蜉蝣目的昆虫。

（3）过渐变态　若虫与成虫均为陆生，形态相似，但末龄若虫不吃不动，极似全变态昆虫中的蛹，但其翅在若虫的体外发育，故称为拟蛹或伪蛹。例如，缨翅目的蓟马、同翅目的粉虱和雄性蚧类均属过渐变态，一般认为它是不全变态向全变态演化的一个中间过渡类型。蓟马——卵、幼虫、拟蛹、成虫。

2. 完全变态

昆虫具有卵、幼虫、蛹、成虫 4 个虫态。幼虫与成虫在外部形态、内部结构及行为习性上存在着明显的差异，翅在幼虫的体内发育。例如，鳞翅目的蛾、蝶类昆虫，幼虫无翅，口器咀嚼式，取食植物等固体食物，成虫有翅，口器为虹吸式，吮吸花蜜等液体食物。属于此类变态类型的昆虫占大多数，如鞘翅目的甲虫类（金龟子），鳞翅目的蛾、蝶类，膜翅目的蜂类，双翅目的蚊、蝇类等。

在全变态类型昆虫中，有些如芫菁、螳蛉等种类，在幼虫期各龄间体形、结构和生活习性存在明显差异，这种更为复杂的变态过程称为复变态。例如，芫菁 1 龄幼虫为蛃型，2~4 龄为蛴螬型，5 龄为伪蛹型，6 龄又变为蛴螬型。

1.1.2.3　昆虫个体发育各虫期的特点

昆虫的个体发育过程可分为胚胎发育和胚后发育两个阶段。胚胎发育是从卵发育成为幼体的发育期。胚后发育是从卵孵化后开始至成虫性成熟的整个发育期。昆虫在胚后发育过程中要经过一系列形态和内部器官的变化，出现幼期、蛹期和成虫期。

1. 卵期

卵自母体产下后到孵化成幼体经过的时间称卵期，短的为 1~2d，多数为 6~10d。

卵外面是一层坚硬的卵壳，起保护作用。卵内有卵黄膜、细胞质、卵黄、细胞核。卵壳顶部有受精孔，是精子进入卵内的通道。卵的大小差异较大，一般为 0.5~2mm。卵的形状各不相同，常见的有椭圆形、袋形、球形、鼓桶形、半球形、鱼篓形、有柄形、弹形（图 1-26）。

昆虫产卵的方式也有差别，有单粒散产，如棉铃虫；有多粒块产，如玉米螟。某些昆虫对卵的保护方式也有所不同，有的在卵块上覆盖一层茸毛，如三化螟；有的卵块包在分泌物所造成的泡沫塑料状袋内，如蝗虫。产卵场所也因虫而异，多数产在植物枝叶的表面，如三化螟；有的产在寄主植物组织内，如叶蝉；有的产在土壤中，如蝼蛄；有些则产在其他昆虫的卵、幼虫、蛹或成虫体内,如体内寄生蜂。

卵的形状、大小、产卵方式,各种昆虫均有所不同,在鉴别昆虫种类和组织防治上都有重要作用。卵期静止不动,卵壳有保护作用,加之产卵时的各种保护措施,因此,卵期药剂防治效果很差。但掌握了害虫卵期长短,在幼虫初孵时进行防治则效果好。

1. 长茄形(飞虱);2. 袋形(三点盲蝽);3. 半球形(小地老虎);4. 长卵形(蝗虫);5. 球形(甘薯天蛾);
6. 篓形(棉金刚钻);7. 椭圆形(蝼蛄);8. 椭圆形(大黑鳃金龟);9. 馒头形(棉铃虫);
10. 长椭圆形(棉蚜);11. 长椭圆形(豆芫菁);12. 肾形(棉蓟马);13. 有柄形(草蛉);
14. 被有绒毛的椭圆形卵块(三化螟);15. 桶形(蝽象);16. 双辫形(豌豆象)

图1-26 昆虫卵的构造及类型

知识应用

了解害虫卵的形态,掌握其产卵方式及场所,对鉴定昆虫、预测预报和防治害虫具有十分重要的意义。特别是对那些比较集中的害虫,可进行人工采卵,如菜田摘除菜粉蝶卵块、剪除天幕毛虫的产卵枝等都是十分有效的防治措施。

2. 幼虫期

昆虫幼体从卵内破壳而出的过程称为孵化。幼体从孵化到出现成虫特征(蛹或成虫)所经历的时间,称幼期(幼虫或若虫期)。幼期是昆虫取食生长时期,也是主要为害时期。

昆虫是外骨骼动物,体壁坚硬,限制其生长,所以幼体生长到一定程度,必须将束缚过紧的旧表皮脱去,重新形成新表皮,才能继续生长,脱下的旧皮,称为蜕。昆虫在蜕皮前常不食不动,每蜕皮1次,虫体的体积、重量都显著地增大。从卵孵化至第1次蜕皮前称为第1龄幼虫(若虫),以后每蜕皮1次增加1龄。所以,计算昆虫虫龄是蜕皮次数加1。相邻两次蜕皮之间所经历的时间,称为龄期。昆虫蜕皮的次数和龄期的长短,因种类及环境条件不同而不同。一般幼体蜕皮4或5次。

昆虫幼虫(若虫)期是取食的主要时期,也是昆虫造成危害的重要时期,因此,是开展防治的关键和重要时期,生产上应不失时期地在幼虫(若虫)期开展有效的防治。防治一定要抓住低龄期即2、3龄前。因为,在2、3龄前,活动范围小,食量少,危害较轻,抗药能力差,体壁较薄,药剂易于渗入。生长后期,则食量骤增,常暴食成灾,而且抗药力增强。有些昆虫低龄阶段群集在一起,有利集中防治。所以,在3龄前的幼龄阶段施药防治效果好。

不同种类的昆虫,幼期形态多不相同。有的幼体和成虫相似,称若虫。有的与成虫迥异,称幼虫。完全变态昆虫的幼虫由于其对生活环境长期适应的结果,在形态上发生了很大的变化。昆虫幼虫主要分为以下几种类型(图1-27):

(1) 无足型　完全无足,如蝇类幼虫。

(2) 寡足型　只有3对发达的胸足,无腹足,如金龟甲幼虫。

(3) 多足型　除有胸足3对外,还有多对腹足。例如,蝶、蛾幼虫,有3对胸足和2~5对腹足;叶蜂类幼虫,有3对胸足和6~8对腹足。

图1-27　昆虫幼虫的类型

 知识应用

鳞翅目幼虫与膜翅目叶蜂科幼虫多足型的区别:鳞翅目幼虫头部额区有呈倒"Y"字形的蜕裂线,而膜翅目叶蜂科的幼虫无此蜕裂线;鳞翅目幼虫腹部通常有5对腹足,着生于第3至第6和第10腹节上,第10腹节上的1对又称臀足,腹足末端具趾钩(蠋型);膜翅目叶蜂科幼虫从腹部第2节开始有腹足,一般6~8对,有的多达10对,腹足末端无趾钩(伪蠋型)。

3. 蛹期

幼虫老熟后停止取食,寻找适当场所,有的吐丝作茧,有的作土室或借隐蔽地点,体缩短变粗,不食不动,进入前蛹期,又称预蛹期。前蛹期是老熟幼虫化蛹前的时期。末龄幼虫(老熟幼虫)脱去最后一次皮变成蛹的过程,称为化蛹。从化蛹到成虫羽化所经历的时间称为蛹期。蛹是幼虫转变为成虫的过渡时期,表面不食不动,但内部进行着分解旧器官、组成新器官的剧烈的新陈代谢活动。各种昆虫蛹的形态不同,可分3个类型(图1-28):

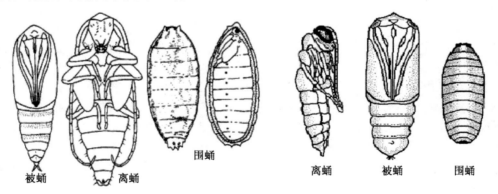

图1-28　昆虫蛹的类型

(1) 离蛹(裸蛹)　触角、足、翅等与蛹体分离,有的还可以活动,如金龟甲、蜂类的蛹。

(2) 被蛹　触角、足、翅等紧紧贴在蛹体上,表面只能隐约见其形态,如蝶、蛾的蛹。

(3) 围蛹　蛹体被幼虫最后脱下的皮形成桶形外壳所包围,里面是离蛹。这是蝇、虻类所特有的蛹。

昆虫蛹期不活动,有固有的化蛹场所,要求相对稳定的环境来完成内部器官和外部形态的转变过程,蛹期是昆虫生命活动中的一个薄弱环节,缺少防御和躲避敌害的能力,容易受到敌害和外界不良环境条件的影响。利用这一习性可以防治一些害虫。例如,有固定场所的,一定程度上可人工清除,翻耕晒土,灌水等;可进行蛹体密度调查,由蛹期推算成虫期和产卵期等,在测报和防治上都有实践意义。

4. 成虫期

不全变态的若虫和全变态的蛹,蜕去最后一次皮变为成虫的过程称为羽化。成虫是昆虫个体发育的最后一个阶段,其雌、雄性别明显分化,性细胞逐渐成熟,具有生殖力,成虫的一切生命活动都是以生殖为中心,所以成虫主要是交配产卵、繁殖后代,因此,成虫期本质上是昆虫的生殖期。另外,由于成虫期是昆虫个体发育的最后阶段,体形结构已经固定,种的特征已经显示,成虫的性状稳定,所以成虫的形态特征成为系统发生和昆虫形态分类鉴定的主要依据。

有些昆虫在羽化后,性器官已经成熟,不再需要取食即可交尾、产卵。这类成虫口器往往退化,寿命很短,对作物危害性不大,如一些蛾、蝶类。也有一些成虫,没有取得补充营养时虽可交配产卵,但产卵量不高,需要补充营养,才能交配产卵,大大提高产卵量,如黏虫、小地老虎等。大多数昆虫刚羽化为成虫时,性器官还没有完全成熟,成虫阶段需要继续取食增加营养,完成生殖器官的发育,满足其卵巢发育对营养的需要,达到性成熟和交配产卵,这种对性细胞发育成熟不可缺少的成虫期取食行为,称为补充营养,如不完全变态的蝗虫、盲蝽、叶蝉、守瓜等。有些昆虫的性成熟还需要特殊的刺激,如东亚飞蝗和黏虫需经历远距离的迁飞,一些雌蚊必须经过吸血刺激。需要补充营养的昆虫,成虫阶段对植物仍能造成危害,并且成虫期一般较长。因此,了解此类昆虫对补充营养的要求,进行预测预报和设置诱集器,并且采取有效的措施对成虫开展防治,是十分重要的。

昆虫性成熟后就可交配。通常以分泌性激素引诱同种异性个体前来交配。交配次数因种类不同而异。有的一生只交配 1 次,有的交配多次,一般雄虫比雌虫交配次数多。例如,棉红铃虫雌虫一般交配 1~2 次,而雄虫交配 1~8 次,雌虫交配后即可产下受精卵。昆虫产卵的次数、产卵量及产卵期的长短等因不同种类而异,并且受到环境和营养条件的制约。只有在最适宜的生态条件下,才能达到最大的生殖力。昆虫的生殖力很强,一般每头雌虫可产卵几十至数百粒,如小菜蛾可产卵 100~200 粒,小地老虎平均产 1000 粒,最多可达 3000 多粒。

成虫从羽化到第一次交配的间隔期,称交配前期。从羽化到第一次产卵所经过的历期,称为产卵前期。从第一次产卵到产卵终止的历期,称为产卵期。各种昆虫交配前期、产卵前期和产卵期常有一定的天数,但也受环境条件的综合影响而变动。

掌握了昆虫的上列生物学特性,生产上应不失时机地掌握在成虫产卵前期及时开展成虫期的防治,因为成虫产卵之后很快死亡。防治成虫是一种"预防性"防治策略,它将害虫防治在对农作物产生为害之前,因此抓住产卵前期诱杀成虫,产卵盛期释放卵寄生蜂,可以提高防治效果,控制害虫种群数量,从而可以挽回更大的损失。

有些昆虫雌、雄个体除了生殖器官和性腺等第一性征不同外,还常常表现在个体的大小、体型、色泽、触角形状、器官构造以及生活行为等第二性征方面也存在着差异,这种现象称为雌雄性二型(图1-29)。例如,小地老虎等,雄性触角为羽毛状,雌性为丝状;雄蚊触角丝状，雌蚊触角环毛状；蓑蛾类、介壳虫等，雄虫有翅，雌虫无翅；鞘翅目锹形甲雄虫的上颚比雌虫发达得多；蟋蟀、螽斯的雄虫有发音器；鳞翅目舞毒蛾雄虫为暗褐色，触角羽状，雌虫为黄白色，触角线状等。

雄蚊触角

雌蚊触角

图 1-29　昆虫雌雄性二型

有些昆虫除了雌雄性二型现象外，在同种昆虫同一性别的不同个体中，存在着两种或两种以上不同个体类型分化的现象，称为多型现象（图 1-30）。多型现象常发生在成虫期，有些昆虫在幼虫期也会出现。例如，异色瓢虫翅面上的色斑有多种类型；稻褐飞虱、高粱长蝽的雌成虫，有长翅型和短翅型两种；棉蚜有无翅型和有翅型等。多型现象在膜翅目的蜜蜂、蚂蚁和等翅目白蚁等高等社会性昆虫中体现得更为典型，不仅个体间结构、颜色不同，而且行为差异明显，社会分工明确，如蜜蜂有蜂后（蜂王）、雄蜂和不能生殖的工蜂。

了解昆虫的雌雄二型和多型现象，可以帮助我们避免鉴别昆虫种类时产生误差，同时可以提高昆虫种类调查和预测预报的准确性。

苹果瘤蚜无翅型（♀性）

苹果瘤蚜有翅型（♀性）

图 1-30　蚜虫多型现象

1.1.2.4　昆虫的世代和年生活史

1. 世代和世代重叠

昆虫的一个新个体（卵或幼虫）从离开母体开始发育到成虫性成熟繁殖产生后代止的个体发育史，称为一个世代（图 1-31），简称 1 代或"一化"。

昆虫种类不同，环境条件不同，完成一个世代所需时间不同，在 1 年内能完成的世代数也不同。但有些昆虫 1 年内完成的世代数不因地区而改变，如舞毒蛾、大地老虎等，不论南北方，都是 1 年只发生 1 代，称为一化性昆虫。有些昆虫 1 年能发生 2 代或更多代，如小地老虎随地区不同,1年可发生2~7个世代不等;梨小食心虫1年发生3~5代不等;蚜虫类可多达十余代或20~30代,这些昆虫称多化性昆虫。另外一些昆虫,完成一个世代往往需要2~3年,如叩头甲、金龟子;最长的甚至长达十余年,如十七年蝉。昆虫在1年内发生的世代数,除决定于昆虫的遗传因素外,还受环境条件的影响,一般北方气温低,完成1个世代的历期长,1年内世代数较少,南方气温高,世代历期短些,1年内可以发生多代。例如,黏虫在东北北部每年发生2代,在东北南部则为3代,华北3~4代,华南可多达6代。小菜蛾在东北、华北北部地区1年发生3~4代,黄河流域中、下游地区5~6代,广州多达17代。

图1-31 全变态昆虫的一个世代

一年发生多代的昆虫,由于成虫期和产卵时间很长,产卵期先后不一,或越冬虫态出蛰期不集中,同一时期内存在同一世代不同虫态或不同世代相同虫态发生重叠现象,世代之间无法划分清楚,呈现"子孙同堂"的现象,称世代重叠。

世代重叠的害虫发生不整齐,常给防治带来困难。例如,桃蛀果蛾越冬幼虫出土时间超过两个月,以致同时出现前后两个世代的成虫、卵和幼虫,致使世代的划分变得十分复杂。还有一些昆虫,如榆叶甲,在北京1年发生1代,绝大多数以成虫越冬,而有一小部分则继续产卵发育,发生第二代,即所谓的局部世代。

计算昆虫的世代是以卵期为起点的,一年发生多代的昆虫,依出现的先后次序称第一代、第二代……凡是头一年未完成生活周期,第二年继续发育为成虫,都不能称为第二年的第一代,而是称为头年的最后一代的继续,一般称为越冬代。例如,以幼虫越冬,次年春开始活动化蛹变成虫,这个蛹和成虫属越冬代,其成虫产的卵才能算作当年的第一代。

2. 年生活史

昆虫一年内的生长发育史,即由当年越冬虫态开始活动起,到第二年越冬结束止的发育过程,包括越冬(越夏)虫态、场所,一年发生的世代数,各世代、各虫态的发生时间和历期,也称为生活年史或简称生活史,常用图表的方式表示(表1-5)。

研究昆虫的年生活史,目的是摸清昆虫在一年之内的发生规律、活动和为害情况,以便针对昆虫生活史中的薄弱环节与有利时机,进行防治。

一年发生一代的昆虫,它的年生活史,就是一个世代;一年发生多代的昆虫,年生活史就包括几个世代。昆虫生活史可以采用生活史图表示;也可以采用生活史表表示;或者采用图表结合的形式来表示;当然也可以用文字记述。研究昆虫的年生活史,目的是摸清昆虫在一年之内的发生规律、活动和为害情况,以便针对昆虫生活史中的薄弱环节与有利时机,进行防治。

表1-5　葱斑潜蝇生活史

月旬世代	1~3			4			5			6			7			8			9			10			11			12		
	上	中	下	上	中	下	上	中	下	上	中	下	上	中	下	上	中	下	上	中	下	上	中	下	上	中	下	上	中	下
越冬代	▲	▲	▲	▲ ＋	▲ ＋	▲ ＋	▲ ＋	▲ ＋	▲ ＋	▲ ＋	＋																			
1				● －	● － ▲	▲ ＋	● ▲ ＋	● ▲ ＋	● ▲ ＋	● ▲ ＋	▲ ＋	▲ ＋	▲ ＋																	
2							● － ＋	● － ▲ ＋	● ▲ ＋	▲ ＋	▲ ＋	▲ ＋	▲ ＋	▲ ＋	＋															
3									● － ＋	● ▲ ＋	● ▲ ＋	● ▲ ＋	● ▲ ＋	▲ ＋	▲ ＋	－ ▲ ＋	▲													
4										● － ＋	● － ▲ ＋	● ▲ ＋	● ▲ ＋	● ▲ ＋	▲ ＋	▲ ＋	▲ ＋	▲	▲	▲	▲	▲	▲	▲						
5													● － ＋	● ▲ ＋	● ▲ ＋	● ▲ ＋	● － ▲ ＋	▲ ＋	▲	▲	▲	▲	▲	▲						
6																● － ＋	● － ▲ ＋	● ▲ ＋	● ▲ ＋	● ▲ ＋	▲ ＋	▲	▲	▲	▲					
越冬代																			● － ▲	● － ▲	● － ▲	▲	▲	▲	▲	▲	▲	▲	▲	▲

注：● 卵；－ 幼虫；▲ 蛹；＋ 成虫（引自潘秀美等《葱斑潜蝇生物学特性研究》）

3. 休眠和滞育

昆虫在一年的生活周期中，常常发生生长发育或生殖暂时停止的现象，这种现象多发生在严冬或盛暑季节，所以称为越冬或越夏，又称停育。这是昆虫安全度过不良环境，长期演化所形成的有利于其种群延续的一种高度适应。从生理上可区分为休眠和滞育两种。各种昆虫越冬、越夏往往有其特定的虫态、特定的场所，而且不吃不动，此时开展人工防治具有一定的意义。

休眠是昆虫在个体发育过程中，由不良的环境条件（主要指低温或饥饿）直接引起的处于不食不动、生长发育停滞的现象。当不良环境消除后，昆虫即可恢复正常生长发育状态，这种现象称为休眠。

例如,在温带或寒带地区,冬季气温较低,植物干枯,食物减少,有些昆虫如东亚飞蝗、瓢虫等,便会进入休眠状态,称为冬眠;在中低纬度地区,夏季炎热,如叶甲就会潜伏草叶下或草丛中,生长发育暂时停止,称为夏眠。昆虫进入休眠,体内生理代谢降低,脂肪体含量增高,抗逆能力明显增强。

还有些昆虫,在不良环境尚未到来之前就进入停育状态,即使不良环境解除也不能恢复生长发育,必须经过一定的外界刺激如低温、光照等,才能打破停育状态,这种现象称为滞育。滞育具有遗传稳定性。具有滞育特性的昆虫都有各自固定的滞育虫态,如玉米螟只以老熟幼虫滞育。引起滞育的生态因子有光周期、温度和食物等。其中光周期是影响昆虫滞育的主要因素。光周期在自然界中的变化规律是最稳定的因素,昆虫对光信号的刺激直接而又敏感,因此,在不利条件未来临之前,昆虫便在生理上有所准备进入了滞育。

1.1.2.5 昆虫的主要行为习性

昆虫的行为习性是种或种群的生物学特性,包括昆虫的活动和行为。

1. 食性

食性是指昆虫对食物的适应性,是昆虫在长期演化过程中对食物所形成的选择性。不同昆虫食性不同,同种昆虫不同虫期食性也不完全相同,甚至差异很大。

(1)食性根据食物性质分类。

① 植食性 以植物活体组织为食料,包括绝大多数农林害虫和少部分益虫,如蝗虫、棉铃虫、小菜蛾、家蚕等。

② 肉食性 主要以动物活体组织为食料,绝大多数是益虫。按其取食的方式又可分为捕食性,如蜻蜓、瓢虫等;寄生性,如赤眼蜂等寄生蜂。

③ 杂食性 兼食动物、植物等,如胡蜂、蟋蟀、蠼螋等。

④ 粪食性 专以动物的粪便为食的食性,如粪蜣螂等。

⑤ 腐食性 以动物尸体或腐败的植物为食,如埋葬甲、果蝇等。

了解害虫的行为习性,掌握它们的特点和弱点,有利于控制其发生危害,还可利用某些习性进行测报和防治。

(2)根据昆虫取食范围的广窄,食性可分为以下几类:

① 单食性 仅取食一种植物或动物的食性,也叫专食性。例如,豌豆象只取食豌豆,三化螟只取食水稻,澳洲瓢虫只取食吹绵蚧等。

② 寡食性 能取食同属、同科和近缘科几种植物的食性,如菜粉蝶主要为害十字花科植物。

③ 多食性 能取食很多科、属植物的食性,如棉蚜可食害74科植物,小地老虎可食害多科植物。

昆虫的食性具有稳定性,但当其嗜好食物缺乏时,食性会被迫发生改变。了解害虫的食性及其食性专门化,可以实行轮作倒茬、合理的作物布局、中耕除草等农业措施防治害虫,同时对害虫天敌的选择与利用也有实际价值。

2. 趋性

趋性是昆虫对外界刺激(如光、温度、湿度、某种化学物质等)所产生的趋向或背向的定向活动。凡是向着刺激物定向运动的称为正趋性,背向刺激物活动的称为负趋性。按刺激物性质,昆虫趋性主要有趋光性、趋化性和趋湿性等。

（1）趋光性　是昆虫对光的刺激所做出的定向反应。昆虫通过视觉器官,趋向光源的反应行为,称为正趋光性。反之,则为负趋光性。一般夜出活动的蛾类对光源都表现为正趋光性,尤其是对波长为330～400nm的黑光灯具有强的趋性(图1-32)。因此,可利用黑光灯、双色灯来诱杀害虫和进行预测预报。多数在白昼日光下活动的蝶类、蚜虫等对灯光为负趋光性。

图 1-32　黑光灯诱虫　　　　　图 1-33　性引诱剂诱虫

（2）趋化性　是昆虫通过嗅觉器官对某些化学物质的刺激所作出的定向反应行为,也有正负之分。对昆虫觅食、求偶、交配、避敌、寻找产卵场所等活动,都有重要意义。例如,菜粉蝶趋向于在含有芥子油糖苷气味的十字花科植物上产卵,小地老虎对糖醋液具有趋性。对具有强烈趋化性的害虫,可进行诱集或捕杀,也可以人工释放大量性引诱剂(图1-33)干扰交配,从而降低害虫种群数量。例如,用糖、醋、酒的混合液诱集地老虎、黏虫;利用新鲜杨、柳枝把诱集棉铃虫、黏虫等。

（3）趋温性　昆虫是变温动物,本身不能保持和调节体温,必须主动趋向环境中的适宜温度,这是趋温性的本质所在。例如,东亚飞蝗蝗蝻每天早晨要晒太阳,当体温升到适合时才开始进行跳跃、取食等活动;严冬酷暑某些害虫就要寻找适合场所越冬、越夏也是趋温性的一种表现。

3. 假死性

有些昆虫受到突然的接触或震动时,全身表现一种反射性的抑制状态,身体蜷曲,或从植株上坠落地面,一动不动,片刻才又爬行或飞起,这种特性为假死性。例如,叶甲、金龟甲等的成虫,菜粉蝶、大叶黄杨尺蠖、甜菜夜蛾等的幼虫及叶螨类受到触动,就会呈现假死状态。假死性是昆虫逃避敌害的一种适应,在害虫防治中可以利用它们的假死性用骤然震落方法加以捕杀或采集标本。

知识应用

黄板诱杀法:选用长20cm、宽15cm的硬纸板或木板一块,上面贴上黄纸,然后在黄纸上涂一层黄油,制成诱杀板,将诱杀板插在花盆间,利用蚜虫对黄色的趋性,将蚜虫粘在诱杀板上,达到防治蚜虫的目的。

4. 群集性、迁移性和扩散性

(1) 群集性　是同种昆虫大量个体高密度地聚集在一起的习性。这种习性是昆虫在有限的空间内,个体大量繁殖或大量集中的结果。例如,蚜虫常群集在作物嫩芽上,粉虱群集在茄科蔬菜的叶背等。

根据群集方式的不同,可分为临时性群集和永久性群集。临时性群集是昆虫仅在某一虫态或某一时期群集在一起,之后便分散活动。例如,天幕毛虫低龄幼虫在树杈结网,并群集于网内,近老熟时便分散活动,大叶黄杨长毛斑蛾,初龄幼虫群集在一起,老龄时则分散开来。某些昆虫的群集性具有季节性,如很多瓢虫等,于越冬期间大量集结在砖石下、建筑物隐蔽处、地表覆盖层下,越冬结束后就分散,显然,这种群集有利于昆虫度过不良环境。永久性群集是昆虫在整个生育期终生都聚集在一起,外力很难将其分散。而且群体向一定方向迁移或作远距离的迁飞,如飞蝗,卵块较密集时,孵出蝗蝻就会聚集成群,集体行动迁移。发育为成虫后仍不分散,成群迁飞。永久性群集主要是由于昆虫受到环境的刺激引起体内特殊的生理反应,并通过外激素,使个体间保持信息联系。了解昆虫的群集性规律,为我们集中防治害虫提供了方便条件。

(2) 迁移性　有些昆虫的成虫,在成虫羽化到翅骨化变硬的羽化初期,常成群地从一个发生地区长距离迁飞到几百千米至上千千米以上的另一个发生地区。例如,当东亚飞蝗密度大而形成群居型时,常进行远距离的群迁,而小地老虎、黏虫等则呈季节性地借助上空季风气流做南北方向的长距离飞行。这种周期性行为,称为迁飞。迁飞是昆虫个体生理因子与环境相互作用的综合反应,常发生在某一特定时期。这些昆虫成虫开始迁飞时,雌虫的卵巢还没有发育,大多数没有交尾产卵,这种迁飞,是昆虫的一种适应性,有助于种的延续生存。

(3) 扩散性　昆虫在一定的空间内短时间聚集大量的同种个体,由于食料不足,或活动空间不足,造成部分群集个体向外扩散的现象叫昆虫的扩散。大多数昆虫在环境条件不适或食物不足时,会发生近距离的扩散或迁移。例如,斜纹夜蛾和旋花天蛾等幼虫,当吃完一片地的作物后就会成群地迁移到邻近的地块为害。昆虫的迁移、扩散和迁飞会造成短期内害虫大发生,因此,了解害虫的迁飞(移)特性,查明它的来龙去脉及扩散、转移的时期,对害虫的测报及在害虫扩散迁飞(移)之前开展防治,具有重大意义。

✲ 知识点3　园艺植物昆虫和螨类的主要类群 ✲

分类学是适应生活和生产实践的要求而产生的科学。分类是认识客观事物的最基本的方法,是探索各个分类单元之间的内在联系。分类不仅是将世界上浩如繁星的物种进行分门别类列成系统,而且探索各个分类阶元之间的内在联系,目的是能够更好地反映生物界中的自然关系。

昆虫分类在生产实践上也有极其重要的意义:在益虫利用和害虫防治工作中,对某些具有重要经济意义的种类,因形态近似而易混淆,若忽视分类鉴别,可能给工作带来巨大损失。在植物检疫方面,正确鉴定害虫种类并查明分布区,有助于准确划分疫区和确定对外、对内植物检疫对象名单。在农业上,对于农业害虫的防治,以及果树,蔬菜等方面害虫的科学研究工作,都必须先正确地鉴别种类。

1.1.3.1 昆虫分类的依据和方法

昆虫分类和其他动物分类一样,目前仍以外部形态特征作为主要依据,所鉴别的种类绝大部分正确且使用简便。昆虫分类的阶元包括界、门、纲、目、科、属、种7个等级。有时因实际需要,在纲、目、科、属、种等分类单位下,还分设亚纲、亚目、亚科、亚属、亚种等分类单位。书写时,必须按阶梯排列。以蔷薇白轮盾蚧为例,其分类地位如下:

　　界:动物界　Animalia
　　门:节肢动物门　Arthropoda
　　纲:昆虫纲　Insecta
　　亚纲:有翅亚纲　Pterygota
　　目:同翅目　Homoptera
　　总科:蚧总科　Coccoidea
　　科:盾蚧科　Diaspididae
　　属:白轮盾蚧属　Aulacaspis
　　种:蔷薇白轮盾蚧　rosae

种是指在形态、生理、生态、生物学及地理分布等方面相同,并且在自然状况下能自由交配,产生具有繁殖力的后代的个体总称。种是分类的基本单位,种间有相对明确的界限,动物界的种是以种群的形式存在,具有相同的形态特征,能自由交配繁衍后代,与其他物种有生殖隔离的一种类型。在每个种的公布区内,种内个体是以种群形式存在的,种与种之间存在有生殖隔离现象。种是客观存在的实体,种以下或以上的分类阶元都是相对单元,带有一定的主观性。

昆虫每个种都有一个学名。学名采用国际上统一规定的双名法,由属名和种名共同组成,并且都由拉丁字母来书写。前面是属名,后面是种名,一般在最后还要加上命名人的姓氏或其缩写。属名的第1个字母要大写,种名全部小写,后面姓氏的第1个字母也要大写。

例如,马尾松毛虫(中文名称)的学名为:*Dendrolimus punctatus*(Walker)。
　　　　　　　　　　　　　　　　　　　属名　　种名　　定名人

若是亚种,则采用"三名法",将亚种名排在种名之后,第一个字母小写。例如,天幕毛虫的学名为:*Malacosoma neustria testacea* Motschulsky,是由属名、种名、亚种名组成的,命名者的姓置于亚种名之后。

1.1.3.2 园艺昆虫主要类群识别

昆虫纲的分目主要是根据它们的外部形态特征、变态和生活习性等区分。目前国内多数学者将昆虫纲分为33目,其中与园艺植物关系密切的9个目及科特征概述如下。

1. 直翅目

直翅目昆虫虫体多为中至大型,咀嚼式口器,触角多为丝状,前胸背板发达,前翅为覆翅,后足跳跃式或前足开掘式;腹部有尾须,产卵器发达;多为植食性,不完全变态(表1-6、图1-34)。

表 1-6　直翅目昆虫重要科特征

科	主 要 特 征	常见种类
蝗科	触角短于体长,听器着生在第 1 腹节两侧,后足跳跃足,产卵器凿头状,尾须短不分节	东亚飞蝗、中华稻蝗
蝼蛄科	触角短于体长,听器在前足胫节内侧,前足开掘足,后翅长,纵折伸过腹末如尾状,尾须长,产卵器不发达,不外露,植食性	华北蝼蛄、东方蝼蛄
蟋蟀科	触角长于体长,听器在前足胫节内侧,后足跳跃足,产卵器发达呈剑状,尾须长	姬蟋蟀

1　　　　　　　　　　　2　　　　　　　　　　　3

1. 蝼蛄;2. 蟋蟀;3. 蝗虫
图 1-34　直翅目代表昆虫

2. 半翅目

半翅目昆虫,虫体小至中型,个别大型,刺吸式口器,复眼发达,不全变态(表 1-7、图 1-35)。

通称蝽象。体多扁平坚硬,前翅为半鞘翅,后翅膜质。触角丝状或棒状,前胸背板发达,中胸小盾片三角形。陆生种类多有发达的臭腺。多为植食性的害虫,少数为肉食性的天敌种类。

表 1-7　半翅目昆虫重要科特征

科	主 要 特 征	常见种类
蝽科	体小至大型,体色多变,头小三角形,触角多 5 节,喙 4 节,具单眼。小盾片发达三角形,前翅膜区有纵脉,且多出自一基横脉上	荔枝蝽、菜蝽
网蝽科	体小而扁,无单眼,前胸背板常向两侧或向后延伸,盖住小盾片。胸部与前翅具网状花纹	梨网蝽
缘蝽科	体中到大型,体狭,两侧缘略平行。触角 4 节,喙 4 节,有单眼。胸背板梯形,侧角常呈刺状或叶状突出。膜区从一基横脉上发出很多纵脉	黄伊缘蝽
猎蝽科	中型,头狭长,长度大于宽度;触角 4 节;复眼发达,2 单眼或无;喙 3 节,基部弯曲,不能平贴腹面。膜片发达,有 2~3 个大基室,上伸出 2 纵脉	黄足猎蝽

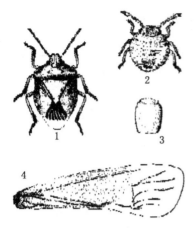
1. 蝽科的成虫；2. 若虫；3. 卵；4. 前翅

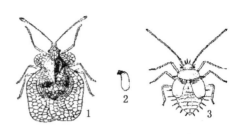
网蝽科 1. 成虫；2. 卵；3. 若虫

缘蝽科

猎蝽科 1. 成虫；2. 前翅缘蝽科

图 1-35 半翅目主要科的形态特征

3. 同翅目

体小至大型，刺吸式口器，喙分节。复眼发达，触角刚毛状或丝状。前翅质地均匀，膜质或革质，少数种类无翅。繁殖方式多样，常有转主和世代交替现象，不全变态。植食性，以刺吸式口器吸食植物汁液，有些种类能传播植物病毒，如叶蝉。部分种类排泄物中多糖分，常诱致植物发生煤烟病，如蚜虫、介壳虫等。根据触角类型、节数及着生位置等分科（表1-8、图1-36）。

表 1-8　同翅目昆虫重要科特征

科	主 要 特 征	常见种类
叶蝉科	体小至中型，一般细长。头部较圆，不窄于胸部，触角刚毛状，生于两复眼间。前翅加厚不透明，后足胫节密生两排刺	茶小绿叶蝉黑尾叶蝉
蚜科	体小型，触角丝状，翅透明，前翅翅痣发达，腹部第6节背面两侧生腹管1对，腹部末节中央有突起尾片	瓜蚜
粉虱科	体微小，体具纤细白蜡粉，触角6节，前翅最多3条翅脉，后翅1条翅脉，腹部第9节背面凹入一皿状孔	温室白粉虱
蚧总科	雌虫终生固着在植物上，不能活动，幼龄若虫行动活泼。虫体表面大多被复各种蜡质介壳，腹末有卵囊。无翅，大多足、触角、眼等附器也极度退化，惟口吻中的颚丝极细长，刺入植物组织内吸汁。雄成虫体小，仅具前翅1对，后翅退化成平衡棍，腹末常有细蜡丝	吹绵蚧、角蜡蚧、矢尖蚧

1. 大青叶蝉成虫；2. 触角；3. 前后翅；4. 后足胫节；5. 卵；6. 若虫

图 1-36 同翅目叶蝉科

4. 鞘翅目

鞘翅目通称甲虫，是昆虫纲乃至动物界中种类最多、分布最广的第一大目，全世界已知约 35 万种，占昆虫总数的 1/3，中国已知 7000 余种，广布地球陆地及淡水每一个角落。鞘翅目昆虫虫体大小悬殊，体壁坚硬，体形多样。成虫和幼虫口器均为咀嚼式。成虫复眼发达，一般无单眼。触角形状各异，10~11 节。前翅为鞘翅，后翅为膜质。

生长过程为全变态（芫菁等少数昆虫复变态），即由幼虫发育至成虫经过一个不食不动的蛹期。食性多样化，植食性、捕食性、腐食性、粪食性、尸食性和寄生性均有。许多种类为农林害虫，也有捕食性种类。多陆生，部分水生。多数成虫有趋光性，几乎所有种类都有假死行为，习性多样。幼虫为寡足型或无足型。蛹为离蛹。依据触角、复眼、口器、足的形状及幼虫的类型等分科（表 1-9、图 1-37）。

肉食亚目：前胸有背侧缝；后翅具小纵室；后足基节固定在后胸腹板上，不能活动，并将第一可见腹板完全分割开；触角多丝状。

多食亚目：前胸无明显背侧缝；后翅无小纵室；后足基节不固定在后胸腹板上，并不将第一可见腹板分割；触角形状各异。

表 1-9 鞘翅目昆虫重要科特征

科	主要特征	常见种类
金龟科	体小至大型，圆筒形，触角鳃叶状。前足近乎开掘足，胫节扁，其上具齿。鞘翅常不及腹末，中胸小盾片多外露（食粪者，多不外露）	华北大黑鳃金龟、铜绿丽金龟
瓢甲科	体小至中型，体背隆起呈半球形。鞘翅常具红、黄、黑等星斑。头小，部分隐藏在前胸背板下。触角短小，锤状	澳洲瓢虫、七星瓢虫、异色瓢虫
叶甲科	体小至中型，体色美丽。触角丝状，复眼圆形，跗节隐 5 节	大猿叶虫
步甲科	头前口式，前胸背板比头宽，触角 11 节，丝状，后足步行足	金星步甲
叩头虫科	触角锯齿状或栉齿状，前胸背板两后角常尖锐突出，前胸腹板后方有突出物，嵌在中胸腹板的凹陷内，跗节 5 节	细胸金针虫
天牛科	体呈长圆筒形，触角长，前胸背板两侧和中央有条纹，背板的刻纹、粗糙颗粒和毛被是分类的重要特征。蛹为裸蛹	星天牛、桃红颈天牛

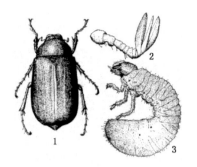
金龟甲科 1. 成虫；2. 触角；3. 幼虫

虎甲科

步甲科

天牛科

瓢甲科

叩头虫科

象甲科

吉丁虫科

图1-37　鞘翅目主要科形态特征

5. 鳞翅目

鳞翅目昆虫虫体小至大型，体披鳞片及鳞毛，并由鳞片构成各种色泽与花纹。触角丝状、球杆状、羽毛状等。复眼发达，单眼2个或无，口器虹吸式或退化。前翅大于后翅，少数种类雌虫无翅。幼虫多为多足型，咀嚼式口器，腹足2~5对，有趾钩。多数为被蛹。成虫一般不危害植物，幼虫多危植食性(表1-10、图1-38)。

锤角亚目：触角球杆状，成虫白天活动，休止时四翅立竖于背，被蛹多有棱角。

异角亚目：触角多样，但非球杆状，成虫多夜间活动，休止时四翅覆于腹背或平展，被蛹无棱角。

表 1-10　鳞翅目昆虫重要科特征

科	主要特征	常见种类
粉蝶科	体中型,多为白色、黄色、橙色或杂有黑色或红色斑点。前翅三角形,后翅卵圆形	菜粉蝶、山楂粉蝶
蛱蝶科	体中或大型,有各种鲜艳的色斑。飞翔迅速而活泼。前足退化短小,常缩起。触角锤状部特膨大	小红蛱蝶
螟蛾科	体小至中型,体瘦长,色淡,触角丝状,下唇须发达多直伸前方。前翅狭长三角形,翅面平滑有光泽,后翅有发达臀区,臀脉 3 条	玉米螟、桃蛀螟
夜蛾科	体多中至大型,色淡,触角丝状或羽状。前翅浆状或三角形,多斑纹,后翅宽色淡,臀脉有 2 条或者 1 条	小地老虎、烟青虫
菜蛾科	体小而狭,色暗;成虫休息时,触角伸向前方。下唇须伸向上方,翅狭,前翅披针形,后翅菜刀形	小菜蛾
卷蛾科	前翅略呈长方形,有些种类休息时呈吊钟状	梨小食心虫
尺蛾科	中、小型、细弱;多暗色,夜出性,休息时翅平放	棉大造桥虫,桑尺蠖

螟蛾科(1. 玉米螟雌虫;2. 玉米螟雄虫)　　　粉蝶科

图 1-38　鳞翅目主要科形态特征

6. 膜翅目

膜翅目昆虫虫体大小悬殊。触角丝状或膝状,口器咀嚼式或嚼吸式。两对翅同为膜质。全变态。幼虫多足型或无足型。裸蛹,有的有茧。食性复杂,有植食性、捕食性和寄生性等(表 1-11、图 1-39)。

表 1-11　膜翅目昆虫重要科特征

科	主要特征	常见种类
叶蜂科	身体短粗,触角丝状,有明显翅痣,前足胫节有 2 端距,产卵器距状	菜叶蜂
茧蜂科	体小型,触角丝状,多节;仅有第一回脉,无第二回脉;多无小室或极不明显;翅面上有花纹	粉蝶小茧蜂

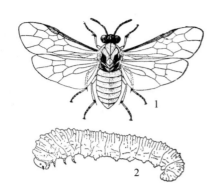

1. 成虫；2. 幼虫

图 1-39　膜翅目叶蜂科形态特征

1. 柑橘大实蝇成虫；2. 幼虫

图 1-40　双翅目实蝇科形态特征

7. 双翅目

双翅目昆虫虫体小到中型。成虫多为刺吸式或舔吸式口器，触角丝状、具芒状或其他形状。前翅膜质，后翅退化为平衡棍。全变态。幼虫蛆形，无足型，多数围蛹，少数被蛹。肉食、粪食或腐食性（表 1-12、图 1-40）。

表 1-12　双翅目昆虫重要科特征

科	主 要 特 征	常见种类
食蚜蝇科	体中至大型，体具色斑，部分翅脉与外缘平行，R 与 M 脉间具一伪脉	凹带食蚜蝇
潜蝇科	体小型，无腋片，C 脉有一处中断，Sc 脉退化或与 R1 脉合并，或仅在基部与 R1 脉分开，具口鬃，第二基室与臀室均小，腿节具刚毛	豌豆潜叶蝇
实蝇科	体小至中型，体常呈棕、黄、黑等色；头大，具细颈，触角芒光滑或有细毛；翅面常有雾状褐色斑纹；雌蝇腹末数节形成细长的产卵器	柑橘大实蝇

8. 缨翅目

过渐变态。口器锉吸式。两对翅全为缨翅，翅狭长，翅缘密生长毛，翅脉少或无翅脉。步行足，足末端有可伸缩的泡（中垫），爪退化。触角短，6~9 节。主要科为蓟马科（图 1-41），该科特征为体扁，触角 6~8 节，末端 1~2 节形成带刺，3~4 节上有感觉器。雌虫具锯状产卵器，向下弯曲，如葱蓟马。

图 1-41　缨翅目蓟马科

9. 脉翅目

几乎全为益虫，成虫、幼虫均捕食。体小至大型，柔软。翅膜质，脉多如网。口器咀嚼式。全变态。农业上重要的科有草蛉科（图 1-42）、粉蛉科。

A.成虫　B.幼虫　C.头部　D.蛹　E.卵

图 1-42　脉翅目草蛉科

1.1.3.3　螨类概述

螨类属节肢动物门，蛛形纲，蜱螨亚纲。它是一群形态、生活习性和栖息场所多种多样的小型节肢动物，广泛分布于世界各地。

螨类体微小至小型，小的仅 0.1mm 左右，大的可达 1cm 以上。一般为圆形和卵圆形。虫体基本分为颚体（又称假头）与躯体两部分（图 1-43）。颚体由口下板、螯肢、须肢及颚基组成。躯体表皮上有各种条纹、刚毛等。有些种类有眼，多数位于躯体的背面。腹面有足 4 对。

a. 雄螨；b. 雌螨

图 1-43　螨类体段划分示意图

螨类生活史可分为卵、幼螨、若螨和成螨 4 个发育阶段。幼螨有足 3 对，若螨和成螨则有 4 对。若螨和成螨形态很相似，但生殖器官未成熟。在生活史发育过程中有 1~3 个或更多个若螨期。成熟雌螨可产卵、产幼螨，有的可产若螨，有些种类可行孤雌生殖。

目前，全世界已经描述记载的蜱螨 40 万余种。按经济意义可以把蜱螨亚目分为农业螨类、医学螨类和环境螨类。这里介绍农业螨类。

农业螨类包括生活于植物体上以及动植物产品上的螨类。依照食性分为植食性和肉食性两类。

（1）植食性螨类　主要有叶螨、瘿螨、粉螨、跗线螨等，刺吸或咀嚼为害，多数是人类生产的破坏者。

叶螨是世界性五大害虫（实蝇、桃蚜、二化螟、盾蚧、叶螨）之一。它们吸食植物叶绿素，造成退绿斑点，引起叶片黄化、卷叶、脱落。近 40 多年来，由于人类一度采用单一的化学药剂防治,使叶螨由次要害虫上升为主要害虫,目前叶螨问题已成为农林生产中的突出问题。

瘿螨是仅次于叶螨的一类害螨,取食植物汁液并常造成枝叶畸形,如螨瘿、毛毡状或海绵状叶片,其中有些种类的防治难度甚至超过了叶螨。

(2) 肉食性螨类 主要有植绥螨、长须螨、半疥螨、巨须螨、吸螨、肉食螨、绒螨、大赤螨等,捕食或寄生其他螨类、昆虫等节肢动物,多数是生物防治因子。对植绥螨的研究较为深入,目前已知有近 2000 种。长须螨是叶螨、瘿螨、蚧线螨等害螨的常见捕食者,在生物防治中的作用仅次于植绥螨。其他如巨须螨、肉食螨、大赤螨等也具有十分广阔的应用前景,在可预见的将来会得到进一步开发。

工厂化生产捕食螨,防治农林害虫,是当今害虫防治的一个亮点;用捕食螨防治大棚、温室害螨,效率远高于化学农药,且无污染等后遗症;在欧、美的一些发达国家,捕食螨已成为取代化学农药的主要产品。

 知识应用

山东寿光市留吕镇菜农李振德和妻子经营两个大棚,他向生防专家们讲述了自己使用捕食螨一年来的情况。他说,这一季已经放了三次捕食螨了。为防治蓟马、红蜘蛛和烟粉虱等,以前每个月要用药两三次,否则花、果被害,严重的整棚拔掉。他介绍,这茬彩椒前年 11 月份种,一直使用捕食螨,到目前半年时间才用了两次药。而在往年,每半个月左右就要打一次药,花费 100 多元。

✻ 知识点4 园艺植物昆虫生态学特性 ✻

研究昆虫与周围环境关系的科学,称昆虫生态学。它是害虫测报、防治和益虫利用的理论基础。每一种生物都有相当数量的个体,同种的个体在生活环境内,组成一个相对独立的生殖繁衍单位,称"种群"。在生态环境中,各生物群落间相互联系的总体,构成"生物群落"。种群、生物群落与环境组成一个相互关联的体系,称"生态系统"。生态系统中诸因素的变化,常导致昆虫群落组分和种群数量的变动。反之,昆虫种群和群落的改变,也影响生态系统。因此,研究农田、果园、茶园等生态系统的构成和动态,对控制害虫数量和增加天敌种群数量,减少农药施用和污染,提高害虫种群的管理水平,具有重要意义。

生态因子错综复杂,并综合影响昆虫种群的兴衰,其中以气候因素、土壤因素、生物因素影响最大。

1.1.4.1 气候因素对昆虫的影响

1. 温度

昆虫是变温动物,它们的体温随周围环境温度的变化而变化,所以其活动、分布、生长发育、繁殖受温度的直接影响和支配。

(1) 温度对昆虫生长发育的影响 昆虫的生长发育直接受温度的影响,环境温度高则发育快,环境温度低则发育慢。昆虫对环境温度的要求是有一定范围的,温带地区的昆虫一般要求为 8℃~40℃,称为有效温区。在这个温区中使昆虫开始生长发育的温度,称为发育起点。为了便于说明温度对昆虫生命活动的作用,可以假定把温度范围划分为 5 个温区(表 1-13)。

表1-13 温区划分及温度对温带地区昆虫的作用

温度/℃	温区		温度对昆虫的作用
46～60	致死高温区		短期兴奋后即死亡,是由于高温直接破坏酶的作用,这一过程是不可逆的
41～45	亚致死高温区		热昏迷状态。这种情况下的死亡决定于高温的程度和持续时间
31～40	高适温区	有效温区	温度升高,死亡率增大,发育速率随温度升高而减慢
23～30	最适温区		死亡率最小,生殖力最大,发育速度最快
9～22	低适温区		温度降低,死亡率增大,发育速率随温度降低而减慢
-9～8	亚致死低温区		冷昏迷状态。这种情况下的死亡决定于低温的强度和持续时间
-40～-10	致死低温区		组织结冰引起组织或细胞内部产生不可复原的变化而引起死亡

一般而言,温度直接影响昆虫的生长发育、繁殖、寿命、活动及分布,从而影响昆虫的发生期、发生量及其在地理上的分布。应当指出,不同种类的昆虫对环境温度的反应是不同的。例如,稻纵卷叶螟卵期的适宜温度为22℃～28℃,而黏虫却在19℃～22℃较适宜。所以对任何一种害虫都应研究和了解其对环境温度的反应,才能较好地做好测报和防治工作。

(2)有效积温定律(有效积温法则) 在有效温度范围内,昆虫的生长发育速度,常随温度的升高而加快。实验测得,昆虫完成一定的发育阶段(世代或虫期等),所需天数与该天数内温度的乘积,理论上是一个常数。用公式表示:$K=NT$,其中K表示常数,N表示发育天数,T表示平均温度。又因为昆虫的发育起点,不是从0度开始,因此昆虫的发育温度应减去发育起点"C"。

有效积温公式是:

$$K=N(T-C) \text{ 或 } N=K/(T-C)$$

这个公式说明了昆虫的发育速度与温度之间存在一定的关系,称为有效积温定律(有效积温法则)。有效积温定律的应用可有下列几个方面:

① 预测害虫发生期 知道了一种昆虫或一个虫期的有效积温和发育起点,便可根据公式$N=K/(T-C)$进行发生期预测。

例如,东亚飞蝗的发育起点温度为18℃,从卵发育到3龄若虫所需有效积温为130日·度,当地当时平均气温为25℃。问几日后达到3龄若虫高峰?

根据公式:

$$N=K/(T-C)=130/(25-18)≈19(日)$$

即19日后东亚飞蝗3龄若虫达到高峰。

② 预测某一地区某种昆虫的发生代数 知道了某种昆虫1个完整世代发育的有效积温(K_2),再利用各地气象站的资料,计算出各地年有效积温的总和(K_1),以K_1除以K_2,便可确定这种昆虫在该地区1年中发生的世代数(N)。公式如下:

世代数 = 某地1年内的有效积温(日·度)K_1/某虫完成1代所需的有效积温(日·

度)K_2。

③ 预测昆虫的地理分布 如果当地有效积温不能满足某种昆虫1年发生1个世代的K值,则这种昆虫在该地就不能完成发育。

④ 控制昆虫的发育进度 如在田间释放寄生蜂等益虫防治害虫,可根据释放日期的需要,按照$T = K/N + C$计算出室内饲养益虫的需要温度,通过调节温度来控制益虫的发育进度,在合适的日期释放出去。

应当指出,有效积温定律的应用有一定的局限性,有时会产生误差。因此,对具体问题要作具体分析,才能正确反映客观规律。

2. 湿度

湿度事实上是水的问题。水是虫体的组成成分和生命活动的重要物质与媒介。不同的昆虫或同种昆虫的不同发育阶段,对水的要求不同,水分过高或过低都能直接或间接影响昆虫正常的生命活动直到死亡。昆虫对湿度的要求有一定范围,它对昆虫的发育速度、繁殖力和成活率有明显影响。因而在自然条件下湿度主要影响害虫的发生量。不少昆虫如小地老虎和盲蝽象等要求高湿条件,湿度越大,产卵愈多,卵的孵化率也显著增高。但有些害虫如蚜虫和螨类,在低湿条件下发育、生殖较快,尤其在干旱致作物缺水的情况下,由于汁液浓度增高而提高了营养价值,从而更有利于繁殖。

3. 温、湿度的综合影响

自然界中,温度与湿度总是同时存在,互相影响并综合作用于昆虫的。对一种昆虫来说,适宜的温度范围常随湿度的变化而变化,反之适宜的湿度范围也会因温度不同而变化,只有在温、湿度都适宜的条件下,才真正有利于昆虫的发生和发育。

为了正确反映温、湿度对昆虫的综合作用,常以温湿系数来表示,公式为:

$$温湿(雨)系数\ Q = \frac{RH}{T}\ \ 或\ \ Q = \frac{M}{T}$$

式中,Q为温湿(雨)系数,RH为相对湿度,M为降水量,T为平均温度。在一定的温、湿度范围,相应的温、湿度组合能产生相近或相同的生物效能。但不同的昆虫必须限制在一定的温、湿度范围内。因为不同的温、湿度组合可得出相同的系数,它们对昆虫的作用却截然不同。

4. 光因素

光主要影响昆虫的活动规律与行为,协调昆虫的生活周期,起信号作用。光的强度对昆虫活动或行为影响明显,不同的昆虫对不同波长光的趋性不同,光周期的变化是引起昆虫滞育的重要因子。

光的性质以波长来表示,不同波长显示出不同的颜色。人类可见光,波长在400~770nm,即4000~7700Å(1Å=万分之一微米),而昆虫可见光偏于短光波,在253~700nm,即2530~7000Å,许多昆虫对紫外光表现正趋性,广泛应用的黑光灯,是短光波,波长在360nm左右,即3600Å左右,所以诱虫最多。昆虫对不同光的颜色有明显的分辨能力。蜜蜂能区分红、黄、绿、紫四种颜色,蚜虫对黄色反应敏感。因此不同颜色的光,自然成为不同种类昆虫产卵、觅食、寻找栖息场所等生命活动的信息。

光的强度对昆虫的活动与行为影响十分明显。蝶类在白天强光下飞翔,夜蛾类喜在夜间弱光下活动。例如,菜白蝶在强光下飞翔,地老虎和吸果夜蛾等喜在夜间活动,一些钻蛀性昆虫习惯于弱光。昼夜交替时间在1年中周期性的变化,称为光周期。它是时间与季节变化最明显的标志。不同的昆虫对光周期的变化,有不同的反应。例如,棉蚜在长日照条件下大量产生无翅蚜,在秋末短光照条件下,则产生有性雌蚜与有性雄蚜交配产卵越冬。

光照时间及其周期性变化是引起昆虫滞育的重要因素。例如,桃小食心虫,在不足13h的光照下,则不论何种温度,幼虫几乎全部滞育。凡使昆虫种群50%的个体步入滞育的光照时间,称为临界光周期。不同的昆虫,临界光周期不同。一般北半球纬度越高的地区的地理种群,临界光照点越高,滞育的时间就越早。季节周期性变化影响着昆虫的年生活史。试验证明,许多昆虫的孵化、化蛹、羽化都有一定的昼夜节奏特性,与光周期变化有密切关系。

5. 风

风可以降低气温和湿度,影响昆虫的体温和体内水分的蒸发,特别是对昆虫的扩散、迁飞和迁移起着重要的作用。风直接影响昆虫的地理分布与垂直分布,影响大气温度与湿度,还间接影响昆虫的生长发育,对迁飞与扩散尤为明显。例如,黏虫等借大气环流远距离迁飞,小龄幼虫与红蜘蛛等借风扩散与转移。但大风,尤其暴风雨,常给弱小昆虫或初龄幼虫(若虫)以致命打击。许多昆虫能借风力传播到很远的地方,如蚜虫可借风力迁移1220~1440km,松干蚧卵囊可被气流带到高空随风飘移。

昆虫栖息地的小气候,也不容忽视,大气候虽不适于某种害虫的大发生,但由于栽培条件、肥水管理、植被状况的影响,害虫所处的小环境(田间气候)适宜,适于某种害虫发生为害,也会出现局部严重发生,如黏虫、韭蛆等。

1.1.4.2 生物因素对昆虫的影响

1. 食物对昆虫的影响

昆虫食料的种类和数量可直接影响到它的生长、发育、繁殖及分布。例如,二化螟取食茭白比取食水稻长得好。同一种植物,由于不同生育期营养条件不同,对昆虫也有明显影响。例如,稻苞虫幼虫取食分蘖、圆杆期的水稻成活率为32.4%,而取食孕穗期的水稻成活率仅为3.3%。由此可见,食物的种类和成分直接影响昆虫的发育速度、成活率、生殖力等。当寄主植物营养条件恶化之后,不但造成大量害虫死亡,而且使许多害虫变形、迁移或进入休眠。

2. 食物链

自然界同一区域内生活着各种生物,构成一个生物群落。凡是未经过人们开垦或改造而自然形成的,称为原始生物群落,反之称为次生生物群落。两种群落各有特点。前者生物种类多,但优势种不明显,后者种类少但优势种明显。在一块桃园里,除桃树外,还有各种杂草及以桃树为食料的害虫,又有以害虫为食料的天敌,这种动物与植物、害虫与益虫之间取食与被取食的关系,把多种生物联系在一起,恰如一条链条一环扣一环,称为食物链。在一个链条中,各种生物都占有一定的比重,相互制约和依存,达到生物间的相对平衡,其中任何一环的变动(减少或增加),都会影响整条食物链。例如,瓜田蚜虫大发生后,便会有瓢虫大发生,瓢虫消灭了蚜虫,瓜田便恢复平衡;反之滥用农药,大量杀伤瓢虫,瓜蚜又会猖獗为害。了解当地食物链的特点及内在联系,选择最佳的综合治理措施,可确保有益生物兴旺,达到控制或减轻虫害发生的目的。

3. 植物的抗虫性

昆虫可以取食植物,植物对昆虫的取食也会产生抵抗性,甚至有的植物还可"取食"昆虫。植物对昆虫取食为害所产生的抗性反应,称植物的抗虫性。植物抗虫性可表现为排趋性、抗生性和耐害性。

排趋性是由于植物的形态、组织上的特点和生理生化上的特性,或体内的某些特殊物质的存在,阻碍昆虫对植物的选择,或由于植物物候期与害虫的为害期不吻合,使局部或全部避免受害。

抗生性是指植物体内某些有毒物质,害虫取食后,引起生理失调甚至死亡,或植物受害后,产生一些特殊反应(如极强愈合能力)阻止害虫为害。

耐害性是指植物受害后,由于本身的强大补偿能力,使产量减少很小。利用植物的抗虫性来选育种植抗虫高产作物品种在农业害虫防治上具有重要意义。

4. 天敌因素

在自然界,昆虫本身是食物链的一个环节,一方面它吃其他生物,另一方面它又被某些生物所"吃"。昆虫在自然界的生物性敌害叫昆虫的天敌。主要有下列种类:

(1) 天敌昆虫　天敌昆虫分寄生性与捕食性两大类。寄生性昆虫是指在寄主体内完成个体发育,如赤眼蜂产卵于玉米螟卵内并在寄主卵内完成个体发育,最后羽化为蜂,飞出寄主。寄生性天敌昆虫种类多,其中膜翅目、双翅目昆虫利用价值最大。寄生性昆虫根据寄生和取食方式分为内寄生与外寄生两类。凡是寄生在寄主的卵、幼虫、蛹和成虫内的称内寄生,反之称外寄生。而捕食性昆虫,从幼虫到成虫性成熟再产卵,则需要捕食很多个寄主,最后才完成发育。捕食性天敌种类很多,最常见的如螳螂、蜻蜓、草蛉、虎甲、瓢甲、食蚜蝇等。这些益虫在自然界中帮助人们消灭大量害虫,许多在生物防治中已发挥了巨大的作用。

(2) 天敌微生物　昆虫生长发育过程中,常因致病微生物的侵染而生病死亡,因此利用天敌微生物治虫越来越广泛。

① 细菌　已发现昆虫感染的病原细菌近100种。目前研究和应用较多的为芽孢杆菌,如苏云金芽孢杆菌和日本金龟甲芽孢杆菌等。昆虫感染细菌病害之后的显著特征是行动迟缓,食欲减退,死后身体软化变色,带黏性、发臭。

② 真菌　有500余种,其中重要的有微孢子、虫霉菌、白僵菌、绿僵菌等。昆虫感染真菌病害之后的显著特征是死虫身体变硬,体表有白色、绿色、黄色等不同色泽的霉状物。不少真菌可制成菌粉长期保存,便于工业化生产和田间使用。

③ 病毒　常见的有细胞核多角体病毒、细胞质多角体病毒、颗粒体病毒等。以细胞核多角体病毒侵染昆虫最多。病毒主要通过带毒食物或排泄物或借媒介传播而感染。昆虫感病后表现食欲减退,腹足紧抓树梢下垂而死,皮破流出大量病毒液体,但无臭味。用病毒防治害虫,用量少,效果好,且持久,但繁殖受限,必须活体培养,因此在防治应用上受到限制。

④ 线虫　线虫在生物防治上的应用,近年来渐渐受到重视。

⑤ 蜘蛛及其他食虫动物　鸟类的应用早就被人们所重视。蜘蛛的应用,在生物防治中

也越来越受到人们的重视。

1.1.4.3 土壤因素对昆虫的影响

土壤是昆虫的一个特殊生态环境,对昆虫的影响主要表现在以下几方面:

1. 土壤的温度

不同的昆虫可以在不同的土壤深度找到所需温度,加上土壤本身的保护作用,土壤成了昆虫越冬和越夏的良好场所。随着季节的更替和土壤温度的变化,土壤中生活的昆虫,如蛴螬、蝼蛄等地下害虫常做上下垂直移动,生长季节到土表下为害,严冬季节可潜入土壤深处越冬。

2. 土壤的湿度

土壤空隙中的湿度,除表层外,一般处在饱和状态。昆虫的卵、蛹及休眠状态的幼虫等多以土壤作栖息地。在土壤中生活的昆虫,对土壤湿度的变化有一定的适应能力。例如,甘薯金花虫越冬幼虫一般在5~6月化蛹变为成虫,如此时干旱少雨,则延迟出土期和减轻为害。

3. 土壤的理化性质

土壤酸碱度及含盐量对土栖昆虫或半土栖昆虫的活动与分布有很大的影响。例如,麦红吸浆虫幼虫适生于pH为6~11的土壤中,在pH小于6的土壤中不能生存。土壤结构对土栖昆虫也有影响。例如,黄守瓜幼虫在黏土中化蛹率及蛹羽化率均比砂土地高。

1.1.4.4 人类的生产活动对昆虫的影响

1. 改变一个地区的昆虫组成

人类生产活动中,常有目的地从外地引进某些益虫,如澳洲瓢虫相继被引进各国,控制了吹绵蚧。但人类活动中也常无意地带进一些危险性害虫,如地中海实蝇、美国白蛾等,带来了灾难。

2. 改变昆虫的生活环境和繁殖条件

人类培育出抗虫耐虫的作物、蔬菜、果树及茶树苗木,大大减轻了受害程度;大规模地兴修水利、植树造林和治山改水的活动,改变自然面貌,从根本上改变昆虫的生存环境,可从生态上控制害虫的发生,如对东亚飞蝗的防治就是一个典型的例子。

3. 人类直接治理害虫

新中国成立后开展了大规模的治虫运动,如对果树食心虫和果树红叶螨的成功防治就是最明显的见证。但是,在化学治虫中,由于用药不当又常出现某些害虫猖獗的现象。例如,果树上的红叶螨一再猖獗,其原因之一就是滥用农药。

另外,在人类的生产活动和贸易往来中,一些为害严重的新的害虫,也常随人类的频繁交往传播蔓延,给农业生产带来新的不利因素。因此,加强植物检疫,增强检疫意识是十分必要的。

知识应用

苏云金杆菌(Bacillus thuringiesnsis,Bt)是一种细菌杀虫剂,主要作用成分为晶体蛋白(ICP)。伴胞晶体(主要成分为蛋白质)进入昆虫消化道后,被碱性肠液破坏成较小单位的δ-内毒素,使中肠停止蠕动、瘫痪,中肠上皮细胞解离,昆虫停食,芽孢则在肠中萌发,经被破坏的肠壁进入血腔后大量繁殖，使昆虫得败血症而死。苏云金杆菌对人畜安全，大鼠急性口服 LD_{50} 为 8000mg/kg，对作物无药害，不伤害蜜蜂和其他益虫，但对蚕有毒。苏云金杆菌杀虫谱广，对鳞翅目昆虫特别有效。该产品通过有机产品认证，可以广泛应用于有机农产品生产中的害虫防治。

❋ 知识点5　园艺植物害虫的调查统计和预测预报 ❋

知识目标

1. 掌握园艺植物病虫害的田间调查方法，并对有关调查数据进行统计和整理分析。
2. 掌握园艺植物病虫害田间预测预报方法，准确预测有关病虫害的发生结果。

能力目标

1. 能进行园艺植物病虫害的田间调查和预测预报。
2. 能对有关调查数据进行统计和整理分析。

1.1.5.1　园艺植物害虫的调查统计

为了做好害虫的防治工作，必须有目的地实际调查和了解昆虫的情况，熟悉其消长规律，并加以统计分析，确切地掌握可靠的数据，做好预测预报工作，并制定出正确的防治措施，保证防治效果。

1. 昆虫调查的主要内容

一般分为普查与专题调查两种。普查主要是了解一个地区或某一作物上害虫发生的基本情况，如害虫种类、发生时间、发生数量、为害程度、防治情况等。专题调查是在普查的基础上进行的、针对一种或几种害虫进行较为详细的调查，一般要求较高的准确度。昆虫调查的内容主要有：

（1）害虫发生及为害情况调查　即了解一个地区在一定时间内的害虫种类、发生时间、发生数量及为害程度等。对于当地常发性或暴发性的重点害虫，则可以详细调查记载害虫各虫态的始发期、盛发期、盛末期和数量消长情况等，为确定防治对象田和防治适期提供依据。

（2）害虫、天敌发生规律的调查　即调查某一害虫或天敌的寄主范围、发生世代、主要习性以及在不同农业生态条件下数量变化的情况等，为制定防治措施和保护、利用天敌提供依据。

（3）害虫越冬情况调查　调查害虫的越冬场所、越冬基数、越冬虫态等。目的是制订防治计划和开展害虫长期预报等积累资料。

（4）害虫防治效果和作物受害损失调查　查明防治的效果以及作物受害损失程度及其原因，可为制定害虫防治方案和为政府决策提供科学参数。

2. 昆虫田间分布型及其取样方法

（1）分布型　每种昆虫和同种昆虫的不同虫态在田间的分布都有一定的分布型。最常见的有随机型、核心型、嵌纹型3种（图1-44）。

| 随机分布型 | 核心分布型 | 嵌纹分布型 |

图 1-44　昆虫种群田间分布型示意图

活动力强的昆虫在田间往往分布比较均匀,称随机分布型,如黄条跳甲成虫在白菜地里的分布。

活动力弱的昆虫或虫态在田间往往呈不均匀分布,多数由小集团形成一个个核心,并从核心放射状蔓延,称核心分布型,如菜蚜在十字花科蔬菜地里的分布。

有的昆虫是从田间杂草过渡来的,在田间呈不均匀的疏密互间的分布,称嵌纹分布型,也称负二项式分布,如温室白粉虱成虫在温室蔬菜上的分布。

(2) 调查取样方法　调查时无法逐田、逐株地把全部昆虫记数、度量,常采用抽样的调查方法,由局部推知全局,由样本对总体做出估计。常用的取样方式如下(图1-45):

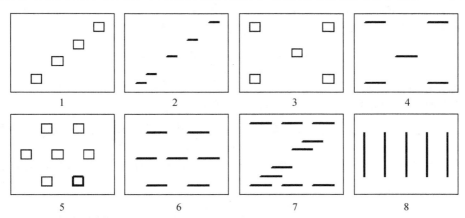

1、2. 对角线；3、4. 五点式；5、6. 棋盘式；7. "Z"字形式；8. 平行式

图 1-45　田间调查取样法示意图

① 对角线　有单对角线和双对角线两种方式,适合密集的或成行的植物、随机分布型昆虫。

② 五点式　可按一定面积、一定长度或一定植株数量选取样点,适用于随机分布型昆虫。

③ 棋盘式　适合密集的或成行的植物、随机分布型或核心分布型害虫。

④ "Z"字形式　适用于嵌纹分布型昆虫。

⑤ 平行式　取样点较多,每点样本可适当减少。适用于成行的植物和核心分布型昆虫。

3. 昆虫调查情况统计

调查得到的数据资料要经过整理加工,由表及里地分析和推论,才能找出昆虫的客观发生规律,并准确地应用到害虫的预测预报和防治工作中去。

(1) 田间药效试验　常用害虫的死亡率、虫口减退率来表示杀虫剂对害虫的防治效果。

当调查结束时能准确地查到样点内所有死虫和活虫时,可用死亡率表示。

$$死亡率(\%) = \frac{死亡个体总数}{供试总虫数} \times 100\%$$

当调查结束时只能准确地查到样点内活虫而不能找到全部死虫时,一般用虫口减退率表示。

$$虫口减退率(\%) = \frac{(防治前的活虫数 - 防治后的活虫数)}{防治前的活虫数} \times 100\%$$

死亡率和虫口减退率包含杀虫剂所造成的死亡和自然因素所造成的死亡。如自然死亡率(这里指不施药的对照区的死亡率)很低,则虫口减退率基本上可反映杀虫剂的真实效果。但当自然死亡率大于5%时,则上述死亡率和虫口减退率就不能客观地反映杀虫剂的真实效果,因此应予校正,常用校正防效来表示。

$$校正防效(\%) = \left[1 - \frac{(处理区处理后虫量 \times 对照区处理前虫量)}{(处理区处理前虫量 \times 对照区处理后虫量)}\right] \times 100\%$$

(2) 作物受害情况调查。

① 被害率　表示作物的株、秆、花、叶、果实等受害的普遍程度。

$$被害率(\%) = \frac{被害株(秆、叶、花、果)数}{调查总株(秆、叶、花、果)数} \times 100\%$$

② 被害指数　有时用被害率表示并不能说明受害的实际情况,因此往往用被害指数表示。在调查前先按受害轻重分成不同等级,然后分级计数。

$$被害指数 = \frac{(各级值 \times 相应级的株(秆、叶、花、果)数的累计值)}{(调查总株(秆、叶、花、果)数 \times 最高级)} \times 100$$

如调查蚜虫发生情况,将蚜害分成5个等级(表1-14),分级计算株数,计算蚜害指数如下:

表1-14　蚜虫分级调查

等级	蚜害情况	株数	株数×等级
0	无蚜虫,全部叶片正常	41	
1	有蚜虫,全部叶片无蚜害异常现象	26	1×26=26
2	有蚜虫,受害最重叶片出现皱缩不展	18	2×18=36
3	有蚜虫,受害最重叶片皱缩半卷,超过半圆形	3	3×3=9
4	有蚜虫,受害最重叶片皱缩卷,呈圆形	0	
合计		88	71

蚜害指数 = 71/(88×4)×100 = 20.2

4. 损失估计

作物因害虫为害所造成的损失程度直接决定于害虫数量的多少,但不完全一致。为了可靠地估计害虫所造成的损失,需要进行损失估计调查,害虫的为害损失估计包括产量损失和质量损失。它受害虫发生数量、发生时期、为害方式、为害部位等多种因素的综合影响。就产量损失而言,先计算受害百分率和损失系数,进而求得产量损失百分率。

(1) 受害百分率的计算 $P = \frac{n}{N} \times 100\%$。式中,$P$ 为被害或有虫(株或梢等)百分率,n 为被害或有虫(株或梢等)样本数,N 为调查样本总数。

(2) 损失估计。

① 调查计算损失系数 $Q = \frac{(a-e)}{a} \times 100\%$。式中,$Q$ 为损失系数,a 为未受害植株单株平均产量;e 为受害植株单株平均产量。

② 产量损失百分率 $C = \frac{(Q \times P)}{100}$。

③ 实际损失百分率 $L = \frac{(a \times M \times C)}{100}$。式中,$M$ 为单位面积总植株数,其余同以上公式。

1.1.5.2 园艺植物害虫预测预报

园艺植物害虫预测预报就是根据害虫的生物学特性、发生发展规律、田间调查资料,结合当地、当时园艺植物的生长发育状况及当地的气候变化规律和有关历史档案,联系起来进行综合分析,对园艺植物害虫未来发生、发展动态趋势作出判断,并将判断结果发布给有关生产单位和个人,以便做好防治准备工作和指导工作。

害虫预测预报的内容包括害虫的发生期预测、发生量预测、迁飞预测、发生范围预测、为害程度预测等。其中以前两项预测最重要。

1. 发生期预测

发生期预测是指预测某种害虫的某一虫态或某一虫龄发生或为害出现的时间,如对孵化、化蛹、羽化、迁飞等方面的预测。害虫发生期的准确预测对抓住关键时期防治害虫,提高防治效果,降低防治成本非常重要。例如,果树食心虫必须消灭在卵期和幼虫孵化至蛀入果实之前,一旦蛀入果内,防治效果则较差;有些暴食性食叶害虫(如斜纹夜蛾、地老虎),必须防治在 3 龄之前,否则后期食量大增,为害严重,同时抗药性增强,毒杀比较困难。

发生期预报通常以害虫虫态历期在一定的生态环境条件下需经历一定时间的资料为依据。在掌握虫态历期资料的基础上,只要知道前一虫期的出现期,考虑近期环境条件(如温度),便可推断后一虫期的出现期。

(1) 按照预测时间的长短,害虫预测预报可分为长期预测、中期预测和短期预测。

① 长期预测 预测 1 年或 1 年以上某地区某种害虫的发生动态和趋向。由于预测时间较长,期间气候等环境因素变化较大,故准确性较差。例如,我国滨湖及河泛地区根据年初对涝、旱预测的资料及越冬卵的情况,来推断当年飞蝗的发生动态。

② 中期预测 预测 20d 到 1 个季度的害虫的发生情况。通常是预测下一个世代或 1 代以上的发生情况。它是根据田间害虫的调查情况,结合害虫发育历期和当地近期的气象资料,对害虫未来发展趋势进行预测。

③ 短期预测 预测几天到 20d 内某种害虫的发生动态,通常是根据害虫前一两个虫态的发生情况,推测后一两个虫态的发生时期和数量,以确定未来的防治时期、次数和防治方法,准确性较高,使用范围广,对生产指导意义较大。

(2) 根据采用的方法，分为发育进度预测法、有效积温预测法、物候预测法、害虫趋性诱测法、回归统计预测法等。

① 发育进度预测法　主要根据昆虫前一虫态在田间实际发育进度，加上相应的虫态历期，预测下一个或几个虫态的发生期。这类方法作为短期预测的准确性很高，实用价值大，为目前国内普遍采用的发生期预测方法。

害虫发育进度预测中，常将某种害虫的某一虫态或某一虫态的发生期，根据其昆虫种群数量在时间上的分布进度，分为始见期、始盛期、高峰期、盛末期和终见期5个阶段。通常把最初见到某种昆虫的时间称为始见期，最后见到的时间称为终见期。在数理统计学上通常把发育进度百分率达16%、50%、84%左右作为划分始盛期、高峰期、盛末期的数量标准。要做好发育进度预测必须查准发育进度，搜集、测定和计算害虫历期及期距资料，找准虫源田，测准基准线，选择合适的历期或期距。根据不同的方法，发育进度预测法又可分为历期法、分龄（分级）推算法和期距法等。

a. 历期预测法　这是一种短期预测，准确性较高。历期是昆虫完成一定的发育阶段所经历的天数。采用历期预测法，首先要通过饲养观察或其他途径，获得预测对象昆虫在不同温度下各代各虫态的历期资料，然后在田间进行定点定时发育进度系统调查，最后在调查掌握害虫发育进度的基础上，调查得到某一虫期的始盛期、高峰期、盛末期出现的时间，参考当时气温预报，分别向后加上当时气温条件下相应虫态或世代的历期，便可预测后一虫态或世代的始盛期、高峰期、盛末期的日期。

例如，田间查得5月14日为第1代茶尺蠖化蛹盛期，5月间蛹历期10~13d，产卵前期2d，则产卵盛期为5月26~29日；再向后加上卵期8~11d，即6月3~9日应为第2代卵的孵化盛期。产卵盛期为5月14日加10~13d（蛹期）加2d（产卵前期），为5月26~29日。卵孵化盛期为5月26~29日加8~11d（卵期），为6月3~9日。

b. 期距预测法　期距就是昆虫两个发育阶段之间相距的时间。期距预测法是以害虫发育进度为基准进行的。方法是根据前一虫态发生的日期，加上相应的期距天数，推算出后一虫态发生的日期；或根据前一世代的发生期，加上1个世代的期距，预测后一个世代同一虫态的发生期；也可推算出下一代同一虫期发生的时间等。

了解虫态历期或期距的方法：

搜集资料　从文献上搜集有关主要害虫的一些历期与温度关系的资料，做出发育历期与温度关系曲线，或分析计算出直线回归式备用。在预测时结合当地、当时气温预告值，求出所需要的适合的历期资料。

饲养法　在人工控制的不同温度下，或在自然变温条件下饲养一定数量的害虫，观察，记录其各代、各虫态、各龄期和各发育阶段在其生长发育过程中的特征，从而总结出它们的历期与温度间关系的资料。

田间调查法　从某一虫态出现前开始田间调查，每隔1~3d进行一次（虫期短的间隔期也短），统计各虫态所占百分比，将系统调查统计的百分比排队，便可看出发育进度的变化规律。根据前一虫态高峰与后一虫态盛发高峰期相距的时间，即可定为"盛发高峰期距"，其他类推。例如，害虫化蛹百分率、羽化百分率、孵化率可按下式统计计算：

$$化蛹率(\%) = \frac{(活蛹数 + 蛹壳数)}{(活幼虫数 + 活蛹数 + 蛹壳数)} \times 100\%$$

$$羽化率(\%) = \frac{蛹壳数}{(幼虫数 + 活蛹数 + 蛹壳数)} \times 100\%$$

$$孵化率(\%) = \frac{卵粒或卵块孵化数}{检查卵粒或卵块总数(已孵化 + 未孵化)} \times 100\%$$

诱集法 对于一些飞翔能力较强的害虫,可以利用它们的生物学特性,如趋光性、趋化性、觅食和潜伏等习性来诱集害虫,获得历期或期距资料。例如,用黑光灯诱测各种夜蛾、螟蛾、天敌、金龟子等,用杨树枝把诱测棉铃虫成虫、烟青虫成虫,用糖、酒、醋混合液诱测地老虎成虫,用性诱剂诱虫,用黄皿诱蚜虫等。如在害虫发生期前开始经常性诱测,逐日记载统计所获雌、雄虫量或总虫量,通过连续系统的记载,可以将某一害虫各代间始、盛、末期的期距统计出来。通过期距,将上一代的盛期日期加上期距,推算出下一代盛期的发生时间。当获得多年的数据资料后,便可分析总结出具有规律性的资料用于期距预测。同时,这些诱测器诱集的虫数也可作为验证预测值是否准确的依据,还可有目的地搜集活蛾,解剖观察卵巢发育级别及交配次数,按自然积温与虫量发生关系求得积温预测式等资料。

c. 分龄(分级)推算法 针对各虫态历期较长的害虫进行的方法。也就是说可根据某种害虫某龄幼虫或某级蛹到羽化的历期,推算出成虫羽化始盛期、高峰期和盛末期。

例如,1983年在皖南宣城大田查得第1代茶小卷叶蛾于5月16日进入4龄盛期,按当时25℃左右各虫态的发育历期推算为:第2代卵盛孵期为5月16日加3~4d(4龄幼虫历期)加5~6d(5龄幼虫历期)加6.5d(蛹历期)加2~4d(成虫产卵前期)加6~8d(第2代卵历期),即为5月16日加23.5~31.5d,为6月10~18日。大田幼虫的实际盛孵期在6月12日,与上述推算的时间基本一致。

② 有效积温预测法 根据有效积温法则预测害虫发生期,在国内各地早已研究应用。当测得害虫某一虫态、龄期或世代的发育起点(C)和有效积温(K)后,就可根据田间虫情,当地常年同期的平均气温(T),结合近期气象预报,利用有效积温公式计算出下一虫态、龄期或世代出现所需的天数(N),从而对该种害虫下一虫态、龄期或世代的发生期进行预测。

③ 物候预测法 利用自然界各种生物现象发生时期的相互关系来预测害虫发生期的方法称为物候预测法。自然界中害虫生长发育的阶段经常与寄主或其他植物的生育期相吻合。在长期的农林业生产和害虫测报实践中,人们积累了丰富的物候学知识。例如,在江南一带对马尾松毛虫的预测,根据"桃花红,松毛虫出叶丛;枫叶红,松毛虫钻树缝",可以比较准确地掌握马尾松毛虫出蛰和入蛰期;还有"花椒发芽,棉蚜孵化;芦苇起锥,向棉田迁飞"等说法。因此,可根据这些物候现象来预测某些害虫的发生期。利用物候预测害虫发生期,不仅简便易行,便于群众掌握,而且具有一定的科学依据。

2. 发生量预测

根据某一害虫虫源基数、形态特征或其他指标等,预测害虫未来发生数量的多少和危害性大小的方法,称为发生量预测。害虫发生数量的预测是决策是否应该进行防治以及防治地区、田块、面积的规模和防治次数的依据。目前,虽然有不少关于发生量预测的资料,但总的研究进展仍远远落后于发生期预测。这是由于影响害虫发生量的因素较多所致。

例如，营养的量与质的影响、气候直接与间接的作用、天敌的消长和人为因素等，常引起害虫发生量的波动以及繁殖力、个体大小、体质量、性比、色泽、死亡率等的各种变化。这种变化的幅度和深度，常因害虫的种类不同而不同。

害虫有效基数预测法是根据上一世代某种害虫的有效虫口基数、生殖力、存活率等，预测下一代该害虫发生数量多少的方法。此法对一化性害虫或1年发生代数少的害虫的预测效果较好，特别是在耕作制度、气候、天敌寄生率等较稳定的情况下应用效果较好。预测的根据是害虫发生的数量，通常与前一代的虫口基数有密切的关系。基数愈大，下一代的发生量往往愈大，相反则较小。在预测和研究害虫数量变化规律时，对许多害虫可在越冬后、早春时进行有效虫口基数调查，作为预测第1代发生量的依据。对许多主要害虫的前一代防治不彻底或未防治时，由于残留的虫量大，基数高，则后一代的发生量往往增大。常用下式计算繁殖数量：

$$P = P_0 [e \times f/(m+f) \times (1-M)]$$

式中，P 为繁殖数量，即下一代的发生量，P_0 为上一代虫口基数，e 为每头雌虫平均产卵数；$f/(m+f)$ 为雌虫百分率，f 为雌虫数，m 为雄虫数，M 为死亡率（包括卵、幼虫、蛹、成虫未生殖前的死亡数），$(1-M)$ 为存活率，$1-M = (1-a) \times (1-b) \times (1-c) \times (1-d)$；其中 a、b、c、d 分别代表卵、幼虫、蛹、成虫未生殖前的死亡率。

例如，某地在菜粉蝶第1代幼虫开始化蛹时，查得其基数为10800头/hm²，设其性比为1∶1，第1代幼虫、蛹、成虫，第2代卵总死亡率为80%，又知第1代每头雌成虫平均产卵量为120粒，预报第2代幼虫数量。

$$P = P_0 [e \times f/(m+f) \times (1-m)] = 10800 \times (120 \times 1/2) \times (1-0.8) = 129600 \text{ 头/hm}^2$$

依据调查基数预测发生量的工作量较大，要真正查清前一代的基数很不容易，对多食性害虫和越冬虫源较广的种类如玉米螟等，以及目前尚未弄清其越冬虫源的或具有远距离迁飞习性的害虫如黏虫等，要查明其可靠的有效虫口基数则更困难。另外，检查时间与方法都应根据物种的生物学、生态学特性而定，事先要弄清其主要虫源，要测定该种的生殖力、死亡率、雌雄性比、寄生率及其他有关数据。

 案例分析

有效积温预测法的应用：根据有效积温法则预测害虫发生期：$N = K/(T-C)$。

例：已知槐尺蠖卵的发育起点温度（C）为 8.5℃，卵期的有效积温（K）为 84℃，卵产下当时的日平均气温为 20℃，若天气情况无异常变化，预测卵的孵化期。

根据有效积温法，则 $K = N(T-C)$，$N = K/(T-C) = 84/(20-8.5) = 6.3(d)$。

可以预测6d以后槐尺蠖的卵就会孵化出幼虫。

复习思考

一、简答题

1. 你见到的动物中哪些是昆虫？请说明理由。

2. 危害植物的昆虫口器主要有哪两大类？植物被危害后各有何为害状？如何防治这两类口器的害虫？

3. 根据体壁的结构如何加强对害虫的防治？
4. 昆虫有哪些习性？如何根据昆虫的习性来防治害虫？
5. 为什么使用化学药剂防治害虫的幼虫要在3龄之前？
6. 如何区分鳞翅目蛾类幼虫和膜翅目叶蜂幼虫？
7. 简述昆虫的消化系统与药剂防治的关系。
8. 直翅目、鳞翅目、鞘翅目的主要特征有哪些？
9. 昆虫和螨类形态结构有什么不同？昆虫感知外界信息的器官有哪些？功能是什么？
10. 昆虫呼吸、神经、生殖系统与防治有何关系？
11. 何谓昆虫，有哪些特征？其分类地位如何？昆虫是怎样感觉到外界消息的？
12. 简述昆虫触角、眼、口器、胸足、翅的基本构造及类型。
13. 简述昆虫纲与蛛形纲、甲壳纲、多足纲等的区别。
14. 简述昆虫的眼与趋光性的关系及其在防治上的应用。
15. 何谓世代、年生活史？温度、湿度和食物对昆虫的影响各有哪些特点？
16. 农业害虫的天敌有哪些类型？各举1～2例。
17. 简述害虫的主要分布型及其常适用的调查方法。
18. 根据一种或一类害虫，设计田间调查取样法，并设计出记载表。
19. 按预测时间长短之分，害虫预测预报可分为哪几种？每种主要内容是什么？
20. 发生期预测常有哪些方法？如何进行？
21. 什么叫被害率、被害指数、损失率？它们是如何计算的？

二、搭配题（用线将下列对应的部位连接起来）

1. 丝状　　　　　　A. 麻皮蝽　　　　　　a. 咀嚼式口器
2. 刚毛状　　　　　B. 金龟甲　　　　　　b. 刺吸式口器
3. 鞭状　　　　　　C. 凤　蝶　　　　　　c. 虹吸式口器
4. 鳃状　　　　　　D. 白　蚁
5. 球杆状　　　　　E. 黑蚱蝉
6. 念珠状　　　　　F. 星天牛

三、判断题（对的打"√"，错的打"×"）

1. 金龟甲、叶甲、步甲均有假死性。　　　　　　　　　　　　　　　　（　）
2. 地老虎的幼虫喜食酸甜物。　　　　　　　　　　　　　　　　　　　（　）
3. 蝗虫、蜻蜓、蝉、蜂类均为不全变态昆虫。　　　　　　　　　　　　（　）
4. 化学防治幼虫的最佳时期是初龄幼虫期和脱皮期。　　　　　　　　　（　）
5. 以卵越冬的昆虫具越冬代。　　　　　　　　　　　　　　　　　　　（　）
6. 直翅目昆虫的后足为跳跃足。　　　　　　　　　　　　　　　　　　（　）
7. 同翅目昆虫的触角为刚毛状。　　　　　　　　　　　　　　　　　　（　）
8. 半翅目昆虫的前翅为鞘翅。　　　　　　　　　　　　　　　　　　　（　）

　考证提示

园艺植物常见昆虫的名称、形态识别及分类地位（目、科）。

任务实施

通过进行课程实训来完成任务,任务中包括实训项目如下,可根据课程内容、进度从以下项目中进行选取。

实训项目1 昆虫外部形态及昆虫各虫态观察

1.1 实训目标

掌握昆虫纲的特征;熟悉昆虫外部形态特征,观察各附器的结构和类型;认识两种变态类型昆虫的主要特点和不同发育阶段的主要形态特征,熟悉昆虫幼虫和蛹的类型。

1.2 实训场所

农业昆虫实训室。

1.3 实训形式

6~8人一组,在教师示范和指导下观察操作。

1.4 实训材料准备

蝗虫、蝼蛄、螳螂、蜻蜓、叶蝉、草蛉、白蚁、蛾类、蝶类、龙虱、金龟甲、步甲、天牛、象甲、家蝇、蜜蜂、蜘蛛、蜈蚣、马陆、虾等浸渍或干制标本,部分微小昆虫的玻片标本,昆虫模具、昆虫外部特征挂图及多媒体课件等。

1.5 实训仪器和用具

体视显微镜、放大镜、解剖针、挑针、镊子、搪瓷盘、培养皿和多媒体教学设备等。每组一套。

1.6 实训内容和方法

(1)观察节肢动物门的蛛形纲(蜘蛛)、甲壳纲(虾)、唇足纲(蜈蚣)、重足纲(马陆)与昆虫的主要区别。

(2)观察蝗虫的体躯。注意体壁的特征及头、胸、腹3个体段的划分,触角、复眼、单眼、口器、足、翅及气门、听器、尾须、外生殖器等的着生位置和形态。

(3)观察蜜蜂触角的柄节、梗节、鞭节的构造。对比观察蛾类、蝶类、蜻象、金龟甲、步甲、家蝇、天牛、白蚁等昆虫的触角。各属何种类型?

(4)观察蝗虫前足的构造。对比观察步甲的前足、蝼蛄的前足、蝗虫的后足、蜜蜂的后足、螳螂的前足、龙虱的后足等。都发生了哪些变化?各属何种类型?

(5)取天蛾或菜粉蝶的前翅,观察昆虫翅的构造。对比观察蝗虫、蜻象、金龟甲、步甲、象甲、蜜蜂、蓟马、家蝇的前、后翅。各属什么类型?

(6)昆虫口器观察。

① 用镊子取下蝗虫咀嚼式口器的上唇、上颚、下颚、下唇和舌,对照挂图进行观察。

② 观察蚱蝉的刺吸式口器、蛾类或蝶类的虹吸式口器、蜜蜂的嚼吸式口器、家蝇的舐吸式口器、蓟马的锉吸式口器等示范标本。

(7)比较菜粉蝶与蝗虫的生活史标本。两者在发育阶段和各虫态的形态特征方面有何区别?

(8)观察供实验昆虫的卵粒或卵块形态。它们在排列及有无保护物等方面各有何特点?

(9) 比较观察蝗虫、蟑等昆虫的若虫与成虫。在形态上有何主要区别（注意翅的形态与大小）？

(10) 观察天蛾、尺蠖、菜粉蝶、蝇类、瓢甲、金龟甲、象甲等幼虫。它们的外部形态与成虫的显著区别是什么？各属何种类型？

(11) 观察菜粉蝶、金龟甲、瓢甲、蝇、寄生蜂等蛹的形态。各属何种类型？有何主要特征？

(12) 观察独角仙、小地老虎等成虫。它们的雌虫和雄虫在形态上有何区别？蚜虫成虫在形态上有何主要特点？

1.7 实训作业

(1) 粘贴昆虫咀嚼式口器的解剖构造，并注明各部分名称。
(2) 描述昆虫与蛛形纲、甲壳纲、唇足纲、重足纲动物在形态上的主要区别。
(3) 列表记载供试昆虫的触角、口器、翅和足的类型。
(4) 列表注明所观察昆虫卵、幼虫、蛹各属何种类型。
(5) 不全变态昆虫的若虫与成虫在形态上有什么区别？

实训项目2　直翅目、半翅目、同翅目昆虫及其常见科的形态特征观察

2.1 实训目标
认识识别直翅目、半翅目、同翅目昆虫及其主要科的形态特征。

2.2 实训场所
农业昆虫实训室。

2.3 实训形式
6~8人一组，在教师示范和指导下观察操作。

2.4 实训材料准备
蝗虫、蟋蟀、蝼蛄、蝽象、盲蝽、猎蝽、蚱蝉、叶蝉、粉虱、蚜虫等玻片标本、针插标本或浸渍标本。直翅目、半翅目、同翅目昆虫的分类示范标本，昆虫挂图、照片及多媒体课件等。

2.5 实训仪器和用具
体视显微镜、放大镜、镊子、挑针、培养皿和多媒体教学设备等。

2.6 实训内容和方法

(1) 观察直翅目、半翅目、同翅目昆虫的分类示范标本。它们在外形上有何主要区别？
(2) 观察蝗虫、蟋蟀、蝼蛄的触角形状和口器类型，以及前后翅的质地、形状，前足、后足各属何种类型；并观察前胸背板、听器、产卵器及尾须等各有何主要特征。
(3) 观察蝽象、盲蝽、猎蝽的口器。其喙由何处伸出？前后翅各属何种类型？
(4) 观察蚱蝉、叶蝉、粉虱、蚜虫等昆虫触角类型、口器类型及喙从何处伸出，以及前翅质地、休息时翅的状态。观察蚜虫的腹管和触角感觉圈的形状。

2.7 实训作业
将所观察各目代表科昆虫的主要形态特征填入下表。

昆虫目及主要科形态特征观察记录表

目	科	口器特征	翅特征	足特征	其他特征

实训项目 3　鞘翅目、鳞翅目、双翅目、膜翅目昆虫及其常见科的形态特征观察

3.1　实训目标

识别鞘翅目、鳞翅目、双翅目、膜翅目昆虫及其主要科的形态特征。

3.2　实训场所

农业昆虫实训室。

3.3　实训形式

6~8人一组,在教师示范和指导下观察操作。

3.4　实训材料准备

步甲、虎甲、吉丁虫、金龟甲、瓢甲、象甲、叶甲、天牛、凤蝶、粉蝶、弄蝶、眼蝶、天蛾、瘿蚊、潜蝇、食蚜蝇、叶蜂、姬蜂、胡蜂、茧蜂、小蜂等针插标本、浸渍标本或玻片标本。鞘翅目、鳞翅目、双翅目、膜翅目等分类示范标本,昆虫挂图、照片及多媒体课件等。

3.5　实训仪器和用具准备

体视显微镜、放大镜、镊子、挑针、培养皿和多媒体教学设备等。

3.6　实训内容和方法

(1) 观察鞘翅目、鳞翅目、双翅目、膜翅目昆虫分类示范标本。它们各有何主要特征？

(2) 观察步甲、虎甲、金龟甲、瓢甲、象甲、叶甲、天牛等昆虫的前后翅各属何种类型。头式、触角形状、足的类型、跗节数目等特征如何？幼虫类型、口器特征怎样？并观察比较步甲和金龟甲腹部第1节腹板是否被后足基节臼(窝)分开。

(3) 对比蛾类与蝶类的主要形态区别。在体视显微镜下观察蛾、蝶类幼虫腹足的趾钩。对比观察凤蝶、粉蝶、弄蝶、螟蛾、夜蛾、毒蛾、舟蛾、卷叶蛾、潜叶蛾、刺蛾、天蛾、蛀果蛾等成虫的触角形状、翅的形状、颜色,体型以及幼虫的足式、体型等的形态特点。

(4) 观察瘿蚊、潜蝇、食蚜蝇的成虫口器、触角、前后翅各属何种类型。

(5) 观察叶蜂、姬蜂、胡蜂、茧蜂、小蜂成虫的胸腹连接处是否缢缩。幼虫是多足型,还是无足型？

3.7　实训作业

(1) 将所观察各目代表科昆虫的主要形态特征填入下表。

昆虫目及主要科形态特征观察记录表

目	科	口器特征	翅特征	足特征	其他特征

(2) 以步甲、金龟甲为代表,比较肉食亚目和多食亚目的主要区别。

(3) 以粉蝶、夜蛾为代表,比较锤角亚目和异角亚目的主要区别。

实训项目 4　昆虫标本的采集、制作和保存

4.1　实训目标

学习采集、制作和保存植物昆虫标本的方法,并通过标本采集、鉴定,熟悉当地昆虫种类、识别特点和发生情况。

4.2　实训材料与用具准备

剪刀、小刀、镊子、放大镜、挑针、标本瓶、大烧杯、福尔马林、酒精、捕虫网、吸虫管、毒瓶、纸袋、采集箱、诱虫灯等。

4.3　实训内容及方法步骤

(一)昆虫标本的采集

1. 采集用具

(1)捕虫网　由网圈、网袋和网柄三部分组成。捕虫网用途分为用于采集空中飞行昆虫的空网,用来扫捕植物丛中昆虫的扫网,用来捕捉水生昆虫的水网。

(2)吸虫管　用于采集蚜虫、蓟马、红蜘蛛等微小昆虫。主要利用吸气时形成的气流将虫体带入容器。

(3)毒瓶和毒管　专用于毒杀昆虫。一般由严密封盖的磨口广口瓶制成。由教师示范制备简易毒瓶(广口瓶底放一些棉花,滴入几滴三氯甲烷(氯仿)或四氯甲烷(四氯化碳),或棉花上蘸上较多的敌敌畏,最后放入大小适宜的滤纸即可),注意向学生说明注意事项。

(4)指形管　用于暂时存放虫体较小的昆虫。管底一般是平的,形状如手指。

(5)三角纸袋　常用来暂时存放蝶、蛾类昆虫的标本。一般用坚韧的光面纸,裁成长宽比为3∶2的方形纸片,大小可多备几种,折叠成三角形,如图1-46所示。

图1-46　三角纸袋折叠方法

(6)采集盒　通常用于暂时存放活虫。用铁皮制成,盖上有一块透气的铜网和一个带活盖的孔。

(7)采集箱和采集袋　防压的标本和需要及时针插的标本,及三角纸包装的标本,可放在木制的采集箱内。外出采集的玻璃用具(如指形管、毒瓶等)和工具(如剪刀、镊子、放大镜、橡皮筋等)、记载本、采集箱等可放于一个有不同规格的分格的采集袋内。其大小可自行设计。

(8)其他用具　镊子、诱虫灯、砍刀、枝剪、手锯、手持扩大镜、毛笔、铅笔、记录本等都是必不可少的用品。

2. 采集方法

(1)网捕　主要用来捕捉能飞善跳的昆虫。对于能飞的昆虫,可用气网迎头捕捉或从

旁掠取,并立即摆动网柄,将网袋下部连同昆虫一并甩到网框上。如果捕到大型蝶蛾,可由网外用手捏压其胸部,使之失去活动能力,然后直接包于三角纸袋中;如果捕获的是一些中小型昆虫,可抖动网袋,使虫集中于网底部,放入毒瓶中,待虫毒死后再取出分捡,装入指形管中。栖息于草丛或灌木丛中的昆虫,要用扫网边走边扫捕。

(2) 振落　摇动或敲打植株、树枝,昆虫假死坠地或吐丝下垂,再加以捕捉;或受惊起飞,暴露了目标,便于网捕。

(3) 搜索　仔细搜索昆虫活动的痕迹,如植物被害状、昆虫分泌物、粪便等,特别要注意在朽木中、树皮下、树洞中、枯枝落叶下、植物花果中、砖石下、泥土中和动物粪便中仔细搜索。

(4) 诱集　即利用昆虫的趋性和栖息场所等习性来诱集昆虫,如灯光诱集(黑光灯诱虫)、食物诱集(糖、醋、酒混合液诱虫)、色板诱集(黄色粘虫板诱蚜)、潜所诱集(草把、树枝把诱集夜蛾成虫)和性诱剂诱集等。

3. 采集标本时应注意的问题

只有昆虫标本个体完好无损,在鉴定昆虫种类时才能做到准确无误。因此,在采集时应耐心细致,特别对于小型昆虫和易损坏的蝶、蛾类昆虫。

此外,昆虫的各个虫态及为害状都要采到,这样才能对昆虫的形态特征和为害情况在整体上进行认识,特别是制作昆虫的生活史标本,不能缺少任何一个虫态或为害状,同时还应采集一定的数量,以便保证昆虫标本后期制作的质量和数量。

在采集昆虫时还应做简单的记录,如寄主植物的种类、被害状、采集时间、采集地点等,必要时可编号,以保证制作标本时标签内容的准确和完整。

(二) 昆虫标本的制作

1. 干制标本的制作用具

(1) 昆虫针　昆虫针一般用不锈钢制成,共有00、0、1、2、3、4、5号等七种型号(图1-47)。

(2) 展翅板　常用来展开蝶、蛾类、蜻蜓等昆虫的翅。展翅板一般长为33cm,宽8~16cm,厚4cm,在展翅板的中央有一条纵向的凹槽(图1-48)。

图1-47　昆虫针　　　　　　　图1-48　展翅板

(3) 还软器　对于已干燥的标本进行软化的玻璃器皿。一般使用干燥器改装而成。

(4) 三级台　由整块木板制成,长7.5cm,宽3cm,高2.4cm,分为三级,每级高皆是8mm,中间钻有小孔(图1-49)。

此外,大头针、三角纸台、粘虫胶等也是制作昆虫标本必不可少的用具。

图 1-49　三级台(单位:mm)

2. 干制标本的制作方法

（1）针插昆虫标本　插针时,按照昆虫标本体型大小选择号型合适的昆虫针。一般插针位置在虫体上是相对固定的。蝶、蛾、蜂、蜻蜓、蝉、叶蝉等从中胸背面正中央插入,穿透中足中央;蚊、蝇从中胸中央偏右的位置插针;蝗虫、蟋蟀、蝼蛄的虫针插在前胸背板偏右的位置;甲虫类虫针插在右鞘翅的基部;蝽类插于中胸小盾片的中央(图 1-50)。昆虫插针后要调高和整姿。用三级台根据昆虫体型大小定高(图 1-49)。

（2）展翅　蝶、蛾和蜻蜓等昆虫插针后还需展翅。虫体身体嵌入展示板凹槽,虫体的背面应与两侧面的展翅板水平。借助硫酸纸条、大头针等工具使姿态固定(图 1-51)。

1. 鳞翅目;2. 直翅目;3. 双翅目;4. 蜻蜓目;
　5. 膜翅目;6. 鞘翅目;7. 半翅目

图 1-50　昆虫的插针位置　　　　　　图 1-51　展翅方法

3. 浸渍标本的制作和保存

身体柔软、微小的昆虫和少数虫态(幼虫、蛹、卵)、螨类可用保存液浸泡后,装于标本瓶内保存。

常用的保存液配方如下:

（1）酒精液　常用浓度为 75%。小型和体壁较软的虫体可先在低浓度酒精中浸泡后,再用75%酒精液保存以免虫体变硬。也可在75%酒精液中加入0.5%～1%的甘油,可使虫体体壁长时间保持柔软。

(2)福尔马林液　福尔马林(含甲醛40%)1份：水17～19份。保存昆虫标本效果较好,但会略使标本膨胀,并有刺激性的气味。

(3)绿色幼虫标本保存液　硫酸铜10g,溶于100mL水中,煮沸后停火,并立即投入绿色幼虫,刚投入时有褪色现象,待一段时间绿色恢复后可取出,用清水洗净,浸于5%福尔马林液中保存。

(4)红色幼虫浸渍液　用硼砂2g,50%酒精100mL混合后浸渍红色饥饿幼虫。

(5)黄色幼虫浸渍液　用无水酒精6mL,氯仿3mL,冰醋酸1mL。先将黄色昆虫在此混合液中浸渍24h,然后移入70%酒精中保存。

4. 昆虫生活史标本的制作

将前面用各种方法制成的标本,按照昆虫的发育顺序,即卵、幼虫(若虫)的各龄、蛹、成虫的雌虫和雄虫及成虫和幼虫(若虫)的为害状,安放在一个标本盒内,在标本盒的左下角放置标签即可(图1-52)。

图1-52　生活史标本盒

(三)昆虫标本的保存

昆虫标本是园艺植物病虫害防治课程的研究对象和参考资料,必须妥善保存。保存标本,主要是防蛀、防鼠、避光、防尘、防潮和防霉。

1. 针插标本的保存

针插的昆虫标本,必须放在有盖的标本盒内。盒有木质和纸质的两种,规格也多样,盒底铺有软木板或泡沫塑料板,适于插针;盒盖与盒底可以分开,用于展示的标本盒盖可以嵌玻璃,长期保存的标本盒盖最好不要透光,以免标本出现褪色现象。

标本在标本盒中应分类排列,如天蛾、粉蝶、叶甲等。鉴定过的标本应插好学名标签,在盒内的四角还要放置樟脑以防虫蛀,樟脑用大头针固定。然后将标本盒放入关闭严密的标本橱内,定期检查,发现蛀虫及时用药处理,如敌敌畏熏杀。

2. 浸渍标本的保存

盛装浸渍标本的器皿,盖和塞一定要封严,以防保存液蒸发。或者用石蜡封口,在浸渍液表面加一薄层液状石蜡,也可起到密封的作用。将浸渍标本放入专用的标本橱内。

4.4 实训作业

采集、识别当地10个目的昆虫,并按教师指定要求制作一定数量的针插标本和浸渍标本,并写好主要标本的标签和详细采集记载。

4.5 成绩评定标准

如下表所示,成绩根据实训态度、操作过程、实训报告等方面综合评定。评定等级分为优秀(90~100分)、良好(80~89分)、及格(60~79分)、不及格(小于60分)。

评定项目(所占分值)	评定内容和环节	评定标准	备注
实训态度(10%)	积极、认真	主动、仔细地进行和完成实训内容	
操作过程(50%)	实训工具的准备 标本的采集过程 标本的制作过程	① 能正确选择方法采集昆虫标本 ② 能熟练地完成昆虫标本采集、制作和保存的各个步骤	
实训报告(40%)	实训报告质量	① 目的明确,按时完成报告 ② 表述正确 ③ 交的标本符合规定要求	

实训项目5 园艺植物病虫害田间调查与统计

5.1 实训目标

了解园艺植物病虫害田间调查统计的重要性,掌握病虫害田间调查与统计的方法(病害内容见1.3.2.6)。

5.2 实训材料与用具准备

皮尺、记载本、铅笔、计算器、扩大镜及标本采集用具等。

5.3 实训内容及方法步骤

(一)病虫害田间调查

1. 调查内容

(1)发生和为害情况调查 为了了解一个地区在一定时间内的病虫发生及为害情况,一般可分为一般调查和重点调查。一般调查主要了解一个地区的病虫种类、发生期与发生量及为害程度等,病虫害的调查以田间调查为主,根据调查的目的,选适当的调查时间。了解病虫害基本情况,多在病虫盛发期进行,比较容易正确反映病虫发生情况和获得有关发病因素的对比资料,对于重点病虫的专题研究和预测预报等,则应根据需要分期进行,必要时还应定点调查。重点调查病虫害的始发期、盛发期及盛发末期及数量消长规律等。除了调查其发生时间和数量、为害程度外,还需调查该病虫的生活习性、发生规律和寄主范围等。

(2)病虫及天敌发生规律的调查 调查某种重要病害或新发生的病虫害和天敌的寄主范围、发生世代、病虫越冬场所、越冬基数、越冬虫态、病原越冬方式等主要习性及不同生态条件下的数量变化情况。

(3)防治效果调查 包括施药前与包括施药后病虫发生程度和密度的对比调查,施药区与对照区的发生程度对比及不同防治措施、时间、次数的对比调查等。

2. 调查方法

（1）病虫害的田间分布类型　不同的病虫害在田间的分布形式不同。通常有三种分布类型，即随机分布型、核心分布型和嵌纹分布型。

（2）调查取样方法　取样方法有多种，可根据病虫在田间的分布不同而采取不同的取样方法。无论采用何种取样，总的原则是最大限度地缩小误差。常用的取样方法有五点取样、棋盘式取样、对角线取样、平行线取样和"Z"形取样。

（3）取样单位　取样单位因病虫种类、分布方式和植物品种不同而异。常用长度单位（m），适用于调查地下害虫和密集植物或植物苗期病虫害；面积单位（m^2）运用于调查地下害虫和密集植物或植物苗期病虫害；重量单位（kg），多用于调查种子中的病虫害；植株和部分器官为单位，适用于调查全株或茎、叶、果等部位上的虫害；网捕为单位，即以一定大小口径捕虫网的扫捕次数为单位，多用于调查虫体小而活动性大的害虫；此外还有以重量、体积为单位。

（二）调查资料的计算及整理

调查中所获得的数据必须进行整理，才能简明准确地反映客观实际情况，便于分析比较。常用的统计方法：

（1）被害率　反映病虫发生或危害的普通程度。

$$被害率 = \frac{有虫（或发病）样本数}{调查样本总数} \times 100\%$$

（2）虫口密度　表示一个单位内的虫口数量，常用百株密度或 $1m^2$ 虫口密度表示。

$$百株虫数 = \frac{调查所得总虫数}{调查总株数} \times 100$$

（3）病情指数　在植物局部被害的情况下，各受害单位的受害程度是不同的。用发病率表示不了受害程度，需按被害的严重程度分级（见附表1、2、3、4），再以病情指数表示。

$$病情指数 = \frac{\sum[各级病叶（株）数 \times 发病级别]}{调查总叶（株）数 \times 分析标准最高级别} \times 100$$

（4）损失估计　大部分作物的被害率与损失率不一致。病虫所造成的损失应以生产水平相同的受害田与未受害田的产量或经济产量对比来计算。

$$损失率 = \frac{未受害区产量（产值）- 受害区产量（产值）}{未受害区产量（产值）} \times 100\%$$

5.4　实训作业

1. 根据什么来确定田间调查取样方法？
2. 选取当地1~2种园艺植物病虫害进行调查，计算发病率及病情指数或虫口密度，并计算损失率。

5.5　成绩评定标准

如下表所示，成绩根据实训态度、操作过程、实训报告等方面综合评定。评定等级分为优秀（90~100分）、良好（80~89分）、及格（60~79分）、不及格（小于60分）。

评定项目(所占分值)	评定内容和环节	评定标准	备注
实训态度(10%)	积极、认真	主动、仔细地进行和完成实训内容	
操作过程(50%)	调查前期工作的准备 整个调查工作的进行	① 能根据植物品种即病虫害种类正确选择调查方法 ② 能熟练地完成调查资料记录和整理	
实训报告(40%)	实训报告质量	① 目的明确,按时完成报告 ② 表述正确 ③ 数据翔实	

附表1　叶部病害的分级标准

病级	病情	代表数值
1	叶片上无病斑	0
2	叶片上有个别病斑	1
3	病斑面积占叶面积1/3以下	2
4	病斑面积占叶面积1/3~1/2	3
5	病斑面积占叶面积2/3以上或叶柄有病斑	4

附表2　黄瓜霜霉病分级标准

病级	病情	代表数值
1	叶片上无病斑	0
2	单位面积($9cm^2$)中少于2个病斑	1
3	单位面积($9cm^2$)中2~4个病斑	2
4	单位面积($9cm^2$)中5~9个病斑	3
5	单位面积($9cm^2$)中10个以上病斑	4

附表3　果实病害分级标准

病级	病情	代表数值
1	果面无病斑	0
2	果面上有个别病斑	1
3	病斑面积占果面面积1/4以下	2
4	病斑面积占果面面积1/4~1/3	3
5	病斑面积占果面面积1/3以上	4

附表4 枝干病害分级标准(苹果树腐烂病)

病级	病情	代表数值
1	枝干无病	0
2	树体有几个小病斑或1~2个较大病斑(15cm左右),枝干齐全对树势无明显影响	1
3	树体有多块病斑或在粗大枝干部位有3~4个较大病斑,枝干基本齐全,对树势有些影响	2
4	树体病斑较多或粗大枝干部位有几个大病斑(20cm以上),已锯除1~2个主枝或中心枝,树势及产量已受到明显影响	3
5	树体遍布病斑或粗大枝干病斑很大或很多,枝干残缺不全,树势极度衰弱,以至枯死	4

任务二 园艺植物病原真菌类群识别

知识目标

了解园艺植物病原真菌的形态特征、生物学特性、主要类群的鉴别特征及致病特点。

能力目标

能够初步进行常见园艺植物病原真菌的鉴别。

知识平台

已记载的植物病原真菌有8000种以上。真菌可引起3万余种植物病害,占植物病害总数的80%,属第一大病原物。植物上常见的霜霉病、白粉病、锈病和黑粉病四大病害都是由真菌引起的,历史上大流行的植物病害多数是真菌引起的。因此,了解真菌的一般性状对于有效地防治植物真菌病害是必不可少的。

真菌的生长和发育先是经过一定时期的营养生长阶段,当营养生长进行到一定时期时,真菌转入繁殖阶段,这是真菌产生各种类型孢子进行繁殖的时期。

1. 真菌的营养体

真菌营养生长阶段的结构称为营养体。除极少数真菌的营养体是单细胞(如酵母菌)外,典型的真菌营养体都是分枝的丝状(体)结构,呈纤细的管状体,直径5~6μm。单根丝状体称为菌丝,许多根菌丝交织集合在一起的结构称为菌丝体。菌丝多数无色。高等真菌的菌丝内有横隔膜,将菌丝隔成多个长圆筒型的小细胞,称为有隔菌丝;低等真菌的菌丝内一般无横隔膜,称为无隔菌丝(图1-53)。菌丝的主要功能是吸收、输送和贮存营养,为繁殖生长做准备。

1. 无隔菌丝；2. 有隔菌丝

图 1-53　菌丝结构

菌丝每一部分都潜存着生长的能力，每一断裂的小段菌丝在适宜的条件下均可继续生长。酵母菌芽殖产生的芽孢子相互连接呈链状，与菌丝相似，称假菌丝。

寄生真菌以菌丝侵入寄主的细胞间或细胞内吸收营养物质。当菌丝体与寄主细胞壁或原生质接触后，营养物质和水分进入菌丝体内。生长在细胞间的真菌，特别是专性寄生菌在菌丝体上形成吸器，伸入寄主细胞内吸收养分和水分。吸器的形状因真菌的种类不同而异，有掌状、分枝状、指状、球状等（图 1-54）。

1. 掌状—白粉菌；2. 分枝状—霜霉菌；3. 指状—白锈菌；4. 球状—锈菌

图 1-54　真菌吸器的类型

真菌的菌丝体一般是分散的，但有时可以密集形成菌组织。真菌的菌组织还可以形成菌核、子座和菌索等变态类型。

（1）菌核　菌核是由菌丝紧密交织而成的较坚硬的休眠体，其形状和大小差异较大，通常呈菜籽状、鼠粪状或不规则状。初期常为白色或浅色，成熟后为褐色或黑色，多较坚硬（图 1-55）。

菌核的功能主要是抵抗不良环境，当条件适宜时，菌核能萌发产生新的菌丝体或在上面形成产孢结构。

（2）子座　子座呈垫状，其主要功能是形成产孢结构，也有渡过不良环境的作用。

（3）假根　假根是菌丝体长出的根状菌丝，功能是深入基质内吸取养分并固着菌体（图 1-56）。

（4）附着胞　附着胞是真菌孢子萌发形成的芽管或菌丝顶端的膨大部分，功能是牢固地附着在寄主体表，其下方产生侵入钉穿透寄主植物的角质层和表层细胞壁。

菌核

菌核萌发形成子囊盘

图1-55　菌核及萌发

1. 具有假根和匍匐枝的丛生孢囊梗和孢囊；2. 放大的孢囊
图1-56　根霉属假根

2. 真菌的繁殖体

真菌营养体生长到一定时期所产生的繁殖器官称为繁殖体。低等真菌繁殖时，营养体全部转为繁殖体称为整体产果。高等真菌繁殖时，营养体部分分化为繁殖体，其余营养体仍然进行营养生长，称为分体产果。真菌的繁殖方式分为无性繁殖和有性生殖两种，无性繁殖产生无性孢子，有性生殖产生有性孢子。孢子是真菌繁殖的基本单位，其功能相当于高等植物的种子。真菌产生孢子体或孢子的结构称为子实体。

（1）无性繁殖及无性孢子的类型　无性繁殖是指真菌不经过两性细胞或性器官的结合，直接从营养体上以断裂、裂殖、芽殖和割裂等方式产生孢子的繁殖方式。无性繁殖产生的孢子称为无性孢子，其类型多种多样（图1-57）。

1. 游动孢子；2. 孢囊孢子；3. 分生孢子；4. 厚垣孢子
图1-57　真菌无性孢子的类型

① 游动孢子　即鞭毛菌的无性孢子。游动孢子呈肾形、梨形，单细胞，无细胞壁，只有原生质膜，具1~2根鞭毛，可在水中游动。

② 孢囊孢子　即接合菌的无性孢子。孢囊孢子球形，单细胞，有细胞壁，无鞭毛，释放后可随风飞散。

③ 分生孢子　即子囊菌、半知菌的无性孢子。分生孢子的种类很多，形状、大小、色泽、形成和着生的方式都有很大的差异。

④ 厚垣孢子　即以原生质浓缩、细胞壁加厚而形成的厚壁休眠孢子。可以抵抗不良环境，存活多年，条件适宜时萌发形成菌丝。

（2）有性生殖及有性孢子的类型　指真菌通过两性细胞或性器官的结合，经过质配、核配和减数分裂产生后代的生殖方式。真菌有性生殖产生的孢子称为有性孢子，类型很多（图1-58）。真菌的性细胞称为配子，性器官称为配子囊。

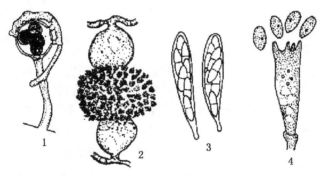

真菌有性生殖产生的孢子

1. 卵孢子；2. 接合孢子；3. 子囊孢子；4. 担孢子

图1-58　真菌有性孢子的类型

① 卵孢子　指异型配子囊经过质配、核配形成的球形、厚壁、双倍体的休眠孢子。一般发生在鞭毛菌中。

② 接合孢子　指同型异质配子囊经过质配、核配形成的近球形、厚壁、双倍体的休眠孢子。一般发生在接合菌亚门中。

③ 子囊孢子　在子囊中产生，异型配子囊经过质配、核配和减数分裂形成单倍体的孢子，每个子囊通常产生8个子囊孢子。子囊孢子形态差异很大。发生在子囊菌中。

④ 担孢子　通常在担子上产生，由体细胞或菌丝接合形成担子，经减数分裂后在外面形成的小孢子叫担孢子。发生在担子菌中。

3. 真菌的生活史

（1）典型生活史　真菌从一种孢子萌发开始，经过一定的营养生长和繁殖阶段，最后又产生同一种孢子的过程，称为真菌生活史。真菌的典型生活史包括无性繁殖和有性生殖两个阶段。真菌的菌丝体在适宜条件下生长一定时间后，进行无性繁殖产生无性孢子，无性孢子萌发形成新的菌丝体。菌丝体在植物生长后期或病菌侵染的后期进入有性阶段，产生有性孢子，有性孢子萌发产生芽管进而发育成为菌丝体，菌丝体产生下一代无性孢子的无性阶段（图1-59）。

真菌无性繁殖阶段产生无性孢子的过程,在一个生长季节可以连续循环多次,是病原真菌侵染寄主的主要阶段,在生活史中往往可以独立地多次重复循环。完成一次无性循环的时间较短,一般为6~10d,产生的无性孢子的数量极大,对植物病害的传播和发生、发展甚至流行起着重要作用。在营养生长后期、寄主植物休闲期或环境不适情况下,真菌转入有性生殖产生有性孢子,这就是它的有性阶段,在整个生活史中往往仅出现1次,一般只产生1次有性孢子。植物病原真菌的有性孢子多半是在侵染后期或经过休眠后才产生的,其作用除了繁衍后代外,主要是渡过不良环境,成为翌年病害初侵染的来源。通常来说,无性阶段在生长季节时常发生,有性阶段在生长季节末形成,第2年是初侵染来源,易发生变异。

图1-59 真菌典型生活史

(2) 不典型生活史 在真菌生活史中,有的真菌不止产生一种类型的孢子,可以产生2种或2种以上不同类型的孢子,这种形成几种不同类型孢子的现象,称为真菌的多型性。例如,典型的锈菌在其生活史中可以形成性孢子(0)、锈孢子(Ⅰ)、夏孢子(Ⅱ)、冬孢子(Ⅲ)和担孢子(Ⅳ)5种不同类型的孢子。一般认为多型性是真菌对环境适应性的表现。多数植物病原真菌在一种寄主植物上就可以完成生活史,这种现象称为单主寄生,大多数真菌都是单主寄生。少数真菌需要在2种或2种以上亲缘关系不同的寄主植物上交替寄生,才能完成其生活史,无性阶段在一种植物上寄生,有性阶段在另一种植物上寄生,称为转主寄生。一般经济价值较大的植物称为寄主,另一寄主植物称为转主寄主或中间寄主。例如,梨锈病菌冬孢子和担孢子产生于桧柏上,性孢子和锈孢子则产生于梨树上,转主寄主为桧柏。

(3) 不完全生活史 有些真菌生活史只有营养体阶段和有性阶段,没有无性阶段,没有无性孢子,如担子菌;有些真菌的有性阶段到目前还没有发现,其生活史只有营养体阶段和无性阶段,如半知菌;有些真菌生活史只有营养体阶段,既没有有性阶段,也没有无性阶段,生活史中不产生任何类型的孢子,依靠菌丝体和菌核完成其生活史,如立枯丝核菌的生活史中仅有菌丝体和菌核。

4. 植物病原真菌的主要类群

(1) 真菌的分类 虽然 Cavaliver-Smith(1981—1988)提出了八界学说,把生物分为古细菌界、细菌界、古始动物界、原生动物界、藻物界、动物界、植物界、真菌界等8界,原来的真菌被分在原生动物界、藻物界和真菌界,将原来的真菌界生物称为菌物界。但因一直存在很大的争论而不能统一。因此,本书仍沿用 Ainsworth 的《真菌辞典》第7版(1971)和《真菌进展论文集》(1973)建立的真菌分类系统,这个分类系统是以魏泰克的五界分类系统为基础的。

真菌分类的阶元包括界、门、纲、目、科、属、种7个等级。书写时,必须按阶梯排列。

	英文	拉丁固定词尾
界	Kingdom	无
门	Phylum	(-mycota)
亚门	Sub-	(-mycotina)
纲	Class	(-mycetes)
亚纲	Subclass	(-mycetidea)
目	Order	(-ales)
科	Family	(-aceae)
属	Genas	无
种	Species	无

（2）真菌的命名　与其他生物一样，采用 Linnaeus 提出的拉丁双名法，即属名＋种名＋（最初定名人）最终定名人。属名的首字母要大写，种名则一律小写。拉丁学名要求斜体。命名人的姓名写在种名之后，如学名已改动，原命名人置于括号中。如果命名人是两人，则用"et"或"&"连接，如寄生霜霉[*Peronospora parasitica*(Persoon)Fries]，枸杞霜霉(*Peronospora lycii* Ling et Tai)。

（3）主要类群　见表 1-15。

表 1-15　真菌 5 个亚门的主要特征

名称	营养体	无性繁殖体	有性繁殖体
鞭毛菌亚门	无隔菌丝或单细胞	游动孢子	卵孢子
接合菌亚门	无隔菌丝	孢囊孢子	接合孢子
子囊菌亚门	有隔菌丝或单细胞	分生孢子	子囊孢子
担子菌亚门	有隔菌丝	少有分生孢子	担孢子
半知菌亚门	有隔菌丝	分生孢子	无

① 鞭毛菌亚门　本亚门真菌的特征是水生或潮湿利于生长发育，其营养体多为无隔菌丝体，少数是单细胞，无性繁殖产生游动孢子，有性生殖产生卵孢子。其中霜霉属、腐霉属、疫霉属、白锈属等与园艺植物病害关系密切(图 1-60，图 1-61，图 1-62，图 1-63，图 1-64，表 1-16)。

白菜霜霉病

图 1-60　霜霉属及引起的病害

1. 孢子囊；2. 孢子囊萌发形成泡囊孢子；3. 卵孢子

图 1-61　腐霉属及引起的病害

1. 孢囊梗、孢子囊；2. 游动孢子；3. 卵孢子　　　　百合疫病

图 1-62　疫霉属及引起的病害

黄瓜霜霉病　　　　　　　　　　　　葡萄霜霉病

1. 假霜霉属—黄瓜霜霉病；2. 单轴霉属—葡萄霜霉病

图 1-63　假霜霉属和单轴霉属及引起的病害

1. 突破寄主表皮的孢囊堆；2. 卵孢子萌发　　　　　十字花科蔬菜白锈病

图1-64　白锈菌属及引起的病害

表1-16　鞭毛菌亚门常见园艺植物病害病原及其所致病害的特点

属名	病原形态特点	所致病害特点	代表病害
腐霉属（Pythium）	孢囊梗菌丝状，孢子囊球状或姜瓣状，成熟后一般不脱落，萌发时产生泡囊	根腐、猝倒、腐烂	瓜果腐霉
疫霉属（Phytophthora）	孢囊梗分化不显著至显著，孢子囊球形、卵形或梨形，成熟后脱落，萌发时产生游动孢子或直接产生芽管		柑橘脚腐病、黄瓜疫病、芍药疫病
霜霉属（Peronospora）	孢囊梗顶部对称二叉状锐角分枝，末端尖细	病部产生白色或灰黑色霜霉状物	十字花科蔬菜、葱和菠菜霜霉病
假霜霉属（Pseudoperonospora）	孢囊梗主干单轴分枝，以后又作2~3回不对称二叉状锐角分枝，末端尖细		黄瓜霜霉病
单轴霉属（Plasmopara）	孢囊梗单轴分枝，分枝呈直角，末端平钝		葡萄霜霉病
白锈属（Albugo）	孢囊梗不分枝，短棍棒状，密集在寄主表皮下呈栅栏状，孢囊梗顶端串生孢子囊	白色疱状突起，表皮破裂散出白色锈粉	十字花科蔬菜白锈病

② 接合菌亚门　该亚门真菌多数为陆生型，营养体为无隔菌丝体；无性繁殖在孢子囊内产生孢囊孢子；有性生殖产生接合孢子。绝大多数为腐生菌，少数为弱寄生菌。其中根霉属（图1-65）与园艺植物关系密切，主要引起贮藏期瓜果的腐烂。无隔菌丝分化出假根和匍匐丝，假根的对应处向上长出孢囊梗。孢囊梗单生或丛生，分支或不分支，顶端着生孢子囊。孢子囊呈球形，成熟后囊壁消解或破裂，散出孢囊孢子。接合孢子表面有瘤状突起。

1. 假根；2. 孢子囊；3. 原配子囊；
4、5. 配囊柄及原配子囊；6、7. 接合孢子

百合鳞茎根霉软腐病

图1-65 根霉属形态特征及引起的病害

③ 子囊菌亚门　全世界发现32000种，占真菌的1/3，全部陆生，寄生，形态千差万别。除酵母菌为单细胞外，其他子囊菌的营养体都是分枝繁茂的有隔菌丝体。无性繁殖产生分生孢子，产生分生孢子的子实体有分生孢子器、分生孢子盘、分生孢子束等；有性生殖产生子囊和子囊孢子，大多数子囊产生在子囊果内，少数是裸生的。常见的子囊果有子囊壳、闭囊壳、子囊腔和子囊盘。子囊菌主要依据子囊果的特征进行分类（图1-66，图1-67，图1-68，图1-69，图1-70，图1-71，图1-72，图1-73，图1-74，表1-17）。

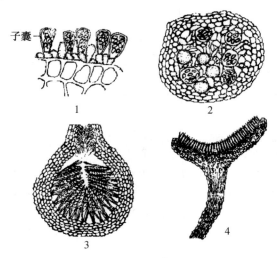

1. 裸露的子囊果；2. 闭囊壳；3. 子囊壳；4. 子囊盘

图1-66 子囊果类型

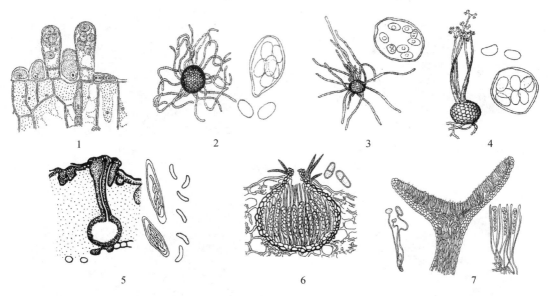

1. 外囊菌属；2. 白粉菌属；3. 单丝壳属；4. 叉丝单囊壳属；5. 黑腐皮壳属；6. 黑星菌属；7. 核盘菌属

图 1-67　子囊菌亚门主要属的形态特征

1. 叉丝壳属；2. 球针壳属；3. 白粉菌属；
4. 钩丝壳属；5. 单丝壳属；6. 叉丝单囊壳属

紫薇白粉病（小钩丝壳属）

图 1-68　白粉菌目代表属及引起的病害

1. 产生在菌丝体上的闭囊壳；2. 子囊孢子

紫薇煤污病

图 1-69　小煤炱属及引起的病害

1. 子囊壳；2. 子囊及子囊孢子　　　　　　　　一叶兰炭疽病

图1-70　小丛壳属及引起的病害

1. 子囊壳着生子座组织内；2. 子囊；3. 子囊孢子　　　杨树腐烂病

图1-71　黑腐皮壳属及引起的病害

子囊壳、子囊及子囊孢子　　　　　　　　梨黑星病

图1-72　黑星菌属及引起的病害

子囊及子囊孢子　　　　　　　　桃缩叶病

图1-73　外囊菌属及引起的病害

1. 菌核萌发形成子囊盘；2. 子囊盘；3. 子囊、侧丝及子囊孢子　　　菊花菌核病

图1-74　核盘菌属及引起的病害

表1-17　子囊菌亚门常见园艺植物病害病原及其所致病害的特点

目		属		所致病害特点	代表病害
名称	形态特点	名称	形态特点		
外囊菌目	子囊以柄细胞方式形成	外囊菌属（Taphrina）	子囊平行排列在寄主表面，呈栅栏状	皱缩、丛枝、肥肿	桃缩叶病、李囊果病
白粉菌目	子囊果是闭囊壳。菌丝体外生，以吸器深入寄主组织中	白粉菌属（Erysiphe）	闭囊壳内含多个子囊，附属丝菌丝状，不分枝	病部表面通常有一层明显的白色粉状物，后期可出现许多黑色的小颗粒	萝卜、菜豆、瓜类白粉病
		单丝壳属（Sphaerotheca）	闭囊壳内含1个子囊，附属丝菌丝状，不分枝		瓜类、豆类、蔷薇白粉病
		叉丝单囊壳属（Podosphaera）	闭囊壳内含1个子囊，附属丝二叉状分枝		苹果、山楂白粉病
球壳目	子囊果是子囊壳	小丛壳属（Glomerella）	子囊壳小，壁薄，多埋生于子座内	病斑、腐烂、小黑点	瓜类、番茄、苹果炭疽病
		黑腐皮壳属（Valsa）	子囊壳具长颈，成群埋生于寄主组织中的子座基部	树皮腐烂、小黑点	苹果树、梨树腐烂病
多腔菌目	每个子囊腔内含有1个子囊	痂囊腔菌属（Elsinoe）	子囊座生在寄主组织内，子囊孢子具有3个横隔膜	增生、木栓化、病斑表面粗糙或突起	葡萄黑痘病、柑橘疮痂病
座囊菌目	每个子囊腔内含有多个子囊，子囊间无拟侧丝	球座菌属（Guignardia）	子囊座小，生于寄主表皮下，子囊孢子单胞	腐烂、干枯、斑点	葡萄黑腐病、葡萄房枯病
		球腔菌属（Mycosphaerella）	子囊座散生在寄主组织内，子囊孢子有隔膜	裂蔓	瓜类蔓枯病

续表

目		属		所致病害特点	代表病害
名称	形态特点	名称	形态特点		
格孢腔菌目	每个子囊腔内含有多个子囊,子囊间有拟侧丝	黑星菌属（Venturia）	子囊座孔口周围有黑色、多隔刚毛,子囊孢子双胞	黑色霉层、疮痂、龟裂	苹果、梨黑星病
		格孢腔菌属（Pleospora）	子囊座球或瓶形,光滑无刚毛。子囊孢子卵圆形,多胞,砖格状	病斑	葱类叶枯病
柔膜菌目	子囊盘不在子座内发育,子座多生在植物表面,籽实层成熟前即外露,子囊顶端不加厚	核盘菌属（Sclerotinia）	子囊盘盘状或杯状,由菌核产生	腐烂	十字花科蔬菜菌核病
		链核盘菌属（Monilinia）	子囊盘盘状或杯状,由假菌核产生	腐烂	苹果、梨、桃褐腐病

④ 担子菌亚门　营养体为发达的有隔菌丝体。无性繁殖一般不发达,有性生殖产生担子和担孢子。高等担子菌产生担子果,担子散生或聚生在担子果上,如蘑菇。担子上着生4个担孢子。低等的担子菌不产生担子果,如黑粉菌,担子从冬孢子萌发产生,不形成籽实层,冬孢子散生或成堆着生在寄主组织内。根据上述描述的特征可对担子菌亚门进行分类（图1-75,图1-76,图1-77,图1-78,图1-79,图1-80,表1-18）。

1. 胶锈菌属；2. 柄锈菌属；3. 单胞锈菌属；4. 多胞锈菌属

图1-75　担子菌亚门主要属的形态特征

柄锈菌属冬孢子

草坪草锈病

图1-76　柄锈菌属及引起的病害

1. 夏孢子堆和夏孢子；2. 冬孢子堆和冬孢子；
3. 性孢子器和性孢子；4. 锈孢子腔和锈孢子；
5. 冬孢子及其萌发；6. 夏孢子及其萌发

木瓜海棠锈病

图1-77　锈菌的各种孢子类型

冬孢子　　　　　　　　　玫瑰锈病

图1-78　多孢锈属及引起的病害

1. 担孢子；2. 担子；3. 菌丝　　　　　　杜鹃花饼病

图1-79　外担子菌属及引起的病害

冬孢子及萌发的担子、担孢子　　　　　　玉米黑粉病

图1-80　黑粉菌属及引起的病害

表1-18　担子菌亚门常见园艺植物病害病原及其所致病害的特点

纲		目		属		所致病害特点	代表病害
名称	形态特点	名称	形态特点	名称	形态特点		
冬孢菌纲	无担子果，在寄主上形成分散或成堆的冬孢子，担子自冬孢子上产生	锈菌目	冬孢子由次生菌丝顶端细胞形成，以横隔膜分成4个细胞，每个细胞产生1个担孢子，担孢子从小梗上长出	胶锈菌属（Gymnosporangium）	冬孢子双胞，浅黄至暗褐色，冬孢子柄无色，遇水膨胀胶化	病部产生铁锈状物	梨锈病
				柄锈菌属（Puccinia）	冬孢子有柄，双胞，深褐色，单主或转主寄生		葱、美人蕉锈病
				单胞锈菌属（Uromyces）	冬孢子有柄，单胞，顶端较厚		菜豆、蚕豆锈病
				多胞锈菌属（Phragmidium）	冬孢子3胞至多胞，表面光滑或有瘤状突起，柄基部膨大		玫瑰、月季锈病
冬孢菌纲		黑粉菌目	冬孢子由次生菌丝间细胞形成，有或无隔膜，担孢子侧生或顶生，数目不定，无小梗	黑粉菌属（Ustilago）	冬孢子单生，冬孢子堆周围无膜包围，冬孢子萌发时产生有隔膜的担子，侧生担孢子	病部产生黑色粉状物	茭白黑粉病
				条粉菌属（Urocystis）	冬孢子堆成熟时露出，冬孢子结合成球，外有不孕细胞层		葱类黑粉病
层菌纲	有担子果，为裸果型或半被果型，不产生冬孢子	木耳目	担子圆柱形，有隔膜	卷担菌属（Helicobasidium）	担子自螺旋状菌丝顶端长出，往往卷曲	病部生紫色绒状菌丝层	苹果、梨和桑等紫纹羽病

⑤半知菌亚门　营养体多为分枝繁茂的有隔菌丝体，无性繁殖产生各种类型的分生孢子，多数种类有性阶段尚未发现。少数发现有性阶段的多属子囊菌，少数为担子菌。着生

分生孢子的结构类型多样。有些种类分生孢子梗散生或呈束状，或着生在分生孢子座上；有些种类形成孢子果，分生孢子梗和分生孢子着生在近球形、具孔口的分生孢子器中，或盘状的分生孢子盘上。常见的园艺植物病害的病原形态如下（图1-81，图1-82，图1-83，图1-84，图1-85，图1-86，图1-87，表1-19）。

1. 菌丝；2. 菌丝纠结的菌组织；3. 菌核

1. 轮枝孢属；2. 链格孢属；3. 大茎点霉属

图1-81 半知菌亚门主要属的形态特征

草坪草褐斑病

图1-82 丝核菌属及引起的病害

分生孢子盘及分生孢子

兰花炭疽病

图1-83 炭疽菌属及引起的病害

分生孢子梗和大型分生孢子、小型分生孢子

水仙鳞茎腐烂病

图1-84 镰孢霉属及引起的病害

分生孢子盘及分生孢子　　　　　　　月季黑斑病

图1-85　盘二孢属及引起的病害

1. 分生孢子梗和分生孢子；2. 分生孢子梗上端膨大的顶部；3. 分生孢子

非洲菊灰霉病

图1-86　葡萄孢属及引起的病害

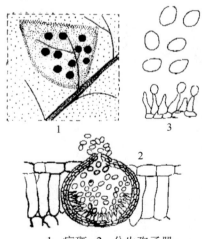

1. 病斑；2. 分生孢子器；3. 分生孢子梗和分生孢子

桂花枯斑病

图1-87　叶点霉属及引起的病害

表 1-19　半知菌亚门常见园艺植物病害病原及其所致病害的特点

| 纲 | | 目 | | 属 | | 所致病害特点 | 代表病害 |
名称	形态特点	名称	形态特点	名称	形态特点		
丝孢纲	分生孢子不产生在分生孢子盘或分生孢子器内	无孢目	不产生分生孢子	丝核菌属（Rhizoctoni）	产生菌核，菌核间有丝状体相连。菌丝多为近直角分枝，分枝处有缢缩	根茎腐烂、立枯	多种园艺植物立枯病
				小菌核属（Sclerotium）	产生菌核，菌核间无丝状体相连	茎基和根部腐烂、猝倒	多种园艺植物白绢病
		丝孢目	分生孢子产生在分生孢子梗上或直接生于菌丝上	粉孢属（Oidium）	分生孢子梗短小，不分枝，分生孢子单胞，串生	寄主体表形成白色粉状物	多种园艺植物白粉病
				青霉属（Penicillium）	分生孢子梗顶端帚状分枝，分枝顶端形成瓶状小梗，其上串生分生孢子，分生孢子单胞	腐烂、霉状物	柑橘绿霉病、青霉病
				轮枝孢属（Verticillium）	分生孢子梗直立，分枝、轮生、对生或互生，分生孢子单胞	黄萎、枯死，维管束变色	茄子黄萎病
				尾孢属（Cercospora）	分生孢子梗黑褐色，丛生，不分枝，有时呈屈膝状。分生孢子呈线形、鞭形或蠕虫形，多胞	病斑	樱花褐斑穿孔病、紫荆角斑病
				黑星孢属（Fusicladium）	分生孢子梗短，暗褐色，有明显孢痕，典型分生孢子双胞	叶斑、溃疡、霉状物	苹果、梨黑星病
		瘤座菌目	分生孢子座垫状	镰孢属（Fusarium）	分生孢子多细胞，镰刀形，一般有2～5个分隔。有时形成小型分生孢子，单胞，无色，椭圆形	萎蔫、腐烂	西瓜、番茄、香石竹和大丽菊枯萎病

续表

| 纲 | | 目 | | 属 | | 所致病害特点 | 代表病害 |
名称	形态特点	名称	形态特点	名称	形态特点		
腔孢纲	分生孢子产生在分生孢子盘或分生孢子器内	黑盘孢目	分生孢子产生在分生孢子盘上	炭疽菌属（Colletotrichum）	分生孢子盘生于寄主表皮下，有时生有褐色刚毛。分生孢子梗无色至褐色，分生孢子无色，单胞，长椭圆形或弯月形	病斑、腐烂、小黑点	多种园艺植物炭疽病
				盘二孢属（Marssonina）	分生孢子无色，双胞。分隔处缢缩，上胞较大而圆，下胞较小而尖	叶斑	苹果褐斑病
		球壳孢目	分生孢子产生在分生孢子器内	叶点霉属（Phyllosticta）	分生孢子器埋生，有孔口。分生孢子梗短，分生孢子小，单胞，无色，近卵圆形	病斑	苹果和凤仙花斑点病
				茎点霉属（Phoma）	分生孢子器埋生或半埋生，分生孢子梗短，分生孢子小，卵形，无色，单胞	叶斑、茎枯、根腐	柑橘黑斑病、甘蓝黑胫病
				大茎点霉属（Macrophoma）	形态与茎点霉属相似，但分生孢子较大	叶斑、枝干溃疡、果腐	苹果和梨轮纹病
				壳针孢属（Septoria）	分生孢子无色，线形，多隔膜	病斑	芹菜斑枯病

任务实施

实训项目6　植物病原真菌形态观察与类群识别
（鞭毛菌亚门、接合菌亚门、子囊菌亚门主要病原菌）

6.1　实训目标

认识鞭毛菌亚门、接合菌亚门、子囊菌亚门真菌菌丝体的构造、无性孢子和有性孢子的形态特征。学习植物病害玻片标本的一般制作方法。

6.2　实训场所

植物病理实训室。

6.3　实训形式

2人1组，在教师示范指导下观察操作。

6.4 实训材料准备

茄绵疫病、马铃薯晚疫病、黄瓜霜霉病、白菜霜霉病、谷子白发病、油菜白锈病、瓜类白粉病、豆类白粉病、丁香白粉病、小麦白粉病、甘薯黑斑病、油菜菌核病等新鲜材料或标本,病原菌玻片标本、挂图、光盘及多媒体课件等。

6.5 实训仪器和用具准备

显微镜、放大镜、挑针、刀片、载玻片、盖玻片、搪瓷盘、滤纸、蒸馏水、多媒体教学设备等。

6.6 实训内容和方法

1. 鞭毛菌亚门、接合菌亚门真菌菌丝体观察及玻片标本制作方法

取擦净的载玻片,中央滴蒸馏水1小滴,再用挑针挑取少许茄绵疫病菌或绵腐病菌或根霉菌或霉菌的白色棉毛状菌丝放入水滴中,然后自水滴一侧加盖擦净的盖玻片。加盖时可用挑针支持盖片自一侧慢慢放下(注意不要加盖过快,以防形成大量气泡,或将欲观察的病原物冲溅至盖玻片外)。观察菌丝时注意菌丝的分枝状况,有无隔膜,菌丝和孢囊梗有无区别。

2. 孢囊孢子观察

观察时注意孢囊梗着生的情况,孢子囊的形态,孢子囊破裂后散出的孢囊孢子,注意卵孢子的形状、大小和颜色。

3. 孢子囊观察

(1) 取茄绵疫病、马铃薯晚疫病新鲜标本,用挑针挑取病部的白色菌体制片,观察孢囊梗和孢子囊的形态特征。

(2) 取霜霉病病叶新鲜标本,用挑针挑取病部霜霉制片观察,注意孢囊梗的分枝情况,孢子囊的形状和特征。

4. 卵孢子观察

挑取谷子白发病病组织内少许黄褐色粉末制片,或取油菜白锈病龙头状老熟花轴,自病组织中挑取黄色粉末制片,在显微镜下观察卵孢子的形状、颜色和特征。

5. 接合孢子观察

镜检根霉菌接合孢子封片,观察接合孢子的形态特征。

6. 子囊菌菌丝体及无性孢子观察

取小麦白粉病新鲜病叶标本,挑取叶面白色粉霉状物制片观察,注意菌丝的形态和有无隔膜,分生孢子梗和分生孢子的形态以及分生孢子的着生情况。

7. 子囊菌有性孢子及子实体观察

(1) 闭囊壳观察 根据当地条件,选取两种形成闭囊壳的白粉病,分别挑取病部黑色小颗粒制片,观察时注意闭囊壳的形状、颜色以及表面附属丝的特征。然后用挑针轻压闭囊壳上方的盖玻片,挤出闭囊壳中的子囊,注意观察闭囊壳内子囊的形态和数目及子囊内子囊孢子的形态。

(2) 子囊壳观察 观察示范玻片。注意子囊壳的形状、颜色和子囊着生情况。

(3) 子囊盘观察 观察示范玻片,观察子囊盘的形状、颜色和子囊着生情况。

6.7 实训作业

(1) 绘霜霉菌形态特征图。

(2) 绘图比较假霜霉菌、霜霉属、盘梗霜霉属的孢囊梗。
(3) 绘白粉病菌的分生孢子梗和分生孢子图。
(4) 观察两种白粉病菌的闭囊壳后绘图并说明其特征。

实训项目7 病原真菌形态观察与类群识别
（担子菌亚门、半知菌亚门主要病原菌）

7.1 实训目标
识别黑粉菌的冬孢子和锈菌的冬孢子、夏孢子的形态特征，了解高等担子菌担子果的形态特征。观察半知菌亚门主要病原菌的无性繁殖体，识别各种类型繁殖体的结构和形态特征。

7.2 实训场所
农业植物病理实训室。

7.3 实训形式
2人1组，在教师示范指导下观察操作。

7.4 实训材料准备
禾谷类黑粉病、豆类锈病、葱锈病、小麦锈病、蔬菜灰霉病、豆类叶斑病、马铃薯早疫病、葱紫斑病、辣椒炭疽病、芹菜斑枯病、茄褐纹病等病害新鲜材料或标本，病原菌玻片标本、挂图、光盘及多媒体课件等。

7.5 实训仪器和用具准备
显微镜、体视显微镜、培养皿、挑针、蒸馏水、滴瓶、载玻片、盖玻片和多媒体教学设备等。

7.6 实训内容和方法
(1) 黑粉菌观察 取小麦散黑穗病、玉米黑粉病、高粱丝黑穗病标本，用挑针挑取病部黑粉制片，比较观察注意冬孢子的形状、大小和颜色。

(2) 锈菌观察。

① 夏孢子观察 通过示范玻片或任取两种锈病夏孢子堆标本，用挑针挑取锈粉制片，观察夏孢子的形状、颜色和表面特征。

② 冬孢子观察 通过示范玻片或任选两种带有冬孢子堆的锈菌材料，刮取冬孢子制片，观察时注意锈菌冬孢子的形状、颜色、柄的长短。

(3) 蘑菇担子果观察 通过示范玻片或任取一种蘑菇的担子果，观察其菌柄和菌盖的形态特征。

(4) 丝孢目真菌观察 取蔬菜灰霉病、豆类叶斑病、马铃薯早疫病、葱紫斑病标本，观察其症状的特点，注意病部的霉状物病征，霉状物在病部着生的情况。最后挑取少量霉状物制片，注意分生孢子梗和分生孢子的形态、大小、颜色和有无分隔。

(5) 黑盘孢目真菌观察 通过示范玻片或取辣椒炭疽病标本，徒手切片制片后观察。注意分生孢子梗的排列情况，有无深色刚毛，分生孢子的形状、颜色等。

(6) 球壳孢目真菌观察 取芹菜斑枯病或茄褐纹病标本，徒手切片制片后在显微镜下观察。注意分生孢子器的形状、颜色等。

7.7 实训作业

（1）绘黑粉菌冬孢子的形态特征图。
（2）绘锈菌冬孢子和夏孢子的形态特征图。
（3）绘图说明所观察的丝孢目、黑盘孢目、球壳孢目真菌繁殖体的形态特征。
（4）说明丝孢目、黑盘孢目、球壳孢目病菌所表现的病症各有何特点。

任务三 园艺植物病害识别诊断

知识目标

1. 掌握园艺植物病害的基本概念。
2. 了解植物病害发生的原因，理解病原、植物、环境三者的关系。
3. 掌握植物病害的症状和类型及症状在诊断植物病害中的作用。
4. 掌握常见侵染性病害病原物的类群、侵染性病害的发生发展规律和病害诊断的常用方法。

能力目标

1. 熟练掌握显微镜使用技术及制片和切片技术。
2. 能够对本地区常见园艺植物病害进行初步的识别诊断和防治。

知识平台

✹ 知识点1 园艺植物真菌病害的识别 ✹

1.3.1.1 园艺植物病害的含义

植物在生长发育和贮藏运输过程中，由于遭受病原生物的侵染和不良环境条件的非生物因素的影响，其正常的生长发育受到抑制，代谢发生改变，生理功能、组织结构以及外部形态遭到破坏或改变，最后导致产量降低、品质变劣甚至死亡的现象，称为植物病害。

1. 病理过程

植物发生病害后，由于病原的影响，在生理上、组织上和形态上发生不断变化而持续发展的过程，称为病理过程，各种植物病害的发生都必须经过一定的病程。与植物病害相比，风、雹、昆虫以及高等动物对植物造成的机械损伤，没有逐渐发生的病理过程，因此不属真正的病害。

2. 植物病害的相对性

从生物学观点考虑，韭菜在弱光下栽培成为幼嫩的韭黄，菰草感染黑粉菌后幼茎形成肉质肥嫩的茭白（图1-88），羽衣甘蓝变形的叶片提高了观赏价值等，这种由于植物本身正常生理机制受到干扰而造成的异常后果,也属于植物病害。但从经济学观点考虑,植物的这种异常后果却使其经济价值提高了,故一般也不算是植物病害的范畴。

一般来讲,植物病害概念的界定可根据以下特点:植物病害是根据植物外观的异常与正常相对而言的,健康相当于正常,病态相当于异常;植物病害与机械创伤不同,其区别在于植物病害有一个生理病变过程,而机械创伤往往是瞬间发生的;植物病害必须具有经济损失观点,美丽的郁金香杂色花是病毒侵染所致,韭黄是遮光栽培所致,上述不但没有经济损失,反而提高了经济价值,故不属病害范畴。

茭白　　　　　　　　　　　　　韭黄

图 1-88　植物病害的相对性

1.3.1.2　园艺植物病害发生的基本条件

植物病害是感病植物与病原在外界条件影响下相互斗争并导致植物生病的过程,感病植物、病原和环境条件成为构成植物病害并影响其发生、发展的基本因素。

1. 植物

为病原物提供必要的营养物质及生存场所的感病植物,称为寄主。当病原作用于植物时,植物本身会对病原进行积极的抵抗。当植物的抵抗能力远远超过某一致病因素的侵害能力时,病害就不能发生。

2. 病原

引起植物病害发生的原因称为病原,是指病害发生过程中起直接作用的主导因素。分为生物性病原和非生物性病原两大类。

由生物性病原引起的病害能够互相传染,能从一株植物传染给另一株植物,有侵染过程,所以又称为侵染性病害或传染性病害,如白菜霜霉病、烟草病毒病。

引起侵染性病害的生物性病原称为病原生物,简称病原物。病原生物大多数是肉眼难以看见的微生物(图1-89),包括真菌、细菌、植原体、螺原体、类立克次体、放线菌、线虫、病毒、类病毒、寄生性种子植物、寄生性藻类等。

由非生物性病原引起的病害无侵染过程,不能相互传染,不能从一株植物传染给另一株

图 1-89　几类植物病原物与植物细胞大小的比较

植物,所以又称为非侵染性病害或生理性病害或非传染性病害。包括植物所处环境中的营养元素不足或不均衡,如缺素症、肥害等;水分供应失调;温度过高、过低或骤然改变;光照强度或光周期的不正常变化;土壤中盐分过多;环境污染;农药使用不当等。这些因素连续不断地影响植物,其强度超过了植物的适应范围,就会引起植物病害。

3. 环境条件

环境条件是指直接或间接影响寄主及病原的一切生物和非生物条件。环境条件一方面直接影响病原,促进或抑制其生长发育,另一方面影响寄主的生活状态及其抗病性,当环境条件有利于病原物而不利于寄主时,病害才能发生和发展。

4. 病害三角

植物病害需要有病原物、寄主植物和一定的环境条件三者配合才能发生,三者相互依存,缺一不可,称为"病害三角"或"病害三要素"(图1-90)。

病害三角在植物病理学中占有十分重要的位置,在分析病因、侵染过程和流行,以及制定防治对策时,都离不开对病害三角的分析。

图1-90　病害三角(自然生态体系)
病害四角(农业生态体系)示意图

5. 侵染性病害和非侵染性病害的关系

不适宜的环境条件不仅是非侵染性病害的病原,同时还是侵染性病害的主要诱因。非侵染性病害使植物抗病性降低,利于侵染性病原的侵入和发病;如冻害不仅可以使细胞组织死亡,还往往导致植物的长势衰弱,使许多病原物更易于侵入。侵染性病害有时也削弱植物对非侵染性病害的抵抗力,如某些叶斑病害不仅引起木本植物提早落叶,也使植株更容易受冻害和霜害。两者相互促进,往往导致病害加重。因此加强栽培管理,改善植物的生长条件,及时处理病害,可以减轻两类病害的恶性相互作用。

1.3.1.3　园艺植物病害的分类

植物病害分类的依据不同,类型也不同。

(1)根据病原类别划分为侵染性病害和非侵染性病害。侵染性病害按病原物种类分为真菌病害、原核生物病害、病毒病害、线虫病害和寄生植物病害等。真菌病害又可细分为霜霉病、疫病、白粉病、菌核病、锈病、炭疽病等。

(2)根据病原物的传播方式划分为气传病害、土传病害、水流传播病害、种苗传播病害以及虫传(介体)病害等。

(3)根据表现的症状类型分为花叶病、斑点病、溃疡病、腐烂病、枯萎病、疫病等。

(4)根据被害寄主植物类别分为大田作物病害、经济作物病害、园艺植物病害、林木病害、药用植物病害等。这种分类方法便于统筹制订某种植物多种病害的综合防治计划。

(5)根据植物的发病部位分为叶部病害、根部病害、茎秆病害、花器病害和果实病害等。

(6)根据寄主植物的发育阶段(生育期)分为苗期病害、成株病害和产后病害等。

另外,还可以根据病害的传播流行速度和流行特点分为单年流行病、积年流行病;根据病原物生活史分为单循环病害、多循环病害等。

1.3.1.4 园艺植物病害的症状

植物感染病原物后在一定环境条件下,在生理上、组织上、形态上发生病变所表现的特征,称为症状。症状包括病状和病征。植物感病后本身的不正常表现称为病状;病原物在寄主植物发病部位的特征性表现称为病征。

凡植物病害都有病状,而病征只有在由真菌、细菌和寄生性种子植物等所引起的病害上表现较明显,且一般发病到一定时候和一定条件下才产生。病毒、类菌原体和类病毒等寄生在植物细胞内,在植物体外无表现,故它们所致的病害无病征。植物病原线虫多数在植物体内寄生,一般植物体外无病征。非侵染性病害也没有病征。

无论是非侵染性病害还是侵染性病害,都是由生理病变开始,随后发展到组织病变和形态病变。因此,症状是植物内部一系列复杂病理变化在植物外部的表现。各种植物病害的症状都有一定的特征和稳定性,对于植物的常见病和多发病,可以依据症状进行识别,所以症状是诊断病害的重要依据之一。

1. 病状及类型

植物感病后本身的不正常表现称为病状,类型有:

(1)变色 变色是指植物的局部或全株失去正常的颜色或发生的颜色变化。变色是由于色素比例失调造成的,本质是叶绿素受到破坏,其细胞并没有死亡。以叶片变色最为明显多见,以花叶最为常见。变色类型有花叶、斑驳、褪绿、黄化、红化、紫化和明脉等(图1-91)。

图1-91 变色类型

(2)坏死(图1-92) 坏死指植物细胞和组织的死亡,多为局部小面积发生,如各种病斑、穿孔、叶枯、叶烧、疮痂、溃疡、角斑、流胶等。

(3)腐烂(图1-93) 植物较大面积组织的分解和破坏称为腐烂,如干腐、湿腐和软腐等。腐烂和坏死有时很难区别。一般来说,腐烂是整个组织和细胞受到破坏和消解,而坏死则多少还保持原有组织和细胞的轮廓。

含水分较多的组织发病后,如细胞消解较快,腐烂组织不能及时失水,则称为湿腐。比较坚硬而含水较少的组织,若细胞消解较慢,腐烂组织中的水分能及时蒸发而消失,则称为干腐,如苹果干腐病等。若含水分较多的组织发病,细胞中胶层先受到破坏,腐烂组织的细胞出现离析,以后再发生细胞的消解,则称为软腐,如大白菜软腐病和君子兰软腐病等。根据腐烂的部位不同又有根腐、茎基腐、果腐和花腐等。

图 1-92　坏死类型

图 1-93　腐烂类型

（4）萎蔫（图 1-94）　萎蔫是指植物的整株或局部因脱水而枝叶下垂的现象。萎蔫有生理性和病理性之分。病理性萎蔫主要由于植物维管束受到毒害或破坏,水分吸收和运输困难造成的。病原物侵染引起的萎蔫一般不能恢复。萎蔫有局部性和全株性。植株失水迅速仍能保持绿色的称青枯,不能保持绿色的称枯萎和黄萎。

图 1-94　萎蔫类型

（5）畸形（图1-95）　即植物受害部位的细胞生长发生促进性或抑制性的病变，使被害植物全株或局部形态异常。此外，植物花器变成叶片状结构，使植物不能正常开花结实，称为花变叶。

常见畸形如矮化、矮缩、丛枝、皱缩、卷叶和瘤肿等。畸形多由病毒、类病毒和植原体等病原物侵引发的，如枣疯病、桃缩叶病、李袋果病、根结线虫病等。

皱缩　　　　　　　　瘤肿　　　　　　　　丛枝

图1-95　畸形类型

2. 病征及类型

病原物在寄主植物发病部位的特征性表现称为病征。凡植物病害都有病状，而病征只有在由真菌、细菌和寄生性种子植物等所引起的病害上表现较明显。而且一般发病到一定时候和高湿条件下才产生。病毒、类菌原体和类病毒等寄生在植物细胞内，在植物体外无表现，故它们所致的病害无病征。植物病原线虫多数在植物体内寄生，一般植物体外也无病征。非侵染性病害不是由病原物引发的，因而没有病征。

（1）霉状物（图1-96）　植物发病部位常产生各种霉，如真菌的菌丝、孢子梗和孢子在植物表面构成的特征，其着生部位、颜色、质地、疏密变化较大，可分为霜霉、绵霉、灰霉、青霉及黑霉等。霉层是由病原真菌的菌丝体、孢子梗和孢子所组成的，如黄瓜霜霉病等。

青霉　　　　　　　　灰霉　　　　　　　　黑霉

霜霉　　　　　　　　灰霉　　　　　　　　霜霉

图1-96　霉状物

（2）粉状物（图1-97）　粉状物是病原真菌在病部产生的一些孢子和孢子梗聚集在一起所表现的特征。根据粉状物的颜色不同可分为白粉、黑粉等，如凤仙花白粉病、月季白粉病等。

| 白粉 | 白粉 | 黑粉 |

图 1-97 粉状物

（3）锈状物（图 1-98） 是某些真菌孢子在病部表现的特征。根据锈状物的颜色不同可分为锈粉、白锈等，如海棠锈粉病、牵牛花白锈病等。

| 锈粉 | 锈粉 | 白锈 |

图 1-98 锈状物

（4）点（颗）粒状物（图 1-99） 点（颗）粒状物是病原真菌在病部产生的形状、大小、色泽和排列方式各不相同的小颗粒，如分生孢子器、分生孢子盘、闭囊壳等，为真菌的繁殖体，颜色多为黑色、褐色，如梨轮纹病、山茶炭疽病等病部的黑色点状物。

| 分生孢子盘 | 分生孢子器 | 闭囊壳 |

图 1-99 点（颗）粒状物

（5）菌核和菌索（图 1-100） 是真菌为度过不良环境由菌丝交织形成的一种形状、大小不一，质地坚硬，外有皮层，内为髓质的休眠体。褐色或黑色，小的如菜籽状、鼠粪状、角状，大的如拳头状。例如，白绢病发病后期在茎基部形成的茶褐色油菜籽状的菌核，油菜、萝卜、莴苣等菌核病的菌核。

（6）脓状物（溢脓）（图 1-101） 是植物病原原核生物中细菌性病害所特有的病征菌痂或菌胶粒，如桃细菌性穿孔病、番茄青枯病和马蹄莲细菌性软腐病等（见 5.1.1）。

图 1-100　菌核和菌索

图 1-101　脓状物

3. 症状的变化

植物病害的症状对于病害诊断具有重要意义。常见病害可以根据症状诊断。但是对某些病害不能单凭症状进行识别，主要是植物病害的症状表现有其复杂性。例如，环境条件和作物品种不同会使症状发生改变；36℃以上或10℃以下，或光照不足，会使烟草病毒病症状不明显或隐症（症状消失）；一种病害往往可以表现几种症状，所谓综合征；植株感病时的生育期不同，症状也有变化。因此，对于一种新发生的病害，不能简单地根据一般症状确定病害种类。

（1）典型症状　植物病害常见的一种症状，就称为典型症状。例如，烟草花叶病毒（TMV）侵染多种植物后都表现为花叶症状，但它在心叶烟或苋色藜上却表现为枯斑。

（2）症状潜隐或隐症现象　一种病害症状出现后，由于环境条件的改变，或者使用农药治疗后，原有症状逐渐减退或暂时消失，隐症的植物体内仍有病原物存在，是个带菌植物，一旦环境条件恢复或农药作用消失后，隐症的植物还会重新显症。例如，丝瓜病毒病在高温条件下，花叶症状会暂时消失，当环境条件适宜时，又会恢复典型的花叶症状。

（3）潜伏侵染　有些病原物侵染寄主植物后，暂时不表现明显的症状，当寄主抗病性减弱或环境条件适宜时，症状才开始表现。例如，米兰炭疽病，当米兰生长衰弱或在高湿条件下，发病严重，表现症状；当米兰生长健壮抗性强，或环境条件不适宜时，则不发病，没有表现症状。

（4）综合征　有的病害在一种植物上可以同时或先后表现两种或两种以上不同类型的症状，这种情况称为综合征。例如，稻瘟病在芽苗期发生引起烂芽，在株期侵染叶片则表现枯斑，侵染穗部导致穗茎枯死引起白穗。

（5）并发症　当两种或多种病害同时在一株植物上混发时，可以出现多种不同类型的症状，这种现象称为并发症。有时会发生彼此干扰的拮抗现象，也可能出现加重症状的协同作用。

1.3.1.5　园艺植物非侵染性病害的病原

园艺植物的非侵染性病害是由于植物自身的生理缺陷或遗传性疾病，或由于在生长环境中有不适宜的物理、化学等因素直接或间接引起的一类病害。它和侵染性病害的区别在于没有病原生物的侵染,在植物不同的个体间不能互相传染,所以又称为非传染性病害或生理病害。

1. 营养失调

营养失调包括植物缺乏某种元素或各种营养元素间的比例失调或营养过量,这些因素可以诱使植物表现出各种病状,一般称为缺素症或多素症。常见的有:缺氮、缺磷、缺钾、缺铁、缺镁、缺硼、缺锌、缺钙、缺锰、缺硫等。症状在植株下部老叶首先出现时,一般可见黄化(缺乏 N)、紫色(缺 P)、叶枯(缺 K)、明脉(缺 Mg)、小叶(缺 Zn);如果症状在植株上部新叶出现时,一般表现畸形果(缺乏 B)、芽枯(缺 Ca)、白叶(缺 Fe)、黄化(缺 S)、失绿斑(缺 Mn)、叶畸形(缺 Mo)、幼叶萎蔫(缺 Cu);某些元素过量也可导致植物中毒,主要是微量元素过量所致(多素症),如饲料类、肥害、药害、盐碱地(表 1-20,图 1-102)。

表 1-20 各营养元素缺乏或过量所引起的症状

元素种类	缺乏症状	过量症状
氮(N)	症状先在下部老组织中出现,老叶黄化枯焦,新叶淡绿,植株早衰,成熟提早,产量降低	叶暗绿色,徒长,延迟成熟,茎叶变软弱,抗病力下降,易受害虫为害
磷(P)	先在下部老组织上表现症状,茎叶暗绿或呈紫红色,生育期推迟	株高变矮,叶变肥厚,成熟提早,产量降低
钾(K)	老叶先端黄化,后叶尖及叶缘发生枯焦,症状随生育期延长而加重,早衰	引起镁缺乏症
钙(Ca)	生长受阻,节间缩短,矮小,组织柔软;茎生长点死亡;根系不发达,根尖停止生长;幼叶往往黄化,叶片顶端和叶缘生长受阻,叶片中部继续生长,出现扭曲症状	引起锰、铁、硒、锌缺乏症
铁(Fe)	症状先在幼叶上出现,先是脉间失绿,叶脉仍保持绿色,后叶片逐渐变白,叶脉变黄,导致叶片死亡	引起锰缺乏症
锰(Mn)	新叶脉间失绿黄化,严重时褪绿部分呈黄褐色,逐渐增多扩大,有时叶片发皱、卷曲,甚至凋萎	叶先端生出褐色或紫褐色小斑点,引起铁、钼缺乏症
硼(B)	茎尖生长点受抑,节间缩短,根系发育不良,老叶增厚变脆、色深、无光泽、新叶皱缩、卷曲、失绿、叶柄短缩加粗、蕾花脱落,果实发育不良	抑制种子萌发,引起幼苗死亡,叶片变黄、枯焦,植株矮化
锌(Zn)	新叶开始叶片失绿、变小,节间缩短,植株矮小	褐色斑点,引起铁、锰缺乏症
铜(Cu)	幼叶褪绿、坏死、畸形及叶尖枯死,植株纤细。双子叶植物叶片卷曲,植株凋萎,叶片易折断,叶尖呈黄绿色;果树发生顶枯、树皮开裂、流胶	根伸长停止,引起铁的缺乏症

图 1-102　营养失调

造成植物营养元素缺乏的原因有多种：一是土壤中缺乏营养元素；二是土壤中营养元素的比例不当，元素间的颉颃作用影响植物吸收；三是土壤的物理性质不适，如温度过低，水分过少，pH 过高或过低等都影响植物对营养元素的吸收。在大量施用化肥、农药的地块，在连作频繁的保护地栽培等情况下，土壤中大量元素与微量元素的不平衡日益突出，在这种土壤环境中生长的作物往往会表现出营养失调症状。土壤中某些营养元素含量过高对植物生长发育也是不利的，甚至会造成严重伤害。

2. 水分失调

植物在长期水分供应不足的情况下，营养生长受到抑制，各种器官的体积和质量减少，导致植株矮小、细弱。缺水严重时，可引起植株干旱萎蔫、叶缘枯焦等症状，造成落叶、落花和落果，甚至整株凋萎枯死。土壤水分过多会影响土壤温度的升高和土壤的通气性，使植物根系活力减弱，甚至受到毒害，引起水淹（沤根）、烂根，植株生长缓慢，下部叶片变黄、下垂、落花、落果，严重时导致植株枯死。水分供应不均或变化剧烈时，可引起根菜类、甘蓝及番茄果实开裂，或使黄瓜形成畸形瓜，番茄发生脐腐病等（图 1-103）。

水分过多

水分不足

水分不足和高温灼伤

图 1-103　水分失调

3. 温度不适

高温可使光合作用迅速减弱，呼吸作用增强，糖类积累减少，生长减慢，有时使植物矮化和提早成熟。温度过高常使植物的茎、叶、果等组织产生灼伤。光照过强,可引起露地植物日灼病(图1-103)。光照不足可引起保护地植物徒长。保护地栽培通风散热不及时,也常造成高温伤害。高温干旱常使辣椒大量落叶、落花和落果。

低温对植物为害也很大。0℃～5℃的低温所致病害称冷害。一些喜温植物以及热带、亚热带和保护地栽培的植物较易受冷害,当气温低于10℃时,就会出现变色、坏死和表面斑点等常见冷害症状(图1-104),木本植物上则出现芽枯、顶枯。植物开花期遇到较长时间的低温,也会影响结实。0℃以下的低温所致病害称冻害。冻害的症状主要是幼茎或幼叶出现水浸状暗褐色的病斑,之后组织逐渐死亡,严重时整株植物变黑、枯干、死亡。土温过低往往导致幼苗根系生长不良,引起瓜类等作物幼苗"沤根",容易遭受根际病原物的侵染。

低温冷害　　　　　　　低温冻害

图1-104　温度不适

剧烈变温对植物的影响往往比单纯的高、低温更大。例如,昼夜温差过大,可以使木本植物枝干发生灼伤或冻裂,这种症状常见于树干的向阳面。

4. 有害物质

(1) 农药、激素使用不当　各种化学农药、化学肥料、除草剂和植物生长调节剂若选用种类不当,或施用方法不合理,或使用时期不适宜,或施用浓度过高等都可对植物造成药害。高温环境下更易发生药害。根据发生时间长短,药害可分为三类:

① 急性药害　一般在施药后2～3d发生,主要表现为叶片出现斑点、穿孔、焦灼、枯萎、黄化、失绿、畸形、卷叶及落叶;果实出现斑点、畸形、变小和落果;花瓣表现为枯焦、落花、落蕾、变色及腐烂;植株生长迟缓、矮化、茎秆扭曲,甚至全株死亡。植物的幼嫩组织或器官容易发生此类药害。无机铜、硫制剂等容易发生此类药害,如石硫合剂。

② 慢性药害　慢性药害并不很快表现明显的症状,而是逐渐影响植株的正常生长发育,使植物生长缓慢,枝叶不繁茂,进而叶片变黄以至脱落。还可表现开花减少、结实延迟、果实变小、早期落果、品质下降、色淡、味差、籽粒不饱满和种子发芽率降低等。植物幼苗和开花期比较敏感。

③ 残留药害　施药时总会有部分药剂落在地面或表土中,这些药剂有的可能分解很慢,在土壤中积累,待残留药物积累到一定程度,就会影响作物生长而表现药害。植物受残留药害显示的症状与慢性药害的症状相似。

(2) 环境污染物　环境污染主要是指空气污染、水源污染、土壤污染、酸雨等(图1-105),这些污染物对不同植物的为害程度不同,引起的症状各异(表1-21)。

| 药害 | 药害 | 酸雨为害 |

图 1-105　有害物质危害

表 1-21　环境污染物种类、来源、敏感植物及引起的主要症状

污染物种类	污染来源	敏感植物	主要症状
臭氧(O_3)	空气中的光化学反应、风暴中心等	烟草、菜豆、石竹、菊花、矮牵牛、丁香、柑橘及松等	叶面产生褪绿及坏死斑,有时植株矮化,提前落叶
二氧化硫(SO_2)	煤和石油的燃烧、天然气工业、矿石冶炼等	豆科植物、辣椒、菠菜、南瓜、胡萝卜、苹果、葡萄、桃及松等	生长受抑,低浓度导致叶缘及叶脉间产生褪绿的坏死斑点,高浓度使叶脉间漂白
氢氟酸(HF)	铝工业、磷肥制造、钢铁厂、制砖业等	唐菖蒲、郁金香、石竹、杜鹃、桃、蚕豆及黄瓜等	双子叶植物的叶缘或单子叶植物的叶尖产生枯焦斑,病、健交界处产生红棕色条纹
氮化物(NO_2,NO)	内燃机废气、天然气、石油或煤燃烧等	菜豆、番茄、马铃薯、杜鹃、水杉、黑杉及白榆等	幼嫩叶片的叶缘变红褐色或亮黄褐色。低浓度时只抑制植物生长而无症状表现
氯化物(Cl_2,HCl)	精炼油厂、玻璃工业、塑料焚化等	月季、郁金香、百日草、紫罗兰及菊花等	主要危害新叶,在叶脉间产生边缘不明显的褪绿斑;严重时,全叶变白、枯卷、脱落
乙烯(CH_2CH_2)	汽车废气、煤或油燃烧、后熟的果实等	石竹、东方百合、兰花、月季及金盏菊等	偏上性生长,叶片早衰,植株矮化,花、果减少

5. 非侵染性病害与侵染性病害的关系

非侵染性病害常常可使植物抗病性降低,利于侵染性病原的侵入和发病;如冻害不仅可以使细胞组织死亡,还往往导致植物的生长势衰弱,使许多病原物更易于侵入。侵染性病害有时也削弱植物对非侵染性病害的抵抗力,如某些叶斑病害不仅引起木本植物提早落叶,也使植株更容易受冻害和霜害。加强栽培管理,改善植物的生长条件,及时处理病害,可以减轻两类病害的恶性互作。

✻ 知识点 2　园艺植物侵染性病害的发生与流行 ✻

1.3.2.1　病原物的寄生性和致病性

植物病害的发生是在一定的环境条件下寄主与病原物相互作用的结果,是在适宜环境条件下病原物大量侵染和繁殖,造成植物减产或品质下降的过程。要认识病害的发生发展

规律,就必须了解病害发生发展的各个环节,深入分析病原物、寄主植物和环境条件在各个环节中的作用。

一种生物与另一种生物生活在一起并从中获得营养物质的现象称为寄生现象。一般把寄生的生物称为寄生物,被寄生的生物称为寄主。

1. 病原物的寄生性

病原物从寄主活的组织或细胞中取得营养物质而生存的能力称为病原物的寄生性。按照病原物从寄主活体获得营养能力的大小,可以把病原物分为2种类型。

(1) 专性寄生物　专性寄生物寄生能力最强,只能从生活着的寄主细胞和组织中获得所需的营养物质,当寄主植物的细胞和组织死亡后,寄生物也停止生长和发育,所以也称为活体寄生物。植物病原物中,所有植物病毒、类病毒、植原体、寄生性种子植物,大部分植物病原线虫、霜霉菌、白粉菌和锈菌等都是专性寄生物。它们对营养的要求比较复杂,一般不能在普通的人工培养基上培养。

(2) 非专性寄生物　非专性寄生物又称兼性寄生物,既可以寄生于活的植物组织上,还可以在死的植物组织上生活。绝大多数的植物病原真菌和植物病原细菌都是非专性寄生物,但它们的寄生能力也有强弱区分。强寄生物的寄生性仅次于专性寄生物,以寄生生活为主,但也有一定的腐生能力,在某种条件下,可以营腐生生活,大多数真菌和叶斑性病原细菌属于这一类。弱寄生物寄生性较弱,只能从死的有机体上获得营养物质或只能在衰弱的活体寄主植物或处于休眠状态的植物组织或器官(如块根、块茎、果实等)上营寄生生活,如引起猝倒病的腐霉菌,在生活史中的大部分时间营腐生生活,易于人工培养,可以在人工培养基上完成生活史。

了解病原物的寄生性,与病害的防治关系密切。例如,抗病品种主要是针对寄生性较强的病原物所引起的病害,弱寄生物引起的病害一般很难获得理想的抗病品种,应采取栽培管理措施提高植物的抗病性。

2. 病原物的致病性

致病性是指病原物所具有的破坏寄主和引起病害的能力。病原物对寄主植物的致病性的表现是多方面的,首先是夺取寄主的营养物质,致使寄主生长衰弱;分泌各种酶和毒素,使植物组织中毒进而消解、破坏组织和细胞,引起病害;有些病原物还能分泌植物生长调节物质,干扰植物的正常代谢,引起生长畸形。专性寄生物对寄主细胞和组织的直接破坏性小,所引起的病害发展较为缓慢;而多数非专性寄生物对寄主的直接破坏作用很强,可很快分泌酶或毒素杀死寄主的细胞或组织,再从死亡的组织和细胞中获取营养。

病原物的致病性只是决定植物病害严重性的一个因素。病害发生的严重程度还与病原物的发育速度、传染效率等因素有关。在一定条件下,致病性较弱的病原物也可能引起严重的病害,如霜霉菌的致病性较弱,但引起的霜霉病是多种作物的重要病害。

病原真菌、细菌、病毒、线虫等病原物,其种内常存在致病性的差异,依据其对寄主属的专化性可区分为不同的专化型;同一专化型内又根据对寄主种或品种的专化性分为生理小种,病毒称为株系,细菌称为菌系。了解当地病原物的生理小种,对选择抗病品种、分析病害流行规律和预测预报具有重要的实践意义。

1.3.2.2 寄主植物的抗病性

抗病性是寄主植物抵御病原物的侵染以及侵染以后所造成损害的能力，是植物与其病原物在长期共同进化过程中相互适应和选择的结果，是寄主植物的一种属性。抗病性是植物的遗传潜能，其表现受寄主与病原的相互作用的性质和环境条件的共同影响。

1. 植物的抗病性类型

（1）免疫　在适合发病的条件下，寄主植物不被病原物侵染危害，完全不发病或不表现可见症状的现象。

（2）抗病　寄主植物对病原物侵染的反应表现为发病较轻的现象。发病很轻的称为高抗。

（3）耐病　又称抗损失（害），是植物忍受病害的能力。寄主植物对病原物侵染的反应表现为发病较重，受害严重，但产量和品质等方面不受严重损害的性能，是植物忍受病害的性能，也称为耐害性。

（4）感病　寄主植物受病原物侵染后，发病严重，产量和品质损失较大的现象。发病很重的称为严重感病。

（5）避病　又称为抗接触，一定条件下，寄主植物感病期与病原物侵染期错开，或者缩短寄主感病部分暴露在病原物下的时间，从而避免或减少受感染的机会。

（6）抗侵入　病原物与植物接触但不能进入植物体内的形式。

（7）抗扩展　阻止病原物的繁殖，不让其产生质变。抗扩展是植物抗病性表现最普遍的形式，应进一步深入研究，以更好地指导抗病育种工作。

（8）抗再浸染　植物的抗再浸染特性通称为诱发抗病性。

根据作物品种对病原物生理小种抵抗情况将品种抗病性分为垂直抗病性和水平抗病性。垂直抗病性是指寄主的某个品种能高度抵抗病原物的某个或某几个生理小种的情况，这种抗病性的机制对生理小种是专化的，一旦遇到致病力强的小种时，就会丧失抗病性而变成高度感病。水平抗病性是指寄主的某个品种能抵抗病原物的多数生理小种，一般表现为中度抗病。由于水平抗病性不存在生理小种对寄主的专化性，所以抗病性不易丧失。

2. 植物的抗病性机制

植物抗病性有的是植物先天具有的被动抗病性，也有因病原物侵染而引发的主动抗病性。抗病机制包括形态结构和生理生化方面的抗性。

植物固有的抗病机制是指植物本身所具有的物理结构和化学物质在病原物侵染时形成的结构抗性和化学抗性。例如，植物的表皮被毛不利于形成水滴，也不利于真菌孢子接触植物组织；角质层厚不利于病原菌侵入；植物表面气孔的密度、大小、构造及开闭习性等常成为抗侵入的重要因素；皮孔、水孔和蜜腺等自然孔口的形态和结构特性也与抗侵入有关；木栓层是植物块茎、根和茎等抵抗病原物侵入的物理屏障；植物体内的某些酚类、单宁和蛋白质可抑制病原菌分泌的水解酶。

在病原物侵入寄主后，寄主植物会从组织结构、细胞结构、生理生化方面表现出主动的防御反应。例如，病原物的侵染常引起侵染点周围细胞的木质化和木栓化；植物受到病原物侵染的刺激产生植物保卫素，可抑制病原菌生长。过敏性反应是在侵染点周围的少数寄主细胞迅速死亡，抑制了专性寄生病原物的扩展。对植物预先接种某种微生物或进行某些化学、物理因子的处理后可产生获得抗病性。例如,病毒近缘株系间的"交互保护作用",当寄主植物接种弱毒株系后,再感染强毒株系,寄主对强毒株系表现出抗性。

20世纪50年代由Flor所提出的"基因对基因学说"(gene-for-gene theory)阐明了抗病性的遗传学特点。该学说认为对应于寄主方面的每一个决定抗病性的基因,病原物方面也存在一个决定致病性的基因。反之,对应于病原物方面的每一个决定致病性的基因,寄主方面也存在一个决定抗病性的基因。任何一方的有关基因都只有在另一方相对应的基因作用下才能被鉴别出来。基因对基因学说不仅可以改进品种抗病基因型与病原物致病性基因型的鉴定方法,预测病原物新小种的出现,而且对于抗病性机制和植物与病原物共同进化理论的研究也有指导作用。

化学的主动抗病性因素主要有过敏性坏死反应、植物保卫素形成和植物对毒素的降解作用等,研究这些因素不论在植物病理学理论上或抗病育种的实践中都有重要意义。

(1) 植物保卫反应 有些寄主植物,受到病原生物的侵染时,可以发生一系列的保卫反应。保卫反应是指病原生物侵染后,在植物受害组织附近所激起的积极反应,借以限制和消灭已经开始寄生活动的寄生物。

植物的保卫反应可分为两种类型,即活质反应和坏死反应。最突出的例子,是核果类叶片对穿孔病所表现的情况。当病原菌侵染叶片后,于侵染点附近的细胞组织积极活动,首先木栓化或木质化以封锁病原侵染点的四周,接着产生离层使病部脱落而摆脱病原菌的扩展。这是寄主细胞积极活动而产生保卫反应的结果。

(2) 植物保卫素 是植物受到病原物侵染后或受到多种生理的、物理的刺激后所产生或积累的一类低分子量抗菌性次生代谢产物。植物保卫素对真菌的毒性较强。近年来,对于植物保卫素的研究有很大进展。例如,稻瘟病菌侵入后,首先产生毒素毒害水稻的细胞和组织,使其形成病斑。抗病水稻品种遭受稻瘟病菌侵染后,立即可以产生叶绿原酸和阿魏酸等植物保卫素,用以中和稻瘟病菌分泌的毒素而免遭危害。现在已知21科100种以上的植物产生植物保卫素,豆科、茄科、锦葵科、菊科和旋花科植物产生的植物保卫素最多。90多种植物保卫素的化学结构已被确定,其中多数为类异黄酮和类萜化合物。

(3) 过敏性坏死反应 是植物对非亲和性病原物侵染表现高度敏感的现象,此时受侵细胞及其邻近细胞迅速坏死,病原物受到遏制或被杀死,或被封锁在枯死组织中。过敏性坏死反应是植物发生最普遍的保卫反应类型,长期以来被认为是小种专化抗病性的重要机制,对真菌、细菌、病毒和线虫等多种病原物普遍有效。植物对锈菌、白粉菌、霜霉菌等专性寄生菌非亲和小种的过敏性反应以侵染点细胞和组织坏死,发病叶片不表现肉眼可见的明显病变或仅出现小型坏死斑,病菌不能生存或不能正常繁殖为特征。

(4) 交互保护作用 是一种典型的诱发抗病性。在植物病毒学的研究中,人们早已发现病毒近缘株系间有"交互保护作用"。当植物寄主接种弱毒株系后,再第二次接种同一种病毒的强毒株系,则寄主抵抗强毒株系,症状减轻,病毒复制受到抑制。

1.3.2.3 植物侵染性病害的侵染过程

病原物的侵染过程是指从病原物与寄主接触、侵入寄主到寄主发病的过程。侵染是一个连续的过程,一般分为接触期、侵入期、潜育期和发病期4个时期。

1. 接触期

接触期有时又称为侵入前期,是指病原物到达寄主植物表面或附近,受到寄主植物分泌物的影响,向寄主运动并与寄主植物感病部位接触,产生侵入结构的时期。

病毒、植原体和类病毒的接触和侵入是同时完成的;细菌从接触到侵入几乎也是同时完成的,都没有明显的接触期。而真菌接触期的长短因种而异。

接触期的病原物已经从休眠状态转入生长状态,病原物暴露在寄主体外,正处于其生活史中最薄弱的环节,必须克服各种不利于侵染的环境因素才能侵入,若能创造不利于病原物与寄主植物接触和生长繁殖的生态条件可有效地防治病害。因此,接触期是采取防治措施的关键时期。

2. 侵入期

侵入期是指病原物从侵入寄主到与寄主建立寄生关系的这一段时期。

(1) 病原物的侵入途径　病原物通过一定的途径进入植物体内才能进一步发展而引起病害。侵入途径主要有3种:伤口侵入,如虫伤、冻伤、自然裂缝等;自然孔口侵入,如气孔、水孔、皮孔等;直接侵入。各种病原物往往有特定的侵入途径,如病毒只能从微伤口侵入;细菌可以从伤口和自然孔口侵入;大部分真菌可从伤口和自然孔口侵入;少数真菌、线虫、寄生性植物可从表皮直接侵入。

(2) 侵入所需时间和数量　病原物侵入所需时间一般是很短的,植物病毒和一部分病原细菌接触寄主即可侵入。病原真菌需经萌发、产生芽管等过程,所需时间大多在几小时内。

(3) 影响侵入的环境条件　影响病原物侵入的环境条件主要是温度和湿度,光照等对病原物的侵入也有一定作用。其中湿度对真菌和细菌等病原物的侵入影响最大。湿度决定孢子能否萌发和侵入。绝大多数气流传播的真菌病害,其孢子萌发率随湿度增加而增大,在水滴(膜)中萌发率最高。例如,真菌的游动孢子和细菌只有在水中才能游动和侵入,而白粉菌的孢子在湿度较低的条件下萌发率高,在水滴中萌发率反而很低。另外,在高湿条件下,寄主愈伤组织形成缓慢,气孔开张度大,水孔吐水多而持久,植物组织柔软,抗侵入能力大大降低。

温度影响孢子能否萌发和侵入的速度。真菌孢子在适温条件下萌发只需几小时的时间。例如,马铃薯晚疫病菌孢子囊在12℃~13℃的适宜温度下,萌发仅需1h,而在20℃以上时需5~8h。

温度和湿度既影响病原物,也影响寄主植物。在植物生长季节,温度一般都能满足病原物侵入的需要,而湿度的变化较大,常常成为病害发生的限制因素。所以在潮湿多雨的气候条件下病害严重,而雨水少或干旱季节病害轻或不发生。同样,恰当的栽培管理措施,如灌水适时适度、合理密植、合理修剪、适度打除底叶、改善通风透光条件、田间作业尽量避免机械损伤植株和注意促进伤口愈合等,都有利于减轻病害发生的程度。但是,植物病毒病在干旱条件下发病严重,这是因为干旱有利于传毒昆虫(如蚜虫)的繁殖。如果使用保护性杀菌剂,必须在病原物侵入寄主之前使用,也就是选择在田间少数植株发病初期使用,这样才能收到理想的防治效果。

3. 潜育期

从病原物侵入与寄主建立寄生关系开始,到寄主表现明显症状为止的这一段时期称为潜育期。它是病原物在植物体内进一步繁殖和扩展的时期,也是寄主植物调动各种抗病因素积极抵抗病原为害的时期。对潜育期长短的影响,环境条件中起主要作用的是温度。在一定范围内,温度升高,潜育期缩短。在病原物生长发育的最适温度范围内,潜育期最短。

潜育期的长短还与寄主植物的生长状况密切相关。凡生长健壮的植物,抗病力强,潜育期相应延长;而营养不良、长势弱或氮素肥料施用过多、徒长的,潜育期短,发病快。在潜育期采取有利于植物正常生长的栽培管理措施或使用合适的杀菌剂可减轻病害的发生。病害流行与潜育期的长短关系密切。有重复侵染的病害,潜育期越短,重复侵染的次数越多,病害流行的可能性越大。

4. 发病期

指从寄主开始表现明显症状而发病到寄主生长期结束,甚至植物死亡止的一段时期,又称症状表现期。在发病期,病部常呈现典型的症状。病原真菌在受害部位产生孢子,细菌产生菌脓。另外,病原物繁殖体的产生也需要适宜的温度和湿度,在适宜的温度条件下,湿度大,病部才会产生大量的孢子或菌脓。对病征不明显的病害标本进行保湿,可以促进其产生病征,以便识别病害。掌握病害的侵染过程及其规律性,有利于开展病害的预测预报和制定防治措施。

1.3.2.4 植物侵染性病害的侵染循环

病害的侵染循环是指侵染性病害从一个生长季节开始发生,到下一个生长季节再度发生的过程。包括病原物的越冬(或越夏)、病原物的传播以及病原物的初侵染和再侵染等环节(图1-105)。

图1-105 植物侵染性病害的侵染循环

1. 病原物的越冬与越夏

病原物的越冬和越夏是指病原物在一定场所度过寄主休眠阶段保存自己的过程。这些病原物越冬、越夏的场所主要有以下几种:

(1)田间病株 田间病株主要是指被病原物侵染的寄主植物。病原物可在田间多年生、二年生或一年生的寄主植物上越冬、越夏。例如,冬小麦在秋苗阶段被锈菌或白粉菌侵染后,病菌以菌丝体在寄主体内越冬,夏季在小麦收获后,田间的自生麦苗成为锈菌、白粉菌的越夏场所。

(2)种子、苗木和其他繁殖材料 种子、苗木、块根、块茎、鳞茎和接穗等繁殖材料是多种病原物重要的越冬或越夏场所。这些带有病原物的种子和其他各种繁殖材料,在播种和移栽后不仅会使植物本身发病,而且还会成为田间的发病中心,造成病害的蔓延。如将这些繁殖材料进行远距离调运,还会使病害传入新区,成为病害远距离传播的重要原因。例如,菟丝子的种子混杂在作物种子中,马铃薯环腐病菌在块茎中越冬等。

因此,在播种前应根据病原物在种苗上的具体位置选用最经济有效的处理方法,如水选、筛选、热处理或药剂处理等。加强植物检疫,对种子等繁殖材料实行检疫检验,调运无病繁殖材料,是防止危险性病害扩大传播的重要措施。

(3)病株残体 病株残体包括寄主植物的枯枝、落叶、落花、落果、烂皮和死根等植株残体。大部分非专性寄生的真菌和细菌能以腐生的方式在病株残体上存活一段时期。某些专性寄生的病毒也可随病株残体休眠。病株残体对病原物既可起到一定的保护作用,增强其对恶劣环境的抵抗力,又可提供营养条件,作为形成繁殖体的能源。但当病株残体分解和腐烂后,多数种类的病原物往往也逐渐死亡和消失。

(4) 土壤 各种病原物常以休眠体的形式保存于土壤中,也可以腐生的方式在土壤中存活。例如,鞭毛菌的休眠孢子囊和卵孢子、黑粉菌的冬孢子等,可在干燥土壤中长期休眠。

在土壤中腐生的病原物,可分为土壤寄居菌和土壤习居菌两类。土壤寄居菌是在土壤中随病株残体生存的病原物,土壤寄居菌的存活依赖于病株残体,当病株残体腐败分解后,它们不能单独存活在土壤中,大多数寄生性强的真菌、细菌属于这一类;土壤习居菌对土壤适应性强,在土壤中能长期独立存活和繁殖,寄生性较弱,如腐霉属、丝核属真菌等。

连作能使土壤中某些病原物数量逐年增加,使病害不断加重。合理的轮作可阻止病原物的积累,有效地减轻土传病害的发生。

(5) 粪肥 病菌的休眠孢子可以直接散落于粪肥中,也可以随病株残体混入肥料。作物的秸秆、谷糠、枯枝落叶、野生杂草等残体都是堆肥、垫圈和沤肥的材料,因此病原物可经常随各种病株残体混入肥料越冬或越夏。有机肥在未经充分腐熟的情况下,可能成为多种病害的侵染来源,因此使用农家肥必须充分腐熟。有的病株残体作为饲料,病原休眠体随秸秆经过牲畜消化道后,仍能保持其生活力而使粪肥带菌,从而增加了病菌在肥料中越冬的数量。

(6) 昆虫和其他传播介体 昆虫、螨类和有些线虫是植物病毒病害的主要生物传播介体,也是植物病毒的越冬和越夏场所。

2. 病原物的传播

越冬、越夏的病原物,经过一定的传播方式,与寄主植物发生接触,可引起寄主植物发病。病原物种类不同,传播的方式和方法也不同,主要分为主动传播和被动传播两类。

(1) 主动传播 病原物依靠本身的运动或扩展蔓延进行的传播,称为主动传播,如很多真菌向空间主动弹射孢子的能力,游动孢子的水中游动,线虫在土壤中的蠕动等。这种传播方式有利于病原物主动接触寄主,但其传播的距离较短,活动范围十分有限,仅对病原物的传播起一定的辅助作用。自然条件下一般以被动传播为主。

(2) 被动传播。

① 气流传播 这是最常发生的一种传播方式。气流传播的距离远、范围大,容易引起病害流行。典型的气流传播病害有大叶黄杨白粉病、紫薇白粉病等。

② 风雨或流水传播 流水传播距离一般都比较近,只有几十米远。雨水、灌溉水的传播都属于流水传播,如苗期猝倒病、立枯病等的病原物随灌溉水传播。因此,在防治时要注意采用正确的灌水方式,避免串灌和漫灌。

③ 昆虫和其他动物介体传播 多数植物病毒、类病毒、植原体等都可借助昆虫传播,其中尤以蚜虫、叶蝉、飞虱等刺吸式口器的昆虫传播为多。咀嚼式口器的昆虫可以传播真菌病害,线虫可传细菌、真菌和病毒病害,鸟类可传播寄生性种子植物的种子等。

④ 土壤传播和肥料传播 土壤和肥料传播病原物实际上是土壤和肥料被动地被携带到异地而传播病原物。土壤能传播在土壤中越冬或越夏的病原物,带土的块茎、苗木等可

远距离传播病原物,农具、鞋靴等可近距离传播。肥料混入病原物,如未充分腐熟,其中的病原物接种体可以长期存活,可以由粪肥传播病害。

⑤ 人为因素传播　各种病原物都能以多种方式由人为的因素传播。人类在从事各种商业贸易经济活动和农事操作中,常常无意识地传播了病原物。人为的传播因素中,以带病的种子、苗木和其他繁殖材料的调运最重要。例如,调运携带病原物的种子、苗木、农产品及植物性包装材料时,可造成病害的远距离传播,引起病区扩大和新病区的形成,因此人为因素传播病害的危害性最大。植物检疫的作用就是限制这种人为的传播,避免将危害严重的病害带到无病的地区。

3. 初侵染和再侵染

病原物越冬或越夏后,在新的生长季节里引起寄主植物首次发病的过程称为初侵染。在同一生长季节内,受到初侵染的植株上所产生的病原物通过传播又侵染健康植株,引起寄主植物再次发病的过程称为再侵染。有些病害只有初侵染,没有再侵染,如黑粉病。有些病害不仅有初侵染,还有多次再侵染,如霜霉病。

有无再侵染是制定防治策略和方法的重要依据。对于只有初侵染的病害,应设法减少或消除初侵染来源,可获得较好的防治效果。对再侵染频繁的病害不仅要控制初侵染,还必须采取措施防止再侵染,才能遏制病害的发展和流行。

1.3.2.5　侵染性病害的流行与预测

植物病害在一个较短的时期内,较大的地域范围内,植物病原物大量传播,在植物群体中大面积严重发病,并造成巨大的产量和质量损失,这种现象称为植物病害的流行。病害的流行主要是研究植物群体发病及其在一定时间和空间内数量上的变化规律,所以对它的研究往往是在定性的基础上进行定量的研究。

1. 植物病害的流行

(1) 流行因素　植物病害的流行受到寄主植物群体、病原物群体、环境条件和人类活动诸方面多种因素的影响,这些因素的相互作用决定了流行的强度和广度。在诸多流行因素中最重要的有以下三方面:

① 大量致病性强的病原物　病原物的致病性强、数量多并能有效传播是病害流行的主要原因。有些病原物能够大量繁殖和有效传播,短期内能积累巨大菌量。有的抗逆性强,越冬或越夏存活率高,初侵染菌源数量较多,这些都是重要的流行因素。许多病原物群体内部有明显的致病性分化现象,具有强致病性的小种或菌株、毒株占据优势就会导致病害大流行。在种植寄主植物抗病品种时,病原物群体中具有匹配致病性(毒性)的类型将逐渐占据优势,使品种抗病性丧失,导致病害重新流行。对于生物介体传播的病害,传毒介体数量也是重要的流行因素,如病毒病与蚜虫等介体的发生数量有关。

② 大面积感病寄主植物集中栽培　存在大面积感病寄主植物是病害流行的基本前提。品种布局不合理,大面积种植感病寄主植物或品种,会导致病害的流行。农业规模经营和保护地栽培的发展,往往在特定的地区大面积种植单一农作物甚至单一品种,从而有利于病害的传播和病原物增殖,常导致病害大流行。

③ 有利病害大量发生的环境条件　环境条件主要包括气象条件、土壤条件、耕作栽培条件等。气象因素能够影响病害在广大地区的流行,其中以温度、水分(包括湿度、雨量、雨

日、雾和露)和日照最为重要。土壤因素包括土壤的理化性质、土壤肥力和土壤微生物等，往往只影响病害在局部地区的流行。只有长时间持续存在适宜的环境条件，且出现在病原物繁殖和侵染的关键时期，病害才能流行。

病害的流行主要是上述几方面因素综合作用的结果。但由于各种病害发病规律不同，每种病害都有各自的流行主导因素。对一种病害，在一定的时间和地点，当其他因素已基本具备并相对稳定，而某一个因素最缺乏或波动变化最大时，并对病害的流行起决定作用，这个因素称为当时当地病害流行的主导因素。"主导"是相对的概念，同一种病害，处在不同的时间和地点，其流行主导因素可能全然不同，并且有时是可以变化的。

（2）流行的类型　植物病害的流行是一个发生、发展和衰退的过程。这个过程是由病原物对寄主的侵染活动和病害在空间和时间中的动态变化表现出来的。可简单地划分为单年流行病害和积年流行病害。

① 单年流行病害　又称多循环病害。指在作物一个生长季节中，只要条件适宜，病原物能够连续繁殖多代，并发生多次再侵染，在一个生长季节内就能完成病原物数量的积累过程，病害数量增幅大，最后造成严重流行危害的病害，称为单年流行病害，如马铃薯晚疫病。这类病害绝大多数是局部侵染的，寄主的感病时期长，病原物的增殖率高，病害潜育期短，一般只有几天至十几天，一年中可有多次再侵染，多为气传和雨水传病害，传播距离较远，一般危害植物地上部位。

② 积年流行病害　又称单循环病害。指在植物一个生长季中病原物只发生一次侵染，即病害循环中只有初侵染而没有再侵染，或者虽有再侵染，但次数很少，在病害流行上作用很小，需要经过连续几年时间，才能完成病原物数量积累（菌量积累）的过程，导致流行成灾的病害，如枯萎病类。此类病害多为种传或土传的全株性或系统性病害，其自然传播距离较近，传播效能较小。在一个生长季中菌量增长幅度不大，在发生的开始几年里，菌量小，发病率不高，往往不能引起重视。但由于病原物休眠体对不良环境抵抗力强，能够逐年积累，如对病害不加以控制，能够逐年稳定地增长，若干年后将导致较大的流行。

单循环病害与多循环病害的流行特点不同，防治的策略也不同。单年流行病害往往是防治的重点，积年流行病害是防治的难点。防治单循环病害，消除初始菌源很重要，除选用抗病品种外，田园卫生、土壤消毒、种子清毒、拔除病株等措施都有良好的防治效果。即使当年发病很少，也应采取措施抑制菌量的逐年积累。防治多循环病害主要应种植抗病品种，采用药剂防治和农业防治措施，降低病害的增长率。

2. 病害的预测预报

植物病害的预测预报是根据植物病害流行的规律来推测病害能否流行和流行的程度，为确定防治有利时机提供依据。依据病害的流行规律，利用经验的或系统模拟的方法估计一定时限之后病害的流行状况，称为预测。由权威机构发布预测结果，称为预报。有时对两者并不作严格的区分，通称病害预测预报。按预测内容和预报量的不同可分为流行程度预测、发生期预测和损失预测。

（1）流行程度预测　流行程度预测是最常见的预测种类。预测结果可用具体的发病数量（发病率、严重度、病性指数等）作定量的表达，也可用流行级别作定性的表达。流行级别多分为大流行、中度流行、轻度流行和不流行，具体分级标准根据发病数量或损失率确定,因病害而异。

（2）发生期预测　发生期预测是估计病害可能发生的时期。根据测报时间长短可分长期预测、中期预测和短期预测。长期预测是指预测一个生长季节或一个季度以上,有的是一年或多年,以至几年的作物病情变化。预测结果指出病害发生的大致趋势,需要以后用中、短期预测加以订正。一般适用于土传、种传病害和只有初侵染的病害。中期预测是对一个生长季节内的病情变化进行预测。中期预测的时限一般为一个月至一个季度,多根据当时的发病数量或者菌量数据、作物生育期的变化以及实测的或预测的天气要素做出预测,准确性比长期预测高,预测结果主要用于做出防治决策和作好防治准备。短期预测是对十几天或几十天的病情变化进行预测,一般时限在1周之内,有的只有几天。主要根据天气要素和菌源情况做出,预测结果用以确定防治适期。

（3）损失预测　损失预测也称损失估计,主要根据病害流行程度预测减产量,有时还将品种、栽培、气象条件等因素用做预测因子。在病害综合防治中,常应用经济损害水平和经济阈值等概念。经济损害水平是指造成经济损失的最低发病数量。经济阈值是指应该采取防治措施时的发病数量或最低种群密度,此时防治可防止发病数量超过经济损害水平,防治费用不高于因病害减轻所获得的收益。损失预测结果可用以确定发病数量是否已经接近或达到经济阈值。

1.3.2.6　园艺植物病害的调查统计

1. 一般调查

当一个地区有关植物病害发生情况的资料很少时,应先做一般调查。调查的内容广泛且具有代表性,但不要求精确。一般在植物病害发生的盛期调查1~2次,对植物病害的分布和发生程度进行初步了解。在做一般调查时要对各种植物病害的发生盛期有一定的了解,如猝倒病等应在植物的苗期进行调查,黄瓜枯萎病、霜霉病则在结瓜期后才陆续出现,错过便很难调查到。调查内容可参考表1-22。

表1-22　植物病害发生调查表

调查人：　　　调查地点：　　　年　月　日

病害名称	植物名称和生育期	发生程度									
		1	2	3	4	5	6	7	8	9	10

注:表中的1,2……10等数字在实际调查时可改换为具体地块名称,重要病害的发生程度可粗略写明轻、中、重,对不常见的病害可简单地写有、无等字样。

2. 重点调查

在对一个地区的植物病害发生情况进行大致了解之后,对某些发生较为普遍或严重的病虫害可做进一步的调查。这次调查较前一次的次数要多,内容要详细和深入,如分布、发病率、损失程度、环境影响、防治方法和防治效果等。对发病率、损失程度的计算要求比较准确。在对病虫害的发生、分布、防治情况进行重点调查后,有时还要针对其中的某一问题进行调查研究,调查研究一定要深入,以进一步提高对病害的认识。

3. 植物病害的统计方法

在对植物病害发生情况进行调查统计时,经常要用发病率、病情指数等来表示植物病害的发生程度和严重度。

(1) 发病率 发病率是发病植株或植物器官(叶片、根、茎、果实、种子等)占调查植株总数或器官总数的百分率,用以表示发病的普遍程度。

$$发病率(\%) = 病株(叶、果等)数 / 调查总株(叶、果等)数 \times 100\%$$

如大白菜病毒病,调查 200 株,发病株为 15 株。得:

$$发病率(\%) = \frac{15}{200} \times 100\% = 7.5\%$$

(2) 病情指数 植物病害发生的轻重,对植物的影响是不同的。如叶片上发生少数几个病斑与发生很多病斑以致引起枯死的,就会有很大差别。因此,仅用发病率来表示植物的发病程度并不能够完全反映植物的受害轻重。病情指数是全面考虑发病率与严重度两者的综合指标。将植物的发病程度进行分级后再进行统计计算,能更准确地表示出植物的受害程度。

$$病情指数 = \frac{\sum[各级病株(叶、果等)数 \times 各级代表数值]}{(调查总株(叶、果等)数) \times 最高分级级数} \times 100$$

现以黄瓜霜霉病为例,说明病情指数的计算方法。调查黄瓜霜霉病的病情指数,其分级标准见表 1-23。

表 1-23 黄瓜霜霉病严重度标准

严重度分级	病情程度(严重率)
0 级	无病斑
1 级	病斑面积占整个叶面积的 5% 以下
3 级	病斑面积占整个叶面积的 6%~10%
5 级	病斑面积占整个叶面积的 11%~25%
6 级	病斑面积占整个叶面积的 26%~50%
9 级	病斑面积占整个叶面积的 50% 以上

如调查黄瓜霜霉病叶片 200 片,其中 0 级 35 片,1 级 65 片,3 级 50 片,5 级 40 片,6 级 10 片,得:

$$病情指数 = \frac{(35 \times 0 + 65 \times 1 + 50 \times 3 + 40 \times 5 + 10 \times 6)}{(200 \times 9)} \times 100 = 26.4$$

病情指数越大,病情越重;病情指数越小,病情越轻。发病最重时病情指数为 100,没有发病时,病情指数为 0。

✻ 知识点 3　园艺植物病害的诊断 ✻

认识病害,研究植物病害,掌握病害发生规律的目的是防治植物病害。合理有效的防治措施总是建立在对病害的准确诊断上。诊断就是判断植物生病的原因,确定病原类型和病害种类,为病害防治提供科学依据。

1.3.3.1 园艺植物病害的诊断步骤

对园艺植物病害进行诊断,首先要区分是属于侵染性病害还是非侵染性病害。许多植物病害的症状有很明显的特点,应该仔细观察病植物的症状,在多数情况下,还需要进行详细和系统的检查。其次是仔细分析,包括询问和查找资料以便掌握尽量多的病例特点,再结合镜检、活检等全面检查。因此,诊断的步骤一般包括植物病害的田间诊断、症状观察、病原室内鉴定、病原生物的分离培养和接种。

1.3.3.2 植物病害的诊断方法

1. 非侵染性病害的诊断

(1) 诊断的目的 通过田间观察、考察环境、栽培管理等来检查病部表面有无病征。查明和鉴别植物发病的原因,进而采取相应的防治措施。非侵染性病害一般具有以下3个特点:一是病害往往大面积同时发生,表现同一症状,病株在田间的分布具有规律性,一般比较均匀;二是病害没有逐步传染扩散现象,没有传染性,没有先出现中心病株,没有从点到面扩展的过程;三是症状具有特异性,病株常表现全株性发病,如缺素症。病株只表现病状无病征,组织内也分离不到病原物。但是患病后期由于抗病性降低,病部可能会有腐生菌类出现。病状类型有变色、枯死、落花落果、畸形和生长不良等。病害发生与环境条件、气候变化、栽培管理、农事操作有密切的相关性,如土壤缺乏某些元素、气温下降、施肥喷药、空气污染等;当引起病害的因素得到改善时,许多病状可以消失,植株恢复健康。

一般病害突然大面积同时发生,多是由于三废污染、气候因素所致;病害产生明显的枯斑、灼烧、畸形等症状,又集中于某一部位,无病史,多为使用农药、化肥不当造成的伤害;植株下部老叶或顶部新叶颜色发生变化,可能是缺素病,可采用化学诊断和施肥试验进行确诊;病害只限于某一品种,表现生长不良或有系统性的一致表现,多为遗传性障碍;日灼病常发生在温差变化大的季节及向阳面。

(2) 诊断方法 现场调查。引起非侵染性病害的原因很多,而且有些非侵染性病害的症状与侵染性病害的症状又很相似,因而给诊断带来一定的困难。首先排除侵染性病害,及时治疗诊断。由于非侵染性病害是由不良环境条件所致,因此现场调查和观察时,不仅要观察病害的症状特点,还要了解病害发生的时间、范围,有无病史,气候条件以及土壤、地形、施肥、施药和灌水等因素,进行综合分析,找出病害发生的原因。生理性病害与病毒病因为均无病症,容易混淆,区别是一般病毒病的田间分布是分散的,且病株周围可以发现完全健康的植株,生理病害常常成片发生。

2. 侵染性病害的诊断

侵染性病害是由病原生物侵染所致的,病害有一个发生、发展或传播为害的过程。许多病害具有一个发病中心,然后由少到多,由点到片,由轻到重地扩展。在特定的品种或环境条件下,植株间病害有轻有重。大多数的真菌病害、细菌病害、线虫病害以及所有的寄生植物病害,可以在病部表面观察到病征、病原物,少数要在组织内部才能看到。有些真菌和原核生物病害,所有的病毒、类病毒病害,在植株表面虽然没有病征,但所表现的症状具有明显的特点。综合分析是可以同非侵染性病害相区别的。

(1) 真菌病害的诊断 大多数真菌病害在病部产生病征,或稍加保湿培养即可生出子实体来。病征表现多种多样,如粉状物、霉状物、锈状物等。各种籽实体丰富多彩,但要注意区分这些子实体是真正病原真菌的子实体,还是次生或腐生真菌的子实体,因为在病斑部尤其是老病斑或坏死部分常有腐生真菌和细菌污染,并充满表面。较为可靠的方法是从新鲜病叶的边缘做镜检或分离,选择合适的培养基是必要的,一些特殊性诊断技术也可以选用。按柯赫法则进行鉴定,尤其是接种后看是否发生同样病害是最基本也是最可靠的一项措施。

以下细菌、病毒、线虫等引起的病害见项目五。

(2) 细菌病害的诊断　大多数细菌病害的症状有一定特点,斑点、腐烂、萎蔫、肿瘤大多数是细菌病害的特征。叶斑类型的病害,初期病斑呈水渍状或油渍状边缘、半透明,常有黄色晕圈。在潮湿条件下,在病斑部位常可以见到污白色、黄白色或黄色的菌脓。腐烂类型的细菌病害产生特殊的气味且无菌丝,可与真菌引起的腐烂区别。萎蔫型的细菌病害,横切病株茎基部,稍加挤压可见污白色菌脓溢出,且维管束变褐。有无菌脓溢出是细菌性萎蔫同真菌性萎蔫的最大区别。切片镜检有无喷菌现象是最简便易行又最可靠的诊断技术。在显微镜下可以观察到细菌从维管组织切口涌出。有的细菌(如韧皮部杆菌属)和植原体病害用扫描电镜可观察到植物韧皮部细胞内的病原。用选择性培养基来分离细菌,挑选出来再用于过敏反应的测定和接种也是很常用的方法。革兰染色、血清学检验和噬菌体反应也是细菌病害诊断和鉴定中常用的快速方法。细菌病害病原的鉴定必须经分离纯化后做细菌学性状鉴定。

(3) 菌原体病害的诊断　菌原体病害的特点是植株矮缩、丛枝或扁枝,小叶与黄化,少数出现花变叶或花变绿。只有在电镜下才能看到菌原体。注射四环素以后,初期病害的症状可以隐退消失或减轻。对青霉素不敏感。用四环素类抗生素灌注植物,病株出现一定时期的恢复,可间接证明是植原体病害。

(4) 线虫病害的诊断　病原线虫常常引起植物生长衰弱,如果周围没有健康植株作对照,往往容易忽视线虫病。田间观察到衰弱的植株,应仔细检查其根部有无肿瘤和虫体。线虫病害的症状主要有虫瘿、根结、胞囊、茎(芽、叶)坏死、植株矮化、黄化呈缺肥状。外寄生线虫病害常在病植株上观察到虫体,形成根结的线虫,掰开根结可找到雌虫。在植物外表、内部或根表、根内、根际土壤、茎或籽粒中可见到有的植物寄生线虫存在。还可以采用漏斗分离方法收集寄生线虫,用于鉴定。

(5) 病毒病害的诊断　在田间诊断中最易与病毒病相混淆的是非侵染性病害,诊断时应注意分析。病毒病具传染性,无病征;多为系统感染,新叶新梢上症状最明显;采取病株叶片用汁液摩擦接种或用蚜虫传毒接种可引起发病;有独特的症状,如花叶、脉带、环斑、坏死、斑驳、蚀纹、矮缩等。在已知的34组植物病毒中,约有20个组的病毒在寄主细胞内形成内含体,撕取表皮镜检时有时可见有内含体。许多病毒接种在某些特定的指示植物或鉴别寄主上,会产生特殊的症状,这些病状可以作为诊断的依据之一。从病组织中挤出汁液,经负染后在透射电镜下观察病毒粒体形态与结构是十分快速而可靠的诊断方法,在电镜下可见到病毒粒体和内含体。用血清学诊断技术可快速做出正确的诊断。类病毒病害田间表现主要有畸形、坏死、变色等。许多植物感染类病毒后不显症,主要通过室内诊断。

(6) 寄生性植物引起的病害诊断　在病植物体上或根际可以看到其寄生物,即寄生在植物上的寄生性植物本身(如菟丝子、列当、槲寄生等)就足以对病害进行确诊。

3. 新病害的鉴定——柯氏法则

对于不熟悉的病害、疑难病害和新病害,即使在实验室观察到病斑上的微生物或经过分离培养获得的微生物,都不足以证明这种生物就是病原物。因为从田间采集到的标本上,其微生物的种类是相当多的,有些腐生菌在病斑上能迅速生长,在病斑上占据优势。因此,需要采用特殊的诊断方法——柯赫法则。其要点有:

① 在任何病植物体上都能发现同一种致病的微生物存在,并诱发一定的症状,这种微生物和某种病害有经常的联系。

② 从病组织中可以分离获得这种微生物的纯培养物,或该微生物可在离体的或人工培养基上分离纯化,获得纯培养,并且明确它的特征。

③ 把这种纯培养物接种到相同品种的健康植物上,可以产生相同的病害症状。

④ 从接种发病的植物上能再次分离到这种微生物,性状与原微生物的记录相同。

1.3.3.3 植物病害诊断时应注意的问题

(1) 不同的病原可导致相似的症状。例如,叶稻瘟和稻胡麻叶斑病的初期病斑不易区分;萎蔫性病害可由真菌、细菌、线虫等病原引起。

(2) 相同的病原在同一寄主植物的不同生育期,不同的发病部位,表现为不同的症状。例如,红麻炭疽病在苗期危害幼茎,表现为猝倒,而在成株期危害茎、叶和蒴果,表现为斑点型。相同的病原在不同的寄主植物上,表现的症状也不相同。例如,十字花科病毒病在白菜上呈花叶,在萝卜叶上呈畸形。

(3) 环境条件可影响病害的症状。例如,腐烂病类型在气候潮湿时表现湿腐症状,气候干燥时表现干腐症状。缺素症、黄化症等生理性病害与病毒病、类菌原体、类立克次体引起的症状类似;在病部的坏死组织上,可能有腐生菌,容易混淆和误诊。

任务实施

实训项目 8　园艺植物病害的症状识别

8.1　实训目标

识别植物病害的主要症状类型,能够描述植物病害的症状特点,为田间诊断病害奠定基础。

8.2　实训场所

植物病理实训室和校园。

8.3　实训形式

6~8 人一组,在教师带领和指导下对校园及供试园艺植物病害标本进行症状的识别观察。

8.4　实训材料准备

典型病状及病征类型示范标本。当地主要栽培植物各种病害症状的新鲜、干制或浸渍标本,如病毒病、霜霉病、黑斑病、炭疽病、疮痂病、软腐病、猝倒病、立枯病、青枯病、枯萎病、根肿病、白粉病、锈病、灰霉病、菌核病、花叶病、菟丝子、线虫等。

8.5　实训仪器和用具准备

显微镜、放大镜、镊子、挑针、搪瓷盘和多媒体教学设备等。

8.6　实训内容和方法

（1）病状类型观察。

① 变色　观察受害植物变色病状发生的部位及特征。

② 坏死　观察坏死病状中斑点的形状、颜色、大小及特征。观察穿孔、叶枯、疮痂、猝倒和立枯等发生的部位及特征。

③ 腐烂　观察腐烂发生的部位，腐烂的性质（干腐、湿腐或软腐）。

④ 萎蔫　观察枯萎病、黄萎病、青枯病病状的特点。萎蔫发生在局部还是全株？病株茎秆维管束颜色与健康植株有何区别？

⑤ 畸形　观察病毒病、缩叶病、根癌病等病害标本，注意受害植物各个器官发生变态的特征。

（2）病征类型观察。

① 粉状物　观察粉状物病征标本，注意锈粉、黑粉、白粉发生的部位及特征。

② 霉状物　观察霉状物病征标本，注意霉状物的发生部位、颜色和厚薄。

③ 粒状物　观察粒状物病征标本，注意粒状物发生的部位，粒状物的大小、颜色及排列。

④ 菌核　观察菌核形成的部位，菌核的大小、形状和颜色。

8.7　实训作业

将观察结果填入下表。

植物病害症状观察记录

寄主名称	病害名称	发病部位	病状类型	病症类型

实训项目9　植物病害标本的采集、制作和保存

9.1　实训目标

学习采集、制作和保存植物病害标本的方法，并通过标本采集，鉴定，熟悉当地病害种类、识别特点和发生情况。

9.2　材料与用具

标本夹、标本纸、采集箱、剪枝剪、小锯、放大镜、镊子、塑料袋、记载本、标签等。

9.3　内容及步骤

（一）病害标本采集用具

（1）标本夹　用以夹压各种含水分不多的枝叶病害标本，多为木制的栅状板。

（2）标本纸　应选用吸水力强的纸张，可较快吸除枝叶标本内的水分。

（3）采集箱　采集较大或易损坏的组织如果实、木质根茎，或在田间来不及压制标本时用。

（4）其他采集用具　剪枝剪、小刀、小锯及放大镜、纸袋、塑料袋、记载本、标签等。

（二）采集方法

（1）采集具有典型症状的病害标本。尽可能采集到不同时期、不同部位、不同症状的标本，如梨黑星病标本应有分别带霉层和疮痂斑的叶片、畸形的幼果、龟裂的大果等。另外，同一标本上的症状应是同一种病害的，当多种病害混合发生时，更应注意仔细选择。可以通过数码相机真实记录和准确反映病害的症状特点。

（2）采集有病症的病害标本，以便进行病原物的鉴定工作。对真菌性病害如白粉病的标本，因其子实体分有性和无性两个阶段，应尽量在不同的适当时期分别采集。还有许多真菌的有性子实体常在地面的病残体上产生，采集时要注意观察。

（3）采集应避免病原物混杂。对容易混淆污染的标本（如黑粉病和锈病）要分别用纸夹（包）好，以免鉴定时发生差错。因发病而败坏的果实，可用纸分别包好后放在标本箱中以免损坏和沾污。

（4）要随采集随压制。对于容易干燥卷缩的标本，如禾本科植物病害更应做到随采随压，或用湿布包好，防止变形；其他不易损坏的标本如木质化的枝条、枝干等，可以暂时放在标本箱中，带回室内进行压制和整理。

（5）随采集随记载。所有病害标本都应有记录，没有记录的标本会使鉴定和制作工作的难度加大。标本记录内容应包括寄主名称、标本编号、采集地点、生态环境、采集日期、采集人姓名、病害为害情况等。标本应挂有标签，同一份标本在记录簿和标签上的编号必须相符，以便查对；标本必须有寄主名称，这是鉴定病害的前提，如果寄主不明，鉴定时困难就很大。对于不熟悉的寄主，最好能采到花、芽和果实，这对鉴定会有很大帮助。

（三）标本的制作与保存

1. 干燥标本的制作与保存

（1）标本压制　对于含水量少的标本，如禾本科、豆科植物的病叶、茎标本，应随采随压，以保持标本的原形；含水量多的标本，如甘蓝、大白菜、番茄等植物的叶片标本，应自然散失一些水分后，再进行压制；有些标本制作时可适当加工，如标本的茎或枝条过粗或叶片过多，应先将枝条劈去一半或去掉一部分叶子再压，以防标本因受压不匀，或叶片重叠过多而变形。有些需全株采集的植物标本，一般是将标本折成适当形状后压制。压制标本时应附有临时标签。

（2）标本干燥　为了避免病叶类标本变形，并使植物组织上的水分易被标本纸吸收，一般每层标本放一层（3~4张）标本纸，每个标本夹的总厚度以10cm为宜。标本夹好后，要用绳将标本夹扎紧，放到干燥通风处，使其尽快干燥，避免发霉变质。同时要注意勤换标本纸，一般是前3~4天每天换纸2次，以后每2~3天换1次，直到标本完全干燥为止。在第1次换纸时，由于标本经过初步干燥，已变软而容易铺展，可以对标本进行整理。

不准备做分离用的标本也可在烘箱或微波炉中迅速烘干。标本干燥愈快，就愈能保存原有色泽。干燥后的标本移动时应十分小心，以防破碎；对于果穗、枝干等粗大标本，在通风处自然干燥即可，注意不要使其受挤压而变形。

（3）标本保存　标本经选择整理和登记后，应连同采集记载一并放入道林纸袋、牛皮纸袋或玻面标本盒中，贴好标签，然后按寄主种类或病原类别分类存放。

① 玻面标本盒保存　玻面标本盒的规格不一,通常一个标本室内的标本盒都统一规格。在标本盒底铺一层重磅道林纸,将标本和标签用乳白胶粘于胶版纸上。在标本盒的侧面还应注明病害的种类和编号,以便于存放和查找。盒装标本一般按寄主种类进行排列较为适宜。

② 蜡叶标本纸袋保存　用重磅道林纸折成纸袋,纸袋的规格可根据标本的大小决定。将标本和采集记载装在纸袋中,并把鉴定标签贴在纸袋的右上角。纸袋的折叠方式和鉴定标签的格式如图 1-106 所示。标本室和标本柜要保持干燥以防生霉,同时还要注意清洁以防虫蛀。可用樟脑放于标本袋和盒中,并定期更换。

图 1-106　植物病害标本纸袋折叠方法

2. 浸渍标本的制作与保存

园艺植物病害有许多是果实病害,以及为了保持茎、叶部标本原有色泽和症状特征时可制成浸渍标本进行保存。果实因其种类和成熟度不同,颜色差别很大。应根据果实的颜色,选择浸渍液的种类。例如,绿色标本可用醋酸铜浸渍液,黄色或橘红色标本可用亚硫酸浸渍液,红色标本用瓦查浸渍液保存。制成的标本应存放于标本瓶中,并贴好标签。因为浸渍液所用的药品多数具有挥发性或者容易氧化,标本瓶的瓶口应很好地封闭。

另外,园艺植物病害的病原物可以制成玻片标本永久保存。

9.4　实训作业

(1) 根据当年病害发生情况,每人采集制作 10 种病害的蜡叶标本,每种标本的数量在 5 件以上,并详细写明采集记载。

(2) 采集标本时,为什么要采集病症完全的标本?

9.5　成绩评定标准

按下表要求根据实训态度、操作过程、实训报告等方面综合评定成绩。评定等级分为优秀(90～100 分)、良好(80～89 分)、及格(60～79 分)、不及格(低于 60 分)。

评定项目(所占分值)	评定内容和环节	评定标准	备注
实训态度(10%)	积极、认真	主动、仔细地进行和完成实训内容	
操作过程(50%)	实训工具的准备 标本的采集过程 标本的制作过程	① 能正确选择和采集植物病害标本 ② 能确切地完成病害标本采集、制作和保存的各个步骤	
实训报告(40%)	实训报告质量	① 目的明确,按时完成报告 ② 表述正确 ③ 叶标本符合规定要求	

实训项目10 病原物的分离与培养

10.1 实训目标
了解培养基的配制原理,掌握培养基的制备方法;了解分离与纯化微生物的基本原理及方法;掌握组织分离、稀释分离的基本操作技术;掌握在平板、斜面培养基上培养病原菌及观察其培养性状的方法。

10.2 实训场所
植物病理实训室。

10.3 材料与用具
病害材料(柑橘炭疽病、黄瓜灰霉病、番茄灰霉病、黄瓜细菌性角斑病、白菜软腐病等)、马铃薯、葡萄糖、牛肉膏、蛋白胨、琼脂、1mol/L NaOH、1mol/L HCl、高压蒸汽灭菌锅、pH 试纸、试管、铝锅、搅拌棒、可调式电炉、三角瓶、烧杯、漏斗、量筒、培养皿、纱布、棉花、天平、超净工作台、培养箱、吸管、吸水纸、三角玻璃棒、剪刀、解剖刀、镊子、接种针、接种环、70%酒精、0.1%升汞、酒精灯、火柴、记号笔、橡皮筋套等。

10.4 内容及步骤
病原物的分离与培养的步骤包括:玻璃器皿的灭菌和消毒;制作培养基;病原菌的分离;病原菌的培养。

(一)玻璃器皿的灭菌和消毒

1. 玻璃器皿的洗涤和包装

(1)玻璃器皿在使用前必须洗涤干净。培养皿、试管等可用洗衣粉加去污粉洗刷并用自来水冲净。洗刷干净的玻璃器皿自然晾干后或放入烘箱中烘干备用。

(2)包装。

① 试管和三角瓶等的包装 用棉塞或泡沫塑料塞将试管管口和锥形瓶瓶口部塞住,然后在棉塞与管口和瓶口的外面用两层报纸与细线(或用铝箔)包扎好待灭菌。

② 培养皿的包装 培养皿由一底一盖组成一套,用牛皮纸或报纸将每套培养皿包好待灭菌。

2. 干热灭菌

干热灭菌是利用高温使微生物细胞内的蛋白质凝固变性而达到灭菌目的。干热灭菌有火焰烧灼灭菌和热空气灭菌两种。火焰烧灼灭菌适用于接种环、接种针和金属用具如镊子等,无菌操作时试管口和瓶口也在火焰上作短暂烧灼灭菌。热空气灭菌是在烘箱内利用高温干燥空气(160℃~170℃)进行灭菌,时间为1~2h。此法适用于玻璃器皿如试管、培养皿等的灭菌。通常所说的干热灭菌就是指热空气灭菌。

烘箱干热灭菌操作步骤如下。

(1)装入待灭菌物品 预先将各种器皿用纸包好后放入烘箱中。

提示:物品不要摆得太挤,以免妨碍空气流通。

(2)升温 关好电烘箱门,打开电源开关,旋动恒温调节器至所需温度刻度(160℃~170℃),此时烘箱红灯亮,表明烘箱已开始加热。当温度上升至所设定温度后,则烘箱绿灯亮,表示已停止加温。

提示：温度不能超过170℃，否则包器皿的纸会烧焦，甚至引起燃烧。
（3）恒温　当温度升到所需温度后，维持此温度2h。
（4）降温　切断电源，自然降温。

提示：刚切断电源时烘箱内温度仍然为160℃左右，切勿立即自行打开箱门以免骤然降温导致玻璃器皿炸裂产生危险。

（5）取出灭菌物品　待电烘箱内温度降到50℃左右，才能打开箱门，取出灭菌物品。

提示：灭菌好的器皿应保存好，切勿弄破包装纸，否则会染菌。

3. 湿热灭菌

就是将物品放在密闭的高压蒸汽灭菌锅内，0.1MPa，121℃保持15～30min进行灭菌。时间的长短可根据灭菌物品种类和数量的不同而有所变化，以达到彻底灭菌。这种灭菌适用于培养基、工作服、橡皮物品等，也可用于玻璃器皿的灭菌。

高压锅湿热灭菌操作步骤如下：

（1）加水　将内层锅取出，向外层锅内加入适量的水，使水面与三脚搁架相平为宜。

（2）装入待灭菌物品　放回内层锅，并装入待灭菌物品。

提示：不要装得太挤，以免妨碍蒸汽流通而影响灭菌效果。

（3）加盖　对称方式旋紧相对的两个螺栓，使螺栓松紧一致，勿使漏气。

（4）加热　水沸腾后排除锅内的冷空气，待冷空气完全排尽后，关上排气阀，让锅内的温度随蒸汽压力增加而逐渐上升。当锅内压力升到所需压力时，调节电炉控温旋钮，维持压力至所需时间。本实验用0.1MPa，121.5℃，20min灭菌。

（5）取出灭菌物品　灭菌所需时间到后，切断电源，让灭菌锅内温度自然下降，当压力表的压力降至"0"后，打开排气阀，旋松螺栓，打开盖子，取出灭菌物品。

提示：将取出的灭菌培养基放入25℃温箱培养48h，经检查若无杂菌生长，即可待用。

（二）培养基的制作

1. 马铃薯葡萄糖培养基（真菌基础培养基）的制作

马铃薯葡萄糖培养基配方：马铃薯（去皮）200g、葡萄糖20g、琼脂15～20g、蒸馏水1000mL，自然pH。

（1）称量　称量去皮马铃薯200g，葡萄糖20g，琼脂15～20g。

提示：琼脂加入的量取决于琼脂的质量，质量好的15g就够了，质量差的应适当增加。另外，在夏天气温较高时，适当增加用量。

（2）将马铃薯切成小块，放入锅中，加水1000mL，煮沸30min。用纱布滤去残渣。

（3）将马铃薯滤液放回锅中，加入琼脂，加热熔化。

提示：在琼脂熔化的过程中，需要用玻璃棒不断搅拌，并控制火力不要使培养基溢出或烧焦。

（4）加入葡萄糖　葡萄糖溶解后，加入适量的水以补充加热过程中损失的水分，定容至1000mL。

提示：通常在制作培养基的锅内用红蓝铅笔标记出不同体积的刻度，如1000mL、2000mL等，在定容时直接将水加至已标记的刻度即可。

（5）分装　根据不同实验目的，将配制的培养基分装于试管内或三角瓶内。分装试管,其量为管高的1/5,灭菌后制成斜面。分装三角瓶的容量以不超过三角瓶容积之一半为宜。

（6）加塞　在管口或瓶口塞上棉塞。棉塞要用未脱脂的经弹松的棉花。棉塞可过滤空气,防止杂菌侵入并可减缓培养基水分的蒸发,在植物病理学研究工作中普遍使用。

正确的棉塞是形状、松紧与管口或瓶口完全适合,过紧时妨碍空气流通,操作不便;过松则达不到滤菌的目的,且棉塞过小往往容易掉进试管内。正确的棉塞头较大,约有1/3在外,2/3在试管内。分装过程中注意不要使培养基沾染在管（瓶）口上以免浸湿棉塞,引起污染。

（7）包扎　加塞后,将试管用线绳捆好,再在棉塞外包一层牛皮纸,防止灭菌时冷凝水润湿棉塞,其外再用一道线绳扎好。用记号笔注明培养基名称、配制日期、组别、制作人等。

（8）灭菌　将上述培养基以0.1MPa,121℃,高压蒸气灭菌20min。

（9）搁置斜面　将灭菌的试管培养基竖置冷至50℃左右（以防斜面上冷凝水太多）,将试管口端搁在玻棒或其他合适高度的器具上,搁置的斜面长度以不超过试管总长的一半为宜。

（10）无菌检查　培养基经灭菌后,必须放在37℃温箱培养24h,无菌生长者方可使用。

2. 牛肉膏蛋白胨培养基（细菌基础培养基）的制作

牛肉膏蛋白胨培养基的配方:牛肉膏3g,蛋白胨10g,NaCl 5g,琼脂15~20g,水1000mL,pH为7.4~7.6。

（1）称量和溶解　药品实际用量计算后,按培养基配方逐一称取牛肉膏、蛋白胨等营养成分依次放入烧杯中。牛肉膏可放在小烧杯或表面皿中称量,用热水溶解后倒入大烧杯;也可放在称量纸上称量,随后放入热水中,牛肉膏便与称量纸分离,立即取出纸片。蛋白胨极易吸潮,故称量时要迅速。

（2）加热溶解　在烧杯中加入少于所需要的水量,然后放在石棉网上,小火加热,并用玻棒搅拌,待药品完全溶解后再补充水分至所需量。若配制固体培养基,则将称好的琼脂放入已溶解的药品中,再加热溶解,此过程中,需不断搅拌,以防琼脂糊底或溢出,最后补充所失的水分。

（3）调pH　检测培养基的pH,若pH为偏酸,可滴加1mol/L NaOH,边加边搅拌,并随时用pH试纸检测,直至达到所需pH范围。若偏碱,则用1mol/L HCl进行调节。应注意pH不要调过头,以免回调而影响培养基内各离子的浓度。

（4）过滤　液化培养基可用滤纸过滤,固体培养基可用4层纱布趁热过滤,去除杂质便于观察。但是供一般使用的培养基,可省略过滤步骤。

（5）分装　按实验要求,将配制的培养基分装入试管或三角瓶内。分装时可用三角漏斗以免使培养基沾在管口或瓶口上造成污染。

提示分装量:固体培养基约为试管高度的1/5,灭菌后制成斜面,分装入三角瓶内以不超过其容积的一半为宜;半固体培养基以试管高度的1/3为宜,灭菌后垂直待凝。

（6）加棉塞　培养基分装完毕后,在试管口或三角烧瓶口上塞上棉塞（或泡沫塑料塞或试管帽等）,以阻止外界微生物进入培养基内造成污染,并保证有良好的通气性能。

（7）包扎　加塞后,将全部试管用麻绳或橡皮筋捆好,再在棉塞外包一层牛皮纸（有条件的实验室,可用市售的铝箔代替牛皮纸,省去用绳扎,而且效果好),以防止灭菌时冷凝水润湿棉塞,其外再用一道麻绳或橡皮筋扎好,用记号笔注明培养基名称、组别、配制日期。

(8)灭菌　将上述培养基以 0.1MPa,121℃,20min 高压蒸汽灭菌。

(9)搁置斜面　将灭菌的试管培养基冷至50℃左右(以防斜面上冷凝水太多),将试管口端搁在玻棒或其他合适高度的器具上,搁置的斜面长度以不超过试管总长的一半为宜。

(10)无菌检查　将灭菌培养后的培养基放入37℃的恒温箱中培养24~48h,以检查灭菌是否彻底。

(三)病原菌的分离培养和纯化

1. 病原真菌的分离(组织分离法)

(1)取灭菌培养皿一个,置于湿纱布上,在皿盖上用玻璃铅笔注明分离日期、材料和分离人的姓名。

提示:工作前将所需的物品都放在超净工作台内;操作前用肥皂洗手,操作时还需用70%酒精擦拭双手;无菌操作时,呼吸要轻,不要说话。

(2)用无菌操作法向培养皿中加入25%乳酸1~2滴(可减少细菌污染),然后将融化而冷至60℃左右的 PDA 培养基倒入培养皿中,每皿倒 10~15mL,轻轻摇动使之成平面。凝固后即成平板培养基。

(3)取真菌叶斑病的新鲜病叶(或其他分离材料),选择典型的单个病斑。用剪刀或解剖刀从病斑边缘(病健交界处)切取小块(每边长3~4mm)病组织数块。

提示:选择新患病的组织作为分离的材料,可以减少腐生菌混入的机会。腐生菌一般在发病很久而已经枯死或腐败的部分滋生,因此,一般斑点病害应在临近健康组织的部分分离。

(4)将病组织放入70%酒精中浸3~5s 后,按无菌操作法将病组织移入0.1%升汞液中分别表面消毒0.5min、1min、2min、3min、5min,如植物组织柔嫩,则表面消毒时间宜短;反之则可长些。然后放入灭菌水中连续漂洗三次,除去残留的消毒剂。

提示:先用70%的酒精浸2~3s 是为了消除寄主表面的气泡,减少表面张力,处理的时间较短。升汞溶液消毒的时间因材料而异,可自30s 至30min 不等,一般情况下,需时间3~5min。

(5)用无菌操作法将病组织移至平板培养基上,每皿内放4~6块。

提示:在将病组织小块移放到平板表面之前,应将其在无菌吸水纸上吸去多余的水,以大大减少病组织附近出现细菌污染。

(6)将培养皿倒置放入25℃左右恒温箱内培养。一般3~4d 后观察待分离菌生长结果。

(7)若病组织小块上均长出较为一致的菌落,则多半为要分离的病原菌。在无菌条件下,用接种针自菌落边缘挑取小块移入斜面培养基上,在25℃左右恒温箱内培养,数日后,观察菌落生长情况,如无杂菌生长即得该分离病菌纯菌种,便可置于冰箱中保存。

提示:除根据菌落的一致性初步确定长出的菌落是否是目标菌外,还要在显微镜下检查,进一步确定。如果是对未知病原菌的组织分离,则要将长出的菌落分别转出,通过进一步的接种实验明确哪一种为其病原菌。

在组织分离工作中,如果植物材料体积较大且较软(如患灰霉病的番茄果实),在分离过程中可直接挖取内部患病组织移入平板培养基上,完成分离工作。

2. 病原细菌的分离(稀释分离法)

(1) 取灭菌培养皿三个,平放在湿纱布上,编号,并注明日期、分离材料及分离人姓名。

(2) 用灭菌吸管吸取灭菌水,在每一皿中分别注入 0.5~1.0mL。

(3) 用移植环蘸一滴孢子悬浮液,与第一个培养皿中的灭菌水混合,再从第一个培养皿移三环到第二个培养皿中,混合后再移三环到第三个培养皿中。

(4) 将熔化并冷却到 45℃~50℃ 的培养基,分别倒在三个培养皿中(为防止细菌污染,也可以向每个培养皿中事先加入 1~2 滴 25% 乳酸),摇匀,凝固,要使培养基与稀释的菌液充分混匀。

提示:倒平板时的培养基温度一定要掌握好,过热易将病原菌烫死而使分离失败,过冷则倒入培养皿中后难以形成平板,不利于分离。

(5) 将培养皿翻转后置恒温箱(25℃)中培养,数日后观察菌落生长情况。

(6) 将培养后长出较为整齐一致的单个菌落分别挑取,接种到斜面培养基上,置 25℃ 左右培养。待菌长出后,检查菌是否单纯,若有其他菌混杂,就要再一次进行分离纯化,直到获得纯培养。

(四) 真菌、细菌培养性状

1. 真菌培养性状观察

取已分离、纯化的某种真菌菌种,按前述稀释分离法中(1)~(5)步骤进行,待某培养皿中形成单个菌落后观察。记载以下内容:菌落颜色、菌丛密集及繁茂程度、是否有色素分泌出来而渗透到培养基中、菌落生长速度快慢等。同时要记载培养基种类(成分及 pH)和培养温度、光照条件。

2. 细菌培养性状观察

(1) 仿照上述真菌菌落形成步骤,观察记载以下内容:菌落颜色,菌落边缘形状,菌落表面是光亮还是粗糙或有皱折,菌落隆起情况,是否有色素分泌到培养基中,菌落生长速度快慢,是否有特殊气味形成等。同时要记载培养基种类(成分及 pH)和培养温度、光照条件。

(2) 用接种铒(环)蘸细菌菌种后,通过无菌操作在牛肉膏蛋白胨等斜面培养基表面从下向上划一直线,过 2~3d 后长出的细菌群体称为菌苔,可仿照观察记载细菌菌落的记载内容,记载:菌苔颜色,边缘形状,表面是光亮还是粗糙有皱折,隆起情况,是否有色素分泌到培养基中,是否有特殊气味生成,生长速度快慢等。也要记载培养基种类(成分及 pH)和培养温度、光照条件。

(3) 用接种铒(环)蘸取细菌菌种后,通过无菌操作,将其接种在某种液体培养基中,数日后观察记载培养基中是否变混浊,是否有色素、气体、沉淀生成,培养液表面是否可生成菌膜等。也要记载培养基种类(成分及 pH)和培养温度、光照条件。

10.5　实训作业

(1) 培养基配制完成后,为什么必须立即灭菌?已灭菌的培养基如何进行灭菌检查?

(2) 高压蒸汽灭菌中为什么要排净冷空气?为什么在灭菌后不能骤然快速降压,而应在放尽锅内的蒸汽后才能打开锅盖?

（3）选1~2种病害材料进行组织分离培养,根据所获结果总结操作中的体会。

（4）上交分离的病原真菌、细菌菌种。

10.6 成绩评定标准

按下表要求根据实训态度、操作过程、实训报告等方面综合评定成绩。评定等级分为优秀(90~100分)、良好(80~89分)、及格(60~79分)、不及格(低于60分)。

评定项目（所占分值）	评定内容和环节	评定标准	备注
实训态度（10%）	积极、认真	主动、仔细地进行和完成实训内容	
操作过程（50%）	灭菌与消毒 培养基的制作 病原物的分离 病原物的培养	① 能正确进行消毒和灭菌的操作 ② 能熟练地完成培养基的制作 ③ 能熟练地进行病原物的分离和培养各个步骤	
实训报告（40%）	实训报告质量	① 目的明确，按时完成报告 ② 表述正确，翔实 ③ 交材料达到规定要求	

复习思考

1. 何谓植物病害?引发植物病害的原因有哪些?
2. 什么叫病害三角?病原有哪些?
3. 真菌分为哪几个亚门?各亚门有何特征?代表属所致病害有哪些?半知菌的含义是什么?半知菌事实上包含哪些类别的真菌?
4. 什么叫真菌生活史?真菌的有性孢子和无性孢子类型有哪些?在真菌的生活史中各起什么作用?
5. 侵染循环包括哪些主要环节?病原物越冬或越夏场所、传播方式有哪些?病害的侵染循环与防治有什么关系?
6. 真菌、细菌、病毒、线虫和寄生性植物侵入寄主植物的途径各有哪些?
7. 植物病原原核生物有哪些性状?其引致的植物病害有哪些?为什么将线虫列为植物的病原物范围?
8. 温度、湿度对侵染性病害的接触期、侵入期、潜育期和发病期各有哪些影响?
9. 什么叫柯赫法则?植物病害诊断分为哪几个步骤?如何诊断真菌、细菌、病毒、线虫病害?
10. 什么是病害流行?怎样理解流行的基本因素和主导因素?

考证提示

园艺植物常见病害名称、症状识别及病原分类地位（亚门、属）。

项目二　园艺植物病虫害防治原理与措施

任务一　园艺植物病虫害防治原理

 知识目标

1. 了解园艺植物病虫害综合治理的含义、原则。
2. 理解园艺植物病虫害综合治理方法的原理、内容。
3. 掌握园艺植物病虫害综合治理的各项技术措施。

 能力目标

1. 能根据当地园艺植物病虫发生特点合理制定综合治理方案。
2. 能根据某地区病虫的发生情况,因地制宜协调采取各种防治技术措施,对病虫害实施综合治理。

 知识平台

1. 综合治理概念的提出

病虫一旦阻碍植物生长,造成经济损失,就成为病虫害,为此人们一直在寻找理想的防治方法。19世纪以来,生物防治引起人们极大的兴趣,人们发现和采取了很多技术措施。但是生物防治的不稳定性、效果的缓慢性让人们不停地寻找其他方法。20世纪40年代,人工合成有机杀虫剂、杀菌剂等有机农药的出现,使化学防治成为防治病虫害的主要手段。化学防治方法具有使用方便、价格便宜、效果显著等优点;但是经过长期大量使用后,产生的副作用越来越明显,不仅污染环境,而且使病虫害产生抗药性以及大量杀伤有益生物。人们终于从历史的教训中认识到依赖单一方法解决病虫害的防治问题是不完善的。为了最大限度地减少有害生物防治对环境产生的不利影响,人们逐步提出了"有害生物综合治理(Integrated Pestmanagement,简称IPM)"的防治策略,成为控制植物有害生物的一种方法。

2. 综合治理的含义

1967年联合国粮农组织(FAO)在罗马召开的"有害生物综合防治(IPC)"会议上提出:

综合防治是对有害生物的一种管理系统,依据有害生物的种群动态及与环境的关系,尽可能协调运用一切适当的技术和方法,使有害生物种群控制在经济危害允许水平之下。1972年美国环境质量委员会(CEQ)提出了有害生物综合治理(IPM):综合治理是运用各种综合技术,防治对农作物有潜在危险的各种害虫,首先要最大限度地借助自然控制力量,兼用各种能够控制种群数量的综合方法如农业防治法、利用病原微生物、培育抗性农作物、利用害虫不育法、使用性诱剂、大量繁殖和释放寄生性天敌等,必要时使用杀虫剂。

植物病虫害的防治方法很多,每种方法各有其优点和局限性,依靠某一种措施往往不能达到防治目的。1975年全国植保工作会议确定"预防为主,综合防治"的植物保护工作方针,指出:"以防作为贯彻植保方针的指导思想,在综合防治中,要以农业防治为基础,因地、因时制宜,合理运用化学防治、生物防治、物理防治等措施,达到经济、安全、有效地控制病虫为害的目的。"1986年11月中国植保学会和中国农业科学院植保所在四川成都联合召开了第2次农作物病虫害综合防治学术讨论会,提出有害生物综合防治的概念含义是:综合防治是对有害生物进行科学管理的一种体系,它属于农田最优化生产管理体系中的一个子系统。它是从农业生态系的整体出发,根据有害生物和环境之间的相互关系,充分发挥自然控制因素的作用,因地制宜协调应用必要的措施,将有害生物控制在经济损害允许水平以下,以获得最佳的经济、生态和社会效益。即以生态全局为出发点,以预防为主,强调利用自然界对病虫的控制因素,达到控制病虫发生的目的;合理运用各种防治方法,相互协调,取长补短,在综合各种因素的基础上,确定最佳防治方案,利用化学防治方法时,应尽量避免杀伤天敌和污染环境。综合治理不是彻底、干净消灭病虫害,而是把病虫害控制在经济允许水平以下。综合治理并不降低防治要求,而是把防治措施提高到安全、经济、简便、有效的水平上。

3. 综合治理遵循的原则

(1) 从生态学观念出发　植物、病原(害虫)、天敌三者之间相互依存,相互制约。它们同在一个生态环境中,又是生态系统的组成部分,它们的发生和消长又与其共同所处的生态环境的状态密切相关。综合治理就是在作物播种、育苗、移栽和管理的过程中,有针对性地调节生态系统中某些组成部分,创造一个有利于植物及病害天敌生存,不利于病虫发生、发展的环境条件,从而预防或减少病虫的发生与危害。

(2) 从安全的观念出发　生态系统的各组成部分关系密切,既要针对不同的防治对象,又要考虑对整个生态系统的影响,协调选用一种或几种有效的防治措施,如栽培管理、天敌的保护和利用、物理机械防治、药剂防治等措施。对不同的病虫害,采用不同对策,既要各项措施协调运用,取长补短,又要注意实施的时间和方法,以达到最好的效果,同时将对农业生态系的不利影响降到最低限度。

(3) 从保护环境、促进生态平衡,有利于自然控制病虫害的观念出发　植物病虫害的综合治理要从病虫害、植物、天敌、环境之间的自然关系出发,科学地选择及合理地使用农药,特别要选择高效、无毒或低毒、污染轻、有选择性的农药,防止对人畜造成毒害,减少对环境的污染,保护和利用天敌,不断增强自然控制力。

(4) 从提高经济效益的观念出发　从经济效益角度出发防治病虫的目的是为了控制病虫的为害,使其为害程度降低到不足以造成经济损失。因而经济允许水平(经济阈值)是综合治理的一个重要概念。人们必须研究病虫的数量发展到何种程度,才采取防治措施,以阻止病虫达到造成经济损失的程度,这就是防治指标。如果病虫为害程度低于防治指标,可不防治,否则,必须掌握有利时机,及时防治。需要指出的是,在以城镇街道、公园绿地、厂矿及企事业单位的园林绿化为主体时,则不完全适合上述经济观点。因该园林模式是以生态及绿化观赏效益为目的,而非经济效益,且不可单纯为了追求经济效益而忽略病虫的防治。

防治病虫害的目的是控制病虫害的为害,使其为害程度不足以造成经济损失,即在经济允许水平(经济阈值)以内。根据经济允许水平确定防治指标,为害程度低于防治指标,可不防治,否则要及时防治。

(5)综合治理方案的制定原则 在园艺植物病虫害综合治理方案的制定过程中要符合"安全、有效、经济、简便"的原则,将病虫害控制在防治指标之内。"安全"指所制订的防治方法对人、畜、天敌、园艺植物等无毒害作用,对环境无污染;"有效"指在一定时间内所用的防治方法能使病虫害减轻,即控制在经济损失允许水平之下;"经济"指尽可能投入少、回报效益高;"简单"指所采用的防治方法简单易行,便于掌握和操作。

在综合防治方案的内容中,一般应注意以下几个问题:首先要调查作物病虫害种类,确定主要防治对象和重要天敌类群,明确主要防治对象的防治指标,熟悉主要防治对象、主要天敌类群的发生规律、种群数量变动规律、相互作用及与各种环境因子的关系;提出综合治理的措施,力求符合"安全、有效、经济、简便"的原则;不断改进和完善综合治理方案。

任务二　植物检疫

学习目标

1. 学习、理解植物检疫的概念、重要性及法律法规。
2. 理解植物检疫的对象及内容。
3. 了解植物检疫的方法及步骤。

知识平台

1. 植物检疫的概念

植物检疫又称"法规防治",是国家或地区设立专门机构,依据国家制定的植物检疫法律法规,运用一定的仪器设备和技术,应用科学的方法,对调运的植物和植物产品的病菌、害虫、杂草等有害生物进行检疫检验和处理,禁止或限制危险性病、虫、杂草等人为的传入或传出,并防止进一步扩散所采取的植物保护措施。其目的是利用立法和行政措施防止或延缓有害生物的人为传播,是防止有害生物传播、蔓延的一项根本性措施。植物检疫是由国家政府主管部门或其授权的地区专门检疫机构依法强制执行的政府行为,是依据有关法律法规对植物及其产品进行检验和处理。植物检疫的基本属性是强制性和预防性。

2. 植物检疫的必要性

在自然情况下,病、虫、杂草等的分布虽然可以通过气流等自然动力和自身活动扩散,不断扩大其分布范围,但这种能力是有限的。再加上有高山、海洋、沙漠等天然障碍的阻隔,病、虫、杂草的分布有一定的地域局限性。但是,一旦借助人为因素的传播,就可以附着在种实、苗木、接穗、插条及其他植物产品上跨越这些天然屏障,由一个地区传到另一个地区或由一个国家传播到另一个国家。当这些病菌、害虫及杂草离开了原产地,到达一个新的地区后,原来制约病虫害发生、发展的一些环境因素被打破,条件适宜时,就会迅速扩展蔓延,猖獗成灾。例如,最近几年传入我国的美洲斑潜蝇、蔗扁蛾、薇甘菊带来了严重灾难。为了防止危险性病、虫、杂草的传播,各国政府都制定了检疫法令,设立了检疫机构,进行植物病、虫及杂草的检疫。

3. 植物检疫的主要任务

（1）做好植物及植物产品的进出口或国内地区间调运的检疫检验工作。

（2）查清检疫对象的主要分布及为害情况和适生条件,并根据实际情况划定疫区和保护区。

（3）建立无病、虫的种子、苗木基地,供应无病、虫种苗。随着对外贸易的发展,检疫工作的任务愈加繁重。因此,必须严格执行检疫法规,高度重视植物检疫工作,切实做到"既不引祸入境,也不染灾于人",以促进对外贸易,维护国际信誉。

4. 植物检疫措施

植物检疫分为对内检疫（国内检疫）和对外检疫（国际检疫）。

（1）对外植物检疫（国际检疫）　由国家出入境检验检疫局设在对外港口、国际机场及国际交通要道的出入境检验、检疫机构实施,对进出口的植物及其产品进行检疫处理。防止国外新的、国内不发生或只在局部地区发生的危险性病虫、杂草的传入,同时也防止国内某些危险性病、虫及杂草传出国境。

（2）对内植物检疫（国内检疫）　由县级以上农林业行政主管部门所属的植物检疫机构实施。国内各级检疫机关,会同交通运输、邮电、供销及其他有关部门根据检疫条例,对所调运的植物及其产品进行检验和处理,以防止仅在国内局部地区发生的危险性病、虫、杂草的传播蔓延。

对内检疫是对外检疫的基础,对外检疫是对内检疫的保障,两者紧密配合,互相促进,以达到保护植物生产的目的。

5. 检疫对象的确定

病、虫及杂草的种类很多,不可能对所有的病、虫、杂草进行检疫,而是根据调查研究的结果,确定检疫对象名单。根据国际植物保护公约（1979）的定义,检疫性有害生物是指一个受威胁国家目前尚未分布,或虽然有分布但分布不广,对该国具有经济重要性的有害生物。根据这个定义,确定植物检疫对象的一般原则如下：一是国内或本地区尚未发现的,或只在局部地区发生的病、虫等有害生物；二是危险性大,一旦传入可能造成农林业重大损失,且传入后难以防治的病、虫等有害生物；三是能借助人为活动,随植物及其产品、包装材料等远距离传播的,即可以随同种实、接穗、包装物等运往各地,适应性强的病、虫等有害生物。植物检疫对象是根据国家和地区对保护农业生产的实际需要和病、虫、杂草发生特点而确定的。应检疫的名单并不是固定不变的,可根据实际情况的变化及时修订或补充。

我国农业部和林业局先后发布了全国农业和林业植物检疫检验性有害生物名单,我国2007年颁布的入境植物检疫危险性有害生物有435种,其中与农作物有关的有小麦矮腥黑穗病、玉米细菌性枯萎病、大豆疫病、水稻茎线虫病、菟丝子等;其中与园艺植物有关的有松突圆蚧、日本松干蚧、苹果绵蚜、黄斑星天牛、苹果蠹蛾、刺槐种子小蜂、松针红斑病、松针褐斑病、杨树花叶病毒病、柑橘溃疡病、菊花叶枯线虫病、香石竹枯萎病、香石竹斑驳病毒病、菊花白锈病等。

6. 植物检疫检验的方法

植物检疫检验的方法很多,包括直接检验法、过筛检验法、解剖检验法、种子发芽检验、隔离试种检验、分离培养检验、比重检验、漏斗分离检验、洗涤检验、荧光反应检验、染色检验、噬菌体检验、血清检验、生物化学反应检验、电镜检验、DNA探针检验等。

7. 疫情处理

疫情处理所采用的措施依情况而定。一般在产地隔离场圃发现有检疫性病虫,常由官方划定疫区,实施隔离和根除扑灭等控制措施。关卡检验发现检疫性病虫时,则通常采用退回或销毁货物、除害处理和异地转运等检疫措施。除害处理是植物检疫处理常用的方法,主要有机械处理、温热处理、微波或射线处理等物理方法和药物熏蒸、浸泡或喷洒处理等化学方法。所采用的处理措施必须能彻底消灭危险性病虫和完全阻止危险性病虫的传播和扩展,且安全可靠、不造成中毒事故、无残留、不污染环境等。

资料卡片

由于植物检疫不严及其他各方面的原因,我国外来物种不断增加,这些外来物种的入侵给我国的国民经济造成了巨大的损失。2006年农业部门估计,由于外来物种入侵,农业每年损失约574亿。例如,美洲斑潜蝇最早于1993年在海南发现,到1998年已在全国21个省市区发生,面积达130万公顷以上,它寄生22个科的110种植物,尤其是蔬菜、瓜果类受害严重,包括黄瓜、甜瓜、西瓜、西葫芦、丝瓜、番茄、辣椒、茄子、豇豆、菜豆、豌豆和扁豆等。目前,我国每年防治美洲斑潜蝇的成本高达4亿元。

任务三 园艺技术防治措施

 知识目标

掌握园艺技术防治措施的基本知识、原理及方法。

能力目标

能利用园艺技术防治措施进行园艺植物病虫害的防治。

知识平台

农业防治又称园艺技术防治,是在全面分析园艺植物、有害生物与环境因素三者相互关系的基础上,运用各种农业措施,通过改进园艺栽培技术措施,改善生态环境,创造有利于作物生长发育而不利于有害生物发生的农田生态环境,使环境条件不利于病虫害的发生,而有利于园艺植物的生长发育,提高植物抗性,降低有害生物的数量,直接或间接地控制或抑制有害生物发生与为害的方法。这种方法不需要额外投资,而且又有预防作用,可长期控制病虫害,因而是最经济、最基本的防治方法。但这种防治方法效果也有一定的局限性,见效慢,不能在短时间内控制暴发性的病虫害,当有害生物大发生时,还必须采用其他防治措施。

1. 选用抗病虫的园艺植物品种

理想的园艺植物品种应既有良好的园艺性状,又对病虫害、不良环境条件有综合抗性。具有抗(耐)病(虫)性的品种在有害生物的综合治理中发挥了重要作用。例如,抗黑斑病的月季品种有月亮花、日晖等。培育抗病、抗虫品种的方法有系统选育、杂交育种、辐射育种、化学诱变、单倍体育种和转基因育种等。

2. 选用无病虫种苗及繁殖材料

生产和使用无病虫害种子、种苗以及其他繁殖材料,执行无病种子繁育制度,在无病或轻病地区建立种子生产基地和各级种子田生产无病虫害种子、种苗以及其他繁殖材料,并采取严格的防病和检验措施,可以有效地防止病虫害传播和降低病、虫源基数。例如,马铃薯种薯生产基地应设置在气温较低的高海拔或高纬度地区,生长期注意治蚜防病毒病,及时拔除病株、杂株和劣株。

3. 栽培技术

(1)建立合理的耕作制度　单一的种植模式为病虫害提供了稳定的生态环境,容易导致病虫害猖獗。合理轮作有利于园艺植物生长,提高抗病虫害能力,又能恶化某些病虫害的生存环境,达到减轻病虫为害的目的。轮作是防治土传病害和在土壤中越冬害虫的关键措施,如马铃薯环腐病、番茄线虫病、地老虎、金龟甲、蝼蛄等。与非寄主植物轮作,在一定时期内可以使病虫处于"饥饿"状态而削弱致病力或减少病原及害虫的基数。轮作方式及年限因病虫害种类而异。对一些地下害虫实行水旱1~2年轮作,土传病害轮作年限再长一些,可取得较好的防治效果。合理的间、套种能明显抑制某些病虫害的发生和为害,如魔芋、玉米间作会导致魔芋软腐病发病率降低。

(2)中耕和深耕　适时中耕和园艺植物收获后及时深耕,不仅可以改变土壤的理化性状,有利于作物的生长发育,提高抗性,还可以恶化在土壤中越冬的病原菌和害虫的生存环境,达到减少初侵染源和害虫虫源的目的。深耕可将病虫暴露于表土或深埋土壤中,机械损伤害虫,达到防治病虫害的目的。

（3）覆盖技术　通过地膜覆盖,可达到提高地温、保持土壤水分、促进作物生长发育和提高作物抗病虫害的目的。地膜覆盖栽培可以控制某些地下害虫和土传病害。将高脂膜药剂加水稀释后喷到植物体表,形成一层很薄的膜层,膜层允许氧和二氧化碳通过,真菌不能在植物组织内扩展,从而控制了病害。高脂膜药剂稀释后还可喷洒在土壤表面,抑制土壤中的病原物,减少发病的概率。

（4）合理密植　合理密植有利于园艺植物生长发育。密度过大,造成田间郁蔽,通风透光不良,作物徒长,抗性降低,有利于病虫害发生危害。植物种植密度过大易使田间湿度增大,有利于病害发生。例如,番茄种植密度过大易使田间湿度增大,有利于灰霉病等病害的发生。

（5）合理的肥水和田间管理　田间管理可以改善园艺植物生长发育条件,又能有效控制病虫害的发生。合理施肥和追肥有利于作物生长,提高作物抗病、虫能力。如果氮肥施用过多,作物徒长,有利于病虫害发生。灌水量过大和灌水方式不当,不仅使田间湿度增大,有利于病害发生,而且流水还能传播病害。中耕除草,既可疏松土壤、增温保墒,又可清除杂草,恶化病、虫的滋生条件,还能直接消灭部分病、虫。清洁田园能减少病、虫基数,减轻下一季园艺植物病虫害的发生。

① 有机肥与无机肥配施　有机肥如猪粪、鸡粪,可改善土壤的理化性状,使土壤疏松,透气性良好。无机肥如各种化肥,其优点是见效快,但长期使用对土壤的物理性状会产生不良影响,故两者以兼施为宜。

② 大量元素与微量元素配施　大量元素要配合施用,避免偏施氮肥,造成植物徒长,降低其抗病虫性。微量元素施用时也应均衡,如在植物生长期缺少某些微量元素,可造成花、叶等器官的畸形、变色,降低观赏价值。同时施肥时强调大量元素与微量元素的配合施用。

③ 施用充分腐熟的有机肥　未腐熟的有机肥中往往带有大量的虫卵,容易引起地下害虫的暴发危害。

④ 合理浇水　浇水的方法、浇水量及时间等都会影响病虫害的发生。喷灌和"滋"水等方式往往加重叶部病害的发生,最好采用沟灌、滴灌。浇水要适量,水分过大往往引起植物根部缺氧窒息,轻者植物生长不良,重则引起根部腐烂,尤其是肉质根等器官。浇水时间最好选择晴天的上午,以便及时降低叶片表面的湿度。灌水量过大和灌水方式不当,不仅使田间湿度增大,有利于病害发生,且流水能传播病害。

4. 充分利用植物抗虫性

植物抗虫现象是普遍存在的。利用品种抗虫性选育抗虫品种,是害虫防治的一个重要方面。植物抗虫性机制类型分为3类：

（1）不选择性　害虫的寄主选择性（或寄主对害虫的排趋性）,表现在只以某些种或品种作为栖居、产卵及取食的场所。这种寄主选择性常受到植物的生物化学、形态解剖性状或由于植物生长特性所形成的小生态条件等方面的影响。

（2）抗生性　植物对害虫的抗生性。在这类植物或植物品种上,害虫虽能选择取食,但对其生长发育速度和状况、存活率、寿命、繁殖率均会产生不良影响。

（3）耐害性　植物的耐害性。有些植物种或品种虽然也遭受害虫的寄生取食,害虫也能生长发育,但这些种或品种的植物具有很强的增殖或补偿能力,因此可以忍受虫害而不影响或不显著影响产量。

任务四　生物防治技术

知识目标

理解生物防治技术的方法,掌握防治技术的要点。

能力目标

能利用生物防治技术进行园艺植物病虫害的防治。

知识平台

生物防治是以有益生物及其代谢产物控制有害生物种群数量的方法。生物防治不仅可以改变生物种群组成成分,而且可以直接消灭病虫害,对人、畜、植物也比较安全,不伤害天敌,不污染环境,不会引起害虫的再猖獗和产生抗性,对一些病虫害有长期的控制作用。但是,生物防治也存在着一些局限性,效果有时较缓慢,人工繁殖技术较复杂,受自然条件限制较大,不能完全代替其他防治方法,必须与其他防治方法有机地结合在一起。

利用天敌昆虫来防治害虫,称为以虫治虫。天敌昆虫主要有捕食性和寄生性两大类型。

1. 捕食性天敌昆虫的利用

常见的捕食性天敌昆虫有蜻蜓、螳螂、猎蝽、草蛉、虎甲、步甲、瓢甲、胡蜂、食虫虻、食蚜蝇等。这些昆虫在其生长发育过程中捕食量很大。利用瓢甲可以有效地控制蚜虫;1只草蛉1天可捕食几十甚至上百只蚜虫,1头食蚜蝇1天可捕食近百只蚜虫。利用草蛉取食蚜虫、蓟马、棉铃虫卵、玉米螟卵、白粉虱等都有明显的防治效果。

2. 寄生性天敌昆虫的利用

常见的寄生性天敌昆虫主要是寄生蜂和寄生蝇类,它们寄生在害虫各虫态的体内或体表,以害虫的体液或内部器官为食,使害虫死亡。在自然界,每种害虫都有数种甚至上百种寄生性天敌昆虫,如玉米螟的寄生蜂有80多种。

3. 天敌昆虫的利用途径

利用天敌昆虫来防治园艺植物害虫,主要有以下几种途径:

(1) 保护和利用本地天敌昆虫　害虫的自然天敌昆虫种类虽然很多,但由于受各种自然因素和人为因素的影响,天敌昆虫不能很好地发挥控制害虫的作用。为了充分发挥自然天敌对害虫的控制作用,必须有效保护天敌昆虫,使其种群数量不断增加。良好的耕作栽培制度是保护利用天敌的基础,通过保护天敌安全越冬,改善昆虫天敌的营养条件,合理、安全使用农药等措施都能有效地保护天敌昆虫,使其种群数量不断增加。例如,北方地区实行棉、麦套作,小麦成熟时,麦蚜数量减少,而棉花正值苗期,棉蚜数量逐渐增加,为麦蚜的天敌提供了食物。

(2) 天敌昆虫的大量繁殖和释放 通过室内的人工大量饲育天敌昆虫,按照防治需要,在适宜的时间释放到田间消灭害虫,见效快。例如,利用赤眼蜂防治稻纵卷叶螟取得了很好的效果。

(3) 引进天敌昆虫 从国外或外地引进天敌昆虫防治本地害虫,是生物防治中常用的方法。我国曾引进澳洲瓢虫防治柑橘吹绵蚧并取得成功。

(4) 合理施用农药 合理施用农药的主要目的是避免化学药剂对天敌昆虫的杀伤作用。具体办法可采取选用对天敌影响较小的药剂,尽量少用毒性强、残效长、杀虫范围广的广谱性农药,改进施药方法等。选择对害虫最为有效而对天敌最为安全的时期施药。选择适当的药剂浓度,使之不能杀伤天敌而对害虫则足以致死。

> **资料卡片**
>
> 天敌能否大量繁殖,取决于下列几个方面:首先,要有合适的、稳定的寄主来源或者能够提供天敌昆虫的人工或半人工的饲料食物,并且成本较低,容易管理;第二,天敌昆虫及其寄主,都能在短期内大量繁殖,满足释放的需要;第三,在连续的大量繁殖过程中,天敌昆虫的生物学特性(寻找寄主的能力、对环境的抗逆性、遗传特性等)不会有重大的改变。

4. 利用微生物及其代谢产物防治作物病虫害

利用病原微生物或加工成生物农药防治病虫害,对人、畜、园艺植物和其他动物安全,无残毒,不污染环境,微生物农药制剂使用方便,并能与化学农药混合使用。

(1) 微生物防治害虫 就是利用害虫的病原微生物来防治害虫。可引起昆虫致病的病原微生物主要有细菌、真菌、病毒、立克次氏体、线虫等。目前生产上应用较多的是病原细菌、病原真菌和病原病毒三类。

① 真菌 已知的昆虫病原真菌有 530 多种,用于防治害虫的病原真菌种类很多,在防治害虫中经常使用的有白僵菌和绿僵菌等。被真菌侵染致死的害虫,虫体僵硬,体上有白色、绿色等颜色的霉状物。目前主要用于防治地老虎、斜纹夜蛾等害虫,已取得了显著成效。

② 细菌 在已知的昆虫病原细菌中,作为微生物杀虫剂在生产中使用的主要有苏云金杆菌和乳状芽孢杆菌。被昆虫病原细菌侵染致死的害虫,虫体软化,有臭味。苏云金杆菌主要用于防治鳞翅目害虫,乳状芽孢杆菌用于防治金龟甲幼虫。

③ 病毒 已发现的昆虫病原病毒主要是核多角体病毒(NPV)、质型颗粒体病毒(CPV)和颗粒体病毒(GV)。被昆虫病原病毒侵染死亡的害虫,往往以腹足或臀足黏附在植株上,体躯呈"一"字形或"V"字形下垂,虫体变软,组织液化,胸部膨大,体壁破裂后流出白色或褐色的黏液,无臭味。我国利用病毒防治棉铃虫、菜青虫、黄地老虎、桑毛虫、斜纹夜蛾、松毛虫等都取得了显著效果。一般在从田间捕捉的活虫或室内大量饲养的活虫上接种病毒,

当害虫发生时,喷洒经过粉碎的感病害虫稀释液。也可将带病毒昆虫释放于害虫的自然种群中传播病毒。

(2) 微生物及其代谢产物防治病害　通过微生物的作用减少病原物的数量,促进作物生长发育,达到减轻病害、提高农作物产量和质量的目的。

① 抗生作用　一种微生物产生的代谢产物抑制或杀死另一种微生物的现象,称为抗生作用。具有抗生作用的微生物称为抗生菌。抗生菌主要来源于放线菌、真菌和细菌。利用拮抗微生物防治植物病害的例子很多,如利用春雷霉素防治黄瓜的炭疽病、细菌性角斑病等。

② 交互保护作用　在寄主植物上接种亲缘关系相近而致病力较弱的菌株,能保护寄主不受致病力强的病原物侵害的现象,称为交互保护作用。主要用于植物病毒病的防治。

③ 利用真菌防治植物病原真菌病害　如木霉菌可以寄生在立枯丝核菌、腐霉菌、小菌核菌和核盘菌等多种植物病原真菌上。利用木霉菌可防治黄瓜猝倒病,甜瓜枯萎病等病害。

5. 利用昆虫激素防治害虫

昆虫分泌的、具有活性的、能调节和控制昆虫各种生理功能的物质称为激素。由内分泌器官分泌到体内的激素称为内激素,由外激素腺体分泌到体外的激素称为外激素。

(1) 外激素　已经发现的外激素有性外激素、集结外激素、追踪外激素及告警外激素,其中性外激素广泛用于害虫测报和害虫防治,如小菜蛾性诱剂、斜纹夜蛾性诱剂等。

(2) 内激素　昆虫的内激素主要有保幼激素、蜕皮激素及脑激素。利用保幼激素可改变害虫体内激素的含量,破坏害虫正常的生理功能,造成畸形、死亡,如利用保幼激素防治蚜虫等。

6. 其他微生物

微孢子由国外研究较多,已知与昆虫有关的有 100 多种,可寄生于鳞翅目、鞘翅目等 12 个目的昆虫,在防治蝗虫中近年来已开展了应用试验。能使昆虫致病的立克次体主要是微立克次体属的一些种,寄生于双翅目、鞘翅目和鳞翅目的一些种类。昆虫病原线虫是有效天敌类群之一,现已发现有 3000 种以上的昆虫有线虫寄生,可导致发育不良和生殖力减退以致滞育和死亡。其中最主要的是索线虫类、球线虫类和新线虫类。

> **资料卡片**
>
> 　　自然界中,除可利用天敌昆虫和病原微生物防治害虫外,还有很多有益动物能有效地控制害虫。节肢动物捕食性螨类,如植绥螨可捕食果树、豆类、蔬菜等植物上的多种害螨;两栖类动物中的青蛙、蟾蜍等捕食多种植物害虫;哺乳纲鸟类,如家燕能捕食蚊、蝇、蝶、蛾等害虫;有些线虫,如斯氏线虫可寄生在地老虎、蛴螬等地下害虫体内;此外,多种禽类也是害虫的天敌,如鸡、鸭治虫。

任务五　物理机械防治技术

知识目标

掌握物理机械防治技术措施的方法和技术要点。

能力目标

能利用物理机械防治技术措施进行园艺植物病虫害的控制。

知识平台

利用各种物理因素(如光、温度、热能、放射能等)以及人工和器械防治有害生物的方法,称为物理机械防治。物理机械防治的措施简单实用,容易操作,见效快,防治效果好,不发生环境污染,可作为有害生物的预防和防治的辅助措施,也可作为有害生物在发生时或其他方法难以解决时的一种应急措施。

1. 温度处理

各种有害生物对环境温度都有一定的要求,在超过其适宜温度范围的条件下,均会导致失活或死亡。根据这一特性,可利用高温或低温来控制和杀死有害生物,如豌豆、蚕豆用沸水浸种、日光晒种可杀死豌豆象和蚕豆象而不影响发芽率和品质。温汤浸种是利用一定温度的热水杀死病原物,如将瓜类、茄果类种子用55℃~60℃温水浸种15~30min可以预防炭疽病。热蒸汽也用于处理种子、苗木,其杀菌有效温度与种子受害温度的差距较干热灭菌和热水浸种大,对种子发芽的不良影响较小。热蒸汽还用于温室和苗床的土壤处理。通常用80℃~95℃蒸汽处理土壤30~60min,可杀死绝大部分病原菌。

2. 光波的利用

利用害虫的趋光性,可以设置黑光灯、频振杀虫灯、高压电网灭虫灯或用激光的光束杀死多种害虫。蚜虫忌避银灰色和白色膜,用银灰反光膜或白色尼龙纱覆盖苗床,可减少传毒介体蚜虫数量,减轻病毒病害。夏季高温期铺设黑色地膜,吸收日光能,使土壤升温,能杀死土壤中多种病原菌。

3. 近代物理技术的应用

微波辐射技术是借助微波加热快和加热均匀的特点,来处理某些农产品和植物种子的病虫。辐射法是利用电波、γ射线、X射线、红外线、紫外线、超声波等电磁辐射技术处理种子、土壤,可杀死害虫和病原微生物等。如直接用83.1C/kg的^{60}Co γ射线照射仓库害虫,可使害虫立即死亡,即使用16.6C/kg剂量,仍有杀虫效力;部分未被杀死的害虫,虽可正常生活和产卵,但生殖力受到损害,所产的卵粒不能孵化。

4. 捕杀法

根据害虫生活习性,利用人工或简单的器械捕捉或直接消灭害虫的方法称为捕杀法,如人工扒土捕杀地老虎幼虫,用振落法防治叶甲、金龟甲,人工摘除卵块等。

5. 阻隔法

人为设置各种障碍,切断各种病虫侵染途径的方法,称为阻隔法。例如,粮面压盖,纱网阻隔,土壤覆膜或盖草等方法,能有效地阻止害虫产卵、为害,也可防止病害的传播蔓延。甚至可因覆盖增加了土壤温、湿度,加速病残体腐烂,减少病害初侵染来源而防病。

6. 汰选法

是指利用害虫体形、质量的大小或被害种子与正常种子大小及比重的差异,进行器械或液相分离,剔出带病虫种子的方法。常用的有风选、筛选、盐水选种等方法。例如,剔除大豆菟丝子种子,一般采用筛选法;剔除小麦线虫病的虫瘿、油菜菌核病的菌核,常用盐水选种法。

7. 诱集或诱杀法

主要是利用害虫的某种趋性或其他特性如潜藏、产卵、越冬等对环境条件的要求,采取适当的方法诱集或诱杀。利用害虫的趋化性,采用食饵诱杀,如利用糖、酒、醋混合农药制成毒液防治夜蛾类害虫。利用害虫的栖息或群集习性进行潜所诱杀,如利用草把诱蛾的方法诱杀黏虫。利用害虫的趋色习性,进行黄板诱杀,如防治多种蚜虫、斑潜蝇等。

8. 外科手术

对于多年生的果树和林木,外科手术是治疗枝干病害的必要手段。例如,治疗苹果树腐烂病,可直接用快刀将病组织刮干净并在刮净后涂药。当病斑绕树干1周时,还可采用桥接的办法将树救活。刮除枝干轮纹病斑可减轻果实轮纹病的发生。

任务六 化学防治技术

知识目标

1. 了解掌握农药的基本知识。
2. 掌握农药的稀释和使用方法。

能力目标

1. 能识别常见农药种类。
2. 能安全合理使用农药。

知识平台

化学防治是利用各种化学药剂防治病虫害的方法。化学防治的优点是杀虫、杀菌谱广,效果好,使用方法简便,不受地域、季节限制,便于大面积机械化防治等。缺点是容易引起人、畜中毒,污染环境,杀伤天敌,并引起次要害虫再猖獗。如果长期使用同一种农药,可使某些害虫产生抗药性,出现 3R 问题,即 resistance(抗药性)、resurgence(再猖獗)、residue(残留)。昆虫激素及其类似化合物以及性诱剂等都归入化学防治范畴内。

农药是指用于防治或者控制危害农业、林业的病虫害和其他有害生物,以及有目的地调节植物、昆虫生长的化学合成物,或者来源于生物、其他天然物质的一种物质或者几种物质的混合物及其制剂,是在植物病虫害防治中广泛使用的各类药物的总称。

农药对有害生物的防治效果称为药效,对人畜的毒害作用称为毒性。在施用农药后相当长的时间内,农副产品和环境中的残留药物对人畜的毒害作用称为残留毒性或残毒。为了达到化学防治病虫害的目的,要求研制和使用"高效、低毒、低残留"的杀虫剂、杀菌剂、杀螨剂和杀线虫剂。利用化学农药防治病虫害,应根据防治对象的发生规律及对天敌昆虫和环境的影响,选择适当的药剂。只有准确计算用药量,严格掌握配药浓度,选择适宜的药械,采用正确的方法施药,考虑与其他防治方法配合等问题,才能达到经济、安全、有效的防治目标。

1. 农药的分类

见表 2-1。

表 2-1 农药的分类

防治对象	分类根据	类　别	
杀虫剂	作用方式	触杀剂、胃毒剂、内吸剂、熏蒸剂、引诱剂、驱避剂、拒食剂、不育剂、几丁质抑制剂及昆虫激素(保幼激素、蜕皮激素、信息素)	
	来源及化学组成	有机合成杀虫剂(有机磷、氨基甲酸酯、拟除虫菊酯等)	
		天然产物杀虫剂(鱼藤酮、除虫菊素、烟碱、沙蚕毒素)	
		矿物油杀虫剂	
		微生物杀虫剂(细菌毒素、真菌毒素、抗生素)	
杀螨剂	化学组成	有机氯、有机磷、有机锡、氨基甲酸酯、偶氮及肼类、甲脒类、杂环类等	
杀线虫剂	化学组成	卤代烃、氨基甲酸酯、有机磷、杂环类	
杀菌剂	作用方式	内吸剂、非内吸剂	
	防治原理	保护剂、铲除剂、治疗剂	
	防治方法	土壤消毒剂、种子处理剂、喷洒剂	
	来源及化学组成	合成杀菌剂	无机杀菌剂(硫制剂、铜制剂)
			有机杀菌剂(有机硫、有机磷、二硫代氨基甲酸酯类、取代苯类、酰胺类、取代醌类、硫氰酸类、取代甲醇类、杂环类)
		细菌杀菌剂(抗生素)	
		天然杀菌剂及植物保卫素	

2. 农药的加工剂型

未经加工的农药一般称为原药。呈固体状态的为原粉,液体状态的为原液。原药中含有的具杀菌、杀虫等作用的活性成分称为有效成分。为了使原药能附着在虫体和植物体上,充分发挥药效,农药加工过程中在原药中加入一些能改进药剂性能和性状的物质,根据其主要作用,常被称为填充剂、辅助剂(溶剂、湿展剂、乳化剂等)。农药原药与辅助剂混合调配,加工制成具有一定形态、组分和规格,适合各种用途的商品农药为制剂,制剂的形态称为农药剂型。通常农药制剂包括有效成分含量、农药名称和剂型名称三部分。例如,70%代森锰锌可湿性粉剂,即指明农药名称为代森锰锌,剂型为可湿性粉剂,有效成分含量为70%。常用的农药剂型见表2-2。

表2-2 常用农药剂型特点及使用方法

剂型种类	成分	使用方法	优点	缺点
粉剂	原药+惰性填料	喷粉、拌种、拌土	施用方便,工效高,不受水源限制	污染环境,用量大,残效期短
可湿性粉剂	原药+惰性填料+辅助剂	喷雾	成本较低,储运较安全,黏附力较强,残效期较长	分散性差,浓度高时易产生药害
乳油	原药+有机溶剂+乳化剂	喷雾	药效高,施用方便,性质相对稳定,药效高	成本较高,使用不当易造成药害和人畜中毒
颗粒剂	原药+辅助剂+载体(沙子、煤渣等)	施心叶、撒施、点施	对非靶标生物影响小,药害轻,残效期长。工效高,施用方便,不受水源限制,对人畜安全	运输成本较高
水剂	原药+水	喷雾、浇灌、浸泡	药效好,对环境污染小	不耐贮藏,附着性差,易水解失效
缓释剂	农药贮存在加工品中(废塑料、有机化合物等)	施心叶、撒施、点施	残效期延长,能减轻污染和毒性	—
超低容量喷雾剂(油剂)	原药+辅助剂	喷雾	用量少,省工,效果好。用时不加水,可在缺水地区用	风大时不能使用
胶悬剂或悬浮剂	原药+分散剂+润湿剂+载体(硅胶)+消泡剂+水	喷雾、低容量喷雾和浸种	粒径小,渗透力强,污染小,成本低。兼有可湿性粉剂和乳油的优点	—
可溶性粉剂	原药+水溶性填料+吸收剂	喷雾	便于包装、运输和贮藏;施用方便,药效好	—
微胶囊剂	原药包入高分子微囊中	喷雾	残效期长,对人畜毒性低	—
种衣剂	原药+成膜剂	浸种、拌种	用量少,残效期长。不污染环境,不伤害天敌昆虫,对人畜安全	若药剂选配不当或加工质量差会造成药害
烟剂	原药+燃料+氧化剂+消燃剂	熏蒸	施用方便,节省劳力,可扩散到其他防治方法不能达到的地方	—

3. 农药的使用方法

（1）喷雾法　即利用手动、机动和电动喷雾机具将药液分散成细小的雾点，喷布到植物或防治对象上的一种最常用的施药方法。喷雾器械将药液雾化后均匀喷在植物和有害生物表面，按用液量不同分为常量喷雾（雾点直径 100～200μm）、低容量喷雾（雾滴直径 50～100μm）和超低容量喷雾（雾滴直径 15～75μm）。农药的湿润展布性能，雾滴的大小，植物、害虫体表的结构，以及喷雾技术、气候条件都会影响防治效果。农田多用常量和低容量喷雾，常量喷雾所用药液浓度较低，用液量较多。低容量喷雾所用药液浓度较高，用量较少（为常量喷雾的 1/10～1/20），工效高，但雾滴易受风力吹送飘移。

（2）喷粉法　利用喷粉器械喷撒粉剂农药的方法称为喷粉法，是施用药剂最简单的方法。该法工效高，不受水源限制，尤其适用于干旱缺水地区，适用于大面积防治。缺点是用药量大，散布不均匀，黏附性差，易被风吹或雨水冲刷，易污染环境。

（3）种子处理　种子处理可以防治种传病虫害，并保护种苗免受土壤中病原物侵染，用内吸剂处理种子还可防治地上部病虫害。常用方法有拌种法、浸种法、闷种法和种衣剂法。播种前将药粉或药液与种子均匀混合的方法称为拌种，拌种主要用于防治地下害虫和由种子传播的病虫害，拌种必须混合均匀，以免影响种子发芽。浸种法是用药液浸泡种子，把种子、种苗在一定浓度的药剂中浸放一定时间，以消除其中的病虫害，或使其吸收一定量的有效药剂，在出苗前后达到防病治虫的目的，称为浸种或浸苗。闷种法是用少量药液喷拌种子后堆闷一段时间再播种。种衣剂称为种子包衣，作用时可缓慢释放，有效期延长。

（4）土壤处理　播种前将药剂施于土壤中，主要防治植物根部或地下病虫害。土表处理是用喷雾、喷粉、撒毒土等方法将药剂全面施于土壤表面，再翻耙到土壤中。深层施药是施药后再深翻或用器械直接将药剂施于较深土层。撒施法是将颗粒剂或毒土直接撒布在植株根部周围。毒土是将药剂与具有一定湿度的细土按一定比例混匀制成的。泼浇法是将药剂加水稀释后泼浇于植株基部。

（5）熏蒸法　即利用熏蒸药剂的有毒挥发性气体在密闭或半密闭设施中，通过熏蒸作用杀死害虫或病原菌的方法。有的熏蒸剂还可用于土壤熏蒸，即用土壤注射器或土壤消毒机将液态熏蒸剂注入土壤内，在土壤中成气体扩散。土壤熏蒸后须按规定等待一段较长时间，待药剂充分散发后才能播种，否则易产生药害。

（6）烟雾法　指利用烟剂或雾剂防治病虫害的方法。烟剂是农药的固体微粒分散在空气中起作用，雾剂是农药的小液滴分散在空气中起作用。施药时用物理加热法或化学加热法引燃烟雾剂。烟雾法施药扩散能力强，只在密闭的温室、塑料大棚和隐蔽的森林中应用。

（7）毒饵　将药剂拌入害虫喜食的饵料中称为毒饵，利用农药的胃毒作用防治害虫，常用于防治地下害虫。毒饵的饵料可选秕谷、麦麸、米糠等害虫喜食的食物。

此外，还有灌根、涂抹、蘸果、蘸根、树体注射、仓库及器具消毒等。

4. 农药的交替使用与混合使用

长期连续使用同一种农药防治某种害虫或病害，是导致有害生物产生抗药性的主要原因，它会降低农药防治效果，增加防治难度。例如，很多害虫对拟除虫菊酯类杀虫剂，一些病原菌对内吸性杀菌剂的部分品种容易产生抗药性。如果增加用药量、浓度和次数，害虫或病原菌的抗药性进一步增大。因此,合理地交替、轮换使用农药可以切断生物种群中抗药性种群的形成过程。

同一类制剂中的杀虫剂品种也可以互相换用,但需要选取那些化学作用差异比较大的品种在短期内换用,如果长期采用也会引起害虫产生交互抗性。在杀菌剂中,一般内吸性杀菌剂比较容易引起抗药性(如苯并咪唑类、抗生素类等),保护性杀菌剂不容易引起抗药性。因此,除了在不同化学结构和作用机制的内吸剂间轮换使用外,内吸剂和保护剂也是较好的轮换组合。

科学合理地混用农药有利于充分发挥现有农药制剂的作用,要贯彻"经济、安全、有效"的原则,尽可能选用安全、高效、低毒的农药。合理混用农药,做到一次施药,兼治多种病虫对象,以减少用药次数,扩大防治范围,降低防治费用,提高防治效果,甚至可以达到同时兼治几种病虫害的防治效果,降低防治成本,延缓害虫和病原菌产生抗药性,延长农药品种使用年限,如灭多威与拟除虫菊酯类混用、有机磷制剂与拟除虫菊酯混用、甲霜灵与代森锰锌混用等。把握病虫害的发生发展规律,抓住有利时机用药,既可节约用药,又能提高防治效果,而且不易发生药害。

5. 农药的药害

药害是指因农药使用不当,对农作物产生的损害。根据药害产生的快慢,分为慢性药害和急性药害。慢性药害指在喷药后缓慢出现的药害现象,如植株生长发育受到抑制、生长缓慢、植株矮小、开花结果延迟、落花落果增多、产量低、品质差等。急性药害指在喷药后几小时或几天内出现药害的现象。例如,叶、茎、果上产生药斑,叶片焦枯、畸形、变色,根系发育不良或形成"黑根"、"鸡爪根",种子不能发芽或幼苗畸形、落叶、落花、落果等,甚至全株枯死。要避免药害的发生,必须根据防治对象和农作物特点,正确选用农药,按规定的用量、浓度和时间使用。

6. 农药对人、畜的毒性

农药可通过皮肤、呼吸道或口腔进入人体,引起急性中毒或慢性中毒。急性毒性是指一次服用或吸入药剂后,很快出现中毒症状。例如,误食剧毒有机磷农药的急性中毒症状,开始表现为恶心、头疼,继而出汗、流涎、呕吐、腹泻、瞳孔缩小、呼吸困难,最后昏迷甚至死亡。慢性毒性是指长期接触或长期摄入小剂量某些农药后,逐渐出现中毒症状。

农药的毒性常用半数致死量(LD_{50})来表示。LD_{50}是使试验动物死亡一半所需的剂量,一般用 mg/kg 为计量单位,这个数值越大,表示农药的毒性越小,农药的毒性一般分为特剧毒($LD_{50} < 1mg/kg$)、剧毒(LD_{50} 为 $1 \sim 50mg/kg$)、毒(LD_{50} 为 $51 \sim 500mg/kg$)、微毒(LD_{50} 为 $501 \sim 5000mg/kg$)和基本无毒($LD_{50} > 5000mg/kg$)。

7. 农药的稀释与计算

(1)药剂浓度表示法　目前生产上常用表示法有倍数法、百分浓度和摩尔浓度(百万分浓度)。

① 倍数法是指药液(药粉)中稀释剂(水或填料)的用量为原药剂用量的多少倍或是药剂稀释多少倍的表示法,此法在生产上最常用。

通常采用内比法和外比法。用于稀释 100 倍(含 100)以下时用内比法,即稀释时要扣除原药剂所占的 1 份。例如,稀释 10 倍液,即用原药剂 1 份加水 9 份。用于稀释 100 以上时用外比法,计算稀释量时不扣除原药剂所占的1份。例如,稀释1000倍液,即可用原药剂1份加水1000份。

② 百分浓度(%)是指100份药剂中含有多少份药剂的有效成分。百分浓度又分为重量百分浓度和容量百分浓度。固体与固体之间或固体与液体之间,常用重量百分浓度,液体与液体之间常用容量百分浓度。

③ 百万分浓度(10^{-6})是指100万份药剂中含有多少份药剂的有效成分。

百分浓度 = 百万分浓度 × 10000

(2) 农药的稀释计算。

① 按有效成分计算。

原药剂的浓度 × 原药剂的量 = 稀释剂的浓度 × 稀释剂的用量

例1:用40%福美砷可湿性粉剂10kg配成2%稀释液,需加水多少?

计算:10 × (40% - 2%) ÷ 2% = 190(kg)

例2:用100mL 80%敌敌畏乳油稀释成0.05%浓度,需加水多少?

计算:100 × 80% ÷ 0.05% = $1.6 × 10^5$(mL)

根据上述例1、例2两题得知:

稀释100倍以下的计算公式为:

$$稀释剂用量 = \frac{原药剂量 \times (原药剂浓度 - 稀释药剂浓度)}{稀释药剂浓度}$$

稀释100倍以上的计算公式为:

$$稀释剂用量 = \frac{原药剂量 \times 稀释药剂浓度)}{稀释药剂浓度}$$

② 按稀释倍数计算。

稀释倍数 = 稀释剂用量/原药剂用量

例3:用40%氧化乐果乳油10mL加水稀释成50倍药液,求稀释液用量。

计算:(10 × 50) - 10 = 490(mL)

例4:用80%敌敌畏乳油10mL加水稀释成1500倍药液,求稀释液用量。

计算:10 × 1500 = $1.5 × 10^4$(mL)

根据上述例3、例4两题得知:

稀释药剂用量 = 原药剂量 × 稀释倍数 - 原药剂量(稀释100倍以下)

稀释药剂用量 = 原药剂量 × 稀释倍数(稀释100倍以上)

8. 常用农药简介

(1) 杀虫剂 杀虫剂可以通过胃毒作用、触杀作用、内吸作用和熏蒸作用等方式进入害虫体内,导致害虫死亡。

胃毒作用是将杀虫剂喷洒在农作物上,或拌在种子或饵料中,害虫取食时,杀虫剂和食物一起进入消化道,产生毒杀作用。触杀作用是将杀虫剂喷洒到植物表面、昆虫体上或栖息场所,害虫接触杀虫剂后,从体壁进入虫体,引起害虫中毒死亡。内吸作用指一些杀虫剂能被植物吸收,从而杀死取食植物汁液的害虫。熏蒸作用指容易挥发形成气体的药剂,通过昆虫气门进入体内,最后导致害虫中毒死亡(表2-3)。

表 2-3　园艺植物常用杀虫剂的种类及性能

药剂类型	药剂名称	常见剂型	作用原理	防治对象	使用方法	性　质	
有机磷杀虫剂	敌百虫	90%晶体、2.5%粉剂	胃毒作用强，兼触杀作用	咀嚼式口器的害虫	喷雾、灌根、喷粉	高效、低毒、低残留、广谱，弱碱条件下可转变为敌敌畏	
	敌敌畏	80%乳油、50%乳油	触杀、胃毒和熏蒸作用	多种园艺植物害虫	喷雾、熏蒸	广谱性，击倒力强，碱性和高温条件下分解快，不能与碱性农药和肥料混用	
	乐果	40%乳油	触杀、内吸作用，兼有胃毒作用	多种园艺植物害虫	喷雾、涂抹	高效、低毒、低残留、广谱，碱性溶液中迅速水解，不稳定，贮藏时可缓慢分解	
	辛硫磷	50%乳油	触杀和胃毒作用	地下害虫、鳞翅目幼虫	喷雾、拌种、颗粒剂	高效、低毒，残留危险性小，遇碱、光易分解	
有机磷杀虫剂	毒死蜱（乐斯本）	48%乳油	触杀、胃毒和熏蒸作用	鳞翅目、蚜虫、害螨、潜叶蝇和地下害虫	喷雾	高效、中等毒性、土壤中残留期长	
氨基甲酸酯类杀虫剂	抗蚜威	50%可湿性粉剂	触杀、熏蒸和内吸作用	多种蚜虫	喷雾	高效、速效、中等毒性、低残留，选择性杀蚜剂	
	硫双威	65%可湿性粉剂、36.5%胶悬剂	内吸、触杀和胃毒作用	棉铃虫、烟青虫、斜纹夜蛾等	喷雾	经口毒性高，经皮毒性低，高效、广谱、持久、安全	
沙蚕毒素类杀虫剂	杀虫双	25%水剂、3%颗粒剂	较强的胃毒和触杀作用，一定的熏蒸和内吸作用	多种园艺植物害虫	喷雾、毒土、泼浇	广谱、安全、低残留，根部吸收力强	
拟除虫菊酯类杀虫剂	溴氰菊酯	2.5%乳油	强烈的触杀作用	多种园艺植物害虫	喷雾	中等毒性	光稳定性好，酸性液中稳定，碱性液中易分解，高效、低毒，连用产生抗药性
	功夫菊酯	2.5%、5%乳油	胃毒和触杀作用	鳞翅目害虫、蚜虫和叶螨等	喷雾	活性高，杀虫谱广，残效期长	
特异性昆虫生长调节剂	灭幼脲	25%悬浮剂	胃毒和触杀作用	桃小食心虫、柑橘全爪螨、小菜蛾等	喷雾	低毒，遇碱和较强的酸易分解，常温下较稳定，对人、畜和天敌昆虫安全	
	除虫脲	20%悬浮剂	胃毒和触杀作用	鳞翅目幼虫、柑橘木虱等	喷雾	对光、热稳定，遇碱易分解，低毒	
	噻嗪酮	25%可湿性粉剂	胃毒和触杀作用	叶蝉、介壳虫和温室粉虱等	喷雾	药效高，残效期长，残留量低，对天敌昆虫较安全	

续表

药剂类型	药剂名称	常见剂型	作用原理	防治对象	使用方法	性 质
其他杀虫剂	吡虫啉	10%、25%可湿性粉剂	内吸、触杀和胃毒作用	蚜虫、飞虱和叶蝉	喷雾	速效,残效期长,对天敌昆虫安全
	氟虫腈(锐劲特)	5%悬浮剂、0.3%颗粒剂	胃毒作用为主,兼有触杀、内吸作用	半翅目、鳞翅目、缨翅目和鞘翅目害虫	喷雾、拌种、撒施	中等毒性,杀虫谱广,残效期长
微生物杀虫剂	阿维菌素	0.3%、0.9%、1.8%乳油	触杀和胃毒作用,微弱的熏蒸作用	双翅目、鞘翅目、同翅目、鳞翅目害虫和螨类	喷雾	高效、广谱杀虫杀螨剂
	苏云金芽孢杆菌(Bt)	10^{10}活芽孢/g可湿性粉剂	胃毒作用	鳞翅目、双翅目、鞘翅目和直翅目害虫	喷雾	—

（2）杀菌剂(表2-4)　按对病虫害的防治作用可分为保护性杀菌剂、内吸性杀菌剂和铲除性杀菌剂。保护性杀菌剂必须在病原物接触寄主或侵入寄主之前施用,因为这类药剂对病原物的杀灭和抑制作用仅局限于寄主体表;内吸性杀菌剂能够通过植物组织吸收并在体内输导,使整株植物带药而起杀菌作用;铲除性杀菌剂的内吸性差,不能在植物体内输导,但渗透性能好、杀菌作用强,可以将已侵入寄主不深的病原物或寄主表面的病原物杀死。

表2-4　园艺植物常用杀菌剂的种类及特点

药剂类型	药剂名称	常见剂型	作用原理	防治对象	使用方法	特 点
无机杀菌剂	波尔多液	1:0.5:100,1:1:100,1:2:100	保护作用	多种园艺植物病害,如霜霉病、疫病、炭疽病等	喷雾	杀菌力强,防病范围广,附着力强,残效期可达15~20d
	石硫合剂	一般24~32波美度(°Be)	杀菌作用	多种园艺植物白粉病、锈病、螨类、介壳虫等	喷雾	不能与忌碱性农药、铜制剂混用或连用
有机硫杀菌剂	代森锌	60%、80%可湿性粉剂	保护作用	果树与蔬菜的霜霉病、炭疽病等	喷雾	吸湿性强,遇碱或含铜药剂易分解。对人、畜低毒
	代森锰锌	60%可湿性粉剂、25%悬浮剂		梨黑星病、轮纹病和炭疽病、白菜黑斑病等	喷雾	遇酸遇碱分解,高温时遇潮湿也易分解
	福美双	50%可湿性粉剂		葡萄炭疽病、梨黑星病、瓜类霜霉病	喷雾	遇酸易分解,不能与含铜药剂混用

续表

药剂类型	药剂名称	常见剂型	作用原理	防治对象	使用方法	特点
有机磷杀菌剂	乙膦铝	40%可湿性粉剂	保护和治疗作用	霜霉菌和疫霉菌	喷雾	溶于水,遇酸遇碱分解,双向传导
取代苯类杀菌剂	甲霜灵	25%可湿性粉剂	保护和治疗作用	霜霉菌、腐霉菌、疫霉菌	喷雾	特效、强内吸性杀菌剂,可双向传导,极易引起抗药性
	百菌清	65%可湿性粉剂、40%悬浮剂	保护作用	苹果轮纹病、葡萄霜霉病、十字花科蔬菜霜霉病等	喷雾	附着性好,耐雨水冲刷,不耐强碱
	甲基硫菌灵	60%可湿性粉剂、36%悬浮剂	治疗作用	园艺植物炭疽病、灰霉病、白粉病、梨轮纹病、茄子绵疫病等	喷雾	对光、酸较稳定,遇碱性物质易分解失效,极易引起抗药性
杂环类杀菌剂	多菌灵	25%、50%可湿性粉剂	治疗作用	子囊菌亚门和半知菌亚门真菌引起的病害	喷雾	遇酸遇碱易分解
	三唑酮	15%、25%可湿性粉剂	治疗作用	各种植物的白粉病和锈病、葡萄白腐病	喷雾	对酸、碱都较稳定
	烯唑醇	5%、12.5%可湿性粉剂	保护和治疗作用	苹果和梨的黑星病、白粉病、菜豆锈病	喷雾	对光、热和潮湿稳定,遇碱分解失效
抗生素	农用链霉素	62%可溶性粉剂、15%可湿性粉剂	治疗作用	各种细菌引起的病害	喷雾	对人、畜低毒
	农用抗生素	2%、4%水剂	保护和治疗作用	园艺植物各种白粉病和炭疽病	喷雾	易溶于水,对酸稳定,对碱不稳定

（3）杀螨剂和杀线虫剂　杀螨剂是用来防治植食性螨类的药剂。杀线虫剂是用于防治植物寄生性线虫的化学药剂。根据药剂的选择性与使用方法分为土壤处理剂、叶面喷洒处理剂和种子处理剂(表2-5)。

表2-5　园艺植物常用杀螨剂和杀线虫剂的种类及其性能

药剂名称	常见剂型	作用原理	防治对象	使用方法	性质
噻唑酮尼索朗	5%乳油、5%可湿性粉剂	杀卵和幼、若螨,对成螨无效	主要用于防治叶螨,对锈螨、瘿螨效果较差	喷雾	残效期长,药效可保持50d左右
三唑锡	8%乳油、20%悬浮剂、25%可湿性粉剂	触杀作用	多种园艺植物害螨	喷雾	广谱,可杀若螨、成螨和夏卵,对冬卵无效

续表

药剂名称	常见剂型	作用原理	防治对象	使用方法	性　质
四螨嗪	10%可湿性粉剂、20%和50%悬浮剂	触杀作用	主要防治全爪螨、叶螨、瘿螨,对跗线螨也有一定效果	喷雾	对螨卵有较好的效果,对幼螨、若螨有一定的活性,作用速率慢
螨卵酯	20%可湿性粉剂	触杀作用	朱砂叶螨、果树红蜘蛛和柑橘锈壁虱等	喷雾	对螨卵和幼螨触杀作用强,对成螨效果很差
硫线磷	10%颗粒剂	触杀作用和熏蒸作用	各种线虫	沟施、穴施、撒施	毒性较高,遇强碱很快分解,进入植物体后水解快
威百亩	30%、33%、35%液剂	熏蒸作用	主要防治线虫,同时也具有杀真菌、杂草和害虫的效果	土壤处理	遇酸和金属盐易分解

案例分析

十字花科蔬菜害虫综合防治措施的优化组合

首先,应根据蔬菜生产的目标和地方特点确定害虫综合防治的总体策略。如果是在以生产粮食和蔬菜为主的城郊型农业的粮、菜生产基地进行十字花科蔬菜的生产,则针对十字花科蔬菜的两种主要害虫小菜蛾和黄曲条跳甲的发生和为害特点,采用"稻-菜轮作"的栽培制度,可以有效地降低害虫的种群基数,减轻害虫综合防治的压力,提高商品蔬菜的品质等级。如果是在规模化的正规出口蔬菜生产基地进行十字花科蔬菜的生产,则必须对菜地的水、肥、土、气及其生态环境进行综合整治,使之符合绿色食品蔬菜生产的环境条件要求。其中,对十字花科蔬菜害虫控制具有重要意义的是结合菜地的四旁(路边、屋旁、沟边、渠埝)环境绿化工程,在菜地种植多样化的绿化植物,为蔬菜害虫的天敌提供蜜源植物和栖息场所。

同时,在菜地的生产布局中,运用反季节栽培、设施种植等宏观调控措施,在时间和空间上营造十字花科蔬菜的避害条件;在品种布局和栽培方式上,利用茄科蔬菜(茄子、辣椒、番茄等)、石蒜科蔬菜(大蒜、韭菜、香葱等)对害虫的驱避作用,将十字花科蔬菜与之轮作、间插套种,可以有效减轻害虫的为害。在菜地中央种植一定数量的甜玉米,可以诱集玉米螟和棉铃虫等成虫产卵,寄生小菜蛾卵的赤眼蜂(如拟澳洲赤眼蜂、玉米螟赤眼蜂等)可以在玉米螟卵和小菜蛾卵上循环寄生繁殖,形成对这两种害虫的自然控制。总之,在蔬菜生产的菜场农田群落背景上创造一种助益控害的生态基础条件,对害虫的综合防治是十分有利的。

其次,在对害虫实施有效的预测预报的基础上,针对十字花科蔬菜的主要害虫,优化组合对其的无公害防治措施,形成对害虫进行生态控制的措施系统,实施有效的无公害防治。

上述系统是一个全生物防治系统,其防治效果可以使商品蔬菜的等级达到 AA 级绿色食品水平。当不具备全生物防治条件时,斯氏线虫可以用辛硫磷代替,并采用土壤用药的方法,提高其对黄曲条跳甲幼虫的控制效果,保护田间自然天敌。印楝素可由杀虫双、鱼藤氰等低毒农药所代替。但这样的防治结果,商品菜的等级只能达到"无公害"水平。

从环境经济学角度分析,十字花科害虫防治产生的效益是多方面的,它包括直接的经济效益和间接的社会效益、环境效益三方面。单纯使用化学杀虫剂防治害虫所产生的除经济效益外,两项间接效益都是负性的,而采用综合防治(生态控制)的则均为正效益。即:

化学防治:总效益 = 经济效益 − 社会效益 − 环境效益。

生态控制:总效益 = 经济效益 + 社会效益 + 环境效益。

复习思考

一、简答题

1. 为什么说在农业生产实际中,要允许害虫种群数量对作物造成经济损害允许水平以下的为害?
2. 生物防治法有哪些优点和局限性?利用天敌控制害虫的主要途径有哪些?
3. 什么叫农业防治法?主要内容有哪些?其在病虫害综合治理中占何种地位?
4. 说明化学防治在害虫综合治理中的地位。施用农药不当会产生哪些不良副作用?根据农药的作用对象、来源和化学成分、作用方式,农药分为哪些类型?
5. 农药有哪些常用剂型?说明其特点和使用方法。
6. 比较生物防治与化学防治的优、缺点。
7. 天敌昆虫保护利用的一般方法有哪些?
8. 如何避免植物药害的产生?
9. 如何合理使用农药?
10. 如何利用园艺技术措施来防治园艺植物病虫害?

二、判断题

1. 根据病虫害综合治理的要求并不一定要做到有虫必治、有病必治。( )
2. 植物检疫是一种强制性防治措施,适用于所有园艺植物病虫害。( )
3. 波尔多液是一种保护剂,一般应在病害发生前使用。( )
4. 石硫合剂是一种杀菌剂,因此只能用于病害的防治。( )
5. 对某种病虫有特效的农药,我们应该反复使用,以有效控制该种病虫的发生。( )

考证提示

园艺植物常见农药种类识别,常用农药稀释计算,波尔多液的配制及质量检查。

任务实施

实训项目 1　常用农药的性状观察和简易鉴别及使用

1.1　实训目标

了解农药常见剂型的特性和简易鉴别方法,观察常用农药的物理性状,学习几种简易的鉴别方法。

1.2 实训材料准备

当地常用的杀虫剂、杀螨剂和杀菌剂,如1605、敌敌畏、敌百虫、乐果、氧化乐果、辛硫磷、杀螟松、马拉松、乙酰甲胺磷、杀虫双、西维因、溴氰菊酯、除虫精、三氯杀螨醇、代森锌、代森铵、福美双、退菌特、百菌清、多技能灵、粉锈宁、乙磷铝等。粒剂、可湿性粉剂、乳油、油剂、颗粒剂、微粒剂、胶悬剂、胶囊剂、水剂等。

1.3 实训仪器和用具准备

酒精灯、牛角勺、试管、烧杯、量筒、玻棒、吸管、洗衣粉、显微镜等。

1.4 实训内容和方法

(1) 常用农药性状观察 观察所给农药的物态、颜色、气味(注意不要把鼻子对准瓶口吸气,可用手轻轻在瓶口扇动,分辨农药气味)和在水中的反应(乳油遇水呈乳白色;水剂加水不变色,透明)。

(2) 农药剂型的简易测定。

① 粉剂和可湿性粉剂的鉴别 取少量药粉轻轻地撒在水面上,粉粒长期漂浮在水面的为粉剂。在1min内粉粒吸湿下沉入水,搅动时可产生大量泡沫的为可湿性粉剂。另取5g可湿性粉剂倒入盛有200mL水的量筒内,轻轻搅动,30min后观察药液的悬浮情况。沉淀越少,药粉质量越好。如有3/4的粉粒沉淀,表示悬浮性不良。在上述悬浮液中加入0.2~0.5g洗衣粉,充分搅拌,观察其悬浮性是否改善。

② 乳油质量检查 将乳油2~3滴滴入盛有清水的试管中,轻轻振荡,观察油水融合是否良好,稀释液是否成为半透明的或乳白色的、均匀的液体,其中有无油层漂浮或沉积。不出现油层的表明乳化性能良好。另取乳油稀释液1滴,在显微镜下观察水中油滴大小和分布情况,如果油滴大小一致,直径在10μm以下,在水中分布均匀,表明乳化性良好。

1.5 实训作业

(1) 将所给农药的物理化学性质及使用特点列于下表。

主要农药的物理化学性质及使用特点

药剂名称	剂型	有效成分含量	颜色	气味	毒性	主要防治对象

(2) 观察1~2种可湿性粉剂和乳油的悬浮性和乳化性,并记载其结果。

(2) 田间农药防治实践操作。

实训项目2 波尔多液的配制和质量检查

2.1 实训目标

掌握波尔多液的配制和检定质量的方法。

2.2 实训材料准备

硫酸铜、生石灰、熟石灰等。

2.3 实训仪器和用具准备

烧杯、量筒、试管、试管架、盛水容器、台秤、天平、玻棒、研钵、试管刷、小刀(或铁钉)、石蕊试纸等。

2.4 实训内容和方法

（1）波尔多液的配制　分小组按以下方法配制（1∶1∶100）等量式波尔多液。注意原料的选择，硫酸铜应呈蓝色半透明结晶体，生石灰应为新鲜、洁白、质轻的块状体，最好用软水。

① 两液同时注入法　用 1/2 水溶解硫酸铜，1/2 水溶化生石灰，然后将两液同时倒入第 3 个容器中，边倒边搅拌即成。

② 稀硫酸铜液注入浓石灰水法　用 4/5 水溶解硫酸铜，1/5 水溶化生石灰，然后将稀硫酸铜液倒入浓石灰水中，边倒边搅拌即成。

③ 浓石灰水注入稀硫酸铜液法　原料准备同方法②，但将浓石灰水倒入稀硫酸铜液中，搅拌方法同前。

④ 两液混合后稀释法　各用 1/5 水溶化硫酸铜和生石灰，两液混合后，再加 3/5 水稀释，搅拌方法同前。

⑤ 用熟石灰代替生石灰，按方法②配制。

配制注意事项：原料称量要准确。硫酸铜和生石灰要研细，生石灰应先滴加少量水使其崩解化开。两液混合时速度、搅拌要一致。配制时两液温度要相同。

（2）波尔多液质量鉴别。

① 物态观察　比较观察不同方法配制的波尔多液，其颜色质地是否相同，质量好的波尔多液应为天蓝色胶态悬浊液。

② 酸碱性测定　以微碱性反应为好，即药液使红色石蕊试纸慢慢变为蓝色为好。

③ 镀铜试验　用磨亮的小刀（或铁钉）插入药液片刻，观察亮面有无镀铜现象，以不产生镀铜现象为好。

④ 滤液吹气试验　取波尔多液过滤后的滤液少许滴在载玻片上，对波面轻吹约 1min，液面产生薄膜为好，或取滤液 10~20mL 置三角瓶中，插入玻璃管吹气，滤液变混浊为好。

⑤ 将不同方法配好的波尔多液分别装入 100mL 量筒中，静置 1h，按时记载沉淀情况，沉淀越慢越好，将上述鉴定结果记入下表。

5 种方法配制的波尔多液的质量鉴定

配制方法	悬浮率/%			物态现象	石蕊试纸反应	镀铜试验现象	吹气反应
	15min	30min	60min				
①							
②							
③							
④							
⑤							

悬浮率公式如下：

$$悬浮率(\%) = \frac{悬浮液柱的容量}{波尔多液柱总容量} \times 100\%$$

2.5 实训作业

比较不同方法制成的波尔多液质量的优劣。

项目三　园艺植物害虫和螨类防治技术

任务一　园艺植物地下害虫防治技术

知识目标

1. 识别常见园艺植物地下害虫的为害状及形态特征。
2. 掌握常见园艺植物地下害虫的生物学特性、发生规律及发生条件。

能力目标

1. 能识别园艺植物主要地下害虫种类。
2. 能对园艺植物主要地下害虫设计综合防治方案并实施。

知识平台

地下害虫也称土栖害虫、根部害虫,通过取食大田、蔬菜、果树、观赏植物等的地下部分和地上近地面的嫩茎,造成缺苗断垄。地下害虫潜伏为害,不易发现,为害时间较长,增加了治理的困难,成为农林牧生产上的严重障碍。主要种类有蝼蛄、蛴螬、金针虫、小地老虎及根蛆等。

3.1.1　蛴螬类

蛴螬是金龟甲幼虫的统称,种类很多,在我国普遍发生,长江、黄河流域特别是北方诸省为害严重。成虫主要啃食各种植物叶片,形成孔洞、缺刻或秃枝。幼虫可为害豆科、禾本科、蔬菜和野生植物等多种植物的根茎及球茎。

1. 形态特征

蛴螬类中常见的铜绿丽金龟和黑绒鳃金龟的形态特征见表 3-1,图 3-1。

表 3-1 铜绿丽金龟和黑绒鳃金龟的形态区别

形态		铜绿丽金龟	黑绒鳃金龟
成虫	体长 体色 前胸背板 其他	15～18mm 铜绿色,有光泽 有闪光绿色,密布刻点,两侧边缘有黄边 臀板三角形,上有1个三角形黑斑	6～8mm 黑褐色或黑色,体表具丝绒状光泽 密布细小刻点 鞘翅上各有9条浅纵沟纹
卵	颜色 形状	白色 初产为长椭圆形,后逐渐膨大至近球形	乳白色 椭圆形
幼虫	体长 头部 臀节 其他	30mm 左右 前顶毛每侧各为8根 臀节腹面具刺毛列,每列多由13～14根长锥刺组成,钩状毛分布在刺毛列周围 肛门孔横列状	14～16mm 前顶毛和额中毛每侧各1根 臀节腹面刺毛列由20～23根锥状刺组成 弧形横带,横带中央处中断
蛹	体长 体色 其他	约 18mm 土黄色 椭圆形,略扁,末端圆平	8mm 黄褐色 复眼朱红色

成虫

幼虫

(引自费显伟《园艺植物病虫害防治》)

图 3-1 铜绿丽金龟的形态

(1) 铜绿丽金龟 铜绿丽金龟属鞘翅目丽金龟科昆虫。分布在黑龙江、吉林、辽宁、内蒙古、宁夏、陕西、山西、北京、河北、河南、山东、安徽、江苏、上海、浙江、福建、台湾、广西、重庆、四川等地。幼虫生活在土中,危害草坪植物的根系。成虫取食树木的叶片。

成虫 体长15～18mm,宽10～12mm。长椭圆形,体背面铜绿色,有光泽。头部较大,深铜绿色。复眼黑色,触角9节鳃叶状,棒状部3节黄褐色。小盾片近半圆形,鞘翅上密布不规则点刻且每侧具纵肋4条,鞘翅两侧边缘有黄边。前足胫节具两外齿,较钝。臀板黄褐色,三角形,上有古铜色或铜绿色斑点1～3个。雌虫腹面乳白色,雄虫腹面棕黄色。

卵 长1.7～1.9mm,乳白色。初产时为长椭圆形,以后逐渐膨大至近球形,卵壳表面平滑。

幼虫 3龄幼虫体长30～33mm,头长3.5～3.8mm,头宽4.9～5.3mm。头部前顶刚毛每侧6～8根,呈一纵列。额中侧刚毛每侧2～4根。肛腹片后部覆毛区中间的刺毛列由长针状刺毛组成,每侧多为15~18根,两列刺毛尖大部分彼此相遇和交叉,刺毛列的后端稍微岔开些,刺毛列的前端远没有达到钩状刚毛群的前部边缘。

蛹 体长18~22mm,体宽9~11mm,长椭圆形,土黄色。体稍弯曲,腹部背面有6对发音器。臀节腹面,雄蛹有四裂的疣状突起;雌蛹较平坦,无疣状突起。

(2)东北大黑鳃金龟 东北大黑鳃金龟属鞘翅目鳃金龟科昆虫。分布北起黑龙江、内蒙古、新疆,南至江苏、安徽、湖北、四川;北方东起吉林、辽宁,西至甘肃。幼虫啃食草坪植物的幼根,可造成植株死亡。成虫仅取食树叶及部分作物的叶片。

成虫 体长16~21mm,宽8~11mm,黑色或黑褐色,具光泽。触角10节,鳃片部3节呈黄褐色或赤褐色。前胸背板其宽度不及其长度的两倍,两侧缘呈弧状外扩。小盾片近半圆形,其长度为前胸背板宽度的2倍。鞘翅黑色或黑褐色,具光泽,每侧有4条明显的纵肋。前足胫节外齿3个,内方距1根,中、后足胫节末端具端距2根,3对足的爪齿均为双爪,形状相同,位于爪的中部下方有垂直分裂的爪齿,中、后足胫节中段有一完整的具刺横脊。臀节外露,雄性臀板较短,顶端中间凹陷较明显,呈沟股形,前臀节腹板中间具明显的三角形凹坑;雌性臀板较长,顶端中间虽具股沟但不明显,前臀节腹板中间无三角形凹陷,而具一横向的枣红色梭形隆起骨片。雄性外生殖器阳基侧突的上、下两突均呈尖齿状。

幼虫 老熟幼虫体长35.0~45.0mm,全体多皱褶,静止时呈"C"形。头部黄褐色,胸、腹部乳白色。头部前顶刚毛每侧各3根,排成列,其中各2根彼此紧挨。额前缘刚毛2~6根,多数为3~4根。肛门孔呈三射裂缝状。肛腹片后部覆毛区散生钩状刚毛,多为70~80根,平均约75根,分布不均。

卵 长2.5mm,宽1.5mm。初产时长椭圆形,白色略带黄绿色光泽,后期为圆球形,近孵化时为黄白色。

蛹 体长21~24mm,宽11~12mm。初蛹为白色,逐渐变为黄色,最后变黄褐色至红褐色。蛹的复眼依据蛹的发育进程由白色依次变为灰色、蓝黑色、黑色。尾部具1对尾刺。

(3)暗黑鳃金龟 暗黑鳃金龟属鞘翅目鳃金龟科昆虫。分布在我国20余个省(自治区)市,尤其在北方及长江中下游地区发生严重。暗黑鳃金龟成虫、幼虫食性很杂。成虫可取食榆树、加杨树、白杨树、柳树、槐树、桑树、柞树、苹果树、梨树等的树叶,最喜食榆树叶,其次为加杨树叶。成虫有暴食特点,在其最喜食的榆树上,一棵树上可落虫数千头,取食时发出"沙沙"声,很快将树叶吃光。幼虫主要取食草坪植物的地下部分。

成虫 体长17~22mm,体宽9~12mm,呈窄长卵形。体被黑色或黑褐色绒毛,无光泽。前胸背板最宽处在侧缘中部以后,前缘具沿并布有成列的褐色边缘长毛,前角钝,呈弧形;后角直,具尖的顶端,后缘无沿。小盾片呈宽弧状三角形。鞘翅伸长,两侧缘几乎平行,靠后边稍膨大,每侧4条纵肋不显。前足胫节具3外齿,中齿显近顶齿。内方距位于中、基齿之间凹陷处的对面,但稍近基齿。后足第1节明显长于第2节。爪齿于爪下方中间分出与爪呈垂直状。腹部腹板具蓝青色丝绒色泽。雄虫外生殖器阳基侧突的下部不分叉,上部相当于上突部分呈尖角状。

卵 长2.5~2.7mm,宽1.5~2.2mm。长椭圆形,乳白色;后期圆球形,洁白有光泽。

幼虫 老熟幼虫体长35~45mm,头长4.2~4.5mm,头宽5.6~6.1mm。头部前顶刚毛每侧1根,位于冠缝两侧。绝大多数个体无额前缘刚毛,偶有个体只具1根额前缘刚毛。肛腹片后部钩状刚毛群多为70~80根,平均为75根,分布不均;覆毛区中间无刺毛列,即钩毛群的上端有2个单排或双排的钩毛,呈"V"字形排列,向基部延伸;肛门孔三裂缝状。

蛹 体长20~25mm,体宽10~12mm。前胸背板最宽处位于侧缘中央。腹部背面具2对发音器,分别位于腹部第4、5节和第5、6节交界处的背面中央。尾节三角形,二尾角呈锐角岔开。前足胫外齿3个,但较钝。

2. 生活史和习性

(1) 铜绿丽金龟 1年发生1代,以3龄幼虫在土中越冬,次年5月开始化蛹,成虫的出现在南方略早于北方,一般在6月上旬,7月中、下旬至8月上旬为高峰期,至8月下旬终止。成虫高峰期开始见卵,幼虫8月出现,11月进入越冬。成虫羽化出土与5、6月份降雨量有密切关系,如5、6月份雨量充沛,出土较早,盛发期提前。成虫白天隐伏于灌木丛、草皮中或表土内,黄昏出土活动,闷热无雨的夜晚活动最盛。成虫有假死性和趋光性。

成虫食性杂,食量大,被害叶呈孔洞、缺刻状。成虫一生交尾多次,平均寿命为30d。卵散产。多产于5~6cm深土壤中。每雌虫平均产卵40粒。卵期10d。幼虫主要为害林、果木根系。1、2龄幼虫多出现在7、8月份,食量较小,9月份后大部分变为3龄,食量大,为害重,越冬后次年春季幼虫继续为害,形成春、秋两季为害高峰。幼虫老熟后在土壤深处做土室化蛹。

(2) 黑绒鳃金龟 1年发生1代。一般以成虫在土中越冬。翌年4月中旬出土活动,4月末至6月上旬为成虫盛发期,有雨后集中出土的习性。6月末虫量减少。成虫活动适温为20℃~25℃。成虫有夜出性,飞翔力强,傍晚多围绕树冠飞翔。5月中旬为交尾盛期。雌虫产卵于10~20cm深的土中。卵散产或10余粒集于一处。一般每雌产卵数十粒,卵期5~10d。幼虫以腐殖质及少量嫩根为食。幼虫共3龄,老熟幼虫在20~30cm深的土层中化蛹。羽化盛期在8月中、下旬。当年羽化成虫大部分不出土即蛰伏越冬。

(3) 东北大黑鳃金龟 在黑龙江、辽宁地区,2~3年完成1个世代,以成虫或幼虫交替越冬。在黑龙江地区,越冬的成虫5月下旬始见,6月上中旬为出土活动盛期,7月上中旬为产卵盛期。1龄幼虫期平均29.2d,2龄幼虫期平均29.6d,一般8月底至9月下旬进入3龄幼虫并越冬。越冬的幼虫,6月中下旬是为害盛期。7月中下旬化蛹,蛹期平均21.5d。羽化的成虫当年不出土,直至翌年的5月下旬才开始出土活动。

在辽宁地区,越冬的成虫4月底至5月初始见,5月中下旬为盛发期,9月上中旬为终见期。成虫出土历期21~131d,平均63.6d。成虫取食农作物、果树和林木叶片。5月下旬开始产卵,6月中下旬为产卵盛期,末期可持续到8月中下旬,卵期15~22d,平均19.1d。6月中旬卵开始孵化,孵化盛期在7月中旬前后。1龄幼虫历期19~54d,平均25.8d;2龄幼虫历期19~49d,平均26.4d;8月上中旬幼虫开始进入3龄,10月中下旬开始下潜,一般在55~145cm深的土层中越冬。越冬的幼虫,翌年5月上旬为害草坪、农作物、果树等植物的地下部分,为害盛期在5月下旬至6月上旬,3龄幼虫历期平均为307d。6月下旬开始化蛹,化蛹盛期在8月中旬前后,末期在9月下旬,蛹期平均22~25d。8月上旬开始羽化,羽化盛期为8月末至9月初,末期在10月上中旬。羽化的成虫当年不出土,在化蛹的土室内越冬,直至翌年4月底才开始出土活动。

（4）暗黑鳃金龟　在四川地区1年发生1代，主要以3龄幼虫在距土表20～30cm处作土室越冬。3月中旬越冬幼虫开始上移活动，为害草坪植物的根和芽。4月中旬，老熟幼虫再次下移至距土表20～25cm处作蛹室化蛹，蛹期15～18d，平均16.7d。5月中旬为化蛹，6月上旬成虫出土。成虫趋光性较强，有隔日出土和假死习性。6月中旬为成虫产卵期，卵成团散产于距土表10～15cm的土层内。卵历期7～11d，平均9.1d。6月下旬为暗黑鳃金龟1龄幼虫出现高峰期，也是幼虫防治的最佳时期。当年孵化的幼虫8月中旬进入3龄期，8月下旬至9月下旬为暗黑鳃金龟的为害高峰期。11月下旬，3龄幼虫开始下移越冬。

在云南地区，暗黑鳃金龟1年1代，主要以成虫越冬。5月上中旬越冬成虫开始出土取食活动，6月上中旬开始产卵，6月中下旬出现初龄幼虫，9月上旬老熟幼虫开始化蛹，9月中下旬成虫开始羽化，成虫羽化后不出土，在原地越冬至来年4月。

3. 蛴螬的综合防治方法

必须贯彻"预防为主，综合防治"的植保方针，用各种防治手段，把药剂防治与农业防治以及其他防治方法协调起来，因地制宜地开展综合防治。

（1）农业防治　结合农田基本建设，改变蛴螬的为害条件。改革种植制度，减轻蛴螬等地下害虫的为害。合理使用肥料，减轻蛴螬为害。中耕除草，人工捡除杂草。翻耕整地，适时冬灌，降低越冬虫量。

（2）防治成虫。

① 金龟子一般都有假死性，可振落捕杀。

② 对为害花的金龟子，于果树吐蕾和开花前，喷40%乐果乳油1000倍稀释液，或65%辛硫磷乳油、50%马拉硫磷乳油1500倍稀释液。

③ 有些金龟子嗜食蓖麻叶，饱食后会麻痹中毒，甚至死亡。可在金龟发生区种植蓖麻作为诱杀带，有一定效果。但其中毒后往往会苏醒，应及时将其处死。或用蓖麻叶0.5kg，捣碎后加清水5kg，浸泡2h，过滤后喷雾，3d内有效。

④ 利用性激素诱捕金龟。如萃毛丽金龟、小云斑鳃金龟等效果均较明显。

⑤ 成虫大多有趋光性，可设黑光灯诱杀。用黑绿单管黑光灯（发出一半绿光一半黑光），诱杀效果好。

（3）防治蛴螬。

① 药剂拌种一定要做到拌药量准确，种子着药均匀，注意人畜安全。

② 选择适当杀虫粉剂，按一定比例掺细土，充分混合，制成毒土，均匀撒于地面，于播种或插条前随施药，随耕翻，随耙耢。

③ 苗木生长期发现蛴螬为害，可用25%辛硫磷乳油、25%乙酰甲胺磷乳油、25%异丙磷乳油、90%敌百虫原药等1000倍稀释液灌注根际。

④ 土壤含水量过大或被水久淹，蛴螬数量会下降，可于11月前后冬灌，或于5月上、中旬生长期间适时浇灌大水，均可减轻为害。

⑤ 加强苗圃管理，中耕锄草，破坏蛴螬适生环境和借助器械将其杀死。

（4）生物防治。

目前，美国、澳大利亚、新西兰、瑞典等国都已筛选出本国的乳状菌及其变种，并用于金龟子幼虫的防治。在美国乳状菌制剂Doom和Japidemic已作为商品出售。防治用量是每

$23m^3$ 用 0.05kg 乳状菌粉,效果一般为 60%~80%。我国从 1964 年开始,开展了乳状菌防治蛴螬的研究工作,并从国内外筛选了本地的乳状菌,为今后大面积试验、推广应用乳状菌防治蛴螬做好了准备。

金龟子的天敌很多,如各种益鸟、刺猬、青蛙、蟾蜍、步甲等,都能捕食成虫、幼虫,应予保护和利用。寄生蜂、寄生蝇和乳状菌等各种病原微生物也很多,有待进一步研究和利用。

3.1.2 蝼蛄类

蝼蛄属直翅目蝼蛄科。为害较重的有东方蝼蛄及华北蝼蛄。东方蝼蛄是世界性害虫,在我国各地均有分布,尤以南方受害较重。华北蝼蛄在国内北方各省为害较重,如江苏、河南、河北、山东、山西、陕西、内蒙古、新疆以及辽宁和吉林的西部。

蝼蛄的成虫和若虫均在土中咬食种子、幼根和嫩茎,使幼苗萎蔫而死,造成作物缺苗断垄。加上蝼蛄在表土层活动时来往穿行,造成纵横隧道,使幼苗和土壤分离,导致幼苗失水干枯而死。

1. 形态特征

蝼蛄类中常见的华北蝼蛄和东方蝼蛄的形态特征见表 3-2,图 3-2。

表 3-2 华北蝼蛄和东方蝼蛄的形态区别

形	态	华北蝼蛄	东方蝼蛄
成虫	体长 体色 前胸背板 前足 后足	身体粗大,体长 40~50mm 淡黄褐到黄褐色 中央有 1 个不明显的凹陷 腿节内侧外缘弯曲,缺刻明显 腿节下缘弯曲,胫节背侧内缘有刺 1 个或消失	体小,体长 30~35mm 淡黄褐到黑褐色 中央有 1 个明显的凹陷 腿节内侧外缘较直,缺刻不明显 腿节下缘平直,胫节背侧内缘有刺 3~4 个
若虫	体色 前后足	黄褐色 5~6 龄以上同成虫	灰褐色 2~3 龄以上同成虫
卵	形状	椭圆形	长椭圆形

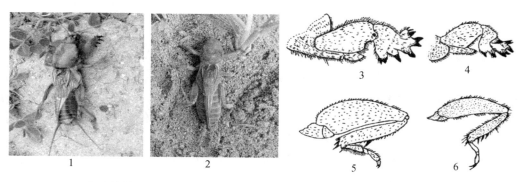

1. 华北蝼蛄;2. 东方蝼蛄;3、5. 华北蝼蛄前后足;4、6. 东方蝼蛄前后足

图 3-2 华北蝼蛄与东方蝼蛄的形态特征

2. 生活史与习性

(1) 东方蝼蛄 我国南方(长江以南地区)1 年发生 1 代,北方 1~2 年发生 1 代,成虫、

若虫均可越冬。次年3月开始活动,越冬若虫于5、6月间羽化为成虫,6月交尾产卵。卵经2~3周孵化为若虫。若虫共5龄,4个月后羽化为成虫,一般在10月下旬入土越冬。有些发育较晚的即以若虫在土中越冬。

（2）华北蝼蛄 约3年左右完成1个世代。以成虫、若虫在60cm以下的土壤深层越冬。次年3、4月气温转暖达8℃以上时开始活动,常可看到地面有拱起的虚土弯曲隧道。5、6月气温在12℃以上进入为害期;6、7月气温再升高,便潜至土下15~20cm处做土室产卵。1室产卵50~80粒。卵经2周左右孵出若虫,8、9月天气凉爽,又升迁到表土活动为害,形成1年中第2次为害高峰,10、11月若虫达9龄时越冬。越冬若虫于次年3、4月开始活动,至秋季12、13龄时再越冬。到第3年秋季羽化为成虫,即以成虫越冬。

多数蝼蛄均是昼伏夜出,晚9~11时为活动取食高峰。初孵若虫有群集性,怕光、怕风、怕水。成虫有趋光性、趋化性、趋粪性、喜湿性。蝼蛄对香、甜等物质特别嗜好,对煮至半熟的谷子、种子和炒香的豆饼、麦麸等很喜好。对马粪等未腐烂有机质也具有趋性。俗话说"蝼蛄跑湿不跑干",说明蝼蛄喜欢在潮湿的土中生活。东方蝼蛄多在沿河、池埂、沟渠附近产卵。产卵后窝口用杂草或虚土堵塞。华北蝼蛄多在轻盐碱地内的缺苗断垄、无植被覆盖的高燥向阳、地埂畦堰附近或路边、渠边和松软油渍状土壤里产卵。

3. 发生与环境的关系

（1）虫口密度与土壤类型 盐碱地虫口密度大,壤土地次之,黏土地最小;水浇地的虫口密度大于旱地。

（2）发生为害与前茬作物的关系 蝼蛄的食性很杂,但是蔬菜、甘蓝等作物茬口虫口密度大,高粱次之,谷子最少。

（3）活动规律与温度的关系 春、秋两季,当旬平均气温和20cm处土温均达16℃~20℃时,蝼蛄为害猖獗。因此一年中可形成两个为害高峰,即春季为害高峰和秋季为害高峰。夏季气温达28℃以上时,它们则潜入较深层土中,一旦气温降低,它们再又上升至耕作层活动。这样可把蝼蛄的活动规律大体分为越冬休眠期、春季苏醒期、出窝迁移期、为害猖獗期、越夏繁殖产卵期和秋季越冬前暴食为害期6个时期。

4. 蝼蛄类的防治方法

改造环境是防治蝼蛄的根本方法。改良盐碱地,并把人工歼灭与药剂防治结合起来。

（1）农业防治措施 见前"蛴螬的综合防治方法"。

（2）化学防治措施。

① 药剂拌种 用60%或65%辛硫磷乳油、25%辛硫磷微胶囊缓释剂或40%甲基异柳磷乳油拌种。

② 毒饵 发生期可用毒饵诱杀,用40%乐果乳油与90%敌百虫原药用热水化开,0.5kg加水5kg,拌饵料50kg。饵料要煮至半熟或炒香,以增强引诱力,傍晚将毒饵均匀撒在苗床上。

（3）其他防治措施。

① 灯光诱杀 蝼蛄羽化期间,可用灯光诱杀,晴朗无风闷热天诱集量最多。

② 天敌防治 红脚隼、戴胜、喜鹊、黑枕黄鹂和红尾伯劳等食虫鸟类是蝼蛄的天敌,可在苗圃周围栽防风林,招引益鸟栖息、繁殖食虫。

3.1.3 地老虎类

地老虎属鳞翅目,夜蛾科。目前国内已知有十余种。主要有小地老虎、大地老虎和黄地老虎。小地老虎全国各省均有分布,以长江流域与东南沿海各省发生为多。大地老虎分布比较普遍,常与小地老虎混合发生,仅在长江沿岸部分地区发生较多。黄地老虎分布在淮河以北,主要为害区为甘肃、青海、新疆、内蒙古及东北北部地区。

地老虎是多食性害虫,食性很杂,幼虫害寄主的幼苗,从地面截断植株或咬食未出土幼苗,也能咬食作物生长点,严重影响植株的正常生长。各地均以第1代幼虫危害春播作物的幼苗,造成缺苗断垄,甚至毁种重播。有些地区,秋播后还危害秋苗。

1. 形态特征

地老虎类中常见的小地老虎和大地老虎的形态特征见表3-3,图3-3。

表3-3 小地老虎和大地老虎的形态区别

形态		小地老虎	大地老虎
成虫	体长	16～24mm	20～30mm
	前翅	前翅内、外横线明显;肾状纹、环形纹和楔形纹显著;肾状纹外侧有1条三角形剑状纹与亚缘线上的2条剑状纹尖端相对	前翅黄褐色横线不明显,有肾状纹和环状纹,无楔形纹
	后翅	边缘黑褐色,缘毛灰白色	外缘有很宽的黑褐色边,缘毛淡色
	触角	雌蛾触角为丝状,雄蛾触角双节齿状或羽毛状	雄虫触角双栉齿状分枝逐渐短小,几达末端
卵	大小 形状	长0.5mm 馒头形	直径0.50～0.55mm 半圆球形
幼虫	体长 体色 臀板	36～50mm 黄褐色至黑褐色 黄褐色,具2条深褐色纵带	41～60mm 黑褐色 几乎全部为深褐色
蛹	体长 体色 末端	18～24mm 红褐色或暗褐色,有光泽 末端臀棘有短刺1对	约20mm 赤褐色,有光泽 末端有刺2个

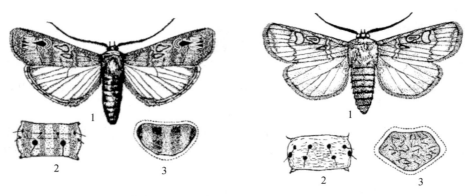

1. 成虫;2. 幼虫第4腹节背面观;3. 幼虫臀板

图3-3 小地老虎(左)与大地老虎(右)的形态特征

2. 生活史及习性（以小地老虎为例）

小地老虎全国各地每年发生2～6代。辽宁、甘肃、山西等地每年发生2～3代；山东、河北、陕西等地每年发生3～4代；江苏、四川等地每年发生4～5代。关于小地老虎越冬虫态，至今尚未完全了解清楚。一般认为以蛹或老熟幼虫越冬。小地老虎发生期依地区及年度不同而异。一年中常以第1代幼虫在春季发生数量最多，造成为害最重。

成虫羽化多在下午3时至晚上10时。成虫昼伏夜出，白天栖息在阴暗处或潜伏在土缝中、枯叶下、杂草间或其他隐蔽处，晚间出来活动、取食、交配产卵，以晚上6～10时为盛。成虫活动与温度关系极大，春季傍晚气温达8℃时即有活动，在适温范围内，气温越高，活动的数量越多，有风雨的晚上活动减少。成虫对黑光灯有强烈趋性，对糖、醋、蜜、酒等带有酸甜味的汁液特别嗜好，故可设置糖、醋混合药液诱杀。成虫补充营养后3～4d交配产卵。卵多散产或成堆产于杂草或土块上，每雌虫平均产卵800～1000粒。

幼虫为6龄，1～2龄幼虫群集于幼苗顶心嫩叶处昼夜取食，或在地面、杂草或寄主幼嫩部位取食，为害不大。3龄后幼虫分散为害，进入为害盛期。白天潜伏于杂草或幼苗根部附近的表土，夜出咬断苗茎，尤以黎明前露水未干时更烈，把咬断的幼苗嫩茎拖入土穴内供食。当苗木木质化后，则改食嫩芽和叶片，也可把茎干端部咬断。如遇食料不足则迁移扩散为害。老熟后在土表5～6cm深处做土室化蛹。老熟幼虫有假死习性，受惊缩成环形。3龄后有自残性。

小地老虎喜温暖及潮湿的条件，在18℃～26℃、相对湿度60%左右、土壤含水量20%左右时，对其生长发育及活动有利。对小地老虎发生的影响主要是土壤湿度，以土壤含水量15%～20%最为适宜，故在长江流域因雨量充沛，常年土壤湿度大而发生严重。高温对小地老虎生长与繁殖极其不利，高温使蛹重减轻，成虫羽化不健全，产卵量显著下降。年雨量小于250mm的地区，种群数量极低。地势高、地下水位低、土壤板结及碱性大的地方发生轻；重黏土或沙土对地老虎也不利；水旱轮作地区发生较轻，旱作地区较重。前茬绿肥或套作绿肥田的棉苗、玉米苗，虫口密度大，受害重；圃地周围杂草多也有利其发生。

天敌有中华广肩步行虫、甘蓝夜蛾拟瘦姬蜂、夜蛾瘦姬蜂、螟蛉绒茧蜂、夜蛾土茧寄生蝇、伞裙追寄生蝇、黏虫侧须寄生蝇、饰额短须寄生蝇、蚂蚁、蚜狮、螨、鸟类及若干细菌、真菌等。

3. 防治方法

（1）清洁田园　早春在植物幼苗期或幼虫1～2龄时，结合松土及时清除田内外、苗床及圃地杂草，并将其沤肥或烧毁，可减少大量卵和幼虫，减少虫源。

（2）诱杀成幼虫　在播种前或幼苗出土前，用幼嫩多汁的新鲜杂草60份与2.5%敌百虫粉1份配制成毒饵，于傍晚撒布地面，诱杀3龄以上幼虫。成虫可用黑光灯诱杀；也可在春季羽化盛期用糖、醋、酒混合药液诱杀，糖、醋、酒混合药液配制比为糖6份、醋3份、白酒1份、水10份加90%晶体敌百虫1份。

（3）捕捉幼虫　主要针对高龄幼虫，每天早晨到田间，扒开新被害植株的周围或畦边田埂阳坡表土挖除杀死。

（4）药剂防治　在低龄幼虫发生为害高峰期及时用药进行防治，傍晚是药剂防治的适期，并要在第1次防治后，每隔6d左右再治1次，连续2～3次。可选喷50%农林乐乳油

1500倍稀释液、90%晶体敌百虫500~1000倍稀释液、48%乐斯本乳油800倍稀释液或50%辛硫磷乳油1000倍稀释液等药剂。此外也可用这些药剂处理土壤。

任务二 园艺植物食叶性害虫防治技术

知识目标

1. 了解当前园艺生产上主要食叶性害虫的种类;熟悉其生物学特性,掌握与防治有关的生活习性;掌握防治技术。
2. 掌握当前园艺生产上主要食叶性害虫的发生特点、发生规律及其防治方法。

能力目标

1. 能识别危害园艺植物的常见食叶性害虫。
2. 能应用综合防治原理对园艺植物主要食叶性害虫进行防治。

知识平台

园艺植物食叶性害虫是指以咀嚼式口器取食为害园艺植物叶片的一类害虫,可取食植物的叶、嫩枝、嫩梢等部位形成孔洞、缺刻,甚至全部吃完。食叶害虫的主要种类有鳞翅目的袋蛾类、刺蛾类、灯蛾类、卷蛾类、斑蛾类、尺蛾类、枯叶蛾类、舟蛾类、螟蛾类、斑蛾类、夜蛾类、天蛾类、毒蛾类和蝶类,膜翅目的叶蜂类,鞘翅目的金龟甲、叶甲类及直翅目的蝗虫类等。

3.2.1 刺蛾类

刺蛾俗称洋辣子,属鳞翅目,刺蛾科,为观赏植物主要食叶害虫之一。国内已知90余种。幼虫蛞蝓形,体上常具有瘤和枝刺,且具有毒的刺和刚毛,胸足小,腹足退化呈吸盘状。蛹外常有坚硬的茧。其中黄刺蛾、丽绿刺蛾、褐边绿刺蛾、桑褐刺蛾等最为常见。

1. 形态特征

几种常见刺蛾的形态特征见表3-4,图3-4、图3-5、图3-6、图3-7。

表3-4 几种刺蛾的形态特征比较

虫态	黄刺蛾	褐边绿刺蛾	丽绿刺蛾	桑褐刺蛾
成虫	橙黄色,前翅内半部黄色,外半部黄褐色,有两条暗褐色斜线,在翅尖汇合于一点,呈倒"V"字形	头部和胸部背面粉绿色。前翅绿色,基部有一褐色大斑,外缘有一灰黄色宽带	前翅绿色,前缘基部有一深褐色尖刀形斑纹,外缘有褐色带。胸部、腹部及足黄褐色,前足基部有1簇绿色毛	土褐色至灰褐色,前翅有2条深褐弧形线,线内各有1条浅色带
卵	扁椭圆形,淡黄色,表面有龟甲状刻纹	扁椭圆形,浅黄绿色	椭圆形,扁平,米黄色,块产,鱼鳞状排列	扁椭圆形,黄色,半透明

续表

虫态	黄刺蛾	褐边绿刺蛾	丽绿刺蛾	桑褐刺蛾
幼虫	老熟后体长18～25mm，头部黄褐色，胸部黄绿色，体背有一哑铃形褐色大斑，各节背侧有1对枝刺	老熟后体长25～28mm，头红褐色，体翠绿色，背线黄绿至浅蓝色。背面有2排黄色枝刺。腹末有4个黑绒状刺突	老熟后体长15～30mm，体翠绿色，中胸及第8腹节有1对蓝斑，后胸及第1、第7腹节有蓝斑4个，以后胸、第1、第7、第8腹节枝刺为长	老熟后体长23～35mm，黄绿色。背线蓝绿色，每节各有4个黑点，亚背线枝刺有红、黄色两种类型
蛹	黄褐色，椭圆形	卵圆形，棕褐色	深褐色	椭圆形，褐色
茧	灰白色，坚硬，茧壳上有黑褐色纵条纹，形似雀蛋	圆筒形，黄褐色，坚硬，两端钝平，表面有棕色毛	扁椭圆形，棕黄色，上覆灰白的丝状物	灰褐色，卵圆形，较脆薄

1. 成虫；2. 幼虫；3. 茧

图3-4 黄刺蛾形态特征

1. 成虫；2. 幼虫

图3-5 褐边绿刺蛾形态特征

图 3-6 扁刺蛾

1. 幼虫；2. 成虫

图 3-7 丽绿刺蛾形态特征

2. 生活史及习性

（1）黄刺蛾　1 年 1~2 代，华北 1 年 1 代，华东、华南 1 年 2 代。以老熟幼虫在树干、枝杈、枝上等处结茧越冬。翌年 5 月中旬化蛹，下旬开始羽化，第 1 代幼虫 6 月上旬开始出现，6 月下旬老熟幼虫开始在树干、树枝上吐丝缠绕，随即分泌黏液造茧化蛹。8 月上旬羽化。第 2 代幼虫的危害盛期是 8 月下旬至 9 月中旬，其为害一般年份较第 1 代为轻。9 月下旬开始陆续在树干上结茧。

成虫羽化多在傍晚，羽化时破茧壳顶端小圆盖而出。白天潜伏于叶背，夜间活动产卵，有较强的趋光性。卵产于叶背，散产或少量聚在一起，每雌产卵 50~60 粒，卵期 5~6d。成虫寿命 4~6d。初孵幼虫先取食卵壳，后在叶背啃食叶肉，使叶片成筛网状，4 龄后蚕食整叶。幼虫共 6 龄，历期 22~33d。

黄刺蛾的天敌有上海青蜂和刺蛾广肩小蜂等，其幼虫及蛹被寄生率较高。

(2) 褐边绿刺蛾　长江以南1年2~3代,苏州地区1年发生2代,以老熟幼虫在树下及附近浅土层中结茧越冬。翌年4月底开始化蛹,5月中旬成虫开始羽化产卵,6月上、中旬为第1代幼虫为害期。6月中旬后第1代幼虫结茧化蛹,8月中旬后第2代幼虫开始为害,9月下旬后老熟幼虫入土结茧越冬。初孵幼虫有群集性,4龄后分散为害。第1代幼虫部分在叶背结茧化蛹,有的在浅土层中结茧化蛹。成虫夜间活动,有较强的趋光性。卵多产于叶背,十几粒到几十粒鱼鳞状排列。卵期5~6d,初孵幼虫不取食,2龄后取食蜕下的皮及叶肉,3龄前群集活动,以后分散。幼虫期20~30d,蛹期5~6d。

(3) 丽绿刺蛾　1年发生2代,以老熟幼虫在枝干上结茧越冬。翌年5月上旬化蛹,5月中旬至6月上旬成虫羽化并产卵。第1代幼虫为害期为6月中旬至7月下旬,第2代为8月中旬至9月下旬。成虫有趋光性,雌蛾晚上产卵于嫩叶和叶背,十几粒或几十粒排列成鱼鳞状卵块,上覆一层浅黄色胶状物。每雌产卵期2~3d,产卵量100~200粒。低龄幼虫群集取食,初孵幼虫只取食叶的下表皮及皮内组织,留下上表皮,3~4龄开始分散,至5龄后取食全叶,幼虫共7龄。在6~9月常出现流行病,是颗粒体病毒所致,这种流行病对抑制丽绿刺蛾大发生起到很大的作用。老熟幼虫在树中下部枝干上结茧化蛹。天敌有爪哇刺蛾寄蝇。

(4) 桑褐刺蛾　长江下游地区1年发生2~3代,以老熟幼虫在树干周围的疏松表土层或草地丛间、树叶堆和砾石缝中结茧越冬。次年5月下旬开始羽化产卵,6月上旬为羽化产卵盛期。3代区成虫分别在5月下旬、7月下旬、9月上旬出现,成虫夜间活动,有趋光性。卵多成块产在叶背,每雌产卵300多粒,幼虫孵化后在叶背群集并取食叶肉,半月后分散为害,取食叶片。老熟后入土结茧化蛹。第1、第2代幼虫为害期分别为6月中旬至7月中旬,第3代为8月下旬至9月下旬。成虫10月下旬渐次在土中结茧越冬。

(5) 扁刺蛾　分布在东北、华北、华东、中南以及四川、云南、陕西等地区。危害山茶、海棠、枫杨、重杨木、樱花、紫荆、桂花、大叶黄杨等80多种园林观赏植物。

成虫体长16mm,头胸翅灰褐色,前翅从前缘到后缘有1条褐色线,线内有浅色宽带。卵扁长椭圆形,初产时淡黄绿色,孵化前呈灰褐色。老熟幼虫翠绿色,体较扁平,背有白色线,体侧各有红点1列。茧结于树木周围浅土层中,黑褐色。

华南、华东地区每年发生2代。以老熟幼虫在树干基部周围土中结茧越冬。翌年4月中旬化蛹,5月中旬成虫开始羽化产卵。幼虫发生期分别在5月下旬至7月中旬、8月至第二年4月。初孵幼虫不取食,2龄幼虫开始取食卵壳和叶肉,3龄后开始啃叶形成孔洞。5龄幼虫食量大,为害重。

3. 综合防治

(1) 清除虫茧　根据不同刺蛾在树上或土中越冬结茧的习性与部位,冬季结合修剪、松土可清除部分越冬虫茧,减少越冬基数。也可结合保护天敌,将虫茧堆集于纱网中,让寄生蜂羽化飞出寄生。

(2) 灯光诱集　刺蛾成虫大都有较强的趋光性。成虫羽化期间可安置黑光灯诱杀成虫。

(3) 人工摘除虫叶　初孵幼虫有群集性,被害叶片成透明枯斑,容易识别,在幼虫危害高峰期,可人工摘除虫叶,消除幼虫。

（4）生物防治　选用苏云金芽孢杆菌（Bt 杀虫剂）在潮湿条件下喷雾使用。在除茧时注意保护寄生蜂类天敌。保护和利用天敌。丽绿刺蛾大发生时，把罹病虫尸收集、研碎用水稀释后喷洒，可收到防治效果。喷洒青虫菌制剂也有效。此外应注意保护上海青蜂、刺蛾广肩小蜂、赤眼蜂、姬蜂等天敌。

（5）药剂防治　在 2～3 龄低龄幼虫高峰期，选用 25% 灭幼脲Ⅲ号 1000 倍稀释液或 55% 杀苏 1000～1500 倍稀释液喷雾防治。也可用 90% 晶体敌百虫 800～1000 倍稀释液、80% 敌敌畏乳剂 1200～1500 倍稀释液。此外，选用拟除虫菊酯类杀虫剂与前两种药剂混用或单独使用均有很好的效果。

3.2.2　蓑蛾类

蓑蛾又名袋蛾、避债虫等，属鳞翅目，袋蛾科。全世界已知 800 多种，我国各地均有分布，但以南方种类较多，为害较严重。常见种类有大袋蛾、茶袋蛾、白囊袋蛾、桉袋蛾、蜡彩袋蛾、丝脉袋蛾、黛袋蛾等。大袋蛾分布于华东、华南及华北部分地区，寄主有 600 余种，以阔叶林木为主，也能取食针叶树及草本植物；茶袋蛾又名茶窠蛾，分布及取食范围与大袋蛾相似。

袋蛾类幼虫能负袋而行，取食时多把虫体前部伸出袋外，取食树叶、嫩枝及幼果，大发生时，几天能将全树叶片食尽，残存秃枝光干，严重影响林木生长、开花结实，使枝条枯死或整株死亡，是园林植物主要杂食性食叶害虫之一。

1．形态特征

蓑蛾中常见的大袋蛾和茶袋蛾的形态特征见表 3-5，图 3-8。

表 3-5　大袋蛾和茶袋蛾形态特征的比较

形态		大袋蛾	茶袋蛾
成虫	雄虫　体长 　　　体色 　　　前翅 　　　胸部 　　　其他	15～20mm 黑褐色 近前缘有 4～5 块半透明斑 背面有 5 条黄色纵纹 体具黑褐色长毛	体长 11～15mm 茶褐色 外缘有 2 个长方形透明斑 背面有白色纵纹 2 条 体具白色长毛
	雌虫　体长 　　　体色 　　　其他	22～30mm 乳白色 肥胖、胸部背中央有 1 条褐色隆脊，无翅，后胸腹面及第 7 腹节后缘密生黄褐色绒毛环，腹内卵粒清晰可见	15～20mm 米黄色 粗壮无翅，腹部大，在第 4～第 7 腹节周围有黄色茸毛
卵	形状 大小 颜色	椭圆形 长 0.8mm，宽 0.5mm 黄色	椭圆形 长约 0.8mm 豆黄色
幼虫	雌性　体长 　　　头部 　　　胸部 　　　腹部	老龄幼虫，25～40mm 头部深棕色，头顶有环状斑 胸部背板骨化程度高，亚背线、气门上线附近具大型赤褐色斑 背面黑褐色，各节表面有皱纹，腹足趾钩呈缺环	老熟幼虫，20～26mm 头黄褐色，具黑褐色斑纹 胸部各节背面有 4 个褐色长形斑，前后相连成 4 条褐色纵带，正中的 2 条明显 肉黄色，各腹节背面均有黑色小突起 4 个，列成"八"字形

续表

形态		大袋蛾	茶袋蛾
幼虫	雄性	3龄起,雌雄明显异型,雄性老龄体长18~25mm,头黄褐色,中央有一"八"字形纹,胸部背侧有2条褐色斑纹	雌雄无明显异型,特征如雌性幼虫
蛹	雌蛹	头胸的附属器均消失,枣红色	长约20mm,纺锤形,黄褐色。腹部第3节后缘,第4、第5节前后缘,第6~第8节前缘各有1列细齿
	雄蛹	赤褐色,第3~8腹节背板前缘各具两横列的刺突,腹末有臀棘1对,小而弯曲	长约15mm,腹部背面第4~第7节前后缘,第8、第9节前缘各具细齿1列
护囊	形状 颜色 质地 其他	呈纺锤形 灰褐色 丝质坚实,护囊上常附有较大的一至数片枯碎叶片或少数排列不整齐的枝梗 雄虫护囊长约52mm,雌虫护囊长约62mm,袋囊随虫龄而增大,老龄幼虫袋囊长40~70mm	枯枝色 纺锤形 丝质,幼虫囊外贴以叶屑、枝皮碎片,稍大则有许多断截的小枝梗缀于囊外,平行纵列 成长、幼虫护囊长约25~30mm

1. 雄成虫; 2. 雌成虫; 3. 护囊剖面;
4. 幼虫; 5. 蛹; 6. 护囊

图 3-8 大袋蛾形态特征及为害状

2. 生活史及习性

(1) 大袋蛾 长江流域1年发生1代,以老熟幼虫在护囊内越冬。越冬幼虫于翌年4月上、中旬开始化蛹,5月底至7月上旬为羽化高峰期。雌虫羽化后,留在护囊内,释放信息激素招引雄蛾前来交配。雄蛾飞至囊上将腹部伸入护囊进行交尾,雌成虫产卵于护囊内的蛹壳内。雌成虫产卵量极大,每雌可产卵2000~3000余粒,平均可达2600粒左右,产卵后雌体干缩死亡。

5月下旬至7月下旬为幼虫孵化期。卵多在白天孵化,孵化后初孵幼虫在囊内取食卵壳,约 3~5d 即从护囊排泄口蜂拥爬出,在枝叶上爬行或吐丝下垂,随风扩散,咬取枝叶表皮或少量枝梗并吐丝缠身,做成囊袋,幼虫匿于囊内,取食迁移时均负囊活动。此时,如遇中至大雨小幼虫易受雨水冲刷而大批死亡。幼虫具有明显的趋光性,故多聚集于树枝梢头为害,因此树的顶部及外层受害较重。幼虫共 5 龄,1~2 龄幼虫咬食叶肉,3 龄后蚕食叶片,仅留叶脉,幼虫在护囊封口前为害最烈。幼虫喜食泡桐、悬铃木。7~9 月幼虫老熟,至 10 月陆续向枝端爬行,将袋囊用丝束紧紧缠绕于小枝上。大袋蛾在干旱年份发生严重,7~8 月若遇高温干旱常会严重发生。反之若此阶段雨日多,雨量大则不易成灾。因为湿度大时影响幼虫孵化,并会引发病害流行,造成幼虫大量死亡。大袋蛾幼虫有较强的耐饥能力,不取食可存活 3 周左右。

（2）茶袋蛾（图 3-9）　浙江、江苏一带 1 年发生 1 代,安徽、湖南一带 1 年发生 2 代,少数 1 代。以 3、4 龄幼虫在护囊内悬挂在枝条上越冬。翌年 4 月下旬取食活动,5 月中、下旬羽化为成虫。6~8 月为幼虫为害期,至 10~11 月幼虫进入越冬。雌雄成虫交尾后,雌虫产卵于护囊内蛹壳中。初孵幼虫从囊口涌出后随风飘散,随即吐丝黏附各种碎屑营造护囊。

图 3-9　茶（小）袋蛾形态特征及为害状

初孵幼虫也先啃食叶肉,留表皮呈星点状透明斑痕。稍大后蚕食叶片成孔洞、缺刻或仅留叶柄。虫口多时可将叶片食光,还能啃食枝皮、果皮。护囊随虫体长大而增大,4 龄后可咬食小枝和长短不一的小枝并列于囊外。幼虫取食或爬行时,护囊挂在腹末随其行动。多在清晨、傍晚或阴天取食。

3. 防治方法

（1）摘除越冬虫囊　可在冬季树木落叶后,尤其在植株不高的绿化苗圃、花圃、茶园、果园、灌木等处摘除护囊,还可结合修剪人工摘除虫囊。摘除护囊时要注意保护囊内天敌。

（2）黑光灯诱杀　结合防治其他害虫用黑光灯诱杀雄成虫。

（3）生物防治　保护和利用保护天敌,包括鸟类、寄生蜂、寄生蝇及病毒等。幼虫阶段有多种寄生蜂,少用杀虫谱广的化学农药而改用苏云金芽孢杆菌（Bt 乳剂）等生物类农药,或青虫菌液（含 1 亿活孢子/mL）喷雾。此外清除护囊时,可用手捏碎,既灭除了成、幼虫,又保护了天敌。

（4）化学防治　幼虫大量发生初期,掌握在幼虫 3 龄前及时喷药,可用 50% 杀螟松、50% 马拉硫磷 1000~1500 倍稀释液,或胃毒性强的 90% 敌百虫晶体 1000~1500 倍稀释液喷雾;也可因地制宜选择其他杀虫剂,如 80% 敌敌畏 1500 倍稀释液、50% 乙酰甲胺磷 1500

倍稀释液、拟除虫菊酯类农药如2.5%溴氰菊酯乳油5000~10000倍液、鱼藤肥皂水1∶1∶200倍稀释液等药剂喷雾。大树喷雾有困难,可在树干基部从3个不同方向打孔,孔深入木质部2~9cm,注入75%辛硫磷乳油等药剂5~8mL。

3.2.3 夜蛾类

夜蛾类害虫属鳞翅目,夜蛾科。种类很多,国内记载有1200余种,危害观赏植物的有近百种。夜蛾食性杂,大部分种类以幼虫取食植物叶片,少数种类蛀食嫩芽、茎秆或危害植物根部,还可危害花蕾及花等。在苏南地区观赏植物上为害较重的夜蛾种类有斜纹夜蛾、甜菜夜蛾、黏虫、银纹夜蛾、淡剑夜蛾、葱兰夜蛾等。

1. 形态特征

夜蛾类中常见的斜纹夜蛾与银纹夜蛾的形态特征见表3-6,图3-10、图3-11。

表3-6　斜纹夜蛾与银纹夜蛾的形态区别

虫态	斜纹夜蛾	银纹夜蛾
成虫	前翅灰褐色,前翅基部有白线数条,内、外横线间从前缘伸向后缘有3条灰白色斜纹	前翅灰褐色,有"S"形白纹,向外还有1个近三角形的银纹。后翅暗褐色,有金属光泽
卵	半球形,卵块上覆有雌成虫的黄白色绒毛	馒头形,淡黄绿色,有纵走的格子形斑
幼虫	老熟时多数为黑褐色,也有呈土黄、褐绿至黑褐色的,背线及亚背线橘黄色,中胸至第9腹节在亚背线上各有半月形或三角形黑斑1对	老熟幼虫体黄绿色,头小,胴部逐渐变粗。背线、亚背线白色,气门线黑色。第1、第2对腹足退化,行走如尺蠖
蛹	圆筒形,赤褐色。第4~第7节腹背近前缘密布圆形刻点。臀棘短,并有1对强大而弯曲的刺	纺锤形,第1~第5节背前缘灰黑色,腹部末端延伸为方形臀棘,上生钩状刺6根。茧黄白色

1. 成虫;2. 卵;3. 幼虫;4. 蛹

图3-10　斜纹夜蛾

图3-11　斜纹夜蛾(左)与银纹夜蛾(右)成虫与幼虫形态特征

2. 生活史及生活习性

(1) 斜纹夜蛾　斜纹夜蛾又名莲纹夜蛾、斜纹夜盗蛾,属鳞翅目夜蛾科。斜纹夜蛾是一类杂食性和暴食性害虫,为害的寄主相当广泛,除十字花科蔬菜外,还可危害其他类蔬菜及粮食、经济作物、草坪等近300多种植物。其幼虫咬食叶片、花蕾、花及果实,初龄幼虫啃食叶片下表皮及叶肉,仅留上表皮呈透明斑;4龄以后进入暴食,咬食叶片,仅留主脉。并排泄粪便造成污染,使作物商品性降低。近年来该虫在苏州地区连年造成大为害,已成为草坪、十字花科蔬菜等园艺植物上重要的害虫。

1年发生4~8代,南北不一,世代重叠。长江流域年发生5~6代,世代重叠现象严重。长江流域多在6~10月大发生,7~8月为盛发期。

成虫昼伏夜出,飞翔力较强,白天常隐藏在植株茂密处、草丛及土壤缝隙内,傍晚出来活动,交尾产卵,以晚间8~12时活动最盛。具有较强的趋光性和趋化性。成虫取食花蜜补充营养,对糖、酒、醋等发酵物有很强的趋性,成虫寿命约7~15d,产卵历期5~7d,卵期为3~6d。卵多产于枝叶茂密浓绿的叶片背面的叶脉分叉处,植株中部着卵量较多,堆产,卵块常覆有鳞毛而易被发现。每头雌虫产卵3~5块,每块150~350粒。幼虫共6龄,少数7龄或8龄。幼虫多在晚上孵化,初孵幼虫群集叶背取食下表皮与叶肉,留下叶脉与上表皮。2龄末期吐丝下垂,3龄以后则开始分散,老龄幼虫有昼伏性和假死性,4龄后进入暴食期,白天多潜伏在土缝处,傍晚爬出取食,至黎明又隐蔽起来。幼虫遇惊就会落地蜷缩作假死状。当食料不足或不当时,幼虫可成群迁移至附近田块危害,故又有"行军虫"的俗称。遇阴雨天时,白天有时在植株上活动,一般晚上9~12时危害最重。大部分地区以蛹、少数地区以幼虫在土中越冬,也有在杂草间越冬的。老熟幼虫入土做土室化蛹,蛹期为8~17d。6~7月阴湿多雨,常暴发成灾。荷花、芋、菜豆受害最重。长江流域6月中下旬和7月中旬草坪受害最重。

斜纹夜蛾发育适温为29℃~30℃,一般高温年份和季节有利其发育、繁殖,低温则易引起虫蛹大量死亡。该虫食性虽杂,但食料情况,包括不同的寄主,甚至同一寄主不同发育阶段或器官,以及食料的丰缺,对其生育繁殖都有明显的影响。间种、复种指数高或过度密植的田块有利其发生。天敌有寄生幼虫的小茧蜂和多角体病毒等。

(2) 银纹夜蛾 1年发生代数因地而异。以蛹在土中越冬。翌年5、6月成虫羽化,6~9月为幼虫为害期。成虫昼伏夜出,有趋光性,趋化性弱。卵产于叶背,多为单产。初孵幼虫多在叶背啃食叶肉,仅留上表皮,3龄后取食嫩叶成孔洞。老熟幼虫多在叶背吐丝做粉白色茧化蛹。长江流域一带幼虫为害期分别在6月、8月上旬和9月上旬。幼虫老熟后入土化蛹越冬。

3. 防治方法

(1) 农业防治 清除杂草,收获后翻耕晒土或灌水,结合田间作业随手摘除卵块和群集危害的初孵幼虫,有助于减少虫源。

(2) 人工防治 结合冬季养护管理,翻耕土地,杀死土中越冬蛹或幼虫。夏季人工摘除卵块和群集初孵幼虫为害的叶片,并将其及时集中处理,可压低虫口密度。害虫发生为害期,根据残破叶片、花蕾及虫粪,人工捕杀幼虫和虫茧。珍稀花木品种也可采用人工捕捉幼虫等方法。

(3) 诱杀成虫 利用成虫趋光性和趋化性,采用黑光灯;糖醋药液:糖2份、酒1份、水2份、醋2份,调匀后加少量敌百虫制成;胡萝卜、甘薯、豆饼发酵液加少量红糖和敌百虫等诱集成虫。

(4) 保护和利用天敌 斜纹夜蛾天敌较多,包括广赤眼蜂、黑卵蜂、螟蛉绒茧蜂、家蚕追寄蝇和杆菌、病毒等,要注意保护这些天敌。

(5) 药剂防治 可选用10%福先悬浮剂800倍稀释液、10%除尽800倍稀释液、8%高大乳油800倍稀释液、2.2%甲维盐乳油1000倍稀释液、1.1%绿浪乳油1000倍稀释液,使用时应在卵孵化盛期或低龄幼虫期及时喷雾防治,喷匀喷透,每隔5~6d用药1次,连续喷3~5次。生产上一般与甜菜夜蛾兼治。用药时间最好选在傍晚,此时效果好。

3.2.4 舟蛾类

全世界已知有3000多种,我国记载有370种以上,其中危害严重的种类有杨小舟蛾、分月扇舟蛾、杨扇舟蛾等,主要受害树种是杨树、柳树。舟蛾属鳞翅目,舟蛾科,因幼虫静止时首尾上翘似小船而得名。幼虫危害叶片,严重发生时成片的树木叶片被吃光,影响树木生长并破坏景观。下面以杨小舟蛾为例说明。

杨小舟蛾又名杨褐天社蛾、小舟蛾。分布于东北、华北、华中、江苏、上海等地。

1. 形态特征(图3-12)

(1) 成虫　体长11~14mm,翅展24~26mm。体色变化较大,有黄褐、红褐、暗褐色。前翅有3条灰白色横线,每线两侧具暗边,亚外缘线由1列深棕色斑组成。后翅黄褐色,臀角有赭色或红褐色小斑1个。

(2) 幼虫　老熟时体长21~23mm。体色变化较大,低龄幼虫绿色,高龄幼虫则为灰褐色或灰绿色并微带紫色光泽。体侧各具黄色纵带1条,各节具有不显著的灰色肉瘤,以第1和第8腹节背面的最大。气门黑色,背线赭褐色。

(3) 卵　半球形,黄绿色,块状紧密排列。

(4) 蛹　长约12mm,红褐色,近纺锤形。

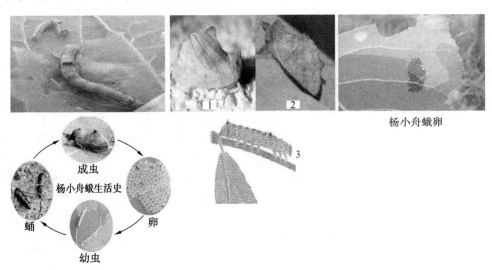

1. 雄成虫;2. 雌成虫;3. 幼虫

图3-12　杨小舟蛾形态特征

2. 发生规律

江苏1年发生5~6代,10月下旬以蛹越冬,来年春季4月中旬进入成虫羽化盛期,第1代卵孵化盛期在4月下旬,第2代卵孵化盛期在5月下旬至6月上旬,第3代卵孵化盛期在6月下旬至7月初,第4代卵孵化盛期在7月下旬,第5代卵孵化盛期在8月中旬末至下旬,第6代卵孵化盛期在9月20日前后,这代幼虫为害至10月底化蛹过冬。

成虫白天多隐蔽于叶背面及荫蔽物下,夜晚交尾产卵,有趋光性。卵多产于叶背,呈块状,每块有卵粒 10～400 粒,每头雌成虫一生可产卵 400～500 粒。初孵幼虫群集啃食叶表皮,2 龄后逐渐分散取食,大部分幼虫白天在枝杈间或树干上,夜晚取食。4 龄以后进入暴食期,大发生时可在三四天内把大面积的杨树叶片吃光,严重影响树木生长。7、8 月高温多雨季节为害最甚,常将叶片吃光。卵期赤眼蜂寄生率很高,第 5 代卵寄生率可达 90% 以上。

3. 防治方法

(1) 防治技术　杨小舟蛾发生世代较多,药剂防治应抓准主害代。江苏的主害代为第 3 代和第 4 代,常年需要在第 3、第 4 代各用药 1 次,大发生年份还需要防治第 5 代,防治杨小舟蛾一般可兼治分月扇舟蛾、杨扇舟蛾、杨黄卷叶螟、叶甲、杨白潜蛾等害虫。

(2) 防治指标　百枝虫量少于 50 条。

(3) 防治药剂　4.5% 高效氯氰菊酯 2000 倍稀释液或 1% 甲维盐 2000 倍稀释液或 25% 灭幼脲Ⅲ号 1500 倍稀释液大机喷射。

3.2.5　毒蛾类

侧柏毒蛾属鳞翅目,毒蛾科,分布于北京、河南、山东、安徽、江苏、浙江、广西、四川等省市。寄主有侧柏、桧柏、黄柏、圆柏等。以幼虫取食松柏等针叶而造成为害,柏树外观呈黄褐色,绿色部分或大部分失去,仅剩主脉,被害严重的柏树针叶全部被吃光。

1. 形态特征(图 3-13)

(1) 成虫　体长 10～20mm,翅展可达 19～34mm。体灰褐色。雌蛾前翅浅灰褐色,鳞片薄,上具不显著的齿状波纹,翅外缘的缘毛黑褐色与灰褐色相间,雄蛾体色较雌蛾深,前翅花纹模糊。

1. 成虫；2. 幼虫；3. 蛹；4. 卵

图 3-13　侧柏毒蛾形态特征

(2) 幼虫　老龄幼虫体长 20～30mm,体浅灰色,头灰褐色,有不规则的褐色斑,前胸背面及腹部末节背面黑褐色。体背有 2 条较细的暗褐色条纹,两侧为青灰色宽纵带。胸部第 3 节、腹部第 4～5 节背中央颜色变浅,呈黄白色。

2. 生活史及习性

1 年发生 2 代,以小幼虫在树皮缝中越冬。3 月中下旬危害刚萌发的嫩叶尖端,幼虫白天隐藏在树皮缝和叶丛中,夜间取食,4~5月是为害盛期,幼虫老熟后在叶丛中结茧化蛹。越冬代成虫6月飞出,第1代成虫8月出现。成虫白天潜伏,夜间活动,尤其在傍晚或黎明前,围绕树冠飞舞,成虫具趋光性。

3. 防治方法

(1) 营造针阔混交林,如侧柏与刺槐混交可减轻危害。

(2) 黑光灯可诱集成虫。

(3) 25%灭幼脲Ⅰ号胶悬剂3000倍稀释液、90%敌百虫1000倍稀释液、2.5%溴氰菊酯1500~2000倍稀释液喷雾防治幼虫有良好效果。

3.2.5 舞毒蛾

分布于东北、华北、华中、西北,别名秋千毛虫,苹果毒蛾、柿毛虫。鳞翅目,毒蛾科。主要危害苹果、柿、梨、桃、杏、樱桃、板栗、橡、白杨、柳、桑、榆等植物。主要以幼虫主要为害叶片,严重时可将全树叶片吃光。

1. 形态特征(图3-14)

雌雄异型。雌蛾体较大,黄白色,雌虫体长约25mm,前翅灰白色,每两条脉纹间有一个黑褐色斑点。雄蛾体瘦小,腹末尖,体棕黑色,体长约20mm,前翅茶褐色,有4、5条波状横带,外缘呈深色带状,中室中央有一黑点。前翅翅面上具雌蛾同样斑纹。卵球形、有光泽,直径0.8~1.3mm。初产为杏黄色,数百粒至上千粒产在一起成卵块,其上覆盖有很厚的黄褐色绒毛。幼虫老熟时体长50~70mm,头黄褐色有八字形黑色纹。蛹暗褐色或黑色,胸背及腹部有不明显的毛瘤,着生稀而短的红褐色毛丛。无茧,仅有几根丝缚其蛹体与基物相连。

示成虫及幼虫

图3-14 舞毒蛾形态特征及为害状

2. 生活史及习性

1年发生1代,以发育完全的幼虫在卵内越冬。翌年4月下旬至5月上旬孵化,6月中旬开始幼虫老熟,6月下旬至7月上旬化蛹,7月中、下旬为羽化盛期。初孵幼虫体轻毛长,有吃卵壳习性,树上不残留卵块痕迹,初期群集树干,以后爬到树冠上取食。卵不产在寄主树种上,孵出的幼虫吐丝悬垂,靠风吹扩散。2龄后日间藏在落叶及树上枯枝内或树皮缝内,夜间出来为害。雌虫不大活动,常停留在树干上;雄蛾活跃,善飞翔,日间常在林内成群飞舞,故称"舞毒蛾"。卵产于树干上或主枝枝干的阴面、树洞中、石块下、屋檐下等处,每只雌蛾生产卵约 400～1200 粒,成 1～2 块,每块数百粒,上厚覆雌虫腹末的黄褐鳞毛。成虫有趋光性。舞毒蛾繁殖的有利条件是温暖、干燥、稀疏的纯林。

3. 防治方法

（1）人工防治　1～3 月间寻找越冬卵块销毁;幼虫群集尚未分散时,及时处理。

（2）光诱杀成虫　在树干上涂刷毒环,毒杀上、下树幼虫;幼虫在 3 龄前,可用 2.5% 敌百虫粉喷粉或用 50% 敌敌畏乳油或辛硫磷、拟除虫菊酯类等杀虫剂喷雾;对舞毒蛾核多角体病毒和性信息素的应用,均已取得一定进展,可研究利用。

3.2.6　柳毒蛾

柳毒蛾又名雪毒蛾,杨雪毒蛾,杨毒蛾。属鳞翅目,毒蛾科。分布于江苏、安徽、河北、河南、山东、安徽、江苏、浙江、广西、贵州、四川、青海等地。寄主有茶树、杨、柳、栎树、栗、樱桃、梨、梅、杏、桃等。幼虫主要危害中东杨、小叶杨和柳树,常猖獗成灾,短期内能将整个林木吃遍吃光。低龄幼虫只啃食叶肉,留下表皮,长大后咬食叶片成缺刻或孔洞。

1. 形态特征（图 3-15）

成虫体长 12～20mm,翅展 40～50mm,全体白色,具丝绢光泽,足的胫节和跗节生有黑白相间的环纹。卵馒头形,灰白色,成块状堆积,外面覆有泡沫状白色胶质物。末龄幼虫体长约 50mm,背部灰黑色混有黄色,背线褐色,两侧黑褐色,身体各节具瘤状突起,其上簇生黄白色长毛。蛹长 20mm,黑褐色,上生有浅黄色细毛。

图 3-15　柳毒蛾形态特征（成虫及幼虫）

2. 发生规律

1 年发生 2～3 代,以 2 龄幼虫在树皮缝作薄茧越冬。翌年 4 月中下旬,杨、柳展叶期,越冬幼虫开始活动。5 月上中旬幼虫体长 10mm 左右,为越冬代幼虫为害盛期,白天爬到树洞里或建筑物的缝隙及树下各种物体下面躲藏,夜间上树为害。6 月中旬幼虫老熟后化蛹,幼虫在树上卷叶内化蛹,不结茧。6 月下旬出现成虫并交尾产卵,有的把卵产在枝干上。7 月初第 1 代幼虫开始孵化为害,8 月 2 代幼虫为害。1、2 代卵期 10 天左右,1 代幼虫期 35 天,2 代 240 天,越冬代蛹期 8 天,1 代为 10 天。9 月中、下旬 3 代幼虫轻度为害后于月底或 10 月初进入越冬。

3. 防治方法

利用黑光灯诱杀成虫。杨毒蛾幼虫有白天下树、晚间上树的习性,可在树干基部涂毒环,毒杀幼虫。另外,还可在树干上束草,诱集幼虫,集中烧毁草把招引并保护食虫鸟类,开展生物防治;用每克活孢子1亿~2亿的苏云金杆菌或青虫菌液喷杀幼虫。大发生时结合防治其他害虫进行药物防治,用5%来福灵乳油或20%杀灭菊酯乳油3000倍液等,用80%敌敌畏乳油500倍液防治未产卵成虫。

3.2.7 豆毒蛾

鳞翅目,毒蛾科。别名豆毒蛾、肾毒蛾。分布北起黑龙江、内蒙古,南至台湾、广东、广西、云南。主要危害柳、榆、柿、茶、荷花、月季、紫藤等。

1. 形态特征(图3-16)

成虫翅展雄34~40mm,雌45~50mm。触角干褐黄色,栉齿褐色,雌蛾比雄蛾色暗。幼虫体长40mm左右,头部黑褐色、有光泽、上具褐色次生刚毛,体黑褐色。

图3-16 豆毒蛾形态特征(成虫及幼虫)

2. 生活习性

在长江流域年发生3代,以幼虫越冬。4月开始为害,5月老熟幼虫以体毛和丝作茧化蛹,6月第一代成虫出现,卵产于叶上,幼龄幼虫集中为害,仅食叶肉,以后分散为害。

3. 防治方法

灯光诱杀成虫;必要时喷洒90%晶体敌百虫800倍稀释液或80%敌敌畏乳油1000倍稀释液,每667m²喷对好的药液75L;提倡喷洒每克含100亿孢子的杀螟杆菌粉700~800倍稀释液。

3.2.8 螟蛾类

螟蛾类属鳞翅目,螟蛾科。其种类十分繁多,全世界已超过30000种。常见种类有樟巢螟、稻纵卷螟、黄杨绢野螟、竹织叶野螟等。幼虫常吐丝缀叶结苞,躲在苞内取食为害。

1. 樟叶瘤丛螟(图3-17)

樟叶瘤丛螟又名樟丛螟、樟巢螟,分布于江苏、浙江、江西、湖北、四川、云南、广西等地,主要为害香樟、山苍子、山胡椒等樟科植物。樟巢螟以幼虫取食樟树叶片,1~2龄幼虫取食叶片,3~5龄幼虫吐丝缀合小枝与叶片结巢,幼虫在巢内食叶与嫩梢,严重时可将叶片食尽,在树冠上结挂许多鸟巢状虫苞。严重影响樟树生长及绿化观赏效果。苏南地区香樟树种植面积大,因此樟巢螟发生和为害面积也大。

图 3-17 樟巢螟幼虫形态及为害状

(1) 形态特征。

① 成虫 体长 12～15mm，翅展 22～30mm。体灰褐色，头部淡黄褐色。初羽化时成虫体翅灰褐色中显翠绿色。前翅前缘中部有 1 个淡黄色斑，内、外横线深褐色波纹状。内横线内、外侧各有一竖起的上白下黑的毛丛，后翅灰褐色。雄蛾两触角间有 2 束向后伸的毛束。

② 卵 椭圆形，略扁平，鱼鳞状排列成卵块，初产乳白色，孵化前呈浅红色，中央有不规则的红斑，卵壳有点状纹。

③ 幼虫 初孵幼虫灰黑色，2 龄后渐变棕色。老熟幼虫体长 22～30mm，褐色，头部及前胸背板红褐色，体背有 1 条褐色宽带，其两侧各有 2 条黄褐色线，各节着生黑色毛瘤，每个毛瘤有刚毛 1 根。

④ 蛹 棕红色，长 12～15mm，腹节有刻点，腹部末端有钩状臀棘 8 根。

⑤ 茧 扁椭圆形，长 13～16mm，土黄色，茧上常附泥土，形似小泥块。

(2) 生活史及生活习性 1 年发生 2 代，以老熟幼虫在树冠下的浅土层中结茧越冬。翌年 4 月中下旬越冬幼虫开始化蛹，5 月上中旬越冬代成虫开始羽化，羽化期拉得很长，往往与第 1 代成虫羽化期重叠。第 1 代幼虫发生于 5 月下旬至 6 月中下旬，6 月上中旬是为害盛期，第 2 代幼虫发生于 8～10 月。

成虫夜间羽化，趋光性不强，昼伏夜出，对黑光灯的趋性强于白炽灯。卵多产于缀合的两叶间隙或叶缘，卵成块状，每个卵块 10～140 粒卵，平均 30 粒左右。幼虫共 5 龄，具群集性，初孵幼虫群集吐丝缀合叶片或卷单叶，躲于其内取食叶肉，仅剩表皮，肉眼极易识别。随着虫龄增长，分巢为害，逐渐将附近枝叶粘连成鸟巢状大虫苞，幼虫躲在巢内取食危害，虫粪排于其外，严重时可将树叶吃光。同一虫巢内的幼虫由于发育进度不一故虫龄不一，每虫苞内有幼虫 5～20 条。5 龄期巢内有长条状茧袋，每袋 1 条幼虫，昼躲夜出，行动敏捷，受害严重的树木满是虫巢，树冠上挂满虫巢，严重影响樟树生长并破坏景观。老熟幼虫 10 月底陆续下树入土结茧越冬，第 1 代幼虫大部分入土化蛹，少数在虫巢内化蛹；第 2 代幼虫全部在树下的土层中化蛹越冬。

各虫态历期与温度条件密切相关，因此野外的虫态发育进度在一定程度上受到天气影响，表 3-7 是苏州地区近年的平均值。

表 3-7 樟巢螟各虫态历期 (d)

	产卵前期	卵期	1 龄	2 龄	3 龄	4 龄	5 龄	结茧-化蛹	蛹期	合计
历期	6.5	5	4.8	5.8	4.4	5.0	6.6	6.9	11.8	56.9

(3) 防治方法 立足综合治理,避免大范围单一种植香樟林,建立多树种林相,充分发挥天敌的控害作用。

① 园艺措施 冬季翻耕除蛹,越冬期间摘除或捶碎蛹。人工摘除虫苞并清除苞内幼虫。

② 药剂防治 在树体高大、缺水的地方,采用树干用药防治樟巢螟,效果较好。打洞注药时,洞的直径大,注药速度快,工效高,但洞口难愈合;洞的直径小,注药速度慢,工效低,但洞口愈合快,对树体影响小。洞的直径不宜超过 0.8cm。以多打几个小洞为宜,这对树体影响小,且药液分布均匀。树干涂药工效比打洞注药快。涂药的用量可为打洞注药的 1.5 倍,施药后用薄膜包扎保湿。

2. 黄杨绢野螟

黄杨绢野螟又名黄杨黑缘螟蛾。我国分布于江苏、山东、上海、浙江、湖北、江西、福建等地。以幼虫危害小叶黄杨、瓜子黄杨、黄杨木、冬青、卫矛。在枝叶茂密处吐丝缀叶结巢,取食叶片、嫩梢,影响新梢生长,严重时整株叶片被吃光,树冠上仅留丝网,常造成树木枯萎死亡。

(1) 形态特征(图 3-18)。

图 3-18 黄杨绢野螟形态特征

① 成虫 体长 20~30mm,翅展 40~50mm。身披白色鳞毛,头部暗褐色。前胸、前翅基部、前缘、外缘及后翅外缘、腹部末端披黑褐色鳞毛。触角丝状,长度可达腹部末端。翅白色半透明,有紫红色闪光。前翅中室内有 2 个白点,1 个细小,另 1 个弯曲新月形。雌雄虫易分辨,雌虫腹末无毛丛;雄虫腹末有黑色毛丛。

② 卵 椭圆形,长 0.8~1.2mm,块产,初产时呈白色至乳白色,近孵化时为黑褐色。

③ 幼虫 老熟幼虫体长 42~60mm。头部黑褐色,胸、腹部浓绿色,表面有具光泽的毛瘤及稀疏毛刺。体色初孵时为乳白色,将化蛹时为黄绿色。背线两侧黄绿色,亚背线及气

门上线黑褐色,气门线淡黄绿色。前胸背面的黑斑较大,三角形,2块。中后胸背面的褐斑较小,圆点状,4块。腹部背面有淡褐色斑5块,圆点状。

④ 蛹　纺锤形,长24～26mm,腹部尾端有臀棘6枚,排成1列,先端卷曲成钩状。茧长25～27mm,以丝缀叶成茧。

(2) 发生规律　1年发生3～4代,1年发生3代的,以3、4龄幼虫在寄主上结茧越冬;1年发生4代的,一般在10月中下旬以第4代1、2龄幼虫在寄主植物上结虫苞越冬;翌年3月上中旬至4月上、中旬陆续出茧取食为害,4月中下旬开始化蛹,4月下旬或5月上、中旬至6月上旬为越冬代成虫羽化盛期。5月下旬开始产卵,直到6月下旬。第1代幼虫从5月下旬开始孵化,6月上旬至7月上旬为害严重,大量取食刚抽发的春梢嫩叶。6月下旬至7月中旬化蛹,7月上旬至8月上旬羽化产卵。第1代成虫盛期一般在6月中下旬,第2代成虫盛期一般在7月上中旬,第3代成虫盛期一般在9月中旬。第2代幼虫于7月上旬开始为害,7月上旬至9月上旬是全年为害高峰期,加上上一代的为害造成大片枝叶枯黄。第3代幼虫从7月下旬开始出现,为害至9月中旬,陆续结茧越冬。幼虫一般有6龄,少数5龄。

成虫昼伏夜出,有趋光性。每只雌成虫平均产卵200～300粒。幼虫吐丝连接叶片形成巢穴,在巢穴内活动并取食周围叶片。严重发生时导致枝梢枯死泛白,影响植株生长并破坏景观。

(3) 防治方法

① 人工捕捉　组织人员捕杀越冬幼虫和出蛰危害的幼虫。

② 药剂防治　控制越冬代幼虫,是控制全年黄杨绢野螟为害的关键。1～3代幼虫一般可隔代防治或视虫情挑治。于5月下旬至6月上旬和7月上中旬喷药防治第1代和第2代低龄幼虫。可用1.1%绿浪乳油800～1000倍稀释液或55%杀·苏1000～1500倍稀释液、50%杀螟松乳油1000倍稀释液、2.5%敌杀死乳油2500倍稀释液,小机喷雾。

3.2.9　尺蛾类

尺蛾又名步曲、造桥虫,属鳞翅目,尺蛾科。我国记载有1200种以上。大部分种类以幼虫取食植物叶片,少数种类蛀食嫩芽。观赏植物上常见的有丝棉木金星尺蛾、国槐尺蛾、茶尺蛾、樟翠尺蛾、油桐尺蛾、桑尺蛾、棉大造桥虫等。这里主要以丝棉木金星尺蛾为例进行说明。

丝棉木金星尺蛾又名大叶黄杨尺蠖、卫矛尺蛾。分布于华北、中南、华东、西北地区。主要寄主有大叶黄杨、丝棉木、扶芳藤、卫矛、榆树、杨、柳等。幼虫食叶,常暴发成灾,短期内将叶片全部吃光。

1. 形态特征(图3-19)

图3-19　丝棉木金星尺蛾形态特征(成虫、幼虫)

(1) 成虫　雌蛾体长 13～15mm，翅展 37～44mm。雄蛾体长 10～13mm，翅展 33～43mm。前翅外缘有 1 条连续的淡灰色斑纹，外横线呈 1 条淡灰色斑，上端分岔，下端有 1 个黄褐色大斑。中横线不成行，中室端部有一大灰斑，斑中有 1 个图形斑。翅基有一深黄、褐、灰三色相间花斑。后翅斑纹与前翅斑纹相连接，仅翅基无花斑。腹部有由黑斑点组成的条纹 9 条。雄蛾腹部斑纹有 7 条，后足胫节内侧有一黄色毛丛。

(2) 卵　椭圆形，长 0.8mm，块产，卵壳表面有纵横排列的花纹，初产时呈灰绿色，近孵化时呈灰黑色。

(3) 幼虫　老熟幼虫体长 28～32mm。体黑色，前胸背板黄色，有 5 个近方形的黑斑，臀板、胸足及腹足黑褐色，胸足基部淡黄色，腹足趾钩为双序中带。背线、亚背线、气门上线及亚腹线为蓝白色，气门线及腹线为黄色。胸部及腹部第 6 节以后的各节上有黄色横条纹。

(4) 蛹　纺锤形，长 13～16mm，腹端有一分叉的臀刺。

2. 发生规律

1 年发生 3～4 代，以老熟幼虫在被害寄主下松土层中化蛹越冬。翌年 4 月中下旬越冬成虫羽化，5 月上中旬第 1 代幼虫发生。初龄幼虫黑色，群居，3 龄后背板、气门线及腹线变黄。各代幼虫发生期为 7 月、8 月、9～10 月。3、4 代老熟幼虫在 10 月下旬及 11 月中旬吐丝下垂，入土化蛹越冬。幼虫危害严重时，常将大叶黄杨食成秃枝，甚至整株死亡。

成虫白天栖息于树冠、枝、叶间，遇惊扰做短距离飞翔，飞翔力不强，有趋光性。成虫无补充营养习性，多在夜间羽化、交尾，少数在白天进行，持续 6～7h，不论雌雄成虫一生均只交尾 1 次。交尾分离后于当天傍晚即可产卵，多成块产于叶背、枝干、杂草中，沿叶缘成行排列，少数散产。每雌产卵 2～7 块，每块有卵 1～195 粒不等。幼虫共 5 龄，初龄幼虫活泼，迅速爬行扩散寻找嫩叶取食，受惊后立即吐丝下垂，可飘移到周围枝条上。幼虫在背光叶片上取食，1～2 龄幼虫常群集取食嫩叶叶肉，残留上表皮，或咬成小孔，有时也取食嫩芽。3 龄幼虫从叶缘取食，食成大小不等的缺刻。4 龄幼虫取食整个叶片仅留叶柄，5 龄幼虫不仅可取食叶柄，还可啃食枝条皮层和嫩茎。幼虫昼夜取食，每次脱皮均在 3～9 时进行，往往脱皮后幼虫食尽脱下的皮蜕，仅留下硬化的头壳。幼虫老熟后大部沿树干下爬到地，少数吐丝下坠落地，爬行到树干基部周围疏松表土 3cm 中或地被物下化蛹，经 2～3d 预蛹期，最后蜕皮为蛹（表 3-8）。

表 3-8　苏州地区丝棉木金星尺蛾不同虫态历期

世代	成虫羽化盛期	产卵前期	卵历期	1 龄	2 龄	3 龄	4 龄	5 龄	预蛹	蛹期	合计
1 代	5 月下旬～6 月上旬	2	11	6	5	4	4	5	2	11	50
2 代 正常发育	6 月中下旬	2	6	3	3	3	3	4	2	11	39
2 代 以蛹越夏	8 月下旬～9 月上旬	2	6	3	3	3	3	4	2	58	86
3 代	8 月下旬～9 月上旬	2	6	3	3	3	3	4	2	11	36
4 代	翌年 3 月下旬～4 月上旬	2	6	3	3	3	4	5	2	—	—

3. 防治方法

（1）人工防治　冬季结合养护管理，在9月至次年4月底之前松土灭蛹；利用吐丝下垂习性，可振落收集幼虫捕杀。尺蛾成虫一般不甚活跃，可在早、晚间人工捕捉，也可结合防治其他园林害虫进行灯光诱杀。

（2）生物防治　幼虫发生期，喷洒青虫菌液，每克含孢子100亿的可湿性粉剂100倍稀释液，杀虫效果达85%以上。

（3）药剂防治　该虫防治策略是"主攻一代、挑治二代"。第1代丝棉木金星尺蛾是全年的主害代，也是发生最整齐的世代，抓好一代防治是控制全年危害的关键。在一代漏治或防治质量差的地区以及一代大发生的情况下，要注意做好第2代的防治。在2龄幼虫发生高峰期用药，可用4.5%高效氯氰菊酯1500倍稀释液，或40%毒死蜱乳油1000倍稀释液小机喷雾，或90%晶体敌百虫、50%杀螟松乳油、80%敌敌畏乳油1000倍稀释液，杀虫效果可达95%以上。

3.2.10　枯叶蛾类

枯叶蛾属鳞翅目，枯叶蛾科，因静止时形似枯叶而得名。分布广，已知1300种以上，不少种类是我国森林的大害虫，以幼虫为害植物，低龄时大多具群集习性，稍大后分散并蚕食叶片，在风景区常严重为害。这里主要介绍马尾松毛虫。

1. 分布与为害

马尾松毛虫分布于河南、安徽、四川、陕西、云南、江苏、浙江、福建、广东、广西、台湾等省。一般情况下只危害马尾松。但近年来，随着湿地松、火炬松等的引进栽培，对这些松树的为害也日趋严重。主要以幼虫取食松树针叶为害，常把叶吃光，松林似火烧状，造成成片松林死亡。松树被害后，轻者造成材积生长率下降，松脂减产，种子产量降低。重者致使松树生长极度衰弱，容易招引松墨天牛、松纵坑切梢小蠹、松白星象等蛀干害虫的入侵，造成松树大面积死亡。此外，幼虫具毒毛，毒毛触及人体，容易引起人的皮肤红肿、糜烂和关节肿痛，即"松毛虫病"。

2. 形态特征（图3-20）

图3-20　马尾松毛虫形态特征

（1）成虫　雌成虫体长20～35mm，翅展42～80mm。雄成虫体长21～32mm，翅展36～62mm。体色变化较大，有灰白、灰褐、黄褐、灰褐等色。雌虫体色浅，腹部较粗，头小，下唇须突出，复眼黄绿色。雌虫触角短栉齿状。前翅较宽，外缘呈弧形拱出，翅面有3～4条不很明显而向外拱起的横条纹，沿外横线黑褐斑列的内侧为淡褐色。中室端有1个白色小斑。后翅三角形，无斑纹。

(2) 卵　椭圆形,长约 1.5mm,初产时为淡红色或黄红色,近孵化时为紫褐色,成串或成堆产在松针上。

(3) 幼虫　多为 6 龄,体色随龄期不同而异。老熟幼虫体长 40～80mm,体色大致可分为棕红和灰黑色两种,头黄褐色,有倒伏鳞毛贴体,鳞毛色泽有银白和银黄 2 种。中胸、后胸背面簇生蓝黑色毒毛带,两带间丛生有黄白色毛,腹部各节毛簇中有窄而扁平的片状毛,先端有齿状突起,排列成对,体侧生有许多灰白色长毛,并各有 1 条纵贯身体的纵带,纵带上从中胸至第 8 腹节气门上方各具有 1 个白色斑点。

(4) 蛹　长 22～36mm,纺锤形,栗褐色或棕褐色,密布黄色绒毛。腹末有细长的臀棘,黄褐色,末端卷曲呈钩状。茧长 30～46mm,长椭圆形,灰白色至乌褐色,茧表面覆有稀疏黑褐色毒毛。

3. 发生规律及生活习性

每年发生世代数,随地理分布不同而有很大差异,长江流域每年发生 3～4 代,幼虫在针叶、树皮下、地面枯枝落叶层中越冬。在长江流域一带越冬幼虫于 4 月中下旬结茧化蛹,5 月上旬羽化产卵。5 月中下旬第 1 代幼虫孵化,7 月上旬结茧化蛹,7 月中旬羽化产卵。7 月下旬孵化出第 2 代幼虫。一部分第 2 代幼虫于 9 月上旬结茧化蛹,9 月中旬羽化产卵,9 月下旬至 10 月上旬孵化出第 3 代幼虫,第 3 代幼虫于 11 月中旬越冬;另一部分第 2 代幼虫于 8 月中下旬滞育,生长发育缓慢,延续至 11 月越冬。

成虫羽化一般在 19～20 时最盛,羽化后当晚即可交配,交尾后即可产卵。成虫有强烈的趋光性。成虫飞迁是松毛虫扩散蔓延的主要方式,往往飞向健康的林分或受害轻的林分产卵,飞翔距离一般为 0.5km 左右,最远可达 1.5～2.0km。卵多产于生长良好的林缘松树针叶或小枝上,排列成行或聚集成堆,每堆数十至几百粒卵,在树冠中、下部卵块多,各代产卵量均不一致,平均产卵量一般为 300～400 粒。

幼虫一般 6 龄。初孵幼虫嚼食卵壳,然后在附近的针叶上群集取食。1～2 龄幼虫群集取食,仅啃食针叶边缘,使针叶枯黄卷曲,故可作为发生动态预测的标志,受到惊扰即吐丝下垂,并可借风传播。3 龄后开始逐渐分散为害,取食整根针叶。1～3 龄幼虫自然死亡率达 65% 以上,4 龄起虫口趋于稳定。3～4 龄幼虫遇惊即弹跳坠落。5 龄以后食量增大,5～6 龄幼虫有迁移习性,食量最大,占一生总食量的 60%～80%。发生严重时可将针叶吃光,甚至导致松树死亡。松毛虫毒毛可引起皮炎、关节肿痛等病症。

马尾松毛虫是一种周期性暴发成灾的害虫,通常情况下,种群消长趋势为 3～4 年出现 1 次周期性猖獗危害。在适宜的外界环境条件下(食物丰富、气候温暖湿润、天敌数量减少),种群数量急剧增加以至成灾。当种群达到一定密度再遇上气候不适宜(如早春寒流、炎夏酷热、狂风暴雨等)、药剂防治、天敌控制作用加强等因素,种群数量就会急剧下降。当种群数量处于低水平时,外界生态环境对其生存胁迫逐渐减小,又为未来种群数量的回升、增殖、暴发提供机会。马尾松毛虫的适温范围较广,但不同世代、虫态会表现出明显的差异。据研究,越冬幼虫能耐 -6℃ 的低温,而成虫能耐 38℃ 的高温。

一般海拔 200m 以下的丘陵地区及干燥型纯松林容易大发生该虫害。马尾松毛虫的自然天敌多达 258 种,其中许多种类对其发生有一定的抑制作用,应注意保护和利用。

4. 防治方法

(1) 营林措施　营造混交林,培养多样性的生物群落,使其利于天敌繁殖、生存而不利于松毛虫栖息。选种抗虫树种,如火炬松有较强的抗虫性。

(2) 做好测报工作　由于松毛虫是间歇性猖獗的害虫,因此做好虫口数量变化监察是及时控制虫灾的前提。监察重点应放在常灾区,尤其是那些"虫源地"。虫口密度调查方法很多,常用的有:振落法,用木槌或硬木棒连续快速猛击树干,将树上的幼虫振落在地,然后点算虫数;性激素监测法,用人工合成的马尾松毛虫性信息素诱捕雄蛾,了解林间虫口密度;黑光灯诱测法,利用成虫的趋光性,夜晚开灯诱捕,从中掌握虫情。

(3) 诱杀成虫　利用成虫趋光性强的特点,在成虫羽化期用黑光灯诱杀成虫。还可人工摘卵、捕幼虫、剪除虫茧,消灭越冬幼虫及蛹。

(4) 生物防治　施放白僵菌,在幼虫越冬前(11月中、下旬)和越冬后(2~3月)放菌效果好,因这段时间雨水多、林间湿度大,有利于白僵菌繁殖。喷洒苏云金芽孢杆菌,用每毫升含0.5亿~1亿孢子的菌剂防治3~4龄幼虫,5d后死亡率达90%左右。利用致病病毒,可收集核型多角体病毒致死的虫尸,经捣碎粗提加水稀释后喷施虫口密度较高处,待感病垂死时再扩大收集,重复利用。引入日本赤松毛虫质型多角体病毒。用赤眼蜂防治松毛虫,也已大面积推广应用,于成虫产卵初期,每666m^2释放赤眼蜂10万只,进行生物防治。用飞机喷洒青虫菌6号,每公顷用750~1500g菌剂,3~4龄松毛虫8d死亡率达90%以上。此外,对于自然界有益的天敌要加以保护,如在林中增种蜜源植物,以利寄生蜂补充营养,保护利用捕食性、寄生性天敌,引进灰喜鹊等天敌控制害虫种群发展。

(5) 化学防治　防治策略是主攻越冬代出蛰幼虫和第1代3龄幼虫高峰。越冬代防治适期在幼虫出蛰盛期后5~10d,第1、第2代防治适期在3龄幼虫高峰期。可用25%灭幼脲Ⅲ号1000倍稀释液或16%灭幼脲Ⅲ号增效粉剂,兑滑石粉50~65倍喷施或4.5%高效氯氰菊酯2000倍稀释液大机喷雾。也可用飞机喷洒灭幼脲Ⅰ号1.5g/亩,防治马尾松毛虫效果达90%以上,对天敌也较安全。或使用1%或2%速灭灵烟雾剂,每666m^2用量160mL等。

2. 黄褐天幕毛虫

(1) 分布与为害　别名天幕枯叶蛾、带枯叶蛾、梅毛虫、黄褐天幕毛,鳞翅目,枯叶蛾科,分布于东北、华北、陕西、四川、甘肃、湖北、江西、湖南、江苏、安徽、山东、河南等地,危害樱花、海棠、柳、榆、杨、槐、樟、刺槐、玫瑰、梨、苹果、沙果、桃、李、杏、樱桃、楹椁、梅、栎等植物。为害特点为幼虫常在刚孵化时群集于一枝,吐丝结成网幕,食害嫩芽、叶片,随生长渐下移至粗枝上结网巢,白天群栖巢上,夜出取食,5龄后期分散为害,严重时全树叶片吃光。目前,仅发生在管理粗放的梨园。

(2) 形态特征(图3-21)　成虫雌雄差异很大。雌虫体长18~20mm,翅展29~39mm,全体黄褐色。触角锯齿状。前翅中央有1条赤褐色宽斜带,两边各有1条米黄色细线;雄虫体长约17mm,翅展约24~32mm,全体黄褐色。触角双栉齿状。卵椭圆形,灰白色,高约1.3mm,顶部中间凹下,每200~300粒紧密黏结在一起环绕在小枝上,如"顶针"状。低龄幼虫身体和头部均黑色,4龄以后头部呈蓝黑色。老熟幼虫体长50~60mm,体两侧有鲜艳的蓝灰色、橙黄色或黑色相间的条纹。蛹初为黄褐色,后变黑褐色,体长17~20mm,蛹体有金黄色短毛,化蛹于黄白色丝质茧中。

图 3-21 黄褐天幕毛虫形态特征及幼虫为害状

(3) 发生规律及生活习性　1年发生1代,以完成胚胎发育的幼虫在卵壳内越冬。第二年春树木萌芽后,幼虫孵出开始为害。幼龄幼虫群集在卵块附近小枝上食害嫩叶,以后向树杈移动,转移到小枝分叉处吐丝结网,夜间出来取食,白天群集潜伏于网巢内,呈天幕状,因而得名。幼虫蜕皮在丝网上,经4次蜕皮,近老熟时开始分散活动,白天往往群聚于树干下部或树丫处静伏,晚上爬向树冠上取食,易暴食成灾。幼虫于5月底老熟,在叶背或果树附近的杂草上、树皮缝隙、墙角、屋檐下吐丝结茧化蛹。蛹期12天左右,成虫发生盛期在6月中旬,羽化后即可交尾产卵,卵多产于被害树当年生小枝梢端。每雌蛾产1块卵,少数2块,产卵200～400粒。该虫幼虫常感染一种核多角体病毒,感病的幼虫常倒挂于枝条上死亡。另一种天幕毛虫抱寄生蝇,寄生率也很高,对该虫大发生起到一定抑制作用。

(4) 防治方法。

人工防治:在树木冬剪时,注意剪掉小枝上的卵块,集中烧毁。在幼虫未孵化前,可人工采摘卵块。春季幼虫在树上结的网幕显而易见,在幼虫分散以前,及时捕杀丝幕内幼虫。稍大幼虫有上下树躲避于暗处的习性,可设法诱杀。分散后的幼虫,可振树捕杀。

物理防治:成虫有趋光性,可放置黑光灯或高压汞灯防治。

生物防治:结合冬季修剪彻底剪除枝梢上越冬卵块,如认真执行,收效显著。为保护卵寄生蜂,将卵块放入天敌保护器中,使卵寄生蜂羽化飞回果园。另外是保护鸟类;天敌如天幕毛虫抱寄蝇、枯叶蛾绒茧蜂、柞蚕饰腹寄蝇、脊腿匙鬃瘤姬蜂、舞毒蛾黑卵蜂、稻苞虫黑瘤姬蜂、核型多角体病毒等。

药剂防治:当幼虫大发生时,喷药防治。常用药剂为:80%敌敌畏乳油1500倍稀释液,或52.25%农地乐乳油2000倍稀释液,50%辛硫磷乳油1000倍稀释液,10%溴马乳油、20%菊马乳油2000倍稀释液,2.5%功夫或2.5%敌杀死乳油3000倍稀释液。

3.2.11　斑蛾类

重阳木锦斑蛾(Histia rhodope Cramer)属鳞翅目,斑蛾科,分布于江苏、上海、浙江、湖北、湖南、福建、广东等地,仅危害重阳木。

1. 形态特征(图3-22)

(1) 成虫　体长17～24mm,头、胸、腹大部分为橘红色;前翅黑色,基部下方有一红点;后翅黑色,翅基到翅顶蓝绿色。

1. 为害状；2. 成虫；3. 幼虫

图 3-22　重阳木锦斑蛾为害状及形态特征

（2）卵　黄白色，扁圆形，散产或数粒聚产。

（3）幼虫　老熟幼虫体长 22～24mm，褐色、黄褐色或灰褐色，从头至腹部末节各节在背线上有椭圆形一大一小两个黑斑，亚背线上每节各有黑斑一个，亚背线上黑斑两端具有浅黄褐色小瘤，上有黑色短毛 1 根，在气门下线每节生有较大的肉瘤。

（4）蛹　黄色，羽化前变鲜黄色。

（5）茧　丝质，较薄，黄白色。

2. 发生规律

1 年发生 4～5 代，以 4 代为主。以老熟幼虫在墙角、石缝等地结茧越冬，翌年 4 月中下旬羽化，卵产于树枝或树干的树皮缝隙，散产或小块聚产。5 月上旬出现第 1 代幼虫，幼虫历期与温度、食料等外界因素密切相关，夏季高温时完成 1 个世代仅需 25～28d。

幼虫低龄时啃食叶肉表皮，3 龄后可以蚕食叶片，仅留下叶脉。幼虫在食料不足时有吐丝下垂转移为害的习性。成虫有趋光性。

3. 防治方法

（1）人工防治　在冬季人工捕杀越冬幼虫，居民区可刮除越冬茧，大面积绿化区可结合松土杀死越冬幼虫。

（2）药剂防治　在各代低龄幼虫盛期采取药物防治，苏州地区常年各代防治适期在 5 月中旬、7 月初、7 月底 8 月初、9 月中旬。防治药剂可选用甲维盐、苏云金芽孢杆菌（Bt）与阿维菌素等的复合制剂、菊酯类、灭幼脲等药剂。

4. 大叶黄杨长毛斑蛾

大叶黄杨斑蛾，又名大叶黄杨长毛斑蛾，属鳞翅目，斑蛾科。分布于华东、华东等地区。主要危害大叶黄杨、金边黄杨、丝棉木等。

（1）形态特征（图 3-23）　成虫扁圆形，头、复眼、触角、胸部、足和翅脉均为黑色，胸部和腹部两侧有橙黄色长毛。卵椭圆形，长径 0.6～0.7mm，卵块条状，多为 4～6 粒，卵块披少量毛。老熟幼虫体长约 17mm，腹部淡黄绿色，背线、亚背线、气门上线等明显，呈现纵贯身体的黑色线 7 条；体表有毛瘤和短毛。蛹黄褐色，具不明显的褐色纵纹 7 条，末端有三角形臀棘2枚。茧丝质,灰白或淡黄褐色。

图3-23 大叶黄杨长毛斑蛾形态特征(成虫及幼虫)

（2）生物学特性 1年发生1代,以卵在枝梢上越冬,翌年3月上旬越冬卵开始孵化并进入主要为害期,4月中、下旬老熟幼虫在地面结茧化蛹,以蛹越夏,11月中旬成虫羽化产卵并进入越冬阶段。低龄幼虫有群集性,集中危害嫩梢,形成明显的为害团,为害团的数量可以作为监测调查的指标。初孵幼虫啃食叶表皮,虫龄稍大后转移为害并取食整张叶片,3龄后逐渐分散,进入暴食期后可在几天内将寄主叶片吃光,严重影响寄主生长和绿化景观。

（3）防治方法。

① 人工防治 由于幼虫低龄时群集为害,有明显的为害团,可以人工将虫团剪下并杀死幼虫。

② 防治药剂 幼虫3龄前用1.1%绿浪乳油1:800倍液或0.5%甲维盐1:1500倍液小机喷雾。

3.2.12 菜粉蝶

菜粉蝶幼虫称菜青虫,属鳞翅目粉蝶科。为寡食性害虫,主要为害十字花科蔬菜叶片,尤其偏食含芥子油糖苷、叶表光滑无毛的甘蓝、花椰菜、白菜、青菜、油菜等。菜粉蝶仅以幼虫为害,初孵幼虫啃食叶片,残留表皮;3龄以后将叶片咬成孔洞和缺刻,仅剩叶脉和叶柄;苗期受害严重时整株死亡,成株受害影响植株生长和包心;幼虫排出粪便污染叶面和菜心,引起腐烂;被害的伤口易诱发软腐病,降低蔬菜产量和质量。

1. 形态特征(图3-24)

（1）成虫 体长12~20mm,翅展45~55mm。雄蝶体乳白色,雌蝶略深,淡黄白色。雌虫前翅正面近翅基部灰黑色,约占翅面1/2,顶角有1个三角形黑斑,翅中下方有2个黑色圆斑,后翅正面前缘离翅基2/3处有一黑斑;雄虫前翅正面灰黑色部分较小,翅中下方的两个黑斑仅前面一个较明显。

1.成虫;2.卵;3.幼虫;4.蛹;5.为害状
图3-24 菜粉蝶的形态特征及为害状

（2）卵 枪弹形,初产时淡黄色,后变橙黄色,单粒产于叶面或叶背,田间易识别。

(3) 幼虫　共5龄,老熟幼虫体长28～35mm,青绿色,体背密布细小毛瘤,背中线黄色,两侧气门黄色。

(4) 蛹　长18～21mm,纺锤形,两端尖细,中部膨大而有棱角状突起。常有一丝吊连在化蛹场所的物体上。

2. 发生规律

在我国由北向南1年发生3～9代,南京、上海1年发生7～8代,江南地区菜粉蝶年发生8～9代,由北向南世代逐渐增多。各地均以蛹越冬,有滞育性。越冬场所多在秋菜田附近的房屋墙壁、篱笆、风障、树干上,也有的在砖石、土缝、杂草或残株落叶间,一般在干燥背阴面。越冬蛹羽化时间,江南各地于第2年早春2～4月。由于越冬场所不同,羽化期可长达1个月之久,造成世代重叠,防治困难。菜粉蝶虫口数量随春季天气变暖而逐渐上升,春夏之交达到最高峰。到盛夏或雨季,由于高温多湿、天敌增加等因素,虫量迅速下降,到秋季又略有回升,所以有春、秋两个明显为害期。

成虫夜间栖息在生长茂密的植物上,白天露水干后活动,以晴朗无风的中午最活跃,常在蜜源植物和产卵寄主之间来回飞翔,卵前期4d。卵多散产在叶片上,每一雌虫可产卵10余粒至100多粒,最多可达500多粒,卵期3～8d。初孵幼虫先吃卵壳再食叶肉,幼虫共5龄,发育起点温度为6℃,当温度高达32℃左右,或低于9℃,相对湿度68%以下,幼虫大量死亡。1～3龄幼虫食量不大,4～5龄进入暴食期,食量约占幼虫期总食量的80%以上。老熟幼虫多在叶片上化蛹,化蛹时以腹部末端黏在附着物上,并吐丝系缚身体。蛹的发育起点温度为6℃。菜青虫发育最适温度为20℃～25℃,相对湿度76%左右最适于幼虫发育,即降雨量为每周7.5～12.5mm。

菜粉蝶的天敌很多,有广赤眼蜂、微红绒茧蜂、凤蝶金小蜂,寄生率都很高。

3. 防治方法

(1) 农业防治　避免十字花科蔬菜连作,与非十字花科蔬菜轮作,夏季不种过渡寄主;收获后及时清洁田园,集中处理残株落叶,深翻菜地,减少虫源。

(2) 生物防治　一是保护利用天敌,少用广谱和残效期长的农药,放宽防治指标,避免杀伤天敌。二是人工释放天敌,如广赤眼蜂。三是推广应用苏云金杆菌为主的系列生物农药。

(3) 药剂防治　在幼虫低龄(3龄以前)发生盛期用药,并应注意各种药剂交替使用,以延缓产生抗药性。可应用植物性杀虫剂2.5%鱼藤酮乳油600倍稀释液,昆虫生长调节剂5%抑太保乳油1500倍稀释液、5%卡死克乳油1500倍稀释液喷雾防治。

3.2.13　小菜蛾

小菜蛾又名菜蛾、两头尖,属鳞翅目菜蛾科。主要以幼虫为害叶片为主。初龄幼虫可钻入叶肉内为害,稍大即啃食叶表面及叶肉,残留一层表皮,形成不整齐的透明斑。3～4龄幼虫可将叶片吃成孔洞和缺刻,严重时将叶片吃成网状。

1. 形态特征(图3-25)

(1) 成虫　灰褐色小蛾,体长5～6mm,翅展12～15mm,翅狭长,前翅后缘呈黄白色三度曲折的波纹,两翅合拢时呈3个连接的菱形斑。前翅缘毛长,后翅银灰色,缘毛也很长。

(2) 卵　扁平,椭圆状,约0.5mm×0.3mm,黄绿色,多为单粒产,大多产在叶背靠叶脉凹处。

（3）幼虫　老熟幼虫体长约10mm，黄绿色，体节明显，两头尖细，整个虫体呈纺锤形，前胸背板上的淡褐色无毛斑纹排列成2个"U"字形纹，臀足向后伸长超过腹部末端。

（4）蛹　长5~8mm，黄绿色至灰褐色，茧薄如网。

2．发生规律及发生条件

在我国由北向南1年发生2~22代，江苏、上海1年发生10~12代，世代重叠现象严重。长江以南可终年繁殖，基本上无越冬、越夏现象；北方以蛹在朝阳的残株落叶或杂草间越冬。成虫昼伏夜出，白天仅在受惊扰时，在株间做短距离飞行。成虫产卵期可达6d左右，平均每头雌蛾可产卵100~

1．成虫翅展态；2．成虫休息状；3．卵；
4．幼虫；5．蛹；6．茧；7．为害状

图3-25　小菜蛾的形态特征及为害状

200粒，卵散产或数粒在一起，多产于叶背脉间凹陷处，卵期3~11d。初孵幼虫潜入叶肉取食；2龄后主要取食下表皮和叶肉，留下上表皮呈"开天窗"；3龄后可将叶片吃成孔洞，严重时仅留叶脉。幼虫很活跃，遇惊扰即扭动、倒退或吐丝下垂。幼虫共4龄，老熟幼虫在叶脉附近结薄茧化蛹，蛹期约9d。菜蛾一般年份有两个发生危害严重阶段，即3~6月和8~11月，且秋季重于春季。

小菜蛾的发育适温为20℃~30℃，相对湿度60%以下。温度高于30℃或低于8℃，相对湿度高于90%时，发生轻。十字花科蔬菜种植面积大，复种指数高，发生重。

3．防治方法

（1）农业防治　合理布局，尽量避免小范围内十字花科蔬菜周年连作，以免虫源周而复始；对苗田加强管理，及时防治，避免将虫源带入本田；蔬菜收获后要及时处理残株败叶或立即翻耕，减少虫源。

（2）物理防治　小菜蛾有趋光性，在成虫发生期，每10亩设置一盏黑光灯，可诱杀大量小菜蛾，减少虫源。

（3）生物防治　可推广应用青虫菌、苏云金芽孢杆菌500~1000倍稀释液为主的生物农药防治。

（4）化学防治　在卵孵化盛期或2龄幼虫期及时喷雾防治，叶的两面均要喷透，每5~6d 1次，连续喷3~5次。生产上一般与菜粉蝶兼治。可选用5%锐劲特胶悬剂2000倍稀释液、5%抑太保乳油2000倍稀释液、1.8%阿维菌素乳油2000~3000倍稀释液、5%定虫隆（抑太保）乳油1500~2000倍稀释液、20%除虫脲悬浮剂2000倍稀释液、25%万灵水剂800~1000倍稀释液等药剂喷雾。

3.2.14　黄曲条跳甲

黄曲条跳甲又名黄条跳蚤等，幼虫俗称白蛆，属鞘翅目叶甲科。主要为害甘蓝、花椰菜、白菜、菜薹、萝卜、芜菁、油菜等十字花科蔬菜，也能为害茄果类、瓜类、豆类蔬菜。成虫食叶，以幼苗期为害最严重，甚至整株死亡，造成缺苗断垄。幼虫只为害菜根，蛀食根皮，咬断须根,使叶片萎蔫枯死,严重时造成减产失收。此外成、幼虫造成的伤口,有利于病菌的侵入,常造成软腐病的流行。

1. 形态特征(图 3-26)

(1) 成虫　黑色有光泽,体长约 2.5mm。触角 11 节,鞘翅中间有 1 条弯曲的黄色纵条纹,条纹的外侧中部凹曲颇深,内侧中部平直,两端向内侧弯曲。后足腿节膨大,为跳跃足。

(2) 卵　椭圆形,淡黄色,半透明。

(3) 幼虫　共 3 龄。老熟幼虫圆筒形,头和前胸背板、臀板皆为淡黄褐色,胴部黄白色,腹部末节腹面有一乳头状突起物,各节有肉瘤,瘤上长有细毛。

(4) 蛹　长约 2mm,椭圆形,乳白色,腹末有 1 对叉状突起物。

图 3-26　黄曲条跳甲成虫形态特征及危害状

2. 发生规律

我国由北向南 1 年发生 2~8 代,上海、南京、杭州 1 年 4~6 代,以成虫在地面的菜叶反面、残株落叶、杂草及土缝中越冬,世代重叠现象严重。翌年春天气温回升到 10℃ 左右时恢复活动。成虫能飞善跳,高温时仍能飞翔,以中午时分活动最盛,具有趋光性和假死性,对黑光灯尤为敏感。卵散产于菜株周围的土隙中或细根上,平均每头雌虫产卵 200 粒左右。初孵幼虫在 3~5cm 的表土层啃食菜株根皮,老熟幼虫在 3~6cm 深的土中筑土室化蛹。一年中以春、秋两季发生最为严重,而且秋季重于春季。

适宜黄曲条跳甲生长发育的温度范围为 15℃~35℃,最适环境温度为 21℃~26℃,相对湿度 80%~100%。卵孵化需要高湿(相对湿度 100%)。

3. 防治方法

(1) 清洁田园　蔬菜收割后,及时清除残株、落叶,铲除杂草,特别要注意清除处理菜根,以减少虫源。

(2) 合理轮作　与非十字花科蔬菜或其他作物轮作,可减轻黄曲条跳甲的发生和植物受害程度。

(3) 土壤处理　发现菜根被害时,用 90% 敌百虫晶体 1000 倍稀释液灌浇根周围土壤,以减轻受害。

(4) 药剂防治　幼苗出土后,发现成虫,应立即用 48% 乐斯本乳油 1000 倍稀释液、80% 敌敌畏乳油 1000 倍稀释液、90% 晶体敌百虫 1000 倍稀释液等药剂喷雾防治。喷药时最好按从地边到中央的顺序围喷,以便聚歼。

3.2.15　瓜绢螟

瓜绢螟又称瓜野螟、瓜螟,属鳞翅目螟蛾科。主要为害葫芦科植物,如黄瓜、苦瓜、丝瓜、西瓜等,也能为害番茄、马铃薯等。幼龄幼虫在叶背啃食叶肉,被害部位呈白斑,3 龄后吐丝将叶或嫩梢缀合,匿居其中取食,致使叶片穿孔或缺刻,严重时仅留叶脉。幼虫常蛀入瓜内、花中或潜蛀瓜藤,影响产量和质量。

1. 形态特征(图 3-27)

(1) 成虫　体长约 11mm,翅展 25mm。头部及胸部黑褐色,触角灰褐色,长度接近翅长。腹部白色,但第1、第6和第8节为黑褐色,腹部末端着生黄褐色毛丛。前、后翅白色半透明,略带金属紫光,前翅的前缘和外缘,以及后翅的外缘均为黑褐色宽带。

(2)卵 扁平椭圆形,淡黄色,表面有网状纹。

(3)幼虫 共5龄,老熟幼虫体长23~26mm。头部及前胸背板淡褐色,胸腹部草绿色,两条亚背线较粗、白色。气门黑色。

(4)蛹 体长约14mm,深褐色,头部尖瘦,翅芽伸及第6腹节。外被薄茧。

图3-27 瓜绢螟成虫(左)与幼虫(右)的形态特征

2. 发生规律

江苏1年发生5~6代,以老熟幼虫或蛹在寄主的枯卷叶内或表土越冬。次年4月底羽化,幼虫一般在5月开始出现,5~6月虫口密度渐增,8~9月盛发,世代重叠,为害严重,苏州地区以丝瓜受害最重。10月以后虫口密度下降,11月后即以幼虫在枯卷叶内越冬。成虫夜间活动,趋光性弱。雌成虫交配后即可产卵,卵粒多产在叶片背面,散产或几粒成堆。幼虫孵出后,首先取食叶片背面的叶肉,被食害的叶片呈灰白色网状斑块。3龄后能吐丝将叶片缀合,匿居其中取食,或蛀入幼果及花中为害。老熟后在被害卷叶内做白色薄茧化蛹,或在根际表土中化蛹。适宜瓜绢螟生长发育的温度范围为18℃~36℃,最适环境温度为23℃~28℃,相对湿度85%以上。

3. 防治方法

(1)农业防治 采收完毕,及时清理瓜地,消灭藏匿于枯藤落叶中的虫蛹,以减少虫口密度或越冬基数。在幼虫发生初期,根据被害状捏杀幼虫,及时摘除卷叶,以消灭部分幼虫。

(2)药剂防治 选择在低龄幼虫高峰期用药,可选用15%菜盛乳油1500倍稀释液、10%速浮青乳油1000倍稀释液、5%锐劲特乳油1000倍稀释液、21%灭杀毙乳油8000倍稀释液、20%氰戊菊酯乳油3000倍稀释液、20%氯·马乳油3000倍稀释液,80%敌敌畏乳油1000倍稀释液喷雾,效果均好。

3.2.16 黄足黄守瓜

黄足黄守瓜又名守瓜、黄虫、瓜叶虫、瓜蛆等。主要为害葫芦科蔬菜,也可食害十字花科、茄科、豆科等蔬菜。成虫取食瓜苗的叶和嫩茎,常常引起死苗,也危害花及幼瓜,常以身体为半径旋转咬食一圈,然后在圈内取食,使叶片残留若干干枯环或半环形食痕或圆形孔洞。幼虫在土中咬食瓜根,导致瓜苗整株枯死,还可蛀入接近地表的瓜内为害。防治不及时可造成减产。

1. 形态特征(图3-28)

(1) 成虫　体长约9mm,椭圆形,黄色,仅中、后胸及腹部腹面为黑色。前胸背板长方形,中央有一波浪形横凹沟。

(2) 卵　圆形,长约1mm,黄色,表面具六角形蜂窝状网纹。

(3) 幼虫　体长约12mm,长圆筒形。头部黄褐色,胸腹部黄白色,臀板腹面有肉质突起,上生微毛。

图3-28　黄守瓜形态特征及为害状

(4) 蛹　长9mm,裸蛹,在土室中,黄白形,头顶、腹部及尾端有短粗的刺。

2. 发生规律

我国由北向南每年发生1~4代,以成虫在向阳的枯枝落叶、草丛、田埂土坡缝隙中、土块下等处群集越冬,深度5~6mm。次年春天3~4月开始活动,先飞往麦田、豆田、菜田、果园等处为害,瓜苗出土后转到瓜田为害。成虫喜在温暖晴天活动,晚上静止,次晨露水干后取食,以中午前后活动最盛。成虫有假死性和趋黄性,喜食瓜类幼苗的叶片、嫩茎、花及幼瓜,常引起死苗。阴天不活动,每在降雨之后即大量产卵,产卵量大,卵散产或堆产于瓜根附近的潮湿土壤中,每雌平均产卵140多粒。

幼虫孵化后潜入土内为害侧根、主根、茎基部,还可蛀入主根、幼茎及近地表的幼瓜内为害。3龄以后钻入主根或近地面的根茎内部上下蛀食或钻入贴地面的瓜果皮层、瓜肉蛀食,可转株为害,造成死株,瓜果腐烂,一般在土内活动深度为6~10cm。老熟后即在为害部位附近土下约10cm深处化蛹。7月羽化为成虫。一般成虫产卵盛期若降雨多,有利于害虫当年发生。

3. 防治方法

(1) 适时早定植　在越冬成虫盛发期前,4~5片真叶时定植瓜苗,以减少成虫为害。

(2) 防止成虫产卵　成虫产卵前,露水未干时,在瓜株附近土面撒草木灰、锯木屑、谷糠等。

(3) 药剂防治　苗期可用21%灭杀毙乳油5000~8000倍稀释液或40%氰戊菊酯乳油8000倍稀释液喷洒防治成虫。瓜苗定植后至4~5片真叶前选用20%敌杀死乳油2000~3000倍稀释液喷洒防治幼虫。另外幼虫危害严重时,可用烟草水(烟叶500g,加水15kg浸泡24h)灌根。

3.2.17　茄二十八星瓢虫

茄二十八星瓢虫又名酸浆瓢虫,属鞘翅目瓢虫科。各地均有分布,但以南方发生量大,为害严重。主要为害茄子、马铃薯、番茄及豆类、酸浆等。其成虫、幼虫均啃食叶片、嫩茎和果实,也可取食花瓣和萼片为害,被害叶仅残留上表皮,形成许多透明凹纹。

1. 形态特征(图3-29)

(1) 成虫　体长约6mm,半球形,黄褐色或红褐色。鞘翅黄褐色。两鞘翅各有14个黑斑,其中基部有3个。其后方4个黑斑几乎在一条直线上。两翅合缝处黑斑不相连。

(2) 卵　长约1mm,淡黄色,枪弹头状,卵粒排列较密。

(3) 幼虫　共4龄。老熟幼虫体长约6mm,初孵幼虫淡黄色,后变白色,体背有白色枝刺,枝刺基部有黑褐色环纹。
（4）蛹 椭圆形,黄白色,背面有较浅黑色斑纹。

图3-29 茄二十八星瓢虫形态特征及为害状

2. 发生规律

茄二十八星瓢虫在江苏每年发生3～4代,有世代重叠现象。以成虫在土块下、树皮缝或杂草间越冬。翌年成虫出蛰后,先取食野生茄科植物,然后陆续迁至茄科蔬菜上为害,以茄子受害严重。成虫有假死性,喜栖息在叶背。卵块产于叶背,初孵幼虫群集为害,2～3龄后分散为害。

茄二十八星瓢虫生长发育的温度范围为16℃～35℃;最适环境温度25℃～30℃,相对湿度75%～85%。当气温降到18℃以下时,幼虫活动减弱,成虫不产卵,进入越冬期。

3. 防治方法

（1）压低越冬虫量 收获后清洁田园,及时处理收获后的茄子、马铃薯残株,清除田边地头杂草,减少越冬虫源。

（2）捕杀成虫,摘除卵块 成虫有假死性,可人工捕杀成虫,减轻为害。成虫产卵期可结合农事操作及时摘除卵块。

（3）药剂防治 掌握在越冬成虫迁入作物地、成虫盛发期和幼虫孵化盛期及时用药防治,防治间隔期6d左右,可选用48%乐斯本乳油1000倍稀释液、5%定虫隆乳油1000～2000倍稀释液、90%晶体敌百虫800倍稀释液、50%辛硫磷乳油1000倍稀释液等药剂喷洒。

3.2.18 美洲斑潜蝇

美洲斑潜蝇属双翅目潜蝇科,俗称蔬菜斑潜蝇、蛇形斑潜蝇等。主要危害番茄、茄子、辣椒、刀豆、豇豆、黄瓜、甜瓜、油菜、烟草等110多种植物,在蔬菜作物上发生普遍且为害重,是一种世界性害虫。我国1993年在海南首次发现后,现已扩散到广东、广西、云南、四川、山东、北京、天津等20多个省、市、自治区。

1. 形态特征(图3-30)

（1）成虫 体长1.3～2.3mm,浅灰黑色,胸背板亮黑色,体腹面黄色,雌虫体比雄虫大。

（2）卵 米色,半透明,(0.2～0.3)mm×(0.1～0.15)mm大小。

（3）幼虫 蛆状,初无色,后变为浅橙黄色至橙黄色,长3mm,后气门呈圆锥状突起,顶端三分叉,各具一开口。

（4）蛹 椭圆形,橙黄色,腹面稍扁平,(1.6～2.3)mm×(0.5～0.65)mm大小。

图 3-30　美洲斑潜蝇成虫、卵、幼虫、蛹形态特征及对叶片的为害状

2．发生规律

成虫以产卵器刺伤叶片,吸食汁液。雌虫将卵产在部分伤孔表皮下,卵经 2～5d 孵化,幼虫期 4～6d,末龄幼虫咬破叶表皮在叶外或土表下化蛹,蛹经 6～14d 羽化为成虫。每世代夏季 2～4 周,冬季 6～8 周。美洲斑潜蝇等在美国南部周年发生,无越冬现象。世代短,繁殖能力强。

成虫活泼,对黑光灯无趋光性,对黄色光谱敏感,有较强的趋性,可短距离飞翔。主要活动在白天,下午 2 时后活动减弱,晚上在叶背栖息。雌成虫在飞翔中用产卵器把植物叶片刺伤,进行取食和产卵。幼虫潜入叶片和叶柄为害,产生不规则蛇形虫道,叶绿素被破坏,影响光合作用。美洲斑潜蝇发生初期虫道呈不规则线状伸展,虫道终端常明显变宽。适宜美洲斑潜蝇生长发育的温度范围为 15℃～35℃,最适环境温度为 20℃～30℃,相对湿度 80%～85%。

3．防治方法

美洲斑潜蝇抗药性发展迅速,具有抗性水平高的特点,给防治带来很大困难,应采取综合防治措施。

(1) 控制疫情　严格检疫,防止该虫扩大蔓延。

(2) 覆盖防虫　利用无纺布、银灰地膜覆盖防虫。

(3) 合理布局,加强田间管理　在为害重的地区,要考虑蔬菜布局,把斑潜蝇嗜好的茄果类、瓜类、豆类与其不嗜好的作物进行套种或轮作;适当疏植,增加田间通透性;收获后及时清洁田园,把被斑潜蝇危害作物的残体集中深埋或烧毁。

(4) 灭蝇纸诱杀成虫　成虫始盛期至盛末期,每 666m^2 置 15 个诱杀点,每个点放置 1 张诱蝇纸诱杀成虫,3～4d 更换 1 次。也可用斑潜蝇诱杀卡,使用时把诱杀卡揭开挂在斑潜蝇多的地方。室外使用时 15d 换 1 次。

(5) 利用天敌　释放姬小蜂、反颚茧蜂、潜蝇茧蜂,这三种寄生蜂对斑潜蝇寄生率较高。

(6) 科学用药　在受害作物某叶片有幼虫 5 头时,掌握在幼虫 2 龄前(虫道很小时),于 8～11 时露水干后幼虫开始到叶面活动或者成熟幼虫多从虫道中钻出时开始喷洒 25% 斑潜净乳油 1500 倍稀释液或 48% 乐斯本 1500 倍稀释液、1.8% 爱福丁乳油 3000 倍稀释液、5% 抑太保乳油 2000 倍稀释液、5% 卡死克乳油 2000 倍稀释液。防治时间掌握在成虫羽化高峰的 8～12 时效果好。

3.2.19 柑橘潜叶蛾

柑橘潜叶蛾又称鬼画符、绘图虫,属鳞翅目,橘潜蛾科。各柑橘产区均有分布,能为害所有柑橘属植物,还可在枳壳上完成个体发育。以幼虫在柑橘嫩茎、嫩叶表皮下钻蛀为害,成银白色的弯曲隧道。受害叶片卷缩或变硬,易于脱落,使新梢生长不实,影响树势及来年开花结果。被害叶片常是害螨的越冬场所,幼虫造成的伤口利于柑橘溃疡病的侵入。老树受害较轻,幼树较重,一般春梢不受害,夏梢受害轻,秋梢受害重。

1. 形态特征(图 3-31)

(1)成虫 体长仅 2mm,翅展 5.3mm。体及前翅均银白色,前翅披针形,翅基部有 2 条褐色纵纹,长为翅的一半。翅中有 2 个黑色"丫"字纹;翅尖缘毛形成 1 个黑色圆斑,内有一小白斑。后翅银白色,针叶形,缘毛极长,足银白色,后足长,各足胫节末端均有大型距 1 个。

图 3-31 柑橘潜叶蛾成虫、幼虫形态特征及幼虫钻蛀叶片为害状

(2)卵 椭圆形,长 0.3~0.6mm,白色透明。

(3)幼虫 体黄绿色,初孵时长 0.5mm。胸部第 1、第 2 节膨大近文形,尾端尖细,足退化。成熟幼虫扁平,纺锤形,具 1 对细长的尾状物。

(4)预蛹和蛹 长筒形,胸腹部第 2、第 3 节较大,第 1、第 6、第 7、第 8、第 9、第 10 节两侧均有肉质突起。初化蛹时淡黄色,后渐变黄褐色。末节后缘每侧有明显肉质刺 1 个。

2. 发生规律

1 年发生 9~15 代,世代重叠。5~6 月幼虫开始为害,6~9 月间柑橘不断抽发新梢,食料丰富,同时正值高温干旱,适宜其发生和繁殖,因而这段时间发生最重,为害最烈;10 月以后,发生数量下降。

3. 防治方法

(1)农业防治 摘除零星过早或过晚抽发的新梢,夏、秋梢抽发时应控制肥水,加强肥水管理,抹芽放梢,抹除过早和过晚抽发不整齐的夏、秋梢,促使新梢抽发整齐,以利施药。

(2)人工防治 结合冬季清园,剪除受害枝梢及在嫩梢上越冬的幼虫和蛹,初夏早期摘除零星发生的幼虫和蛹,并予烧毁。

(3)适时用药 新梢萌发达 20%,或多数新梢嫩芽长至 0.5~2cm,或嫩叶受害率达 5%,开始喷药,每隔 5~6d 1 次,连喷 2~3 次。药剂可选用 2.5% 敌杀死乳油 3000 倍稀释液、1.45% 捕快可湿性粉剂 800 倍稀释液、10% 吡虫啉 1500~2500 倍稀释液、18% 杀虫双水剂 600 倍稀释液、98% 杀螟丹 1500~2000 倍稀释液、3% 啶虫脒 1500~2500 倍稀释液、20% 甲氰菊酯 2500~3000 倍稀释液,或 20% 除虫脲 1500~3000 倍稀释液等。

3.2.20 豆野螟

豆野螟又称豇豆荚螟、豆荚野螟,属鳞翅目螟蛾科,以幼虫为害豇豆、菜豆、扁豆、豌豆等豆科蔬菜的花蕾及豆荚为主,蛀食花蕾造成落花、落蕾。蛀食早期造成落荚,蛀食后期豆荚产生蛀孔,蛀孔内外堆积粪便,不堪食用,并引起腐烂,严重降低产量和品质,是豆类作物中常见的主要害虫之一。

1. 形态特征(图 3-32)

(1) 成虫 体灰褐色。体长约 13mm,翅展 20～26mm。触角丝状,黄褐色。前翅暗褐色,自外缘向内有大、中、小透明斑各 1 块,后翅白色半透明。雌虫腹部较肥大,近末端圆筒形;雄虫尾部有灰黑色毛 1 丛。

图 3-32　豆野螟成虫、卵、幼虫形态特征及幼虫钻蛀豆荚为害状

(2) 卵 椭圆形,初产时淡黄绿色,孵化前橘红色。卵壳具 4～6 边形花纹。

(3) 幼虫 共 5 龄,黄绿至粉红色。老熟幼虫体长 18mm 左右,中后胸背板上每节前排有毛片 4 片,各生 2 根细长的刚毛,后排有斑 2 个,无刚毛。腹部背面的毛片上都有 3 根刚毛。腹足趾钩为双序缺环式。

(4) 蛹 长约 13mm,黄褐色,中胸气门前方有 1 根刚毛。腹末臀棘 8 根,末端向内卷曲。茧为丝质、很薄、白色。

2. 发生规律

豆野螟的发生代数因地域而异,苏州 1 年发生 4～5 代,以老熟幼虫在土表隐蔽处或浅土层内,或豇豆支架中结茧化蛹越冬,每年 6～10 月是此幼虫的危害盛期。成虫有趋光性,昼伏夜出。成虫羽化后 1～3d 开始产卵,卵散产于嫩荚、花蕾和叶柄上。初孵幼虫钻入幼荚、花蕾、花器取食花药及幼嫩子房,被害花蕾、幼荚不久会同幼虫一起掉落。一般植株花内的虫龄较低,落地花内的虫龄大多在 3 龄以下,3 龄后的幼虫蛀入荚内为害豆粒,被害荚在雨后常致腐烂。此外,幼虫还能蛀茎和吐丝缀叶为害。

豆野螟喜高温潮湿,土壤湿度直接影响成虫羽化和出土。6～8 月多雨,常能引起大发生。光滑少毛的品种着卵量大,受害重;成虫产卵期与寄主的开花期吻合者受害重;蔓性无限花序的豆类品种,开花嫩荚期长,受害重。豆野螟对温度适应范围广,6℃～31℃都能发育,最适温度为 28℃,相对湿度为 80%～85%。

3. 防治方法

(1) 减少虫源 及时清除田间落花、落荚,并摘除被害卷叶和豆荚,将所摘落的花、荚等物集中烧毁,以减少虫源。

（2）诱杀　利用成虫的趋光性在田间架设黑光灯，进行灯光诱杀。

（3）药剂防治　可在豆类植株盛花期喷药，或孵卵盛期喷施第 1 次药，隔 6d 再喷 1 次，连喷 3~4 次。一般宜在清晨豆类植物花瓣开放时喷药，喷洒重点部位是花蕾、已开的花和嫩荚，落地的花荚也要喷药。喷施药剂可选用高含量苏云金芽孢杆菌（Bt 乳剂）500 倍稀释液、15% 菜盛乳油 1500 倍稀释液、5% 锐劲特胶悬剂 1500 倍稀释液等。

3.2.21　苹果小卷叶蛾

苹果小卷叶蛾又名小黄卷叶蛾、棉褐带卷叶蛾、苹小卷叶蛾。属鳞翅目，卷叶蛾科。分布很广，东北、华北、西北、华中、华东、华南、西南等地均有发生。主要为害苹果、梨、柑橘，此外还有桃、李、梅、杏、山楂等果树。幼虫食害叶片、嫩芽、花蕾，并能啃食果皮。在苹果、梨上啃食果皮尤重。越冬幼虫出蛰后，爬到花丛新梢嫩叶上吐丝为害，将幼芽食成残缺不全，造成花芽包缩不能开放。初龄幼虫常缀合两叶片藏在其中，舔食叶肉呈网状，随后边缀叶片成叶包，在卷内沿叶缘取食，稍大的幼虫能将靠近果实的叶片吐丝黏在果实上，潜在其中啃食果皮，或在与果相靠的空隙地方食害果面，使果实呈不规则小坑洼，受害果实常腐烂脱落。

1. 形态特征（图 3-33）

（1）成虫　体长 6~8mm，翅展 15~20mm。体色个体间有变化，一般为黄褐色。前翅黄褐色，基斑、中带及端斑浓褐色，中带中央线细或中断，近后缘处膨大或分叉，似 "h" 形，基斑在翅基近后缘色浓，端斑在前缘端部向后缘斜行。雄虫体较小，前缘褶明显。

（2）卵　长径约 0.6mm，椭圆形，淡黄色。数十粒排列成鱼鳞状块，近孵化时黑褐色。

（3）幼虫　幼虫共 5 龄，老熟幼虫体长 13~18mm，体细长，翠绿色。头较小，淡黄白色，单眼区上方、头壳后侧缘处有一栗壳色斑。前胸北板同体色。臀栉 6~8 根。各龄幼虫头宽（mm）为初龄 0.22，2 龄 0.32，3 龄 0.5，4 龄 0.66，5 龄 1.09。

（4）蛹　体长 9~11mm，黄褐色，腹部 3~6 节，背面有 2 排刺，前缘刺大，后排刺小而细密，雄虫第 8 节 2 排刺较大，雌虫小而少。腹末尖细，有 8 根钩状刺。

图 3-33　苹果小卷叶蛾成虫、幼虫形态特征及为害状

2. 发生规律

1 年发生 3~4 代，以初龄幼虫在老树皮（翘皮）、剪锯口周缘及其梨潜皮蛾幼虫为害的爆皮等缝隙中结白色茧越冬。大树以主干及主枝上的翘皮及树皮裂缝中虫量多，幼树以枯叶与枝条粘合处及锯口周缘较多。翌年苹果花芽开绽时，越冬幼虫开始出蛰。4 月下旬至 5 月上旬为出蛰盛期，出蛰约 25d 左右。幼虫出蛰后，爬到花丛及新梢嫩枝隙缝，吐丝把几个花朵或嫩叶缀合在一起，潜伏在里面为害。稍大后吐丝将几张叶片缀合成虫苞，在其中为害，并有向新梢转移为害的习性。4 月下旬是活动为害盛期。5 月中下旬幼虫开始老熟后，

在卷叶内化蛹。越冬代成虫 5 月下旬至 6 月上中旬羽化。6~7 月产卵,产在叶片及果实上。初龄幼虫啃食叶肉,以后转移分散,卷叶危害,并啃食果皮严重。6 月底到 7 月第 1 代幼虫危害期是全年防治的关键时期。7 月中旬至 8 月第 1 代成虫发生,8 月上旬盛发。卵期约 6d。7 月底至 8 月下旬第 2 代幼虫孵化,吐丝将叶片贴在果实上,在果叶之间啃食果皮。幼虫为害约 17d,于 8 月上旬开始化蛹。江苏发生 4 代区各代成虫发生期为:越冬代 5 月中下旬盛发,第 1 代 6 月下旬盛发,第 2 代 7 月下旬至 8 月上旬盛发,第 3 代 9 月中旬盛发。幼虫期 18~26d,蛹期 6~8d,10 月间幼虫开始越冬。

品种之间受害程度不同,晚熟品种国光受害最重,金帅、倭锦次之,红奎、黄奎、祝光等早、中熟品种受害较轻。

3. 防治方法

(1) 园艺技术防治　小卷叶蛾多在翘皮裂缝等处结茧越冬,冬季或早春刮除翘皮及黏附在枝干上的枯枝叶,消灭越冬幼虫。5~6 月摘除小卷叶蛾为害的虫苞。

(2) 天敌利用　在各代卵开始发生时释放赤眼蜂等天敌,助长天敌群体数,控制小卷叶蛾种群数量。

(3) 诱杀成虫　始见成虫后,开始在田间挂红糖:果酒:醋:水 =1:1:4:16 的糖醋罐。日落时挂出,日出前取回,放置在阴凉处并加盖。或将刚羽化未经交配的雌成虫于夜间 3 点前,剪取腹末 3 节,放入浸提液(三氯乙烷)中浸泡,然后捣碎,碾拌约 30min,配成 5 头/mL 浓度的溶液,吸附滤纸上,卷成指状挂在盛有水的盆上距水面约 3cm 处诱杀雄成虫。

(4) 药剂防治　在虫量大、可能成灾的果园,应注重早春防治,关键是越冬幼虫出蛰期及第 1 代幼虫发生期。这对保护天敌、减少以后的虫量、减少喷药次数都有重要作用。越冬幼虫出蛰期,结合其他害虫防治,喷洒 50% 杀螟松乳油 1000 倍稀释液,尤其要注意喷及枝干剪、锯口周缘及翘皮缝隙。第 1 代幼虫发生期比较整齐,在卵孵盛期后进行喷药,可减少幼虫发生数量,减少用药次数,有利于以后天敌种群数量的发展。可喷苏云金芽孢杆菌(Bt 乳剂)400 倍稀释液或 50% 马拉硫磷乳油。

任务三　园艺植物吸汁类害虫防治技术

知识目标

1. 了解园艺植物生产上主要吸汁类害虫的种类及发生特点。
2. 掌握与吸汁类害虫防治有关的昆虫习性,熟悉其生物学特性及发生规律。
3. 掌握其防治技术。

能力目标

1. 能识别同翅目、半翅目等常见吸汁类害虫种类。
2. 能应用综合防治原理对主要吸汁类害虫进行防治。

知识平台

吸汁类害虫是观赏植物上较大的一个类群。分为两大类：一类是昆虫纲，主要种类有同翅目的叶蝉、蚜虫、木虱、粉虱、蚧壳虫；半翅目的蝽象、网蝽；缨翅目的蓟马等；另一类为蛛形纲蜱螨目中的螨类，如朱砂叶螨、山楂叶螨等。这类害虫除了以刺吸式口器吸取植物汁液，掠夺其营养，造成生理伤害外，同时还传播病毒病、类菌质体病害，排泄蜜露诱发花木煤污病。

由于吸汁类害虫个体小，发生初期被害症状不明显，易被人们忽视，加上繁殖力强，扩散蔓延快，在防治时若未抓住有利时机采取防治措施，很难达到满意的防治效果。

3.3.1 蚜虫类

蚜虫属同翅目，蚜总科。蚜虫类害虫生活史复杂，可分为干母蚜、干雌蚜、迁移蚜、侨蚜、性母蚜、性蚜等生活阶段。危害观赏植物的蚜虫种类很多，据统计已定名的有40多种，常见的种类有棉蚜、桃蚜、月季长管蚜、菊姬长管蚜、竹茎扁蚜、杭州新胸蚜、罗汉松新叶蚜等。蚜虫通常在寄主的叶和茎上吸汁为害，使叶和嫩芽卷曲、皱缩、褪色，而且分泌蜜露导致煤污病，有的种类能形成虫瘿。

1. 棉蚜（图3-34）

棉蚜又名瓜蚜、蜜虫，属同翅目，蚜科。棉蚜是世界性的害虫，全国各地均有分布，寄主植物近300种。主要危害黄瓜、南瓜、西葫芦、西瓜等葫芦科蔬菜，也危害豆类、茄子、菠菜、葱、洋葱等蔬菜及棉花、烟草、甜菜、花卉等。以成虫和若虫群集在寄主的嫩梢、花蕾、花朵和叶背，吸取汁液，使叶片皱缩，影响开花，同时诱发煤污病。瓜苗嫩叶和生长点被害后，叶片卷缩，瓜苗生长缓慢萎蔫，甚至枯死；老叶受害，提前枯落，结瓜期缩短，造成减产。

图3-34　棉蚜（瓜蚜）形态特征及为害状

（1）形态特征。

① 干母　体长1.6mm，宽约1.1mm。无翅，全茶褐色。触角5节，约为体长的一半。

② 无翅胎生雌蚜　体长1.5～1.8mm，宽0.65～0.85mm。夏季为黄绿色，春、秋季为墨绿色至蓝褐色。复眼黑色，触角6节，仅第5节端部有一感觉圈。体背有斑纹，腹管、尾片均为灰黑至黑色。全体被有蜡粉。腹管圆筒形，基部较宽，具瓦纹。尾片黑褐色圆锥形，近端部1/3处收缩，有曲毛6～7根。

③ 有翅胎生雌蚜　体长1.2～1.9mm，宽0.45～0.68mm。体黄色、浅绿色或深绿色。前胸背板黑色，夏季虫体腹部多为淡黄绿色。春、秋季多为蓝黑色，背面两侧有3～4对黑

斑。腹部圆筒形,黑色,表面具瓦纹,腹部两侧有 3~4 对黑色斑纹。触角 6 节,感觉圈着生在第 3、第 5、第 6 节上,第 3 节上有成排的感觉圈 5~8 个。腹管黑色,圆筒形,上有覆瓦状纹。尾片黑色,形状与无翅胎生雌蚜相同。

④ 卵　椭圆形,长 0.49~0.69mm。初产时黄绿色,后变为深褐色或漆黑色,有光泽。

⑤ 若蚜　无翅若蚜共 4 龄。末龄若蚜体长 1.63mm,宽 0.89mm。夏季体黄色或黄绿色,春、秋季蓝灰色。复眼红色,无尾片。有翅若蚜 4 龄,第 3 龄若蚜出现翅芽,翅芽后半部灰黄色。虫体被蜡粉,体两侧有短小的褐色翅芽,夏季黄褐或黄绿色,秋季蓝灰黄色。

(2) 发生规律　棉蚜每年发生代数因地区及气候条件不同而有差异,华北地区 1 年发生 10~20 代,长江流域 20~30 代,以卵在杂草、木槿、花椒、石榴、木芙蓉、扶桑、鼠李的枝条芽腋间和夏枯草的基部越冬。由于棉蚜无滞育现象,因此,只要具有棉蚜生长繁殖的条件,无论南方还是北方都可周年发生。翌春 3~4 月,当气温稳定到 6℃ 以上时,越冬卵开始孵化为干母,全无翅,全为孤雌蚜,干母胎生下的第 1 代为干雌,少数有翅。越冬卵孵化一般多与越冬寄主叶芽的萌芽相吻合。当气温达 12℃ 时,干母在越冬寄主上进行孤雌胎生,繁殖 3~4 代。4~5 月间,产生有翅胎生雌迁移蚜,从冬寄主迁飞到菊花、扶桑、茉莉、瓜叶菊等花木上或瓜田、棉田等夏季寄主上繁殖为害,在夏寄主上可连续孤雌胎生 20 多代,其中多数世代无翅。秋末冬初 10~11 月气温下降,日照缩短,不适于棉蚜生活时,发生性母世代,产生有翅蚜,逐渐有规律地从夏寄主飞回到越冬寄主木槿上,孤雌胎生出能产卵的有性无翅雌蚜,与从他处飞来的有翅雄蚜交配后产卵,以卵越冬。

棉蚜活动繁殖的温度范围为 6℃~27℃,16℃~22℃ 最适于繁殖。内陆地区超过 25℃,南方地区超过 27℃,空气相对湿度 75% 以上,不利于棉蚜繁殖。棉蚜繁殖速度与气温关系密切,夏季 4~5d 1 代,春秋季 10 余天 1 代,冬季棚室内蔬菜上 6~7d 1 代。每头雌蚜可产若蚜 60~70 只,且世代重叠严重,所以棉蚜发展迅速。

棉蚜具有较强的迁飞和扩散能力。棉蚜的扩散主要靠有翅蚜的迁飞、无翅蚜的爬行及借助于风力或人力的携带。棉蚜对葫芦科瓜类的为害时间主要在春末夏初,秋季一般轻于春季。春末夏初正是大田瓜类和花木的苗期,受害最烈。干旱气候有利于棉蚜发生,夏季在温度和湿度适宜时,也能大量发生。一般离棉蚜越冬场所和越冬寄主植物近的田地和温室大棚受害重,窝风地也重。有翅蚜对黄色有趋性,对银灰色有负趋性,有翅蚜迁飞还能传播病毒。棉蚜的天敌很多。在捕食性天敌中,蜘蛛占有绝对优势,约占天敌总数的 75% 以上。此外,捕食性天敌有各种瓢虫(如七星瓢虫、异色瓢虫、龟纹瓢虫等)、大草蛉、丽草蛉、食蚜蝇等。寄生性天敌有蚜茧蜂、蚜霉菌等。

(3) 防治方法。

① 生物防治　选用高效低毒的农药,避免杀伤天敌。有条件的地方可人工助迁或释放瓢虫(以七星瓢虫和异色瓢虫为好)和草铃来消灭蚜虫。

② 物理防治　育苗时小拱棚上覆盖银灰色薄膜,定植后,大棚四周挂银灰膜条,棚室的放风口设置纱网,减少蚜虫迁入。用 30cm×60cm 的木板或纸板,漆成黄色,外涂机油,均匀插于棚室内,可诱杀有翅蚜,减轻危害。

③ 药剂防治　可采用烟雾法,用 22% 敌敌畏烟剂每亩 0.5kg,或灭蚜宁每亩 0.4kg,分放 4~5 堆,用暗火点燃,闭棚熏烟 3~4h。也可采用喷雾法,用 10% 吡虫啉可湿性粉剂

1000倍稀释液,或50%灭蚜松乳油1000倍稀释液、2.5%功夫乳油3000倍稀释液、20%速灭杀丁乳油3000倍稀释液、2.5%天王星乳油3000倍稀释液、5%鱼藤精乳油500倍稀释液等药剂喷雾。喷洒时应注意使喷嘴对准叶背,将药液尽可能喷到棉蚜体上。为避免棉蚜产生抗药性,应轮换使用不同类型的农药。

2. 桃蚜(图3-35)

桃蚜又名桃赤蚜、烟蚜、菜蚜,属同翅目,蚜科,分布于全国各地。主要为害桃、李、海棠类、郁金香、樱花、夹竹桃、菊花、仙客来、一品红等300多种花木。成蚜、若蚜在嫩梢和叶背以刺吸式口器吸取汁液,使被害叶向背面做不规则的卷曲,最后干枯脱落。同时蚜虫可传播病毒,分泌的蜜露可致烟煤病,使叶片枯黄脱落,嫩梢枯萎。

(1)形态特征。

① 有翅胎生雌蚜　体长约2mm。头胸部黑色,额瘤显著内倾。复眼赤褐色。有6节黑色触角,第3节有感觉孔9~16个,第5节端部和第6节基部各有1个感觉孔。腹部赤褐、黄绿或褐色,两侧常有1列小黑斑。腹管长,中部略膨大,端部黑色,尾片黑色,中部略收缩,有3对弯曲的侧毛。

② 无翅胎生雌蚜　体长约1.6mm。体赤褐色或黄绿色,高温时多为黄绿色,低温时多为赤褐色。复眼赤褐色。触角6节,第5、第6节各有1个感觉孔。其余特征与有翅雌蚜相似。

③ 若虫　近似无翅孤雌胎生雌蚜,淡绿或淡红色,体较小。

④ 卵　长径约0.6mm,长椭圆形。初产时黑绿色,渐变黑色,有光泽。

有翅蚜　　　　　　无翅蚜　　　　　　为害状(1)　　　　　　为害状(2)

图3-35　有翅、无翅桃蚜形态特征及为害状

(2)生活史及生活习性　东北1年发生10余代,长江中下游20余代,我国南部达30余代。主要在桃枝梢、芽腋及缝隙和小枝杈等处产卵越冬,或以成虫、若虫、卵在蔬菜、油菜、蚕豆的心叶及叶背越冬。翌年早春2~3月桃树萌发时,越冬卵开始孵化,先群集在嫩芽上为害,开花展叶后转向危害花及叶。另有部分成虫可从冬寄主上迁移到桃树及观赏植物上为害,并进行孤雌胎生繁殖约3~4代,以春末夏初时繁殖、为害最盛,到5~6月产生有翅蚜,迁飞到夏寄主烟草、马铃薯及十字花科蔬菜、禾本科植物上繁殖为害,所以5月后桃赤蚜在桃树上的数量逐渐减少,到10~11月产生有翅性母蚜迁飞回到桃树产生雌雄性蚜,交尾后产卵越冬。这种生活周期类型称乔迁式生活周期型。冬季在蔬菜上越冬的桃赤蚜是春季蔬菜上的主要蚜源,称为留守式生活周期型。温、湿度对桃赤蚜数量的变动有重要的影响。桃赤蚜的发育起点温度为4.3℃,最适温度为16℃左右,在此温度条件下繁殖最快。气温超过28℃时不利于蚜虫生长繁殖,一般暖冬、春季雨量适中有利其发生。桃蚜的天敌有蚜茧蜂、瓢虫、食蚜蝇、草蛉、小花蝽和蚜霉菌等。

（3）防治方法。

① 保护利用天敌　蚜虫的天敌种类较多,在施用药剂时,避免使用对天敌杀伤力强的药剂。对一些寄生蜂、瓢虫等天敌可培育释放。

② 药物防治　主要抓住3个关键时期:一是春季桃芽萌动后、开花前,在越冬卵已大部孵化时,进行第1次喷药;二是落花后在蚜虫大量繁殖前,进行第2次防治,防止蚜虫迁飞扩散;三是秋季10月间当蚜虫迁回桃树产卵时,再用一次药进行防治。可用10%吡虫啉可湿性粉剂1500倍稀释液、3%莫比朗乳油1500倍稀释液或20%杀灭菊酯1500倍稀释液进行喷施。冬季可喷施3波美度的石硫合剂杀灭越冬虫卵。

3.3.2 菜蚜

菜蚜是危害十字花科蔬菜多种蚜虫的总称,主要有桃蚜、萝卜蚜和甘蓝蚜3种,属同翅目蚜科。桃蚜为多食性害虫,分布广,寄主多,喜偏食叶面光滑、蜡质多的甘蓝类蔬菜。萝卜蚜和甘蓝蚜为寡食性害虫,前者喜偏食叶面多毛而蜡质少的白菜类、芥菜类和萝卜等蔬菜,常与桃蚜混合发生。后者则如桃蚜一样,喜偏食叶面光滑、蜡质多的甘蓝类蔬菜。菜蚜以成、若虫群集寄主叶片、花梗、种荚等上面吸汁为害,并分泌蜜露诱发煤污病,使叶片黄化、蜷缩甚至枯萎。菜蚜还能传播多种病毒病,其传播病毒造成的为害常大于蚜害本身。

1. 形态特征

桃蚜、萝卜蚜、甘蓝蚜的形态特征见表3-9、图3-36。

表3-9　桃蚜、萝卜蚜和甘蓝蚜的形态特征区别

虫态	项目	桃蚜	萝卜蚜	甘蓝蚜
有翅胎生雌蚜	体长	约2mm	约1.6mm	约2mm
	体色	头胸部黑色,腹部黄绿色、绿色或赤褐色	头胸部黑色,腹部黄绿至暗绿,被有稀少的白色蜡粉	头胸部黑色,腹部浅黄绿色,全身被有白色蜡粉
	触角第3节感觉圈	9~16个,排成一列	16~26个,排列不规则	36~50个,排列不规则
	额瘤	明显,向内侧倾斜	不明显	无
	腹管	细长,绿色,圆柱形,中后部稍膨大,末端缢缩,黑色	较短,暗绿色,圆桶形,近末端收缩成瓶颈状	腹管短于尾片,中部稍膨大,末端收缩成花瓶状,浅黑色
	尾片	圆锥形,两侧各有3根毛	圆锥形,两侧各有2~3根长毛	宽短,圆锥形,两侧各有2根毛
无翅胎生雌蚜	体长	约2mm	约1.8mm	约2.5mm
	体色	绿色、黄绿色、黄色、红褐色,并带有光泽	黄绿色,被有一薄层白色蜡粉	暗绿色,被有稀少的白色蜡粉
	触角第3节感觉圈	无	无	同有翅胎生雌蚜
	额瘤	同有翅胎生雌蚜	不明显	无
	腹管和尾片	同有翅胎生雌蚜	同有翅胎生雌蚜	同有翅胎生雌蚜

图 3-36　菜蚜形态特征及为害状

2. 发生规律

（1）桃蚜　翅蚜迁回蔬菜田为害。从北到南 1 年发生 15～46 代不等,在长江流域年发生 20～30 代,世代重叠现象严重。每年在冬寄主和夏寄主之间往返迁飞繁殖为害,属乔迁式蚜虫。以卵在蔷薇科果树（桃树）的芽腋、枝条、裂缝等处越冬。越冬卵孵化若虫为害桃树嫩芽,展叶后群集叶片背面为害,吸食叶片汁液。3 月下旬开始孤雌生殖,5、6 月迁移到越夏寄主上,10 月产生的有翅性母迁返桃树,由性母产生性蚜,交尾后,在桃树上产卵越冬。

（2）萝卜蚜　在长江流域年发生 30 代左右,世代重叠现象严重。在长江流域及其以南地区或北方加温温室中,终年营孤雌胎生繁殖,无明显越冬现象。在北方地区,晚秋产生雌雄蚜交配产卵,以卵在秋白菜上越冬,也可以以成蚜、若蚜在菜窖内越冬或温室内继续繁殖。翌年 3～4 月孵化,在越冬寄主上繁殖几代后,产生有翅蚜在蔬菜田为害。终年生活在同一种或近缘的寄主植物上,属留守式蚜虫。萝卜蚜的发育适温较桃蚜稍广,在较低温情况下萝卜蚜发育快。对有毛的十字花科蔬菜有选择性。

（3）甘蓝蚜　甘蓝蚜是新疆的优势种,在陕西、宁夏及东北等地也有发生。在北方地区,1 年可发生 10 余代,终年在十字花科蔬菜上为害,属留守式蚜虫。翌年 3～4 月孵化,在越冬寄主上繁殖几代后,产生有翅蚜在蔬菜田为害,世代重叠现象严重。在温暖地区终年营孤雌胎生繁殖,无明显越冬现象。晚秋产生雌雄蚜交配产卵,以卵在秋白菜上越冬。

菜蚜对黄色有强趋性,绿色次之,对银灰色有负趋性。一般温暖干旱条件适宜菜蚜发生,温度高于 30℃或低于 6℃,相对湿度高于 80% 或低于 50% 时,可抑制蚜虫的繁殖和发育。暴雨和大风均可减轻蚜虫的为害。天敌对蚜虫的繁殖和为害有一定的抑制作用。

3. 防治方法

（1）注意保护和利用天敌。

（2）加强田间栽培管理　菜田合理布局;因地制宜与高秆作物进行间套作;加强肥水管理促菜株早生快发,增强抗蚜力。

（3）有条件用银膜避蚜和黄板诱蚜,可降低蚜虫密度。

（4）药剂防治　当田间蚜虫发生在点片阶段时,及时用药防治。可交替喷洒 50% 抗蚜威可湿性粉剂 2000 倍稀释液、60% 艾美乐水分散剂 15000 倍稀释液和 20% 康福多可溶剂 6000～8000 倍稀释液等药剂。

3.3.3　苹果绵蚜

苹果绵蚜（图 3-37）又名苹果绵虫、白毛虫等,属同翅目,绵蚜科。分布于我国山东、江苏、辽宁、云南、西藏等地。主要危害苹果,也可危害海棠、花红、沙果、山荆子及山楂。

苹果绵蚜

图3-37　苹果绵蚜形态特征及为害状

以无翅胎生雌成虫及若虫群集在苹果新梢叶腋短果枝的叶丛中、树皮缝隙、剪锯伤口、病虫伤口、果实梗洼、萼洼以及地下枝部或露出地面的根际和萌蘖根部为害。吸食树液,消耗果树营养。被害部位最后会凹陷形成皱褶,变黑坏死,形成大小深浅不同的伤口,成为绵蚜的越冬场所。叶柄被害后变成黑褐色提前脱落;果实被害后发育不良,品质变劣;根部受害后不生须根,变黑腐烂,失去吸收能力,影响产量及树体寿命,并可招致其他病虫害的侵染。

1. 形态特征

（1）若蚜　1龄若虫体长0.65mm,体略呈圆筒形,扁平,黄褐色至赤褐色。触角5节,口喙细长,露出末端之外。腹部末端稍宽,体上绵状物较少。第2龄若虫体长0.8mm,体略呈楔形,赤褐色。腹部宽,头较小。触角5节,第3节近顶端有不明显的分隔,口喙长约达腹部的3/4～4/5。第3龄若虫体长1mm,体呈圆锥形,赤褐色。触角第3节有明显分隔。第4龄若虫长1.45mm,赤褐色,体形与成虫相似。触角第3节在分隔的两边稍向内凹陷,为形成6节的前奏,成长到第4龄时,黑色翅芽才显见。

（2）无翅胎生雌虫　体长1.8～2.2mm,椭圆形,腹部胀大,暗赤褐色。复眼红黑色,有同色的眼瘤。口吻长达后胸足基节窝,末端黑色,其余赤褐色,生有若干短毛。触角6节,长度约为体长的1/4,第3节最长,其长度超过第2节的3倍,稍短或等于末端3节之和,末端3节的各节长度约相等,第6节基部有一小圆形初生感觉孔。腹部体侧有侧瘤,着生短毛,腹背有4条纵列的泌蜡孔,分泌白色蜡质丝状物在苹果树上,严重危害时,白色蜡质如绵状物。腹管退化成环状,仅留痕迹,呈半圆形裂口,稍隆起,位于第5及第6腹节的泌蜡孔中间,尾片呈黑色圆锥形。

（3）有翅胎生雌虫　体长约1.6～2mm,翅展约6mm,体暗褐色,较瘦。头胸黑褐色。复眼暗红色,有归瘤。单眼3个,颜色较深。口吻长达后胸足基节,黑色。触角6节,黑色,短于头、胸部之和,第1、第2节两节粗短,约同样大小,第3节最长,长于末3节之和,一般有24～28个环状感觉器,第4节有3～4个,第5节1～5个,第6节基部有2个感觉器,鞭状部较基部短小。胸部黑色。翅透明,翅脉和翅痣黑色,前翅中脉有1个分支,基部距径脉区较远;后翅中脉和肘脉分离。腹部的白色绵状物较无翅胎生雌虫少。腹管退化为黑色环状物。

（4）有性雌蚜　体长约1mm,淡黄褐色。触角5节,口器退化。头部、触角及足均为淡黄绿色,腹部赤褐色。

(5) 有性雄蚜　体长约0.6mm,宽约0.25mm。体淡黄绿色。触角5节,末端透明。无喙。腹部各节中央隆起,有明显的沟痕。

(6) 卵　长约0.5mm,宽约0.2mm,椭圆形。初产时为橙黄色,后渐变为褐色。一端略大,精孔突出,表面光滑,外被白粉。

2. 发生规律

苹果绵蚜1年发生17~18代,主要以1~2龄若蚜在树干伤疤、裂缝和近地表根部越冬。翌年4月底至5月初越冬若虫变成无翅胎生雌成虫,以孤雌胎生方式产生若虫进行繁殖,为害当年生枝条,主要集中在嫩梢基部、叶腋或嫩芽处;5月底至6月,虫量大增,是扩散迁移盛期;6月中旬蔓延至嫩梢顶为害,当年生枝梢被害最为严重;6月下旬至7月中旬为全年繁殖盛期,7月中下旬至8月中旬,虫口形成全年第2次的危害高峰;11月下旬后,若虫藏于隐秘处越冬。

3. 防治方法

(1) 加强苗木、果品检疫,防其扩散。

(2) 保护、利用好天敌。苹果绵蚜的天敌有中华草蛉、七星瓢虫、异色瓢虫、苹果绵蚜小蜂等。

(3) 果树冬眠期,刮除翘皮和被害枝条,喷施48%乐斯本乳油1500倍稀释液或99%绿颖150倍稀释液消毒。

(4) 5月份若虫大量发生时,可用10%吡虫啉可湿性粉剂1500倍稀释液或3%啶虫脒乳油1500倍稀释液喷施。

(5) 根部苹果绵蚜的防治可在根部为害期,在地下撒施25%辛硫磷胶囊剂1.5kg/亩,撒药后浅锄即可。

3.3.4　梨蚜

梨蚜(图3-38)又名梨卷叶蚜、梨二叉蚜。属同翅目,蚜科。分布在北京、吉林、辽宁、河北、山东、河南、江苏、四川等地。寄主有梨、白梨、棠梨、杜梨。当春天梨树萌芽时,集中在绿色部分为害,嫩芽开放后,钻入芽间及花蕾缝隙中为害,展叶后群集于叶面刺吸汁液,受害叶片两侧边缘向正面纵卷。蚜虫的分泌物引发烟煤病,造成叶片脱落。

图3-38　梨蚜形态特征及为害状

1. 形态特征

(1) 有翅成蚜　体长约1.5mm,翅展5mm左右。头胸淡黑色,复眼红褐色,触角及足的腿节、胫节及跗节黑色。额瘤微突。触角6节,第3节有感觉孔20~24个,第4节有5~8个,第5节有4个。前翅中脉分叉为二叉状,故名梨二叉蚜。腹部黄褐色。腹管长大,末端收缩,呈圆筒形。尾片有侧毛3对。

(2) 无翅胎生雌蚜　体长约2mm,暗绿色或黄绿色,常被有白粉。复眼红褐色,口器黑色。触角6节,端部黑色,第5节末端有一感觉孔。足的腿节、胫节端部及跗节黑褐色。体背中央有1条墨绿色纵纹。腹管长大,黑色。尾片圆锥形,有弯曲的侧毛4~6根。

(3) 卵　长约0.6mm,椭圆形,墨绿色至漆黑色,有光泽。

(4) 若虫　体形与无翅胎生雌蚜相似,但体小,绿色,后期有翅芽伸出。

2. 发生规律

1年发生20代左右,以卵在梨树的芽腋、叶痕或小枝裂缝里越冬,第2年2~3月间梨芽膨大露绿叶时开始孵化。幼蚜群集在芽的绿色部分为害,花芽现蕾花序分离时钻入花序中为害。展叶后,转移到叶面为害和繁殖,受害叶片向正面纵卷呈筒状。江苏4月上旬至5月上旬繁殖最快,为害最重。新梢停止生长后为害减轻,花谢后半月开始发生有翅蚜,迁移到其他寄主如狗尾草上为害。10月又飞回梨树,在梨树上繁殖几代后产卵越冬。主要天敌有梨蚜茧蜂、蚜茧蜂、长扁细腹食蚜蝇捕食性瓢虫、草蛉等。

3. 防治方法

(1) 冬季防治　结合冬季修剪,剪除虫卵枝;发生为害期,摘除卷叶集中烧毁。

(2) 早春防治　早春梨树萌芽前,喷布99%绿颖乳油100倍稀释液。

(3) 药剂防治　梨树萌芽至发芽展叶期是药剂防治的关键时期,要及时喷药。常用药剂有10%吡虫啉可湿性粉剂1500倍稀释液、48%乐斯本乳油1500倍稀释液等。

3.3.5　蚧壳虫类

蚧壳虫是同翅目蚧总科昆虫的俗称。该类害虫主要以若虫和雌成虫刺吸植物汁液为害,另外其分泌的大量蜜露还会诱发煤污病,影响寄主的光合作用,少数种类能传播植物病毒而导致病害的扩散。观赏植物上的蚧壳虫种类很多,约600余种,为害较重的有红蜡蚧、白蜡蚧、日本龟蜡蚧、角蜡蚧、草履蚧、矢尖盾蚧、吹绵蚧、紫薇绒蚧、日本松干蚧、白轮盾蚧等。

1. 草履蚧(图3-39)

草履蚧又名日本履绵蚧、草鞋蚧,属同翅目,珠蚧科,分布在江苏、上海、浙江、江西、广东、广西、湖南、陕西、河南、山东等地,以危害珊瑚树为主,也危害樱花、月季、海棠、红叶李、三角枫、海桐、女贞、大叶黄杨等花木。若虫和雌成虫刺吸嫩枝芽、枝干和根的汁液,削弱树势,影响产量和品质,重者使树木枯死。

(1) 形态特征。

① 成虫　雌成虫无翅,扁平椭圆形,背面略突,有褶皱,状似草鞋;体长6~10mm,宽4~6mm。背面暗褐色,背缘及腹面黄褐色,腹部背面有横皱褶,似草鞋状。体表被一层霜状蜡粉;触角8

1. 若虫; 2. 雌成虫; 3. 雄成虫

图3-39　草履蚧形态特征及为害状

节,丝状,足3对,腹气门6对。雄成虫紫红色,体长5~6mm,翅展9~11mm,翅1对,淡黑色。触角10节,黑色,丝状,第3~10节每节有2个缢缩,非缢缩处生一圈刚毛,形如念珠;前翅半透明紫黑色,前缘脉深红色,其余脉白色,后翅退化为平衡棒;腹末有尾瘤2对,呈树根状突起。

② 卵　椭圆形,长1~1.2mm,初产淡黄色,后渐至赤褐色,产于白色棉絮状卵囊内,每囊有卵数十至百余粒。

③ 若虫　外形与雌成虫相似,但体较小,色较深。触角棕灰色,节数因虫龄而不同,1龄5节,2龄6节,3龄6节。

④ 雄蛹　圆筒形,褐色,长4~6mm,外被白色绵状物。翅芽1对达第2腹节,可见触角。

⑤ 茧　白色,絮状,蜡质。

(2) 发生规律　1年发生1代,以卵囊在寄主植物根部周围的缝隙、砖石下、草丛、土中越夏、越冬,极少数以初龄若虫越冬。翌年1月中旬至2月初越冬卵开始孵化,也有当年年底孵化的。孵化后,初孵若虫暂栖于卵囊内,随着温度上升、天气晴好,寄主萌动时开始出土上树为害。初孵若虫能御低温,在立春前大寒期间的雪堆下也能孵化,但不活泼,活动迟钝,多在避风隐蔽处群居,先集中于根部和地下茎群集吸食汁液。稍大后爬至嫩枝、幼叶等处取食,孵化期达1个月左右。2月中旬至3月中旬为出土盛期。若虫多在中午前后沿树干爬到嫩枝的顶芽叶腋和芽腋间,待初展新叶时,每顶芽集中数头,固定后刺吸为害。虫体稍大喜在直径5cm左右粗的枝上为害,并以阴面为多。

3月下旬至4月上旬第1次蜕皮,虫体增大,开始分泌蜡粉,逐渐扩散为害。雄虫于4月下旬第2次蜕皮后陆续转移到树皮裂缝、树干基部、杂草落叶中、土块下等处分泌白色蜡质薄茧化蛹,蛹期10d左右。5月上、中旬羽化为成虫。羽化期较整齐。雄虫飞翔力不强,略有趋光性。羽化即觅雌成虫交尾,交尾后雄成虫即死去,寿命2~3d。雌若虫第3次蜕皮后变为成虫,自树干顶部陆续向下移动,交配后雌成虫则继续吸汁为害,6月上、中旬沿树干下爬到根部周围的土层中隐蔽处产卵。每雌可产卵40~60粒,卵产于白色绵状卵囊中,越夏过冬。囊内最多有卵300余粒,平均百余粒。产卵多在中午前后为盛,阴雨天或气温低时则潜伏皮缝中不动。雌虫产卵后即干缩死去。一般在6月以后树上虫量减少。主要为害期在3~5月。大发生时,草履蚧成、若虫密度较高,往往群体迁移,在附近建筑物墙壁上到处爬行。有时有日出后上树为害、午后下树潜入土中的习性。有些个体不上树而在地表下根、茎部为害。

(3) 防治方法。

① 集中处理虫卵　雌成虫下树产卵时,在树干基部挖坑,内放杂草等诱集产卵,后集中处理。

② 阻止初龄若虫上树　方法很多,采用树干涂胶或废机油者较多,将树干老翘皮刮除10cm宽1周,上涂胶或废机油,隔10~15d涂1次,共涂2~3次,应及时清除环下的若虫,树干光滑者可直接涂。

③ 保护利用自然天敌　如红环瓢虫、暗红瓢虫。

④ 若虫发生期药剂防治　药剂防治以若虫分散转移期施药最佳,此时虫体无蜡粉和介

壳,抗药力最弱。可用40%乐果乳油500~1000倍稀释液、80%敌敌畏乳油800倍稀释液、30%苯溴磷乳油400~600倍稀释液等喷雾。也可用矿物油乳剂,含油量夏秋季为0.5%,冬季为3%~5%;或松脂合剂,夏秋季用18~20倍稀释液,冬季用8~10倍稀释液喷雾。如化学农药和矿物油乳剂混用效果更好,对已分泌蜡粉或蜡壳者也有效果。松脂合剂配比为烧碱(2)∶松香(3)∶水(10)。

2. 红蜡蚧(图3-40)

红蜡蚧又名红龟蜡蚧,属同翅目,蜡蚧科,分布于华南、西南、华中、华东、华北及北方的温室,危害阔叶十大功劳、月桂、栀子花、桂花、蔷薇、月季、玫瑰、山茶花、八角金盘、樱花、雪松等多种植物。成虫和若虫密集寄生在植物枝杆上和叶片上,吮吸汁液为害。雌虫多在植物枝杆上和叶柄上为害,雄虫多在叶柄和叶片上为害,并能诱发煤污病,致使植株长势衰退,树冠萎缩,全株发黑,为害严重则造成植物整株枯死。

图3-40 红蜡蚧形态特征及为害状

(1) 形态特征。

① 成虫 雌成虫椭圆形,背面覆盖有较厚暗红色至紫红色的蜡壳,蜡壳半球形,顶端稍凹陷呈脐状,有4条白色蜡带从腹面卷向背面。虫体紫红色,触角6节,第3节最长。雄成虫体暗红色,前翅1对,白色半透明,触角10节,淡黄色。

② 卵 椭圆形,两端稍细,淡红至淡红褐色,有光泽。

③ 若虫 初孵时扁平椭圆形,淡紫红色,长约0.4mm,腹端有两长毛。后期壳为淡红色,周缘呈芒状。

④ 蛹 雄蛹淡黄色,长1mm。茧长约1.5mm,椭圆形,暗紫红色。

(2) 发生规律 1年1代,以受精雌成虫在植物枝杆上越冬。虫卵孵化盛期在6月中旬,初孵若虫多在晴天中午爬离母体,如遇阴雨天会在母体介壳爬行0.5h左右,后陆续固着在枝叶上为害。

(3) 防治方法。

① 人工防治 发生初期,及时剔除虫体或剪除多虫枝叶,集中销毁。

② 农业防治 及时合理修剪,改善通风、光照条件,将减轻危害。

③ 药剂防治 同在初孵若虫期进行化学防治,可用40%杀扑磷(速扑杀)乳油2000~3000倍稀释液、20%氰戊菊酯乳油2000倍稀释液或机油乳剂30~80倍稀释液喷施。

④ 检疫防治 加强苗木引入及输出时的检疫工作。

⑤ 生物防治 保护和利用天敌昆虫。红蜡蚧的寄生性天敌较多,常见的有红蜡蚧扁角跳小蜂、蜡蚧扁角跳小蜂、蜡蚧扁角(短尾)跳小蜂、赖食软蚧蚜小蜂等。

3.3.6 桃白蚧

桃白蚧(图3-41)又名桑白蚧、梅白蚧,属同翅目,盾蚧科,分布在东北、华北、华东、华南地区及陕、甘、川、滇等省,为害桃、梅、丁香、苹果、梨、李、杏、葡萄、芙蓉、山茶、樱花等植物。

以若虫和雌成虫群集于枝干上固定吸食寄主汁液,偶有在果实和叶片上为害,严重时密集重叠,呈现一处灰白色蜡质物。枝干被害部表面凹凸不平、发育不良,树势衰弱,影响花芽形成,导致枝条枯萎甚至整株死亡。

图 3-41　桃白蚧形态特征及为害状

1. 形态特征

(1) 雌虫介壳　长 2～2.5mm,扁圆形或近圆形,有螺旋纹略隆起,灰白至灰褐色,壳点黄褐色,位于介壳中央偏旁。

(2) 雌成虫　体长 1mm 左右,宽扁,卵圆形,橙黄或橘红色。触角退化呈瘤状,上有粗刚毛 1 根。腹部分节明显。臀板宽,臀叶 3 对,中臀叶最大近三角形,第 2、第 3 对臀叶皆分为两瓣,第 2 臀叶内瓣明显,外瓣较小,第 3 臀叶退化很短。肛门位于臀板中央,围绕生殖孔有 5 群盘状围阴腺孔,上中群 16～20 个,上侧群 26～48 个,下侧群 25～53 个。

(3) 雄虫介壳　长 1mm,细长,白色。背面有 3 条纵脊,壳点橙黄色,位于介壳前端。

(4) 雄虫　虫体长 0.65～0.7mm,翅展 1.32mm。橙色或橘红色。触角 10 节,长度与体相等,上生很多长毛。胸部发达。前翅卵形披细毛,后翅为平衡棒。足 3 对,细长多毛。腹部长,末端尖削,具一性刺交配器。

(5) 卵　长径 0.25～0.3mm,短径 0.1～0.12mm。椭圆形。初产为淡粉红色,渐变淡黄褐色,孵化前为橘红色。

(6) 若虫　初孵若虫体长 0.3mm 左右。淡黄褐色,扁卵圆形。触角 5 节。足发达能爬行。腹末具尾毛两根。两眼间有 2 个腺孔,分泌绵毛状物遮盖身体。蜕皮后眼、触角、足、尾毛均退化或消失,分泌介壳,第 1 次蜕的皮盖于介壳上,偏一方,称壳点。

2. 发生规律

每年发生代数因地而异。在我国北方各省 1 年 2 代,浙江、四川 3 代,南方 4～5 代。2～3 代区均以雌虫在枝干上越冬。发生 2 代区,翌年 4 月底至 5 月初为产卵盛期,5 月中旬为第 1 代卵孵化盛期,6～8 月为第 2 代孵化盛期。发生 3 代区,各代若虫发生期分别在 5～6 月和 8～9 月。

越冬雌成虫以口针插入树皮下,固定一处不动,早春树液流动后开始吸食汁液,体内卵粒逐渐形成,产卵于介壳内。越冬代平均产卵 120 余粒,最多可产卵 500 粒,最少 54 粒。雌虫产完卵后,即干缩死亡。第 1 代平均产卵 50 粒,孵化较整齐(1 周左右时间孵化率可达 90%)。

初孵若虫先在母壳下停留数小时后爬出,扩散,固着取食,成群的若虫固定在母虫附近枝条上为害,一般以二三年生枝条受害最重。经6d左右,分泌物呈白色绵毛状蜡质覆盖于体上,以后逐渐加厚,不久便脱皮形成壳点,所以若虫孵化盛期是用药防治的关键期。雌若虫虫期3龄,蜕第3次皮后,发育为成虫。雄若虫虫期2龄,蜕皮后变为前蛹,前蛹再化为蛹,蛹期约1周,然后羽化为成虫。雄成虫寿命极短,仅1d左右,羽化后便寻找雌虫交尾,交尾后即死亡。

雄虫介壳白色长筒形,在杆上成群密集成片,第1代羽化期较集中。此虫行两性繁殖,未交配的雌虫卵巢发育不正常。有脱去介壳裸露虫体的现象。越冬死亡率通常在10%~35%。

3. 防治方法

（1）人工防治　用钢丝刷刷除虫体,剪除无用被害枝。

（2）保护和利用天敌　桃白蚧的天敌种类较多,主要有桑白蚧蚜小蜂、双带花角蚜小蜂、香草蛉、二星瓢虫、红点唇瓢虫、日本方头甲等,这些天敌对桃白蚧的捕食能力都很强,要保护和利用天敌来防治桃白蚧。

（3）药剂防治　在桃树休眠期,春季发芽前喷布99%绿颖乳油100倍稀释液或3波美度的石硫合剂。在生长期,要掌握好第1、第2代卵孵化盛期及雄虫羽化盛期,可用25%扑虱灵可湿性粉剂1000倍稀释液加2.5%敌杀死乳油1500倍稀释液,或99%绿颖乳油100倍稀释液加4.5%高效氯氰乳油1500倍稀释液进行喷施。第一次喷药后间隔6~10d复喷1次,可有效防治桃白蚧的为害。

3.3.7　柑橘蚧类

为害柑橘的蚧类主要有红蜡蚧、矢尖蚧、褐圆蚧、柑橘粉蚧,分别属同翅目,蜡蚧科、盾蚧科和粉蚧科。蚧壳虫多聚集于枝梢上吸取汁液,叶片及果梗上也有寄生。柑橘受害后,抽梢量减少,枯枝增多,并能诱发煤烟病,妨碍光合作用,影响果实品质,产量减少,以致树势衰弱、枝干枯死。

1. 形态特征

红蜡蚧、矢尖蚧、褐圆蚧的形态特征见表3-10。

表3-10　为害柑橘主要蚧壳虫的识别要点

识别要点	红蜡蚧	矢尖蚧	褐圆蚧
体长/mm	2~3	2.5	1
蚧壳形状	椭圆形	箭头形	圆形
蚧壳颜色	红褐色	黄褐色或棕褐色、边缘灰白色	紫褐色、边缘淡褐色
危害部位	多群集在枝条和叶柄上	群集在叶背、果柄、枝梢和果实上	群集在叶片、枝梢和果实上

2. 发生规律

（1）红蜡蚧　1年发生1代,以受精雌成虫越冬。一般5月中旬开始产卵,5月下旬达盛期,一般可达1个月左右。孵化的幼蚧多在晴天中午爬出活动,以当年生春梢上最多,二年生梢次之。有趋光性,初孵幼虫半小时左右固定,2~3d后开始分泌蜡质,覆盖体背。新叶、嫩梢上若虫密布,犹如白色星点,此时即为药剂防治适期。随后蜡壳逐渐增大加厚,直至雌若虫老熟或雄虫化蛹时为止。雌虫蜕皮3次,雄虫2次,至8月中旬到9月上旬发育成熟。可借风、昆虫、果园操作等活动在近距离扩散,远距离主要是随苗木运输传播。

(2)矢尖蚧(图 3-42) 江苏地区 1 年发生 2~3 代。主要以受精的雌成虫越冬,少数以若虫越冬。行两性生殖,每年 4 月下旬开始产卵,初孵若虫行动活泼,经 1~2h 后固定,次日体上开始分泌棉絮状蜡质。雌若虫蜕皮 3 次成成虫,雄若虫蜕皮 2 次,经前蛹期、蛹期后羽化为成虫。第 1 代若虫高峰期为 5 月中下旬,多在老叶上寄生为害;第 2 代若虫高峰期在 6 月中旬左右,大部分寄生于新叶上,一部分上果为害;第 3 代若虫高峰期在 9 月上中旬。各代一、二龄若虫的盛发期为药剂防治的关键时期。通过枝、叶、果及苗木被动地传播。

(3)褐圆蚧(图 3-43) 1 年发生 3~4 代,以若虫越冬。行两性生殖,卵产在介壳下,经数小时到 2~3d 孵化为若虫,爬行数小时后固定,开始分泌蜡质。雌若虫多固定在叶背、果实上,经两次蜕皮后羽化为成虫;雄若虫多固定在叶面,蜕皮后经预蛹和蛹期羽化为成虫。第 1 代若虫高峰期在 5 月中旬,第 2 代在 6 月中旬,第 3 代在 9 月下旬,第 4 代在 10 月下旬。

图 3-42 矢尖蚧形态特征及为害状

图 3-43 褐圆蚧形态特征及为害状

(4)吹绵蚧(图 3-44) 发生代数因地区而异,华北地区 1 年 2 代,长江流域 2~3 代,南方各地 3~4 代。以若虫和雌成虫或南方地区少数带卵囊的雌虫越冬,有世代重叠。温室和大棚内可终年繁殖。翌年 3~4 月雌虫开始产卵,每个卵囊有卵数百粒,卵期 1 个月,初龄若虫活泼,多在叶背主脉两侧或新梢上为害,每次蜕皮转移 1 次,逐渐移至外围小枝或侧枝,在枝干分叉处背阴面群集,后营卵囊产卵,2 龄后可分辨雌雄。10~11 月后以各种虫态越冬。

吹绵蚧繁殖方式多以孤雌生殖为主。雄成虫数量很少,不易发现,雄虫常在枝干裂缝或附近松土层中、杂草中作白色薄茧化蛹,经 7 天左右羽化为成虫,飞翔力强。温暖潮湿的气候有利于虫害的发生。天敌有澳洲瓢虫、红缘瓢虫、大红瓢虫等。

图 3-44　吹绵蚧形态特征及为害状

3. 防治方法

（1）做好冬季清园工作　剪除病虫枝、枯枝，并彻底烧毁。冬季喷松碱合剂液 8～10 倍稀释液或机油乳剂 100 倍稀释液加有机磷农药 3000 倍稀释液。

（2）加强栽培管理　增施有机质肥料，增强树势。结合修剪，剪除有虫枝梢，以减少虫源。

（3）用对天敌杀伤小的农药防治　加强检查，切实掌握在若虫盛孵期和第 1 龄若虫期喷药防治。一般在 5 月中旬至 6 月上中旬喷药 2 次和 8～9 月喷药 1～2 次加以防治。在矢尖蚧越冬雌成虫的秋梢叶达 10% 以上、初花后 1 个月左右，低龄若虫期施第 1 次药；发生严重的果园在第 2 代低龄幼虫期再施 1 次药。吹绵蚧防治时期为春花幼果期及夏、秋梢抽发期。红蜡蚧防治时期为春梢枝上幼蚧初见后 20～25d 施第 1 次药，每间隔 15d 左右 1 次。药剂可选择以下之一或交叉选择：25% 喹硫磷 600～1000 倍稀释液、40.6% 毒死蜱 800～1500 倍稀释液、松脂合剂 10～15 倍稀释液、95% 机油乳剂 50～200 倍稀释液、25% 噻嗪酮 1000～1500 倍稀释液（注意：噻嗪酮对成虫无效）。

（4）保护天敌　保护橘园内大红瓢虫、澳洲瓢虫等天敌。

3.3.8　粉虱类

1. 黑刺粉虱（图 3-45）

黑刺粉虱属同翅目，粉虱科，别名橘刺粉虱、刺粉虱、黑蛹有刺粉虱，分布在江苏、安徽、河南以南至台湾、广东、广西、云南。寄主有茶、油茶、柑橘、枇杷、苹果、梨、葡萄、柿、栗、龙眼、香蕉、橄榄等。成、若虫刺吸叶、果实和嫩枝的汁液，被害叶出现失绿黄白斑点，随为害的加重斑点扩展成片，进而全叶苍白早落。排泄蜜露可诱致煤污病发生。

图 3-45　黑刺粉虱形态特征及危害状

（1）形态特征。

① 成虫　体长 0.96～1.3mm，橙黄色，薄敷白粉。复眼肾形红色。前翅紫褐色，上有 6 个白斑；后翅小，淡紫褐色。

② 卵　新月形，长 0.25mm，具一小柄，直立附着在叶上，初乳白后变淡黄，孵化前灰

黑色。

③ 若虫 体长0.6mm,黑色,体背上具刺毛14对,体周缘泌有明显的白蜡圈;共3龄。

④ 蛹 椭圆形,初乳黄渐变黑色。蛹壳椭圆形,长0.6~1.1mm,漆黑有光泽,壳边锯齿状,周缘有较宽的白蜡边,背面显著隆起,胸部具9对长刺,腹部有10对长刺。两侧边缘长刺雌有11对,雄有10对。

（2）发生规律 1年4代以若虫于叶背越冬。越冬若虫3月间化蛹,3月下旬至4月羽化。世代不整齐,从3月中旬至11月下旬,田间各虫态均可见。各代若虫发生期分别为:第1代4月下旬至6月,第2代6月下旬至7月中旬,第3代8月中旬至9月上旬,第4代10月至翌年2月。成虫喜较阴暗的环境,多在树冠内部枝叶上活动,卵产于叶背。初孵若虫多在卵壳附近爬动吸食,共3龄,2、3龄固定寄生。天敌有瓢虫、草蛉、寄生蜂、寄生菌等。

（3）防治方法。

① 加强管理,合理修剪,可减轻发生与为害。

② 早春发芽前结合防治蚧虫、蚜虫、红蜘蛛等害虫,喷洒含油量5%的柴油乳剂或黏土柴油乳剂,毒杀越冬若虫有较好效果。

③ 生育期药剂防治 1~2龄时施药效果好,可喷洒80%敌敌畏乳油、40%乐果乳油、50%磷胺乳油、10%天王星乳油等5000~6000倍稀释液,25%灭螨猛乳油1000倍稀释液,20%灭扫利乳油2000倍稀释液,1.8%集琦虫克乳油、1.8%害极灭乳油、1.8%爱福丁乳油等4000~5000倍稀释液,5%锐劲特悬浮剂1500倍稀释液等。3龄及其以后各虫态的防治,最好用含油量0.4%~0.5%的矿物油乳剂混用上述药剂,可提高杀虫效果。

④ 注意保护和引放天敌。

2. 温室白粉虱（图3-46）

温室白粉虱又名温室粉虱,属同翅目,粉虱科。20世纪70年代后期,随着温室、塑料大棚等保护地蔬菜、花卉面积的扩大,此虫的发生与分布呈扩大蔓延趋势,目前我国大部分地区都有发生与为害,已成为棚室栽培蔬菜、花卉的重要害虫。可危害黄瓜、菜豆、番茄、甘蓝、白菜、萝卜、芹菜等各种蔬菜及花卉、农作物等200多种植物。

温室白粉虱主要以成虫和若虫群集在叶片背面吸食植物汁液,被害叶片褪绿、变黄、萎蔫,甚至全株枯死。成虫还分泌大量蜜露堆积于叶面及果实上,严重污染叶片和果实,并引起煤污病的大发生,严重影响光合作用和呼吸作用,降低作物的产量和品质。此外,该虫还能传播某些病毒病。

图3-46 温室白粉虱形态特征及为害状

(1) 形态特征。

① 成虫　体长 1～1.5mm，淡黄白色至白色，雌雄均有翅，翅面覆盖有白蜡粉，雌成虫停息时双翅合并成平坦状，雄虫停息时双翅稍向上翘起，在体上合并成屋脊状如蛾类，翅端半圆状遮住整个腹部，翅脉简单，沿翅外缘有 1 排小颗粒。

② 卵　长约 0.2～0.25mm，侧面观为长椭圆形，基部有卵柄，柄长 0.02mm，从叶背的气孔插入植物组织中。初产淡绿色，覆有蜡粉，以后逐渐转变为黑褐色，孵化前呈黑色。

③ 若虫　1 龄若虫体长约 0.29mm，长椭圆形；2 龄约 0.38mm，3 龄约 0.52mm。淡绿色或黄绿色，半透明，在体表上被有长短不齐的丝状突起。足和触角退化。

④ 蛹　即 4 龄若虫，又称伪蛹。长 0.7～0.8mm，椭圆形，乳白色或淡黄色。初期体扁平，逐渐加厚呈蛋糕状，中央略高。背面通常生有 8 对长短不齐的蜡质丝状突起，体侧有刺。

(2) 发生规律　在温室条件下 1 年可发生 10 余代，冬季在室外不能存活，因此是以各种虫态在温室蔬菜、花卉上越冬并继续为害。冬季在温暖地区，卵可以在菊科植物上越冬。次年春天，从越冬场所向阳畦和露地蔬菜及花卉上逐渐迁移扩散。5～6 月虫口密度增长比较慢，7～8 月间虫口密度增长较快，8～9 月为害最严重。10 月下旬以后，气温下降，虫口数量逐渐减少，并开始向温室内迁移，进行为害或越冬。两性生殖，也可进行孤雌生殖，其后代为雄性。

温室白粉虱成虫对黄色有强烈趋性，但忌白色、银白色，不善于飞翔。成虫有趋嫩性，喜群集于植株上部嫩叶背面并在嫩叶上产卵。随着植株生长，成虫不断向上部叶片转移，因而植株上各虫态的分布就形成了一定规律，最上部嫩叶，以成虫和初产的淡黄色卵为最多；稍下部的叶片多为深褐色的卵；再下部依次为初龄若虫、老龄若虫、伪蛹、新羽化成虫。成虫羽化时间集中于清晨。雌成虫交配后经 1～3d 产卵。每头雌虫产卵 120～130 粒。若虫孵化后 3d 内在叶背可短距离游走，当口器插入叶组织后就失去了爬行的功能，开始营固着生活。

温室白粉虱成虫活动最适温度为 25℃～30℃，繁殖的最适温度为 18℃～21℃，在生产温室条件下，约 1 个月完成 1 代。卵、高龄若虫和"蛹"对温度和农药抗逆性强，一旦植物上各虫态混合发生，防治就十分困难。冬季温室作物上的白粉虱，是露地春季蔬菜上的虫源，通过温室开窗通风或菜苗向露地移植而使粉虱迁入露地。因此，白粉虱的蔓延，人为因素起着重要作用。

白粉虱的种群数量，由春至秋持续发展。据调查，温室白粉虱的虫口数量，一般秋季温室大棚内比春季温室大棚内的多；露地蔬菜比春、秋大棚内的多；距温室近的地比远的地多，为害也重。夏季的高温多雨抑制作用不明显，到秋季数量达高峰，集中危害瓜类、豆类、茄果类蔬菜和各种花卉。如果温室和露地蔬菜、花卉生产紧密衔接和相互交替，可使白粉虱周年发生。温室白粉虱对寄主有选择性，在黄瓜、番茄混栽的温室大棚中，发生量大、为害重，单一种植或栽植白粉虱不喜食的寄主则发生较轻。

(3) 防治方法　对白粉虱的防治，应以农业防治为主，加强蔬菜作物的栽培管理，培育"无虫苗"，辅以合理使用化学农药，积极开展生物防治和物理防治。

① 农业防治　培育"无虫苗"，把苗房和生产温室分开，育苗前彻底熏杀残余虫口，清理杂草和残株，以及在通风口密封尼龙纱，控制外来虫源。合理布局，在温室、大棚附近的露地避免栽植瓜类、茄果类、菜豆类等白粉虱易寄生、发生严重的蔬菜。棚室内避免黄瓜、

番茄、菜豆等混栽,防止白粉虱相互传播,加重危害和增加防治难度。虫害发生时,结合整枝打杈,摘除带虫老叶,携出棚外埋灭或烧毁。

② 物理防治 发生初期可在温室内设置黄板诱杀成虫。方法是利用废旧的纤维板或硬纸板,裁成 1m×0.2m 长条,用油漆涂为橙皮黄色,再涂上一层黏油(可使用 10 号机油加少许黄油调匀),每 667m² 设置 32~34 块,置于行间,可与植株高度相同。当粉虱粘满板面时,需及时重涂黏油,一般可 7~10d 重涂 1 次。黄板诱杀与释放丽蚜小蜂可协调运用。

③ 生物防治 温室内的蔬菜、花卉上,当白粉虱成虫发生量在 0.5~1 条/株时,可释放丽蚜小蜂成蜂,每株 3~5 只,每隔 10d 左右放 1 次,共释放 3~4 次,寄生蜂可在温室内建立种群并能有效地控制白粉虱为害,寄生率可达 75% 以上,控制白粉虱的效果较好。

④ 药剂防治 由于白粉虱世代重叠,在同一时间同一作物上存在各种虫态,而当前采用的药剂没有对所有虫态均适用的种类,所以在药剂防治上,必须连续几次用药,才能取得良好效果。可采取每 667m² 温室用 22% 敌敌畏烟剂 0.5kg,于傍晚闭棚熏烟;或每 667m² 用 80% 敌敌畏乳油 0.4~0.5kg,浇洒在锯木屑等载体上,再加几块烧红的煤球熏烟。或用 10% 扑虱灵乳油、10% 吡虫啉可湿性粉剂、80% 敌敌畏乳油等 1000 倍稀释液,20% 康福多浓可溶剂 4000 倍稀释液、天王星 2.5% 乳油 3000 倍稀释液、2.5% 功夫乳油 3000 倍稀释液等喷雾,隔 5~7d 喷洒 1 次,连续用药 3~4 次,均有较好效果。

3.3.9 烟粉虱

烟粉虱(图 3-47)属同翅目,粉虱科,小粉虱属。烟粉虱是一种世界性害虫,寄主十分广泛,除为害多种蔬菜如番茄、黄瓜、豆类、十字花科蔬菜以及果树、花卉、棉花等作物外,还能寄生于多种杂草上。烟粉虱以成虫、若虫刺吸植株汁液为害,造成植株长势衰弱,产量和品质下降,甚至整株死亡,并可传播 30 种植物上的 60 多种病毒病。据研究,烟粉虱有生物 A 型和 B 型之分,B 型烟粉虱危害性更大。

图 3-47 烟粉虱形态特征及为害状

1. 形态特征

(1) 成虫 体淡黄白色,体长 0.85~0.91mm。翅白色,披蜡粉无斑点,前翅脉一条不分叉,静止时左右翅合拢呈屋脊状。

(2) 卵 长梨形,有小柄,与叶面垂直,大多散产于叶片背面。初产时为淡黄绿色,孵化前颜色加深,呈深褐色。

(3) 若虫 共 3 龄,淡绿至黄色。1 龄若虫有触角和足,能爬行迁移,第 1 次脱皮后,触角及足退化,固定在植株上取食。第 3 龄脱皮后形成蛹,脱下的皮硬化成蛹壳,是识别粉虱种类的重要特征。

(4) 蛹　椭圆形，有时边缘凹入，呈不对称状。管状孔三角形，长大于宽。舌状器匙状，伸长盖瓣之外。蛹壳背面是否具有刚毛，与寄主的形态结构有关，在有毛的叶片上，蛹体背面具有刚毛；在光滑无毛的叶片上，蛹体背面不具有刚毛。

2. 发生规律

分为卵、若虫期和成虫期。在苏州地区年发生20多代，且世代重叠。烟粉虱在不同的寄主植物上的发育时间各不相同，在25℃条件下，从卵发育到成虫需要18～30d。成虫寿命为10～20d。成虫在适合的寄主上平均产卵200粒以上，多产在植株中部嫩叶上。成虫喜欢无风温暖天气，有趋黄性，气温低于12℃停止发育，14.5℃开始产卵。气温21℃～33℃，随气温升高，产卵量增加；高于40℃成虫死亡。相对湿度低于60%成虫停止产卵或死去。暴风雨能抑制其大发生。

3. 防治方法

坚持以综合治理为指导思想，立足于早发现、早防治、早控制，以控制虫源基数、切断传播途径为关键措施，通过围歼或统一防治来达到良好的防治效果，控制危害。

(1) 培育无虫苗　育苗时要把苗床和生产温室分开，育苗前先彻底消毒，幼苗上有虫时在定植前清理干净，培育无虫苗。

(2) 利用天敌　释放丽蚜小蜂等天敌防治烟粉虱。

(3) 注意安排茬口、合理布局　在温室、大棚内，黄瓜、番茄、茄子、辣椒、菜豆等不要混栽，有条件的可与芹菜、韭菜、葱蒜类等套种，以防烟粉虱传播蔓延。

(4) 黄板诱杀　在烟粉虱发生初期，将黄板涂刷机油悬挂于植株中上部位，可起到很好的杀灭效果。

(5) 化学防治　掌握见虫治虫的原则，零星发生时就用药防治，连续多次用药，防治效果较好的杀虫剂有烟碱类、阿维菌素类、锐劲特等。为了提高对不同虫态的防治效果，要做好农药混配。也可选用10%熏虱灵烟剂进行熏蒸，每667m²400～500g；或熏杀毙500～600g，点烟后闷棚4～5h。

3.3.10　叶蝉类（以大青叶蝉为例）

大青叶蝉属同翅目，叶蝉科，分布全国各地。食性广，危害多种植物，如木芙蓉、杜鹃、李、樱花、海棠、梧桐、桧柏、杨、柳、刺槐、苹果、草坪禾本科杂草等160种寄主植物。以成虫和若虫刺吸植物汁液。受害叶片呈现小白斑点、畸形、卷缩，影响生长，甚至全叶枯死，且能传播病毒病。

1. 形态特征（图3-48）

(1) 成虫　雌虫体长9.4～10mm，雄虫体长7.2～8.3mm。青绿色，头部橙黄色，左右各具一小黑斑，单眼2个，红色，单眼间有2个多角形黑斑。前胸背板淡黄绿色，后半部深青绿色，小盾片淡黄绿色。前翅革质绿色微带蓝色，末端灰白色，半透明；后翅烟黑色，半透明。前翅反面、后翅和腹背均黑色，腹部两侧和腹面橙黄色。足黄白至橙黄色。

(2) 卵　长卵圆形，一端较尖，长约1.6mm，乳白至黄白色。

(3) 若虫　与成虫相似，共5龄。体黄绿色，具翅芽。

图 3-48 大青叶蝉形态特征

2. 生活习性

1年发生3~5代，长江以北各地以卵在果树、柳树、白杨等树木枝条表皮下和树皮缝隙中越冬。长江以南各地则多以卵在草坪禾本科杂草及杂草茎秆内越冬。越冬卵在翌春3月下旬至4月开始发育孵化，初孵若虫常喜群聚取食，若遇惊扰便疾行横走，由叶面向叶背逃避。若虫期30~50d，第1代成虫发生期为5月下旬至6月上旬。各代发生期大体为：第1代4月上旬至6月上旬，成虫5月下旬开始出现；第2代6月上旬至8月中旬，成虫6月开始出现；第3代6月中旬至11月中旬，成虫9月开始出现。发生不整齐，世代重叠。

成虫飞翔能力较弱，日光强烈时，活动较盛，飞翔也多。成虫有趋光性，夏季颇强，晚秋不明显，可能是低温所致。夏季卵多产于禾本科植物的茎秆和叶鞘上，越冬卵多产于林木、果树幼嫩光滑的枝条和主干上，以产卵器刺破表皮成月牙形伤口，产卵6~12粒于其中，一般每10粒卵左右排成1个卵块，整齐排列在枝条表皮下，产卵处的植物表皮成肾形凸起。大发生时，一些苗木及幼树，常因卵痕密布枝条，不耐寒风而干枯死亡。每雌可产卵62~148粒，非越冬卵期9~15d，越冬卵期达5个月以上。10月下旬为产卵盛期，直至秋后，以卵越冬。

3. 防治方法

（1）加强管理，清除杂草，结合修剪去除被害枝，以减少虫源。夏季灯火诱杀第2代成虫，减少第3代的发生。

（2）成、若虫集中在谷子等禾本科植物上时，及时喷撒2.5%敌百虫粉或1.5%1605粉剂、2%叶蝉散（异丙威）粉剂，每667m²为1kg。必要时可喷洒2.5%保得乳油2000~3000倍稀释液或10%大功臣可湿性粉剂3000~4000倍稀释液。

3.3.11 网蝽类

1. 梨网蝽

梨网蝽（图3-49）又名梨冠网蝽、梨军配虫，属半翅目，网蝽科。分布在河北、山西、陕西、甘肃、山东、河南、江苏、浙江、广东、四川等地。危害樱花、苹果、梨、桃、李、山楂等果树叶片。成虫和若虫群集在叶片背面主脉两侧刺吸汁液。叶片被害后，正面出现灰白色斑点，严重时全叶变成苍白色，在叶片背面分泌褐色黏液，诱发煤烟病，使叶片早期枯黄脱落，引起二次发叶、秋季开花，树势生长衰弱。幼树被害严重时，可造成冬季枯死。

图 3-49 梨网蝽成虫的形态特征及为害状

(1) 形态特征。

① 成虫　体长约 3.5mm。初羽化时乳白色，渐变黑褐色，呈扁平长方形。头部有 5 个锥状突起；触角 4 节，第 1、第 2 节短，第 3 节最长，第 4 节端部膨大。前胸前板中央有一棱状纵隆起，两侧呈扇形扩展，呈翼片状，扩展部分及前翅半透明，密布黑褐色网状花纹。两翅合拢时形成"X"状纹。胸部腹面黑褐色。足黄褐色。

② 卵　长约 0.6mm。长圆筒形，一端弯曲。初产时淡绿色，半透明，渐变乳黄白色。产在叶背组织里，卵顶外露，呈瓶口状，上面常涂有褐色粪便。

③ 若虫　共有 5 龄。初孵若虫体长 0.6mm，乳白色，渐变淡绿色，半透明，复眼红色；2 龄时腹部显黑色，身体两侧有若干刺状突起；3 龄后在胸侧生出翅芽，腹部两侧 8 对刺状突起明显；5 龄时体长约 2mm，翅芽约为体长的 1/3。

(2) 发生规律　长江中下游 1 年 5 代左右，南京大部分 4 代，小部分 5 代。以成虫在枝干裂缝、落叶、杂草及土壤缝隙中越冬。翌年 4 月中下旬苹果发芽后，国光花序伸出期成虫出蛰，开始多在树冠下部叶背为害，4 月下旬至 5 月上旬国光落花期为该虫出蛰盛期、产卵期。卵产在叶背组织中，外涂有褐色排泄物。5 月中下旬第 1 代若虫开始孵化，群栖在叶背吸食。前期成虫数量少，为害较轻，随后逐渐加重，各代重叠发生，以 6~9 月为害最严重，尤其盛夏干旱时，虫口密度激增。10 月中下旬成虫开始越冬。

(3) 防治方法。

① 农业防治　冬季清洁果园，清除杂草、落叶，刮除老树皮，落叶后进行 1 次冬耕或春耕，消灭越冬成虫，可明显减少种群数量；越冬成虫出蛰时，多集中在树冠下部的部分叶片背面取食、产卵，可人工摘除虫叶，效果很好。

② 药剂防治　梨网蝽的防治应掌握在消灭越冬成虫及花后第 1 代若虫期喷药。生长期防治也应掌握在若虫最多而卵和成虫最少时进行喷药。成虫开始出蛰时，地面施 25% 辛硫磷胶囊剂每 667m^2 1.5kg 或 50% 辛硫磷乳油 300 倍稀释液。成虫出蛰后进行第 1 次树冠喷药，重点喷树冠中下部，可喷 50% 三硫磷乳油 1500 倍稀释液，或 25% 速灭威乳油 400 倍稀释液。花谢后，当第 1 代卵孵化基本结束时或 6~8 月大发生前喷 2.5% 敌杀死乳油 1500 倍稀释液。第 1 次喷药后隔 10d 再喷 1 次。

2. 杜鹃花冠网蝽（图 3-50）

(1) 分布与危害　杜鹃花冠网蝽又名杜鹃冠网蝽，属半翅目、网蝽科。分布全国各地，是杜鹃花的主要害虫。为害特点及为害状：以若虫和成虫危害杜鹃叶片，群集在叶背面刺吸汁液，受害叶背面出现似被溅污的黑色黏稠物，这一特征易区别于其他刺吸害虫。排泄粪便,使整个叶片背面呈锈黄色,叶片正面形成很多苍白色斑点,受害严重时斑点成片,以至全叶失绿,远看一片苍白,严重影响光合作用,使植物生长缓慢,提早落叶,不再形成花芽,大大影响观赏价值。

（2）形态特征　成虫体形扁平,黑褐色。前胸背板中央纵向隆起,向后延伸成叶状突起,前胸两侧向外突出成羽片状。前翅、前胸两则和背面叶状突起上均有很一致的网状纹。静止时,前翅叠起,由上向下正视整个虫体,似由多翅组成的"X"字形。卵长椭圆形,初产时淡绿色,半透明,后变淡黄色。若虫初孵时乳白色,后渐变暗褐色。

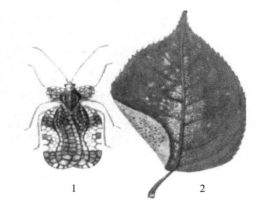

1. 成虫；2. 为害状
（引自费显伟《园艺植物病虫害防治》）
图3-50　杜鹃花冠网蝽成虫形态特征及为害状

（3）发生规律　一年发生代数各地不同,在长江流域4~5代,各地均以成虫在枯枝、落叶、杂草、树皮裂缝以及土、石缝隙中越冬。4月上中旬越冬成虫开始活动,集中到叶背取食和产卵。卵产在叶组织内,上面附有黄褐色胶状物,卵期半个月左右。初孵若虫多数群集在主脉两侧危害。若虫蜕皮5次,经半个月左右变为成虫。第1代成虫6月初发生,以后各代分别在7月旬、8月初、8月底9月初,因成虫期长,产卵期长,世代重叠,各虫态常同时存在。一年中7~8月危害最重,9月虫口密度最高,10月下旬后陆续越冬。成虫喜在中午活动,每头雌成虫的产卵量因寄主不同而异,可由数十粒至上百粒,卵分次产,常数粒至数十粒相邻,产卵处外面都有1个中央稍为凹陷的小黑点。

（4）防治方法　冬季彻底清除盆花、盆景园内周围的落叶、杂草。对茎干较粗并较粗糙的植株,涂刷白涂剂。药剂防治。在越冬成虫出蛰活动到第1代若虫开始孵化的阶段,是药剂防治的最有利时机。可用10%氯氰菊酯乳油1000倍液,25%噻虫嗪水分散粒剂5000倍液,2.5%高效氯氟氰菊酯乳油2500~3000倍液,10%吡虫啉可湿性粉剂1500倍液喷雾,每隔10~15d喷施1次,连续喷施2~3次。盆栽花卉可用3%克百威颗粒剂,每盆约5g埋入盆土中。保护和利用天敌。

3.3.12　朱砂叶螨

朱砂叶螨(图3-51)又名棉红蜘蛛、棉叶螨、红叶螨,属蛛形纲蜱螨目,叶螨科。分布在全国各地,食性杂,可危害110多种植物,是许多花卉、蔬菜等的主要害螨。花卉上主要危害枫香、香石竹、菊花、凤仙花、茉莉、月季、桂花、一串红、鸡冠花、蜀葵、木槿、木芙蓉、桃等。蔬菜上主要危害茄科、葫芦科、豆科及百合科中的葱蒜类作物。若螨、成螨群聚于叶背吸取汁液,使叶片呈灰白色或枯黄色细斑,严重时叶片干枯脱落,并在叶上吐丝结网,严重地影响植物生长发育。茄子、辣椒受害后,初期叶面上呈褪绿的小点,发生严重时,全田叶枯黄似火烧状,造成早期落叶和植株早衰。茄果受害,果皮变粗呈干瘪状,影响品质；植株长势衰弱,降低产量。

1. 为害状；2. 成螨和卵

图 3-51　朱砂叶螨形态特征及为害状

1. 形态特征

（1）成螨　雌成螨体长 0.48~0.55mm，体宽 0.32mm，椭圆形，体色常随寄主而异，多为锈红色至深红色，体背两侧各有 1 对黑斑，肤纹突三角形至半圆形。须肢端感器约为宽的 2 倍。后半体背表皮纹成菱形。背毛 26 根，其长超过横列间距。各足爪间突裂开为 3 对针状毛。雄成螨体长 0.36mm，宽 0.2mm，前端近圆形，腹末稍尖，体色较雌浅，须肢端感器长约为宽的 3 倍。

（2）卵　长 0.13mm，圆球形，初产时透明无色，后渐变为橙黄色，孵化前略红。

（3）幼螨　卵圆形，透明，长约 0.15mm，有足 3 对，取食后体色变暗绿。

（4）若螨　梨圆形，有足 4 对，与成螨相似，后期体色变红，体色出现明显块状色斑。

2. 生活史及生活习性

发生代数因地而异，每年可发生 10~20 代，由北向南逐增。越冬场所随地区而不同，以卵越冬，越冬场所主要在树干皮缝、地面土缝和杂草基部等地。越冬卵一般在 3 月初开始孵化，4 月初全部孵化完毕。3~4 月先在杂草或其他危害对象上取食，4 月下旬至 5 月上中旬迁入瓜田，先是点片发生，而后扩散全田。6 月中旬至 8 月中下旬是盛发期。红蜘蛛对作物叶片中的含氮量敏感，初期喜欢植株下部叶片，中后期向上蔓延转移。适宜红蜘蛛生长发育的温度范围在 10℃~36℃；最适环境温度为 24℃~30℃，相对湿度 35%~55%。

以两性生殖为主，雌螨也能孤雌生殖，其后代多为雄性，世代重叠现象严重。成螨羽化后即交配，第 2 天即可产卵，每雌能产 50~110 粒，多产于叶背。先羽化的雄螨有主动帮助雌螨蜕皮的行为。幼虫和前期若虫不甚活动，后期若虫则活泼贪食，有向上爬的习性。繁殖数量过多时，常在叶端群集成团，滚落地面，被风刮走，向四周爬行扩散。喜高温干旱，暴雨对其有一定的抑制作用。

3. 防治方法

（1）农业防治　一是铲除田边杂草，清除残株败叶，早春进行翻地，可减少虫源和早春危害对象；二是天气干旱时，注意灌溉，增加菜田湿度，不利于其发育繁殖。

（2）生物防治　田间红蜘蛛的天敌种类很多，据调查主要有中华草蛉、食螨瓢虫和捕食螨类等，其中尤以中华草蛉种群数量较多，对红蜘蛛的捕食量较大，保护和增加天敌数量可增强其对红蜘蛛种群的控制作用。

（3）药剂防治　在虫害始发至盛发期，隔 7~10d 喷药 1 次，需连续数次，重点喷施中下部叶背面。可选用 15% 克螨特乳油 1200 倍稀释液、15% 扫螨净乳油 2000 倍稀释液、5% 尼索朗乳油1500~2500倍稀释液、1.8%农克螨乳油2000倍稀释液、20%螨克乳油2000倍稀释液、70%克螨特乳油2000倍稀释液等药剂,均可达到理想的防治效果。

3.3.13 山楂叶螨

山楂叶螨(图3-52)又名山楂红蜘蛛,属蛛形纲,真螨目,叶螨科。分布较广,我国的苹果产区均有分布,除了为害山楂、苹果外,梨、桃、李、杏等果树也受其为害。山楂叶螨吸食叶片汁液,使叶片正面产生失绿斑点,叶背呈褐色,失绿斑点逐渐扩大连片,使叶片呈苍白色,最后枯黄脱落,严重时导致大量落叶,严重影响苹果生产。

1. 形态特征

(1)成螨 雌成螨有越冬型和夏型两种,夏型体长0.5mm,起初为红色,取食以后变为暗红色;越冬型体长0.4mm,鲜红色。雌成螨近椭圆形,体背前方稍隆起,平腹,体背生有26根细长刚毛,足4对,足为淡黄白色,比体短。雄成螨体长约0.3mm,初为黄绿色,渐变为绿色或橙黄色,体躯后半部尖削,体背两侧各有1条纵向黑色斑纹。

(2)卵 卵径0.14mm,圆球形,半透明,前期产的为橙红色,后期产的为橙黄色或黄白色,将孵化时出现2个红点。

(3)幼螨 体长约0.2mm,圆形,3对足,初为黄白色,取食后渐变卵圆形,呈淡绿色,体侧有深绿色颗粒斑。

(4)若螨 分前若螨与后若螨,有足4对。前若螨体长约0.22mm,体背两侧显露墨绿色斑纹,刚毛明显可见,开始吐丝拉网;后若螨体长约0.4mm,体形较大可以区别雌雄,雌体形近似雌成螨,卵圆形翠绿色,背部黑斑明显,雄体末端渐尖削。

图3-52 山楂叶螨形态特征及为害状

2. 发生规律

山楂叶螨发生世代数因地区差异而有所不同,江苏1年发生9~10代,辽宁6~7代,山东6~8代。均以受精冬型雌成螨越冬,在江苏主要藏于枝干翘皮裂缝、废纸袋、卷叶中越冬,北方较寒冷地区在老翘皮裂缝及根茎周围的土壤缝隙里越冬。春季花芽萌动时出蛰上芽为害,花序分离期为出蛰盛期,从出蛰到出蛰盛期约需1周时间。开花前出蛰数量多而集中,落花期则出蛰基本结束。出蛰期的长短受当年气温变化影响,早春若时冷时暖,出蛰期延续较长;气温平稳上升,出蛰期则短而集中。出蛰盛期是全年的第1个防治关键期。雌虫出蛰1周后开始产卵,卵多产在叶片背后主脉两侧丝网上,卵期约6d,谢花后6~10d为第1代幼虫的孵化高峰,出现第1代雌成虫,这是第2个防治关键期。花落1个月后为第2代幼虫孵化盛期,这时为第3个防治关键期。

山楂叶螨在前期一般发生数量不多,到6月气温开始上升时,种群迅速增长,并达到高峰,为害最大。干旱有利于山楂叶螨的发生。6月后山楂叶螨的发生逐渐减少,8月后开始出现越冬型雌螨。

山楂叶螨的早春越冬雌成螨出蛰后多集中在树冠内膛枝叶上为害,多呈集团分布,然后向外围扩散,由里到外,由下向上,均匀分布,以后在树冠外围繁殖为害。群体数量少时,多群集在叶片背面主脉两侧叶丝网下为害;群体数量多时,也可爬到叶面及其果实上为害。

3. 防治方法

(1) 冬季清园,刮除老翘皮,根基培土,清洁树体,清除枯枝落叶,减少越冬虫源,结合修剪,剪除有卵枝条。

(2) 8~9月进行树干捆草,诱集越冬螨,第2年初解草烧毁。

(3) 花前喷洒1次0.5波美度的石硫合剂,或100~150倍稀释的矿物油、5%尼索朗1500倍稀释液。发生盛期可选用25%三唑锡可湿性粉剂1500倍稀释液、50%苯丁锡可湿性粉剂1500倍稀释液、15%哒螨灵乳油1000倍稀释液等杀螨剂进行扑杀。

3.3.14 柑橘红蜘蛛

柑橘红蜘蛛(图3-53)又称柑橘全爪螨、瘤皮红蜘蛛。属蛛形纲,蜱螨目,叶螨科。柑橘红蜘蛛在广大柑橘产区均有发生。除危害柑橘类植物外,还可危害樱桃、梨、苹果、枣等其他多种植物。成螨、若螨和幼螨危害柑橘的叶片、绿色枝梢及果实,但以叶片受害最重。被害叶面呈现许多灰白色小斑点,失去光泽,严重时全叶灰白,大量落叶,严重影响树势和产量。

柑橘红蜘蛛(雌成螨)

图3-53 柑橘红蜘蛛成螨形态特征及为害状

1. 形态特征

(1) 成螨 雌虫体长0.2~0.4mm,椭圆形或卵圆形,暗红色或紫红色。背及背侧面生有毛瘤,其上各生1根白长刚毛,足4对。雄虫略小,鲜红色,体末端较狭,呈楔形,足也较长(图6-17)。

(2) 卵 近球形,稍扁,直径0.13mm,卵顶端有一垂直的柄,柄端有10~12根向卵四周辐射的细丝,附着于产卵处。初产时鲜红色,接近孵化时颜色减退。

(3) 幼螨 体长0.2mm,初孵时淡黄色或黄色,足3对。

(4) 若螨 似成螨,体较小。脱皮3次后为成螨。

2. 发生规律

1年发生多代,随温度的高低而有差异,世代重叠。完成一个世代的发育有效积温为322.6日·度。主要以卵和成螨在潜叶蛾为害的僵叶内及叶背越冬,部分在枝条裂缝内越冬,卵量多于虫量。雌成螨出现后即行交配,交配后1~4d产卵,孵化多数为雌螨,行孤雌生殖,其后代全为雄螨;在春季产卵最多,秋季次之,夏季最少;卵产在叶中脉两侧最多。春季高温干旱少雨,有利于发生,当旬平均气温超过12℃时,虫口数量开始增长,平均气温在24℃以下,相对湿度在60%～80%时盛发。当夏季气温超过30℃时，虫口数量受到抑制。其为害有趋嫩性。平均每叶越冬虫口超过1头，当年可能是大发生；每叶在0.5头以下，当年可能是中等发生。

3. 防治方法

柑橘红蜘蛛的防治应实施综合治理。在加强栽培管理的基础上，保护和利用天敌，少施药或应用选择性农药，把害螨的为害控制在经济受害水平之下。

（1）减少越冬虫源　采果之后结合冬季修剪，剪除潜叶蛾为害的僵叶，减少越冬虫源。若冬季气温高，虫口密度大，应用0.8～1波美度的石硫合剂进行清园。

（2）挑治中心株　在2月底至3月上旬普查柑橘园，用选择性农药进行第1次挑治。15～20d后再查中心虫株，进行第2次挑治。若中心虫株率在30%以上，即应普治1次。

（3）合理间作　合理种植豆类和绿肥植物，不能增加土壤肥力，同时能降低橘园夏季温度，提高湿度，提供天敌宿主，维持天敌种群，起到长期控制害螨的作用。

（4）应用选择性杀螨剂　晶体石硫合剂200倍稀释液、63%克螨特乳油2000倍稀释液、25%三唑锡可湿性粉剂2500倍稀释液等。

（5）天敌防治　有条件的地区，可人工饲养钝绥螨，当红蜘蛛平均2头/叶以下，每株释放200～400头，益、害比为1:50时，放后1个月即能控制为害。

3.3.15　柑橘锈壁虱

柑橘锈壁虱（图3-54）又称柑橘刺叶瘿螨、锈螨、牛皮柑等。属蜱螨目，瘿螨科。在国内各柑橘产区均有发生，并造成不同程度的损失，其中浙江、福建、湖北、四川等地为害最重。以成、若螨群集叶、果和嫩枝上，刺破表皮细胞吸食汁液。叶、果被害后细胞破坏，内含芳香油溢出，经空气氧化变成黑褐色。叶上则多在叶背呈许多赤褐色小斑，逐渐扩布全叶背，直到叶面。严重时引起落叶，削弱树势，影响产量。果实受害，一般先在果面凹陷处出现赤褐色小斑，逐渐扩展至全果呈黑褐色，果皮粗糙，果面布满龟裂状纹，品质变劣。

1. 形态特征

（1）成螨　体微小，0.1～0.14mm，胡萝卜形，初淡黄色，后变橙黄至锈黄色。头隐藏于前胸背板下，具颚须2对，背面环纹28个。雄成虫尚未发现。

（2）卵　圆球形，0.04mm，表面光滑，灰白色，半透明。

（3）幼螨　体似成螨，较小，初孵灰白色，后渐变为灰色至淡黄色，环纹不明显。快脱皮时体表呈薄膜状，前端为灰黑色，其余部分仍为淡黄色。

图3-54　柑橘锈壁虱形态特征及为害状

2. 发生规律

1年可发生18～20代，世代重叠。主要以雌成螨群集在腋芽缝隙中和病虫为害的卷叶内越冬。越冬成螨4月上、中旬开始活动产卵,5月迁至春梢嫩叶,6月上果为害,虫口密度迅速增加,6~8月为害严重。多时一叶和一果有虫、卵数达几百头至千余头。在叶片上往往附有大量虫体和蜕皮壳,好像薄敷一层灰尘。8月以后部分虫口转移至当年生秋梢叶上为害。11月后生长缓慢,但11月温暖干旱虫口仍可上升,冬季低温可引起大量死亡。该螨性喜荫蔽,先为核心分布,后为均匀分布。且虫体小,一般可借风、昆虫、雀鸟、苗木、器械传播蔓延。锈壁虱的天敌近10种,主要是多毛菌、钝绥螨、蓟马和食螨蝇等。

3. 防治方法

主要采取农业防治、适时用药和保护利用天敌。

（1）农业防治　加强柑橘园的栽培管理,增强树势,提高树体的抵抗能力。土壤干旱时要及时灌溉,同时搞好果园覆盖,如种豆类植物或藿香蓟等杂草,改善小气候,减轻为害。柑橘园、苗圃尽量远离茄科蔬菜及其他寄主植物。摘除过早或过迟抽发的不整齐嫩梢,结果树宜控制夏梢抽发。

（2）适时用药防治　在新梢长0.5cm时,或虫口密度达到每视野2~3头或橘园开始出现"灰果"和黑皮果时应立即喷药防治。叶背和果实阴暗面,更应周密喷布,才能收到较好的防治效果。药剂可用晶体石硫合剂300倍稀释液、20%三磷锡乳油2500倍稀释液、25%三唑锡可湿性粉剂2500倍稀释液等。

（3）保护利用天敌　减少用药次数,或选用对天敌杀伤很小的99%绿颖150~200倍稀释液进行防治。尽量少用铜制剂防治柑橘病害,保护天敌多毛菌。

任务四　园艺植物钻蛀性害虫防治技术

知识目标

1. 了解园艺植物生产上主要钻蛀性害虫的种类及发生特点。
2. 掌握与钻蛀性害虫防治有关的昆虫习性,熟悉其生物学特性及发生规律。
3. 掌握其防治技术。

能力目标

1. 能识别鳞翅目、鞘翅目、膜翅目等常见钻蛀性害虫种类。
2. 能应用综合防治原理对主要钻蛀性害虫进行防治。

知识平台

园艺植物茎干的病害种类虽不如叶、花、果多,但其危害性很大,轻者引起枝枯,重者导致整株枯死,严重影响观赏效果和城市景观。

引起园艺植物茎干病害的病原包括所有侵染性病原(真菌、细菌、线虫等)和一些非侵染性病原(如日灼、冻害等)。其中真菌是主要的病原。观赏植物茎干病害的症状类型主要有腐烂、溃疡、枝枯、肿瘤、丛枝、黄化、萎蔫、腐朽、流脂流胶等。

园艺植物茎干的害虫主要包括蛀干、蛀茎、蛀新梢以及蛀蕾、花、果、种子等的各种害虫。主要有鞘翅目的天牛类、吉丁虫类、小蠹虫类、象甲类,鳞翅目的木蠹蛾类、透翅蛾类、夜蛾类、卷蛾类、螟蛾类、膜翅目的茎蜂类、树蜂类、等翅目的白蚁类等。多数茎干害虫为"次期性害虫",以幼虫钻蛀树干,致使树势衰弱或植物濒临死亡,对观赏植物的生长发育造成较大程度的为害,以至成株成片死亡,被称为"心腹之患"。

3.4.1 天牛类

天牛是观赏植物重要的蛀干害虫,属鞘翅目,天牛科。以幼虫钻蛀植株茎干,在韧皮部和木质部形成蛀道为害。主要种类有星天牛、光肩星天牛、桃红颈天牛、松墨天牛等。

1. 光肩星天牛和星天牛

(1) 形态特征 见表 3-11,图 3-55、图 3-56。

表 3-11 光肩星天牛和星天牛的形态区别

虫态	光肩星天牛	星天牛
成虫	黑色有光泽。前胸两侧各有一较尖锐的刺状突起。鞘翅基部光滑无颗粒状突起。翅面上各有大小不同的由白色绒毛组成的斑纹20个左右	体黑色略带金属光泽。前胸背板中央有3个瘤突,两侧具尖锐粗大的侧刺突。鞘翅基部密布黑色小颗粒,翅表面有排列不规则的白毛斑20余个,排成5行
卵	长椭圆形,两端稍弯曲,初为白色	长椭圆形,初产时乳白色,后渐变为黄褐色
幼虫	老熟幼虫体略带黄色。前胸背板后半部色较深,呈凸字形。前胸腹板主腹片两侧无骨化的卵形斑	淡黄白色,前胸背板前方左右各具一黄褐色飞鸟形斑纹,后方有一黄褐色"凸"字形大斑略隆起
蛹	乳白色至黄白色,前胸背板两侧各有侧刺突1个,背面中央有1条压痕,腹面呈尾足状,其下面及后面有若干黑褐色小刺	纺锤形,初为淡黄色,羽化前各部分逐渐变为黄褐色至黑色。翅芽超过腹部第3节后缘

1. 成虫;2. 卵;3. 幼虫;4. 蛹

图 3-55 光肩星天牛

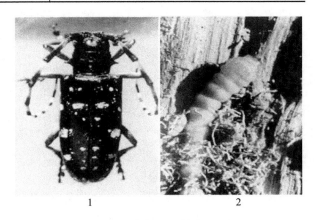

1. 成虫;2. 幼虫

图 3-56 星天牛形态特征

(2) 生活习性。

① 光肩星天牛　江苏、浙江、山东、上海地区1年发生1代或2年1代。以1~3龄幼虫越冬。翌年3月下旬开始活动取食,有排泄物排出,4月底、5月初开始在隧道上部筑蛹室,经10~40d到6月中下旬化蛹,蛹期20d左右。成虫羽化后在蛹室内停留7d左右,然后咬10mm左右的羽化孔飞出。成虫白天活动,取食植物的嫩枝皮,补充营养,经2~3d后交尾。产卵前成虫咬一椭圆形刻槽,然后把产卵管插入韧皮部与木质部之间产卵,每刻槽产卵1粒,产后分泌胶状物堵住产卵孔。每雌虫产卵30粒左右。

从树的根际开始直到直径4mm的树梢处均有刻槽分布,主要集中在树杈和萌生枝条的地方。树皮刻槽并不全部产卵,空槽无胶状物堵孔,易区别。成虫飞翔力弱,敏感性不强,容易捕捉。趋光性弱。成虫寿命较长,雌虫40d左右,雄虫20d左右。卵期在夏季10d左右,秋后产的卵少数滞育到第2年才能孵化。幼虫孵出后,开始取食腐坏的韧皮部,并将褐色粪便及蛀屑从产卵孔中排出。3龄末或4龄幼虫在树皮下取食3~4cm后,开始蛀入木质部,从产卵孔中排出白色的木丝,起初隧道横向稍有弯曲,然后向上。在蛀入木质部后往往仍回到韧皮部与木质部之间取食,使树皮陷落,树体生长畸形。

② 星天牛　1年1代或2年1代,以幼虫在被害寄主木质部隧道内越冬。翌年3月越冬幼虫开始活动,至清明节前后有排泄物出现。4月上旬气温稳定在15℃以上时,开始在隧道内筑蛹室化蛹,蛹期长短各地不一,一般20d左右。成虫白天活动。5月上旬,成虫咬食寄主幼嫩枝梢树皮以补充营养,10~15d后才交尾。成虫飞翔距离可达40~50m。6月上旬,雌成虫在树干主侧枝下部或茎干基部露地侧根上产卵,6月上旬为产卵高峰,以树干基部向上10cm以内、距地面3~6cm内为多。产卵前先在树皮上咬深约2mm、长约8mm的"T"或"八"字形刻槽达木质部,再在刻槽的树皮夹缝中产卵。一般每刻槽产卵1粒,产卵后分泌一种胶状物质封口,表面隆起且湿润有泡沫。每雌虫一生可产卵23~32粒,最多可达61粒。成虫寿命40~50d。幼虫孵化后,即从产卵处蛀入,向下蛀食于表皮和木质部之间,形成不规则的扁平虫道,虫道内充满虫粪。此时在悬铃木上有明显深褐色似酱油状的树液流出,1个月后开始向木质部蛀食,蛀至木质部2~3cm深度就转向上蛀,上蛀高度不一,蛀道加宽,并开有通气孔,从中排出粪便。9月下旬后,绝大部分幼虫转头向下,顺原虫道向下移动,到蛀入孔后,再开辟新虫道向下部蛀进,并在其中为害,幼虫为害至11~12月陆续越冬。整个幼虫期长达10个月,虫道长50~60cm。还有部分虫道在表层盘旋或环状蛀食,能使几米高的花木当年枯萎死亡。

星天牛的主要天敌是蚂蚁类,能侵入虫道搬食幼虫或蛹。在浙江其天敌有一种卵寄生蜂和取食天牛幼虫的蠼螋。幼虫期天敌还有一种寄生蜂。

(3) 防治方法　防治天牛对观赏植物的危害,应加强管理,使观赏植株生长健壮,增强抗虫能力;选育抗虫品种;及时剪除及伐除严重受害株,剪除被害枝梢,消灭幼虫。

① 加强管理　加强检疫,加强测报,营造混交林,加强树体管理。

② 人工捕杀　利用成虫飞翔力不强,有假死性,于成虫羽化期啃食树枝时捕杀。在4~6月用利刀或圆凿清除虫卵(流胶状泡沫处),除去虫道内粪粒后,插一有刺藤条刺杀幼虫或用钢丝钩杀幼虫。

③ 树干涂白,清除虫源　在成虫羽化前用生石灰5kg、硫黄500g,水20kg,调成灰浆,涂

树干,高 1m,可防止成虫产卵。及时剪除被害枝梢,并伐除枯死或风折树木,更新衰老树,使之无适宜的产卵场所。

④ 药剂防治 受害株率较高、虫口密度较大时,可选用内吸性药剂喷施受害树干。如杀螟松、敌敌畏等 100~200 倍稀释液,对成虫都有效。用粗铁丝将虫道内虫粪捅除干净后,用脱脂棉球蘸沾 80% 敌敌畏或 40% 乐果或 40% 氧乐果乳油 5~10 倍稀释液,或用新鲜半夏茎叶塞入虫孔内,然后用湿泥土封堵,或用溴氰菊酯等农药做成毒签插入蛀孔中,毒杀幼虫。也可进行熏蒸处理,如防治中华锯花天牛,可用 52% 磷化铝片剂进行单株熏蒸,每棵树用药 1 片,或挖坑密封熏蒸,用药 2 片/m²,死亡率均达 100%。

⑤ 生物防治 保护、利用天敌,招引益鸟、释放寄生蜂等。

2. 桃红颈天牛

桃红颈天牛(图 3-57)属鞘翅目,天牛科。分布于北京、东北、河北、河南、江苏、福建、湖北、山西、河北等地。主要为害桃、李、梅、杏、樱桃等果树。它以幼虫蛀食树干木质部,造成树干中空、皮层脱离,常使树势衰弱,严重时造成树体死亡。

图 3-57 桃红颈天牛成、幼虫形态特征及为害状

(1) 形态特征。

① 成虫 体长约 28~37mm,宽 8~10mm。体黑色发亮,前胸背面大部分为光亮的棕红色或完全黑色。有两种色型:一种是身体黑色发亮和前胸棕红色的"红颈型",另一种是全体黑色发亮的"黑颈"型。据初步了解,福建、湖北有"红颈"和"黑颈"两型的个体,而长江以北如山西、河北等地只见有"红颈"个体。头黑色,腹面有许多横皱,头顶部两眼间有深凹。触角蓝紫色,基部两侧各有一叶状突起。前胸两侧各有刺突 1 个,背面有 4 个光滑瘤突。鞘翅表面光滑,基部较前胸为宽,后端较狭。雄虫身体比雌虫小,前胸腹面密布刻点,触角超过虫体 5 节;雌虫前胸腹面有许多横皱,触角超过虫体两节。

② 卵 卵圆形,乳白色,长约 6~7mm。

③ 幼虫 老熟幼虫体长约 42~52mm,乳白色,前胸较宽广。身体前半部各节略呈扁长方形,后半部稍呈圆筒形,体两侧密生黄棕色细毛。前胸背板前半部横列 4 个黄褐色斑块,背面的两个各呈横长方形,前缘中央有凹缺,后半部背面色淡,有纵皱纹;位于两侧的黄褐色斑块略呈三角形。胴部各节的背面和腹面都稍微隆起,并有横皱纹。

④ 蛹 体长 35mm 左右,初为乳白色,后渐变为黄褐色。前胸两侧各有一刺突。

(2) 生物学特性 桃红颈天牛 2~3 年完成 1 代。以幼龄幼虫(第 1 年)和老熟幼虫(第 2 年)越冬。5~6 月化蛹,6~8 月羽化。各地成虫出现期自南至北依次推迟。幼虫生活在树干中,蛀食木质部。成虫羽化后在树干蛀道中停留 3~5d 后外出活动。雌成虫遇惊

扰即行飞逃,2~3d 后开始交尾产卵。常见成虫于午间在枝条上栖息或交尾。卵产于主干、主枝基部的树皮缝隙中。幼壮树仅主干上有裂缝,老树主干和主枝基部都有裂缝可以产卵。一般近土面35cm 以内树干产卵最多,产卵期5~7d。产卵后不久成虫便死去。

卵经过7~8d 孵化为幼虫,幼虫孵出后向下蛀食韧皮部,当年生长至6~10mm,就在此皮层中越冬。次年春天幼虫恢复活动,继续向下由皮层逐渐蛀食至木质部表层,先形成短浅的椭圆形蛀道,中部凹陷;至夏天体长30mm 左右时,由蛀道中部蛀入木质部深处,蛀道不规则,入冬成长的幼虫即在此蛀道中越冬。第3年春继续蛀害,4~6月幼虫老熟时用分泌物黏结木屑在蛀道内做室化蛹。幼虫期历时约1年又11个月。蛹室在蛀道的末端,成长幼虫越冬前就做好了通向外界的羽化孔,未羽化外出前,孔外树皮仍保持完好。幼虫由上而下蛀食,在树干中蛀成弯曲无规则的孔道。蛀道可到达主干地面下6~9cm。幼虫一生钻蛀隧道全长约50~60cm。在树干的蛀孔外及地面上常大量堆积有排出的红褐色粪屑。受害严重的树干中空,树势衰弱,以致枯死。

(3) 防治方法 根据其生活习性及危害特点,可采取以下方法进行防治:

① 捕捉成虫 桃红颈天牛蛹羽化后,在6~7月成虫活动期间,可利用从中午到下午3时前成虫有静息枝条的习性,组织人员在果园进行捕捉,可取得较好的防治效果。

② 涂白树干 利用桃红颈天牛惧怕白色的习性,在成虫发生前对桃树主干与主枝进行涂白,使成虫不敢停留在主干与主枝上产卵。涂白剂可用生石灰、硫黄、水按10∶1∶40 的比例进行配制,也可用当年的石硫合剂的沉淀物涂刷枝干。

③ 刺杀幼虫 9月份前孵化出的桃红颈天牛幼虫即在树皮下蛀食,这时可在主干与主枝上寻找细小的红褐色虫粪,一旦发现虫粪,即用锋利的小刀划开树皮将幼虫杀死。也可在翌年春季检查枝干,一旦发现枝干有红褐色锯末状虫粪,即用锋利的小刀将在木质部中的幼虫挖出杀死。

④ 药剂防治 在幼虫危害期,可采用以下药剂进行防治:1份敌敌畏、20份煤油配制成药液涂抹在有虫粪的树干部位;用杀灭天牛幼虫的专用磷化铝毒签插入虫孔;用植物百部根切成段塞入虫孔,并将孔封严熏杀幼虫。此外,及时砍伐受害死亡的树体,也是减少虫源的有效方法。

3. 松墨天牛(图3-58)

松墨天牛又称松天牛或松褐天牛(图3-58),为鞘翅目,天牛科,分布在华北、中南、华东、华北、西北、东北等地,主要危害马尾松,其次危害冷杉、雪松、落叶松、刺柏等。幼虫钻蛀生势衰弱或新伐倒的树干危害,而成虫是松材线虫(Bursaphelenchus xylopilus)的传播媒介,松材线虫病通过它的传播,造成松林大面积的死亡,严重威胁林业生产。

(1) 形态特征。

① 成虫 体长15~28mm,棕褐或赤褐色。前胸背板有2条宽的橙黄色纵纹,小盾片密被橙黄色绒毛。每鞘翅具5条纵纹,由方形或长方形的黑褐色和灰白色斑纹相间组成。雄虫触角超过体长1倍多,雌虫触角超出约1/3。

② 卵 乳白色,长椭圆形。

③ 幼虫 乳白色,扁圆筒形。头部黑色,前胸背板褐色,中央有波状横纹。

④ 蛹 乳白色,圆筒形,体长20~26mm。

图 3-58　松墨天牛成、幼虫形态特征及为害状

（2）发生规律　1年1代，以老熟幼虫在木质部坑道中越冬。次年3月下旬越冬幼虫在虫道末端蛹室中化蛹。4月中旬成虫开始羽化，咬一直径8～10mm的圆形羽化孔飞出，啃食嫩枝、树皮作为补充营养，5月达盛期。成虫具弱趋光性。成虫性成熟后，在树干基部或粗枝条的树皮上，咬1眼状浅刻槽，这是识别松天牛危害松树的重要标记。然后于其中产一至数粒卵。孵化的幼虫蛀入树皮下韧皮部、木质部与边材，蛀成不规则的坑道。初龄幼虫在韧皮部和木质部之间蛀食，在内皮和边材形成宽而不规则的平坑，坑道内充满虫粪和木屑。秋天则蛀入木质部3～4cm，即向上或向下钻蛀坑道，坑道长约5～10cm，然后再向外蛀食到边材，在坑道末端化蛹。幼虫在坑道内蛀食留下的木屑，大部分被推出堆积在树皮下，很易识别。

（3）防治方法。

① 加强营林措施，营造针阔混交林，防止食叶害虫为害；及时进行抚育间伐和卫生伐，采伐应于秋、冬进行，伐倒木应及时进行剥皮处理。加强林区管理，及时处理林区内的弱树、枯木和伐倒的树材。防治叶部害虫（如马尾松毛虫、松突圆蚧等）的危害，以免松树生长衰弱而招引松墨天牛的入侵。

② 成虫羽化前，设置饵木，待其产卵后再行处理。

③ 利用天牛引诱剂诱杀成虫。

④ 成虫羽化盛期，喷施50%杀螟松乳油、50%马拉硫磷乳油、80%敌敌畏乳油1000倍稀释液，或喷洒12%倍硫磷150倍稀释液+4%聚乙烯醇10倍稀释液+2.5%敌杀死2000倍稀释液的混合液，有效期达20d。

⑤ 在幼虫低龄阶段，未进入木质部之前，可喷洒85%乙酰甲胺磷乳油或50%杀螟松乳油1000倍稀释液，或在产卵孔周围喷施16%虫线清乳油300倍稀释液，毒杀幼虫。

4. 葡萄虎天牛（图3-59）

葡萄虎天牛属鞘翅目，天牛科。分布在东北、华北、华中等地。以幼虫危害葡萄枝蔓。初孵幼虫多在芽的附近食入皮下，被害部充塞虫粪，皮部变色呈黑色或褐色，皮下常腐烂。至10月逐渐蛀入髓部越冬，粪便多不排出蛀道，所以外表难以发现。翌春萌芽时开始活动，首先在越冬部位环行为害，然后多向枝条方向蛀食，被害部易折断，枝蔓常枯萎。

（1）形态特征。

① 成虫　体长10mm左右，体黑色。头部密布刻点，额部从唇基向上分出3条隆起，前胸赤褐色。鞘翅基部有"X"黄白色纹，鞘翅近末端有一黄色横带。腹面有3条黄色纹。足

黑色,前足最短,后足最长。

② 卵　长约1mm,椭圆形,乳白色。

③ 幼虫　老熟幼虫体长15mm左右,头胸部褐色。前胸背面黑色,后缘有"山"字形细沟纹。头小,无足。第2～第9节腹面有圆形状突起。

④ 蛹　体长约10mm,体淡黄白色,复眼淡赤褐色。

图3-59　葡萄虎天牛成虫、幼虫形态特征及为害状

（2）发生规律　1年1代,以初龄幼虫在枝蔓内越冬。翌春4月开始为害,先在越冬部位环形蛀食,然后向枝梢蛀食,新发梢易造成枯萎。6月老熟幼虫在被害蔓内化蛹,蛹期10d左右。8月成虫大量羽化,成虫的寿命6～10d。卵多产在芽鳞缝隙里,也可产在芽和叶柄间,或芽附近的枝条上,一般多选择6～10mm粗的枝蔓上产卵,卵期6d左右。幼虫孵化后,先在芽附近的皮下为害,被害部略隆起,表皮变黑,11月在被害部越冬。

（3）防治方法。

① 人工捕杀　春季枝蔓抽发期,发现新梢凋萎时剪除下部被害枝蔓,或早春发芽时在芽附近表皮变黑处挖除幼虫。结合冬季修剪,剪除有虫枝蔓并及时烧毁。

② 药剂防治　成虫发生期喷洒50%敌敌畏乳油1500倍稀释液或10%歼灭2000倍稀释液,10d 1次,共2～3次。

3.4.2　小蠹虫类

小蠹虫属鞘翅目小蠹甲科,为小型甲虫,是观赏植物的重要害虫。全世界已知3000多种,我国记载500种以上。大多数种类侵入树皮下,有的侵入木质部。种类不同,钻蛀坑道的形状也不同。为害观赏树木的主要种类有松纵坑切梢小蠹、松横坑切梢小蠹、柏肤小蠹等。

1. 形态特征

小蠹虫类中常见的柏肤小蠹与松纵坑切梢小蠹的形态特征见表3-12,图3-60、3-61。

表3-12　柏肤小蠹与松纵坑切梢小蠹的形态区别

虫态	柏肤小蠹	松纵坑切梢小蠹
成虫	赤褐或黑褐色,无光泽。头部小,藏于前胸下。鞘翅上各具9条纵沟纹,沟间较粗糙,上面有横排的刚毛3～4根	全体黑褐或黑色,具光泽密布刻点和灰黄色茸毛。头部半球形,黑褐色。鞘翅棕褐色,基部与端部的宽度相似,长约为宽的3倍,其上有由刻点组成的明显行列
卵	白色,圆球形	淡白色,椭圆形
幼虫	乳白色,长2.5～3.5mm,弯曲	长5～6mm,乳白色,无腹足,体粗壮多皱纹,微弯曲
蛹	乳白色,长2.5～3.0mm	长约4.5mm,白色

1. 成虫；2. 坑道
（引自徐明慧《园林植物病虫害防治》）
图 3-60　柏肤小蠹的形态

1. 成虫；2. 坑道
（引自徐明慧《园林植物病虫害防治》）
图 3-61　松纵坑切梢小蠹的形态

2. 生活习性

（1）柏肤小蠹　主要分布在山东济南、泰安地区,1 年发生 1 代。以成虫在柏树枝梢内越冬。翌年 3～4 月陆续飞出,雌虫寻找生长势弱的侧柏或桧柏,蛀入皮下,雄虫跟踪进入,并共同构筑不规则的交配室,在内交配。交配后的雌虫向上咬蛀单纵母坑,沿坑道两侧咬成卵室,并在其中产卵。在此期间,雄虫在坑道内将雌虫咬蛀母坑产生的木屑由侵入孔推出孔外。雌虫一生产卵 26～104 粒,卵期 6d。4 月中旬出现初孵幼虫,幼虫发育期 45～50d。5 月中下旬老熟幼虫在坑道末端咬一蛹室化蛹,蛹期约 10d。成虫于 6 月上旬开始出现,6 月中下旬为羽化盛期。新成虫飞至健康的柏树,蛀入枝梢内补充营养,常将枝梢蛀空,遇风吹即折断。10 月中旬后,成虫开始越冬。

（2）松纵坑切梢小蠹　1 年发生 1 代,以成虫在被害枝梢内越冬。越冬成虫于翌年 3 月下旬至 4 月中旬离开越冬处,侵入松枝新梢头髓部补充营养,以后在健康的树梢、衰弱树或新伐倒的树木上筑坑,成虫先咬侵入孔,交尾后再咬蛀与树干平行的母坑道,并将卵产在坑道两侧。卵期 9～11d,幼虫孵出后即开始蛀食为害,形成坑道,坑道为单纵坑,在树皮下层,微触及边材,坑道长一般为 5～6cm,子坑道在母坑道两侧,与母坑道垂直,长而弯曲,通常 10～15 条。幼虫期约 1 个月。5 月中旬化蛹,蛹室位于子坑道的末端。5 月下旬至 6 月上旬出现新成虫,再侵入新梢补充营养。成虫在梢枝上蛀入一定距离后随即退出,另蛀新孔,在 1 条枝梢上侵入孔可多达 14 个。10 月上中旬开始越冬。

3. 防治方法

（1）园艺技术防治　加强管理,适时、合理地修枝、间伐,改善园内卫生状况,增强树势,提高树木本身的抗虫能力。伐除被害木,采伐后的原木及枝梢头,应及时运出林外,并对虫害部位进行剥皮处理,减少虫源。当越冬成虫及新羽化成虫补充营养造成枝梢枯萎时,应及时剪除被害枝梢、死梢并烧毁。

（2）诱杀成虫　根据小蠹虫的发生特点,可在成虫羽化前或早春设置饵木,以带枝饵木引诱成虫潜入,并经常检查饵木内的小蠹虫的发育情况并及时处理。

（3）化学防治 利用成虫在树干根际越冬的习性（如松纵坑切梢小蠹等），于早春3月下旬，在根际撒辛硫磷等粉剂，然后干基培土，高4~5cm，杀虫率达90%以上。在成虫羽化盛期或越冬成虫出蛰盛期，喷施2.5%溴氰菊酯乳油、20%速灭杀丁乳油2000~3000倍稀释液。成虫侵入新梢之前，用80%敌敌畏乳油1000倍稀释液或50%磷胺乳油1000~1500倍稀释液喷洒树冠。

3.4.3 木蠹蛾类

木蠹蛾类属鳞翅目，木蠹蛾科。以幼虫蛀害树干和枝梢，是观赏植物的重要害虫。常见的种类有芳香木蠹蛾东方亚种、黄胸木蠹蛾、咖啡木蠹蛾、榆木蠹蛾等。下面以咖啡木蠹蛾为例说明。

咖啡木蠹蛾又名咖啡豹蠹蛾，分布于广东、海南、福建、四川、江西、浙江、江苏、河南等省。幼虫钻蛀茶树、水杉、乌桕、刺槐、咖啡、核桃、枫杨、悬铃木、柑橘、枇杷、苹果、梨、荔枝、龙眼等多种树木枝干的木质部，使枝条枯死，严重削弱树势，影响幼树生长及成龄树的果品产量和质量。

1. 形态特征（图3-62）

（1）成虫 体长18~26mm，翅展30~50mm。体粗壮，密被灰白色鳞毛，胸部背面有青蓝色斑点6个。雌虫触角为丝状，雄虫触角基半部为羽毛状，端半部为丝状。胸部具白色长绒毛，中胸背板两侧有3对由青蓝色鳞片组成的圆斑。翅灰白色，翅脉间密布大小不等的青蓝色短斜斑点，外线有8个近圆形的青蓝色斑。腹部被白色短毛，第3至第7节背面及侧面有5个青蓝色斑，第8腹节背面几乎全为青蓝色鳞片覆盖。

（2）卵 长椭圆形，淡黄色。

（3）幼虫 老熟幼虫体长17~35mm，暗紫红色，头橘红色，前胸背板黑褐色，近后缘中央有向后呈梳状的锯齿状小刺1列。臀板黑色。

（4）蛹 被蛹，长16~27mm，黄褐色，头部有1个突起。

图3-62 咖啡木蠹蛾形态特征

2. 生活史及主要习性

1年发生2代，以老熟幼虫在被害枝条蛀道内越冬。每年3~4月越冬幼虫化蛹，4~5月成虫羽化，5月底、6月上旬林间可见初孵化幼虫。老熟幼虫在化蛹前，除吐丝缀合木屑将虫道堵塞外，还筑成一斜向的羽化孔道，在筑成蛹室之后蜕皮化蛹。羽化前，蛹体常向羽化孔口蠕动，顶破蛹室丝网及羽化孔盖后，露一半于羽化孔外。成虫白天静伏不动，黄昏后开始活动。卵单粒或数粒聚产在寄主枝干伤口或裂皮缝隙中，初孵幼虫群集2~3d后扩散为害,多自枝梢上方的腋芽蛀入,蛀入处的上方随即枯萎,经 5~7d 后又转移危害较粗的枝条,枝条很快枯死。幼虫蛀入时先在皮下钻蛀成横向同心圆形的坑道,然后沿木质部向上蛀食,每隔 5~10cm 向外咬一排粪孔,状如洞箫。被害枝梢上部常干枯,易于辨认。老熟幼虫在蛀道中筑蛹室化蛹。8~9月,第2代成虫羽化飞出,成虫具趋光性。

3. 防治方法

（1）成虫羽化期间设置灯光、性激素诱捕器诱杀。

（2）剪除被害枝条。

（3）用钢丝从下部的排粪孔穿进,向上钩杀。

（4）用"海绵吸附法"往蛀道最上方的排粪孔施放昆虫病原线虫 2000~4000 条,不仅高效、无污染,而且有利蛀道的愈合。或以 1 亿~8 亿孢子/g 白僵菌黏膏涂排粪孔。

（5）抓准成虫羽化盛期、卵盛孵期和幼虫转移为害的盛期,用 80% 敌敌畏乳剂 1000 倍稀释液、40% 水胺硫磷乳油 500 倍稀释液、2.5% 敌杀死、10% 兴棉宝乳剂 1500 倍稀释液等药剂喷雾。

3.4.4 葡萄透翅蛾

葡萄透翅蛾（图 3-63）又名葡萄透羽蛾,属鳞翅目,透翅蛾科。分布于江苏、浙江、安徽、山东、河南、河北、吉林、四川、贵州等地,主要危害葡萄及野生葡萄。成虫产卵在嫩梢上。幼虫孵出后从叶柄基部蛀入嫩梢内,然后沿髓部向下蛀食。受害嫩梢凋萎,附近叶片发黄。成长幼虫可蛀入较粗的二年生枝蔓中,被害处肿胀膨大,蛀孔外常有虫粪堆积,叶片变黄,枝蔓易折断,果实脱落。

图 3-63　葡萄透翅蛾成虫、幼虫形态特征及为害状

1. 形态特征

（1）成虫　体长约 20mm,翅展 30~36mm。体蓝黑色,颜面白色,尖顶、下唇须第 3 节、颈部及后胸两侧黄色,触角紫黑色。前翅膜质,紫红褐色,翅脉紫黑色,翅面有黄褐色鳞毛;后翅透明。腹部有 3 条黄色横带,第 4 节上的横带最宽,第 6 节次之,第 5 节最细。雄虫腹部末端两侧有毛丛束。

（2）卵　长约 1.1mm,红褐色,扁平,中央略凹。

（3）幼虫　老熟幼虫体长约 38mm,圆筒形。老熟时带有紫红色,头部赤褐色,口器黑褐色。前胸背板有倒"八"字形纹。胸呈淡黑色,爪黑色。

（4）蛹　体长约 18mm,红褐色,纺锤形。腹部第 2 至第 6 节背面各有刺 2 列,第 7 至第

8节有刺1列,末节腹面有刺1列。

2. 发生规律

1年发生1代,以幼虫在葡萄蔓被害部越冬。翌春越冬幼虫咬一羽化孔后筑室化蛹,化蛹期各地不一,在南京,其化蛹期在3月下旬至4月。4月下旬至5月为成虫羽化期。幼虫孵化期主要集中在5月中旬至6月上旬。

成虫多在白天上午羽化,具趋光性,性比约1∶1,羽化后立即交尾,产卵前期1~2d,雌虫的寿命为4~16d,雄虫5d左右。卵单粒,多产在新梢6~12节间的腋芽处,也有产在叶柄及叶脉处的。每头雌虫产卵50粒左右,产卵期约9d。幼虫孵出后,从新梢叶柄基部蛀入,沿髓部向下蛀食,多在6~8月转梢为害,一般可转移1~2次。长势弱、枝蔓细、节间短的植株转梢次数较多,转移多在夜间进行,转入粗蔓后向上蛀食,幼虫为害部常有虫粪从蛀孔处排出。老熟幼虫进入越冬前,啃取木屑堵塞虫道,冬后在离蛀道底部2.5cm处咬一圆形羽化孔并堵塞孔口,做室吐丝作茧化蛹,葡萄发芽时始见蛹,开花时始见蛾。

3. 防治方法

（1）人工防治　结合修剪,剪除有虫枝蔓,于6~7月间结合田间管理摘除被害嫩梢。晴天中午被害的嫩梢易出现凋萎状,极易寻找,捕杀幼虫效果较好。

（2）药剂防治　在为害严重的果园于始见成虫1周后,第1次施药。药剂可选择50%杀螟松1000倍稀释液进行喷施。在枝蔓中危害的幼虫可用棉花蘸敌敌畏乳油200倍稀释液塞入排粪孔中,然后用黄泥封闭。

3.4.5　桃蛀螟

桃蛀螟(图3-64)又名桃钻心虫、桃实冥,属鳞翅目,螟蛾科。国内分布普遍,长江流域桃果被害严重。危害桃、李、葡萄、石榴、板栗、梨、苹果、山楂、无花果及玉米、向日葵、高粱、棉花、法国梧桐等植物。初孵幼虫先在果梗、果蒂基部吐丝蛀食果皮,后从果梗基部钻入果内沿果核蛀食果肉。同时不断排褐色粪便,堆在虫孔外,有丝联结,并有黄褐色透明胶汁,前期危害幼果,使果实不能发育,变色脱落或成僵果,被害果常并发褐腐病。

桃蛀螟幼虫为害葡萄

桃蛀螟成虫

图3-64　桃蛀螟成虫、幼虫形态特征及为害状

1. 形态特征

（1）成虫　体长9~14mm,翅展20~26mm。体橙黄色,翅面及胸腹部、背面有许多小黑斑。前翅有26~28个黑斑,后翅有16个左右黑斑。腹部背面第1、第3、第4、第5、第7节上各有3个黑点,排成一横列,第6节中部有一黑点。雄虫翅缰1支,腹部末端较粗,有黑色丛毛;雌虫翅缰2支,腹末较尖细呈圆锥形,黄色,无黑色丛毛。

(2) 卵 长0.6mm,宽0.3mm,椭圆形。初产时乳白色,后变米黄色至暗红色。放大镜下可见卵壳表面粗糙有网状纹。

(3) 幼虫 体长22~26mm,体背淡红色,各节两侧各有粗大的灰褐色斑4个,雄虫腹部第5节背面有一灰褐色斑(性腺)。1龄幼虫体长1~3mm,头淡褐色,前胸背板褐色。2龄幼虫体长3~5mm,头褐色,前胸背板黑褐色。3龄幼虫体长5~8mm,胸背微紫红色,腹面黄白色。4龄幼虫体长8~14mm,头黄褐色,前胸背板琥珀黄色,腹部暗红色,腹面多为淡灰绿色,中后胸及腹部1~8节各有毛片8个,前排6个,后排2个。趾钩缺环式,2~3序,无臀栉。

(4) 蛹 体长10~14mm,纺锤形,初化时淡黄绿色,后变深褐色。翅芽达第5腹节,第5至第6腹节的前后缘上各有小齿1列。末端有卷曲的刺6根,羽化前1d背面出现黑斑。

2. 发生规律

我国各地发生代数不一,在北方为1年2代,黄河至淮河间、陕西、山东约为3代,河南及江苏为4代,江西、湖北5代。江苏越冬代成虫在5月上旬至6月上旬发生,6月盛发。第1代成虫6月中旬至8月上旬发生,完成第1代约48d;第2代成虫在6月底至8月下旬发生,完成第2代需39d;第3代成虫8月下旬开始发生,完成第3代共需33d。9月下旬幼虫开始越冬。翌年4月中旬开始化蛹。江苏第1代发蛾期长,以后各代均重叠发生。6~10月,田间各虫态均能找到。

成虫多在夜间羽化,白天停息在桃叶背面和叶丛中或停在向日葵花盘背面,傍晚开始活动,取食花蜜及成熟果实的汁液补充营养。对一般灯光趋性弱,但对黑光灯趋性强。

成虫羽化后1d交尾,3~5d开始产卵,每头雌虫产卵5~29粒左右。卵散产,喜产在枝叶茂密的桃果上,在两个或两个以上桃子互相紧靠的地方产卵较多。在一个果实上,以胴部产卵最多,果肩次之,缝合线最少。成虫产卵对果实的成熟度有一定的选择性,晚熟桃比早熟桃着卵多,受害重。

卵多在清晨孵化,第1代幼虫主要为害桃果及洋葱,第2代幼虫大部分为害桃果,第3代主要为害玉米,第4代为害向日葵及秋玉米。幼虫5个龄期,老熟幼虫结白色茧化蛹,化蛹部位各代不同。为害桃的第1、第2代幼虫一般在结果母枝及果和果相靠近的地方或果实内化蛹。在向日葵上,多数在花下子房上化蛹。为害玉米的在受害雄蕊、叶梢、茎叶、雌穗轴中化蛹。10月间以老熟幼虫越冬。华北地区在果树翘皮缝隙、田边堆果场、向日葵、玉米、高粱穗等处越冬。

长江下游地区成熟期晚,品质好的水蜜桃易受桃蛀螟为害;徐淮地区的早熟硬肉品种受害较轻。

3. 防治方法

(1) 人工防治 清除越冬寄主中越冬幼虫,特别注意要将向日葵花盘、晚玉米的穗轴和蓖麻被害种子里的老熟幼虫彻底烧毁,减少虫源。及时采摘清除虫果。

(2) 种植引诱植物 在桃园周围种植引诱植物,并及时除虫。

(3) 套袋 5月中旬开始套袋,5月25日前完成,套袋前结合其他害虫防治喷药1次,可有效地防止桃蛀螟为害。

(4) 药剂防治 未套袋的果园,因桃的生长期不同,受桃蛀螟为害的时间也不同,药剂防治时间和次数也不同。在南京早熟桃品种的第 1 次用药在 5 月下旬末,第 2 次在 6 月中下旬之间,中熟桃第 1 次在 6 月初,第 2 次在 6 月中下旬之间;第 3 次在 7 月上旬前半旬;晚熟桃第 1 次用药在 6 月上中旬之间,第 2 次在 6 月下旬中期,第 3 次在 7 月上中旬之间。药剂可选用 50% 杀螟松乳油 1000 倍稀释液、22% 虫多杀乳油 1000 倍稀释液、5% 抑太保乳油 1000 倍稀释液等喷施。

3.4.6 棉铃虫和烟青虫

棉铃虫俗称蛀虫;烟青虫又称烟夜蛾。两种害虫是近缘种,均属鳞翅目夜蛾科钻蛀性害虫。棉铃虫可危害棉花、玉米、芝麻、番茄、茄子等 200 多种植物,蔬菜中番茄受害最重;烟青虫可危害烟草、玉米、辣椒和南瓜等多种植物,蔬菜中辣椒受害最重。

1. 形态特征

棉铃虫(图 3-65)和烟青虫的形态区别见表 3-13。

表 3-13 棉铃虫和烟青虫的形态区别

虫态	棉铃虫	烟青虫
成虫	前翅的环形纹、肾形纹、横线不清晰,亚缘线锯齿状较均匀,外线较斜	前翅的环形纹、肾形纹、横线清晰,亚缘线锯齿状参差不齐,外线较直
卵	孔不明显,纵棱二岔或三岔式,直达卵底部,卵中部有纵棱 26~29 根	卵孔明显,纵棱双序式,长短相间,不达卵底部,卵中部有纵棱 23~26 根
幼虫	气门上线分为不连续的 3~4 条,上有连续的白色斑点,体表小刺长而尖,腹面小刺明显,前胸气门前两根侧毛的连线与前胸气门下端相切	气门上线不分为几条,上有分散的白色斑点,体表小刺短而钝,腹面小刺不明显,前胸气门前两根侧毛的连线与前胸气门下端不相切
蛹	腹部末端刺基的基部分开,腹部第 5 至第 6 节背面与腹面有 6~8 排稀而大的半圆形刻点	腹部末端刺基的基部相连,腹部第 5~第 6 节背面与腹面有 6~8 排密而小的半圆形刻点

图 3-65 棉铃虫形态特征及为害状

2. 发生规律

棉铃虫和烟青虫在长江流域 1 年发生 4~5 代,由北向南逐渐增多。以蛹在土中越冬,有世代重叠现象。成虫有趋光性和趋化性,对黑光灯和半枯萎的杨、柳树枝把趋性较强。卵散产。前期卵多产在为害对象植物中上部叶片背面的叶脉处,后期多产在萼片和花瓣上。

幼虫有假死性和转移为害习性,老熟后入土化蛹。两虫均能为害蕾、花和果,也可咬食嫩茎、嫩叶,造成落花落果或茎叶缺损。为害时多在近果柄处咬成孔洞,钻入果内,蛀食果肉,并引起腐烂,导致严重减产。烟青虫主要为害辣椒,发生时期较棉铃虫稍晚。

适宜棉铃虫和烟青虫生长发育的温度范围为15℃～36℃,最适温度环境为25℃～28℃;相对湿度65%～90%,属喜温湿型害虫。在两成虫发生盛期蜜源植物丰富,成虫补充养分多,则产卵量大,为害重。温湿度及田间小气候影响棉铃虫和烟青虫的发生。凡为害对象生长茂密、温湿度适宜、地势低洼、水肥条件较好的田块,往往发生严重。

3. 防治方法

（1）农业防治 冬季深耕土地,破坏土中蛹室,杀灭越冬蛹,减少越冬虫源。结合农事操作人工捕捉幼虫,结合番茄整枝打杈消灭部分卵。

（2）诱杀成虫 用杨树枝把或黑光灯诱杀成虫。

（3）生物防治 人工繁殖赤眼蜂、草蛉,或用苏云金芽孢杆菌乳剂200～250倍稀释液喷雾防治。

（4）药剂防治 应在卵孵化盛期至幼虫低龄盛期,幼虫尚未蛀入果实内时,及时喷药防治。可选用5%卡死克乳油各1500倍稀释液、48%乐斯本乳油1000倍稀释液、1.8%阿维菌素乳油2000～3000倍稀释液、25%快杀灵2号1000倍稀释液等药剂。

3.4.7 梨小食心虫

梨小食心虫(图3-66)又称东方蛀蛾,简称梨小,属鳞翅目,小卷叶蛾科。国内分布广,以幼虫为害梨、苹果、桃、李、梅、杏、山楂、枇杷、樱桃等果树的果实及新抽嫩梢。幼虫孵化后,从梢端第2～第3片叶的基部蛀入梢中,蛀孔处流出胶液,受害部中空,先端凋萎下垂而干枯。幼虫可转移危害4～5个新梢,当新梢停止抽发并木栓化后转害果实,蛀入果实后直达果心,常喜食种子。入果孔小,有时可见少量虫粪。梨果被害处常易感染病菌引起腐烂变黑(称黑膏药)。8～9月梨果采收时,若果上带有虫卵,装入果筐后,幼虫蛀入果实内食害,则引起病菌繁殖,果实腐烂,常造成很大损失。

1. 果被害状；2. 梢被害状；3. 被害果剖面；4. 成虫；5. 幼虫；6. 蛹

(引自曹若彬《果树病理学》)

图 3-66 梨小食心虫形态特征及为害状

1. 形态特征

（1）成虫　体长 4.6~6mm,翅展 10~16mm。全体灰黑色至灰褐色,前翅前缘有 8~10 组白色短纹,近外缘有 6~10 个黑绒状斑,翅外缘顶角下有 1 个小的圆形灰白色斑点,翅面镶有白色小鳞片;后翅灰褐色。两前翅合拢时,外缘构成的角较大,呈钝角。雄蛾腹末尖形,雌蛾末端腹面有圆形产卵孔,四周有毛征。后翅前缘基部的翅缰雄虫 1 根,雌虫 3~4 根。

（2）卵　长 0.6mm 左右,扁椭圆形,中央稍隆起,周缘扁平,初产时淡黄白色或白色,半透明,渐变淡黄色至淡红色,孵化前黑褐色。放大镜下可见卵壳上有辐射状细刻纹。

（3）幼虫　体长 10~14mm,初龄头及前胸背板黑褐色,体乳白色;3 龄后的幼虫头褐色,口器黑色,上唇内每边有 2 根短刺,前胸背板淡黄褐色,体背桃红色,腹部橙黄色。臀板浅褐色,臀栉 4~6 根,黑褐色。毛片淡褐色,前胸侧毛 3 根,斜列在三角形毛片上。腹足趾钩单序环式,有趾钩 30~45 根,尾足有趾钩 20~25 根。

（4）蛹　长约 6mm,纺锤形,黄褐色。复眼黑色。第 3~第 6 腹节背面各有 2 排小刺排列整齐,第 8~第 10 节各有 1 排较大的刺。腹末有 8 根钩状刺。茧白色,呈松软的丝质袋状。

2. 发生规律

江苏一般 1 年发生 4~5 代。幼虫在树干翘皮裂缝、草根、果筐、树干基部表土中结茧越冬。梨小食心虫的发生与为害,除地区差异外,还与果树种类的布局关系较大。一般来说,桃、梨、苹果混栽的果园,梨小食心虫的发生与为害普遍严重。越冬幼虫在 3 月中、下旬化蛹,蛹期约 3 周。在 4~5 月当 5d 平均温度达 10℃时成虫开始羽化,出现越冬代成虫。发生高峰后 10d 左右,常还有一小高峰。第 1 代卵的盛期在 5 月中旬,卵期 5~11d,幼虫为害旺树梢,弱树蛀果多。一般转枝为害 3 枝左右。5 月下旬至 6 月上旬为第 1 代成虫羽化高峰。第 2 代卵的盛期在 6 月上中旬,多产在桃梢上,尤其是旺树冠中上部的旺梢较多,卵期 4~6d。幼虫先蛀梢再蛀果。第 2 代羽化高峰在 6 月中旬到 6 月下旬。第 3 代卵的盛期在 6 月上旬,卵期约 5d,仍主要危害桃,部分危害梨。第 3 代羽化高峰在 6 月中、下旬至 8 月中旬。第 4 代卵的盛期在 8 月上旬,多产在梨果上,少数在梨果附近的干处下,卵期约 4d。第 5 代卵的盛期在 8 月下旬至 9 月初,卵期 4~6d,幼虫主要为害果实。最后一代幼虫多数不能在园地老熟,而随果被带走,在果内为害至老熟再脱出果外越冬。8 月中旬就有部分第 4 代幼虫滞育越冬,一般从 8 月底开始入蛰,至 10 月底入蛰结束。

成虫产卵对品种和树势有明显的选择性。据江苏淮安地区调查,其在莱阳梨上产卵最早,砀山酥梨迟半个月左右,康德梨最迟;同一品种中采收愈晚,被害愈重。在桃树上,凡嫩梢多、长势好的落卵量大,为害严重。卵在桃梢上的新梢中部的 3~5 张叶片的背面最多。幼虫从嫩梢第 2~3 片叶子的基部蛀入,3d 后被害梢逐渐枯萎。

3. 防治方法

（1）人工防治　在冬、春季清洁果园及树体,刮除枝干上的老翘皮。在 1~2 代幼虫危害桃梢时,尤其第 1 代幼虫,组织人力于中午在桃园巡查虫梢,彻底剪除萎蔫梢,对减轻后期危害效果显著。6 月以前人工摘除虫梢、虫果,6 月开始施药保护果实,冬季消灭越冬幼虫。

（2）诱杀成虫　可利用糖醋液或用坏的病虫伤果发酵后进行诱杀,诱杀液中需加无气味的药剂,诱杀液挂在迎风面。黑光灯诱杀,每 3.5 公顷安装 40W 黑光灯 1 盏。在末代幼虫脱果前,在树干上离地面 30cm 高处,绑缚草把,诱集越冬幼虫,早春将草把解下烧掉或将草中的幼虫保存起来,留做春季测报用。

（3）合理规划果园　梨小食心虫寄主复杂,并有转移寄主的习性,在建立新果园时,尽可能避免桃、梨连片种植,品种搭配也要适当集中。

（4）药剂防治　在桃、梨、苹果连片栽种的果园,4~6 月着重桃园防治,6~8 月着重梨园防治。4~6 月 1~2 代羽化盛期喷 50% 马拉硫磷乳油 1500 倍稀释液,或 50% 巴丹水剂 800 倍稀释液。6 月 3~4 代卵始盛期卵果率达 1% 左右时,喷 50% 敌敌畏乳油加 2.5% 溴氰菊酯 0.3kg 加水 1500 倍稀释液,或 20% 杀灭菊酯乳油 2000 倍稀释液,10d 至半月后再喷 1 次;采收前 1 周根据虫情,可再喷 1 次。

3.4.8　柑橘实蝇

柑橘实蝇为国内外重要的检疫对象,以成虫产卵于柑橘幼果中,幼虫孵化后取食果肉和种子,在果实中发育成长,使被害果未熟先黄,内部腐烂,造成严重经济损失。国内的柑橘实蝇主要有柑橘大实蝇、蜜柑大实蝇、柑橘小实蝇,均属双翅目,实蝇科。其中,柑橘小实蝇寄主植物可达 250 余种,主要分布在广东、广西、福建、四川、台湾等地区。

1. 形态特征

3 种实蝇特征比较见表 3-14,图 3-67。

表 3-14　柑橘大实蝇、蜜柑大实蝇和柑橘小实蝇特征比较

项目	柑橘大实蝇	蜜柑大实蝇	柑橘小实蝇
成虫	体形较大,长 12~13mm,黄褐色。胸背无小盾片前鬃,无前翅上鬃,肩板鬃仅具侧对,中对缺或极细微,不呈黑色。腹背较瘦长,背面中央黑色纵纹直贯第 5 节。产卵器长大,基部呈瓶状,基节与腹部约等长,其后方狭小部分长于第 5 腹节	体形较大,长 10~12mm,黄褐色,甚似大实蝇。胸背无小盾片前鬃,但具前翅上鬃 1~2 对,肩板鬃常 2 对,中对较粗、发达、黑色。腹部较瘦长,背面纵纹似大实蝇。产卵器基节长度仅为腹长之半,其后方狭小部分短于第 5 腹节	体形小,长 6~8mm,深黑色,胸背具小盾,前鬃 1 对。腹较粗短、背面中央黑色纵纹,仅限于第 3~第 5 节上。产卵器较短小,基节不呈瓶状
幼虫	体肥大。前气门甚宽大扇形,外缘中部凹入,两侧端下弯,约具指突 30 多个。后气门肾脏形,上有 3 个长椭圆气门裂口,其外侧有 4 丛排列成放射状的细毛群	体肥大,甚似大实蝇。前气门宽阔呈丁字形,外缘较平直,微曲,有指突 33~35 个。后气门也呈肾脏形,3 个裂口也为长椭圆形,其周围有细毛群 5 丛	体较细小,末节有瘤。前气门较窄,略呈环柱形,前缘有指突 10~13 个,排列成形。后气门新月形,具 3 个长形裂口,其外侧有 4 丛细毛群
分布	我国四川、贵州、云南、湖北、湖南、广西、陕西。国外未发现	日本、越南及我国台湾、广西、四川、贵州	印度、巴基斯坦、斯里兰卡、缅甸、泰国、印尼、马来西亚及我国台湾、广东、广西、四川等
寄主	仅限柑橘类	柑橘类	柑橘、芒果、枇杷、柿、枣、杏、李、桃、苹果等

（引自曹若彬《果树病理学》）

图 3-67　蜜柑大实蝇（左）与柑橘小实蝇（右）成虫、幼虫的形态特征及成虫产卵、幼虫危害状

2．发生规律

柑橘小实蝇在不同的为害地区，其生活史也不相同。一般每年发生 3~5 代，而且无严格的越冬过程，各代生活史相互交错，世代不整齐，各种虫态并存。在广东 6~8 月间发生较多，主要为害杨桃，江浙一带成虫高峰期在 9~10 月，主要危害柑橘、枣等果树。

成虫集中在午前羽化，以上午 8 时左右出土最多。成虫羽化后需经历一段时间方能交尾产卵。被产卵的果实有针头大小的产卵孔存在，由于产卵孔排出汁液，凝成胶状，形成乳状突起。每孔卵粒 5~10 不等。幼虫孵化即在果内为害，幼虫期随季节不同而长短不一，一般夏季需 6~9d，春、秋季需 10~12d。幼虫蜕皮 2 次。幼虫老熟后即脱果入土化蛹。入土深度一般 3cm 左右，砂质松土中较深，黏土较浅。蛹期在夏季为 8~9d，春、秋季 10~14d，冬季 15~20d，有的地方蛹期长达 64d。以幼虫随被害果远距离传播。

3．防治方法

（1）加强检疫措施　在了解产地虫情的基础上，对果品苗木的调运要加强检验，严禁从疫区内调运带虫的果实、种子和带土苗木运进无此虫的柑橘产区，防止蔓延为害。

（2）摘橘杀蛆　在 9~11 月，巡视果园，摘除未熟先黄、黄中带红的被害果和捡除落地果，挖坑深埋，一般坑深 2~2.3m，0.66m 以上用土压紧，或用沸水煮 5~10min 杀蛆。

（3）药剂防治　于成卵前期在橘园喷施敌百虫 800 倍稀释液或灭扫利 2000 倍稀释与 3% 红糖混合液诱杀成虫。全园喷 1/3 树，每树只喷 1/3 的树冠即可。每 4~5d 1 次，连续 3~4 次。遇暴雨须重喷，喷后 2~3h，成虫便大量死亡。

（4）冬耕灭蛹　此法也可消灭部分幼虫和蛹，但难收到彻底防治效果，可作为辅助措施之一。

任务五　园艺植物其他害虫防治技术

园艺植物其他害虫的形态特征、发生规律、防治要点见表 3-15。果树其他害虫的为害特点、发生规律、防治要点见表 3-16。

表 3-15　园艺植物其他害虫

害虫种类	形态特征要点	发生规律	防治要点
国槐尺蛾	成虫前翅近顶角处有1个三角形黑斑,有3条明显的深褐色波状横线。后翅外缘呈锯齿状缺刻。幼虫分为春型与秋型两类,春型老熟幼虫气门线以上密布黑色小点;秋型老熟幼虫每节中央呈黑色"十"字形,亚背线与气门上线为间断的黑色纵条	每年3~4代。以蛹在树下松土中越冬。成虫有一定的趋光性。卵多散产于叶片正面主脉、叶柄和小枝上。幼虫共6龄,5~6龄为暴食期,幼虫受惊后有吐丝下垂习性。幼虫老熟后爬到树干基及其周围松土中化蛹	利用成虫飞翔力不强进行人工捕杀,在树冠下及其周围松土中挖蛹,消灭越冬蛹。幼虫低龄发生阶段,可用90%晶体敌百虫、50%杀螟松乳油、80%敌敌畏乳油1000~1500倍稀释液,50%辛硫磷乳油800~1000倍稀释液等喷雾防治,也可用苏云金芽孢杆菌乳剂600倍稀释液
凤仙花天蛾(芋双线蛾)	成虫腹部有2条银白色背线,前翅由顶角到后缘有1条白色斜带。幼虫暗褐色,胸背部有2行黄白色斑,每行8~9个,腹侧面有1列黄色圆斑,圆斑内有黄黑或红黑两色。尾角黑色,仅末端白色	1年发生2代,以蛹在土中越冬。幼虫多在清晨取食,食量很大	发现虫粪和叶片缺损情况及时捕杀。幼虫期的药剂防治可用50%马拉硫磷乳油1000倍稀释液、80%敌百虫可湿性粉剂1000倍稀释液、80%敌敌畏乳剂1000倍稀释液、2.5%溴氰菊酯2500倍稀释液等药剂喷雾
蔷薇叶蜂	成虫似蜂子,头部、胸部、翅和足均为蓝黑色,有金属光泽。腹部黄色。前翅半透明。老熟幼虫头部黄色,其余均为黄绿色至黄褐色。胸部第2节至腹部第8节各有3排黑色毛瘤。腹部有6对足	年发生代数随纬度的增加而减少,南京1年5~6代,山东1年2~3代,北京1年2代。各地均以幼虫在寄主下的土中结茧越冬。成虫白天活动,夜间静伏不动。卵产于皮下木质部内2~3mm深处	冬、春季在附近土中5cm深处挖茧,减少越冬基数。幼虫群集危害可人工摘除叶片。虫量大时,可喷50%辛硫磷乳油1000~1500倍稀释液、80%敌敌畏乳剂1000倍稀释液、10%氯氰菊酯乳油2000~2500倍稀释液、2.5%功夫乳油2000~2500倍稀释液等药剂
柑橘凤蝶	成虫前翅黑色,近外缘有8个黄色月牙斑,中室基半部有4条放射状黄色纵纹;后翅黑色,近外缘有6个新月形黄斑,臀角处有一橙黄色圆斑,斑中心为一黑点。幼虫黄绿色,胸腹相接处稍膨大。第一胸节背面有1对"丫"形橙色翻缩腺	发生代数各地不一,长江流域每年3~4代。各地均以蛹在叶背、枝干及其他隐蔽场所越冬。成虫白天活动,善于飞翔。卵散产于寄主的嫩芽、叶背、嫩枝以及枝梢上。初孵幼虫体似粪粒,食量小,老熟后多在枝叶或叶柄等隐蔽处吐丝作茧	根据被害状进行人工捕杀幼虫、摘卵、摘蛹。虫口密度大时,幼虫3龄前,可喷洒每克300亿孢子青虫菌粉剂1000~2000倍稀释液、90%敌百虫晶体800~1000倍稀释液、50%杀螟松乳油1000~1500倍稀释液,每隔10~15d喷1次,连喷2~3次
二十八星瓢虫	成虫体长5.5~6mm,半球形,黄褐色。两个鞘翅上共有28个星状黑斑。卵长纺锤形。幼虫体背各节有6个枝刺。枝刺基部有淡黑色斑纹。枝刺长大时,由淡黄而变成苍白	1年发生数代。以成虫在土块下、树皮缝隙杂草丛中越冬。卵产于茄科植物叶片反面,也有产于杂草上的。初孵幼虫群集为害,2龄后分散为害,啃食叶片成缺刻或仅留叶脉。在叶背或茎上化蛹。田间世代重叠	产卵盛期可人工摘除卵块,兼捕杀成虫或幼虫。喷施50%乙酰甲胺磷或90%敌百虫1000~1200倍稀释液,对成虫和幼虫均有良好效果。

续表

害虫种类	形态特征要点	发生规律	防治要点
吹绵蚧	雌成虫背面隆起,并着生黑色短毛,披白色蜡质分泌物。初孵若虫橘红色。触角、足及体毛均发达。2龄雌若虫背面隆起,体被黄白蜡质粉及絮状纤维	长江流域2～3代。以若虫、成虫或卵越冬。若虫孵化后在卵囊内经一段时间开始分散活动。初孵若虫颇活跃。成虫喜集居于主梢阴面及枝杈处,或枝条叶片上。固定取食后终生不移动,吸取汁液并营囊产卵。卵产在卵囊内,产卵期达1个多月。成、若虫均分泌蜜露,导致花木煤污病的发生	加强植物检疫;冬季和早春结合修剪,剪除虫枝烧毁,减少越冬虫口基数;利用澳洲瓢虫捕食吹绵蚧;冬季可喷1次10～15倍的松脂合剂或40～50倍的机油乳剂防治越冬代雌虫及若虫。对初孵若虫,可选喷50%辛硫磷乳油1000倍稀释液、3%莫比朗乳油1000～2000倍稀释液、25%水胺·辛乳油400～2500倍稀释液等
秋四脉绵蚜	无翅孤雌蚜体被呈放射状的蜡质绵毛,中额和额瘤不隆。腹管呈截断状,有褶瓦纹。尾片小,半圆形,有4～6根刚毛。有翅孤雌蚜头、胸部黑色,腹部灰绿色至灰褐色。中额稍隆,额瘤不显。前翅中脉不分叉,共4条,后翅中脉1条。无腹管,尾片半圆形,有2～4根刚毛	1年发生10多代。以卵在榆树枝干、树皮缝中越冬。干母若蚜为害可形成虫瘿,干母独自潜伏在其中为害,后虫瘿开裂,蚜虫从裂口爬出,迁往高粱、玉米等禾本科植物根部繁殖为害,随蚜虫大量繁殖,逐渐斑痕成片,严重时根变红褐色而干枯。一般在土下5～15cm处,有时可在30～50cm处根系为害	根型蚜危害严重时,用40%乐果乳油1kg加氯化铵化肥25～30kg,对水500kg,浇淋根部,干旱时要注意防止药害。也可用50%辛硫磷乳油1500倍稀释液灌根
花蓟马	成虫前翅较宽短,前脉鬃20～21根,后脉鬃14～16根。头、前胸、翅脉及腹端鬃较粗壮且黑。2龄若虫胸、腹部背面体鬃尖端微圆钝,第9腹节后缘有一圈清楚的微齿	我国南方年发生11～14代。以成虫越冬。成虫有趋花性,卵大部分产于花内植物组织中,如花瓣、花丝、花膜、花柄,一般产在花瓣上。每雌产卵约180粒。产卵历期长达20～50d	春季彻底清除田边杂草,减少越冬虫口基数,加强田间管理,减轻为害。为害高峰初期喷洒50%辛硫磷乳油1500倍稀释液于心叶。此外,还可选喷10%吡虫啉可湿性粉剂2500倍稀释液、40%七星保乳油600～800倍稀释液、2.5%保得乳油2000～2500倍稀释液等
小绿叶蝉	成虫体长3～4mm,绿色或淡黄绿色。复眼灰褐色,无单眼。前胸背板与小盾片淡绿色,常具白色斑点。后足跳跃足。腹部背板色较腹板深,末端淡青绿色。若虫体长2.5～3.5mm,与成虫相似,草绿色,具翅芽	发生代数因地而异,江浙每年发生9～11代。以成虫在落叶、杂草丛中等低矮绿色植物中或树皮缝内越冬。卵多产在新梢或叶片主脉里。成、若虫喜白天活动,在叶背刺吸汁液或栖息。成虫无趋光性,飞翔力不强,清晨和傍晚及盛夏中午活动力弱。成虫善跳,可借风力扩散	冬季和早春清除田间落叶及周围杂草;成虫发生初期利用黑光灯或普通灯光诱杀;各代若虫孵化盛期,林缘杂草上或草坪上及时喷洒50%叶蝉散乳油1000～1500倍稀释液,或3%莫比朗乳油1000～2000倍稀释液、20%速灭杀丁乳油3000倍稀释液、25%速灭威可湿性粉剂600～800倍稀释液等

续表

害虫种类	形态特征要点	发生规律	防治要点
绿盲蝽	成虫体长约5mm,体黄绿至绿色,前胸背板为深绿色,有许多小黑点。小盾片黄绿色,复眼红褐色;若虫体鲜绿色,有黑色细毛,复眼灰色,翅芽尖端黑色,达腹部第4节	1年发生4~5代。以卵在木槿、杂草病残体等植物组织内及浅层土壤中越冬。成虫善飞翔,稍有趋光性。卵产于月季和其他植物嫩茎皮层组织中。气温在20℃~30℃、相对湿度80%~90%最适合绿盲蝽发生	冬季彻底清除杂草及病残体,早春消除花园、苗圃内及其围的杂草。在发生为害期,选喷80% DDVP乳油、50%杀螟松乳油1000倍稀释液、59%辛硫磷乳油2000倍稀释液、20%杀灭菊酯2000~3000倍稀释液等

表3-16 果树其他害虫

害虫种类	为害特点	发生规律	防治要点
甜菜夜蛾	一种间歇性发生的暴食性害虫。幼虫3龄前群集叶间皱缝或凹陷处,盖以薄丝,在内咬食叶肉,后食穿叶片。3~4龄后分散为害,白天潜伏,傍晚取食,阴雨天整天为害。危害叶片成孔缺刻,严重时,可吃光叶肉,仅留叶脉,甚至剥食茎秆皮层	长江流域1年发生5~6代,世代重叠现象严重。山东、江苏等地以蛹在土室内越冬,其他地区各虫态均可越冬。成虫对黑光灯有明显趋光性。卵多产于植株下部叶片背面。幼虫有假死性。7~8月发生多,高温、干旱年份更多	诱杀成虫,摘除卵块及初孵幼虫。翻耕土壤消灭部分越冬蛹。3龄前及时进行药剂喷雾,可用10%吡虫啉乳油1500倍稀释液、2.5%功夫乳油3000倍稀释液、10%天王星乳油3000倍稀释液等药剂
瓜实蝇	幼虫在瓜内蛀食。受害的瓜先局部变黄,而后全瓜腐烂变黄,造成大量落瓜,即使不腐烂,刺伤处凝结着流胶,畸形、下陷,果皮硬实,瓜味苦涩,严重影响瓜的品质和产量	1年发生8代,世代重叠。以成虫在杂草、蕉树越冬。以5~6月危害重。成虫白天活动,对糖、酒、醋及芳香物质有趋性。雌虫产卵于嫩瓜内,每雌可产卵数十粒至100余粒。幼虫孵化后即在瓜内取食,将瓜蛀食成蜂窝状,以致腐烂、脱落。老熟幼虫在瓜落前或瓜落后弹跳落地,钻入表土层化蛹	用香蕉皮或菠萝皮40份,90%敌百虫晶体0.5份,香精1份,加水调成糊状毒饵,直接涂在瓜棚篱竹上或装入容器挂于棚下,每667m²设20个点,每点放25g,诱杀成虫。及时清理被害瓜、烂瓜。幼瓜套袋避免成虫产卵。成虫盛发期,选用21%灭杀毙乳油6000倍稀释液、2.5%溴氰菊酯乳油3000倍稀释液、50%~80%敌敌畏乳油1000倍稀释液喷雾,3~5d喷1次,连喷2~3次
大豆毒蛾	以幼虫食害叶片,吃成缺刻、孔洞,重者全叶被吃光,严重影响大豆生长发育,影响粒重	苏州地区1年发生3代,以幼虫越冬。第1代幼虫发生期在5月中下旬,第2、第3代发生盛期是6~9月,10月前后以幼虫在枯叶或田间表土层中结茧越冬。成虫具有趋光性,卵产在叶片背面。适宜大豆毒蛾生长发育的最适环境温度为22℃~28℃,相对湿度60%~80%	灯光诱杀成虫,人工摘除卵块和群集于叶片背面的初孵幼虫。在低龄期适时喷洒90%晶体敌百虫800倍稀释液、40%新一佳乳油1000倍稀释液、2.5%溴氰菊酯2000倍稀释液等药剂防治

害虫种类	为害特点	发生规律	防治要点
玉米螟	以幼虫在植株幼嫩心叶、雄穗、苞叶和花丝上活动取食,最后钻入茎秆,导致茎秆易折断	江苏1年发生2~4代,有世代重叠现象。以老熟幼虫在玉米茎秆、穗蕊内,也有在杂草或土块越冬。成虫夜间活动,飞翔力强,对黑光灯有较强的趋性,喜欢在离地50cm以上、生长较茂盛的玉米叶背面中脉两侧产卵,每个雌蛾可产卵500粒左右	冬季或早春虫蛹羽化前处理寄主作物的茎秆。在各代成虫盛发期,点黑光灯诱杀成虫。掌握玉米心叶初见排孔、幼龄幼虫群集心叶而未蛀入茎秆之前,用药液直接丢放于喇叭口内;在幼穗抽丝期,可用药液滴于雌穗顶部。可选用菜农系列的苏云金芽孢杆菌(Bt)粉剂800~1000倍稀释液、10%高效氯氰菊酯乳油2000倍稀释液等药剂
梨木虱	以成虫、若虫在梨树花蕾、嫩芽、叶片、叶柄及果面刺吸汁液。夏秋季多在叶背为害,叶片被害后造成坏死斑,并能分泌甜液。被害部污染变黑,使叶片枯黄脱落	辽宁1年3代,河北4~5代。以成虫在树皮缝、树洞及翘皮落叶下越冬。耐低温。梨木虱发生轻重与湿度和天敌密切相关	冬季清洁果园,早春刮净老翘皮,消除越冬虫源。保护利用天敌。春季梨树芽膨大时,喷施99%绿颖乳油100倍稀释液,在若虫盛发期喷1%阿维菌素2500倍稀释液或2.5%的功夫菊酯乳油2000倍稀释液
梨黄粉蚜	成虫和若虫先在翘皮下、嫩皮处刺吸汁液,以后转移到果实的萼洼果面部刺吸果汁。虫量多时,可见果面堆集黄色粉状物。被害部初出现黄色凹陷斑,渐扩大变成大黑疤或黑腐瘤	1年8~10代。以卵在梨树翘皮、裂缝等处越冬。黄粉蚜主要靠苗木传播。高温高湿的气候条件不利其繁殖	冬季刮除老翘皮,清洁树体,同时可结合防病,喷洒1~3波美度的石硫合剂或5%柴油乳剂100倍稀释液,杀灭越冬卵。果实受害初期,喷布10%吡虫啉可湿性粉剂2000倍稀释液、50%抗蚜威乳油3000倍稀释液,或50%杀螟松乳油1000倍稀释液
苹果全爪螨	以成螨、幼螨为害叶片和花芽。叶片被害后最初表现为失绿斑点,小斑点连片后呈淡白色至古铜色,最后干枯脱落	辽宁4~6代,北京5~6代,山东半岛6~9代。以卵在1~4条枝条表层,一年生枝芽腋间、果台枝上、枝分杈处群集过冬。越冬卵90%都集中在吐蕾期到初花期间孵化,全年6~8月为害最为严重,9~10月产卵越冬	参见本项目3.1.6山楂叶螨
金纹细蛾	以幼虫钻在叶片组织内潜食叶肉,仅留表皮。叶片被害部表皮皱缩膨起,呈泡囊状,叶片向背面弯折,内堆有黑色虫粪,叶面呈现花生米大小的椭圆形网状斑块,受害严重时叶片脱落	1年发生5~6代。以蛹在被害落叶的虫斑内越冬,第2年苹果开始发芽时,越冬代成虫开始羽化。卵多散产在嫩叶背面绒毛下。幼虫孵化后,直接潜入叶片组织内为害。各代幼虫的盛发期分别为越冬代在4月底、第1代幼虫在6月上、中旬、第2代在6月中旬、第3代在8月中旬、第4代在9月下旬	苹果落叶后到发芽前,清扫果园落叶,集中深埋或烧毁,消灭越冬虫源。在果树生长季节,少用或不用广谱性农药以保护天敌。第1代成虫高峰期喷洒25%灭幼脲Ⅲ号2500~3000倍稀释液

续表

害虫种类	为害特点	发生规律	防治要点
苹果黄蚜	以若、成蚜刺吸新梢嫩芽及叶片汁液,受害叶片会横卷皱缩,提早脱落,影响新梢生长,树势减弱	1年10余代。以卵在枝条的芽侧和树皮裂缝中越冬。第2年萌芽时,越冬卵开始孵化,为害新芽嫩叶。从春季到秋季,主要以孤雌生殖方式繁殖。全年以4~6月繁殖最快,为害最重。10月产生性蚜,交尾产卵越冬	冬春结合防治,修剪被害枝条,芽前喷洒3波美度的石硫合剂或99%绿颖乳油150倍稀释液消灭越冬卵。越冬卵孵化时,可喷施2.5%敌杀死乳油1500倍稀释液。夏季发生量大时可用10%吡虫啉可湿性粉剂1500倍稀释液或3%啶虫脒1500倍稀释液喷施
吸果夜蛾	成虫以针状口器吸食果实汁液,先在刺孔周围出现水浸状软腐,并逐渐扩展,果瓤腐烂、色变淡,最后刺孔周围出现近圆形褐色组织,呈干缩或软腐,有时软腐的果皮上生出大量白霜状的菌落或在刺孔边缘出现白色结晶状物,果实被害后极易脱落	1年发生多代,食性杂。早熟品种、皮薄果实受害早而重。8月上旬至11月采果前均可为害,以9~10月虫口最多。吸果夜蛾黄昏时入园为害,天明则离园	避免混栽不同成熟期的品种和多种果树,避过或减轻为害。清除柑橘1km范围内的寄主植物,也可诱集成虫在园外寄主中产卵,后用药剂喷杀幼虫。成虫发生期,柑橘园内设置40W黄色荧光灯,驱避成虫为害。在果实成熟前,可套袋防止吸果夜蛾的为害
桑天牛	成虫啃食嫩枝皮层,呈不规则的条状伤疤。产卵时先将皮层刺破深达木质部,形成长方形伤疤,后产卵其中。幼虫孵化后在皮层与木质部之间先向上为害,后转向下蛀食,逐渐深入髓部将枝干蛀空,并隔一定距离向外蛀一孔洞排出粪便	2年1代。以1、2年生的幼虫在树干蛀道内越冬。成虫羽化后爬至嫩梢上,啃食嫩树皮、叶柄及叶片,进行交尾。成虫白天取食,不轻易飞动,卵产在被咬食枝条的伤口内。幼虫排粪孔第1年5~9个,第2年10~14个,第3年可达14~16个	6月上旬起,查看果园和周围寄主成虫发生情况,用木棍敲打树木,震落成虫并捕杀。在卵未孵化前检查树干,发现产卵伤口,连同树皮一起刮除,并涂抹保护剂,也可用铁丝伸入蛀道钩杀幼虫。发现树枝上有新鲜虫粪,在最后一个排粪孔处注入50%辛硫磷200倍稀释液或80%敌敌畏200倍稀释液进行防治

 案例分析

案例1 温室白粉虱

温室白粉虱俗称小白蛾子,属同翅目粉虱科,已成为目前温室栽培蔬菜上的重要害虫。据调查,温室白粉虱的寄主植物已有65科265种(或变种),成虫和若虫群集叶背,刺吸汁液。被害叶片生长受阻褪绿、变黄、萎蔫,甚至全株枯死。同时成虫分泌大量蜜露,污染叶片和果实,诱发煤污病的发生,严重影响植株的光合作用和呼吸作用,使蔬菜失去商品价值。此外,还能传播病毒病。

防治措施:

① 农业防治 清洁田园,整枝的腋芽、叶子等一定要带出田外,及时处理。清除落叶、

杂草,以消灭虫源;提倡温室第 1 茬种植白粉虱不喜食的芹菜、蒜黄、油菜等较耐低温的作物,减少黄瓜、番茄的种植面积;培育"无虫苗",温室育苗前要进行消毒,清除杂草,有条件的可安装防虫纱网,控制外来虫源;注意间作,避免黄瓜、番茄、菜豆混栽;温室、大棚附近避免种植黄瓜、茄子等白粉虱发生严重的蔬菜,提倡种植白粉虱不喜食的十字花科蔬菜。

② 物理防治 利用黄板诱杀成虫,每 $667m^2$ 放 34 块 $1m×0.17m$ 涂成橙黄色的纸板或纤维板,再涂上一层黏剂(可使用 10 号机油加少量黄油调匀),7~10d 涂 1 次。

③ 生物防治 人工释放草蛉或丽蚜小蜂。每 $667m^2$ 放中华草蛉卵 9 万粒。丽蚜小蜂与白粉虱的比例为 2∶1,隔 12~14d 放 1 次,共放 3~4 次。

④ 药剂防治 在温室内可用烟雾法,用 22% 敌敌畏烟剂 7.5kg/公顷,于傍晚在保护地内密闭熏烟;也可用烟雾机把二氯苯醚菊酯或多虫畏喷成烟雾密闭在温室内,以消灭害虫。一般可用喷雾法,常用的药剂有 2.5% 溴氰菊酯乳油 2000~3000 倍稀释液、10% 扑虱灵乳油(又名灭幼酮、优乐得、亚乐得)1000 倍稀释液、2.5% 天王星乳油 3000 倍稀释液、2.5% 功夫乳油 5000 倍稀释液、20% 灭扫利乳油 2000~3000 倍稀释液、3.5% 敌杀死乳油 1000~2000 倍稀释液、80% 敌敌畏乳油 1500 倍稀释液。也可用 80% 敌敌畏乳油与水以 1∶1 的比例混合后加热熏蒸。

⑤ 做好检疫工作 避免从发生白粉虱的地方调入种苗、栽培材料。对初发生白粉虱的温室或大棚,要采取措施彻底防治。

案例 2 天牛类的综合防治措施

(1) 适地适树,采取以预防为主的综合治理措施 对在天牛发生严重的绿化地,应针对天牛取食树种种类,选择抗性树种,避免其严重危害;加强管理,增强树势;除古树名木外,伐除受害严重虫源树,合理修剪,及时清除园内枯立木、风折木等。

(2) 人工防治。

① 利用成虫羽化后在树冠活动(补充营养、交尾和产卵)的一段时间,人工捕杀成虫。

② 寻找产卵刻槽,可用锤击、手剥等方法消灭其中的卵。

③ 用铁丝钩杀幼虫。特别是当年新孵化后不久的小幼虫,此法更易操作。

(3) 饵木诱杀 对公园及其他风景区古树名木上的天牛,可采用饵木诱杀并及时修补树洞、干基涂白等方法,以减少虫口密度,保证其观赏价值。在泰山岱庙内,用侧柏木段做饵木,诱杀古柏上的双条杉天牛,每米段可诱到百余头。

(4) 保护利用天敌 如人工招引啄木鸟,利用天牛肿腿蜂、啮小蜂等。

(5) 药剂防治 在幼虫危害期,先用镊子或嫁接刀将有新鲜虫粪排出的排粪孔清理干净,然后塞入磷化铝片剂或磷化锌毒签,并用黏泥堵死其他排粪孔,或用注射器注射 80% 敌敌畏、50% 杀螟松 50 倍稀释液,或采用新型高压注射器,向树干内注射果树宝。在成虫羽化前喷 2.5% 溴氰菊酯触破式微胶囊。

复习思考

1. 简述园艺植物地下害虫蛴螬的发生规律。如何防治苗圃中的蛴螬危害?如何防治金龟子成虫的危害?

2. 地老虎成虫、幼虫各有何习性？发生规律是什么？怎样防治？
3. 比较四种刺蛾成、幼虫形态特征，并简述其发生规律、生活习性及综合防治措施。
4. 简述大、小袋蛾的发生规律、生活习性及综合防治措施。
5. 简述丝棉木金星尺蛾、重阳木锦斑蛾、樟叶瘤丛螟的发生规律、生活习性及综合防治措施。
6. 简述马尾松毛虫、蔷薇叶蜂的发生规律、生活习性及综合防治措施。
7. 比较吹绵蚧、草履蚧、红蜡蚧、日本龟蜡蚧四种常见介壳虫形态特征，并简述其发生规律、发生条件、与煤污病的关系及介壳虫类综合防治措施。
8. 简述桃蚜、棉蚜的发生规律、发生条件、与病毒病的关系及蚜虫类综合防治措施。
9. 简述杜鹃花冠网蝽、绿盲蝽的发生规律、发生条件及蝽类综合防治措施。
10. 简述黑刺粉虱、温室白粉虱的发生规律、发生条件及粉虱类综合防治措施。
11. 简述朱砂叶螨、二点叶螨的发生规律、发生条件及螨类综合防治措施。
12. 简述星天牛、桑天牛的发生规律及钻蛀性害虫天牛类的综合防治措施。
13. 简述芳香木蠹蛾、柏肤小蠹的发生规律及木蠹蛾类、小蠹类的综合防治措施。
15. 简述桃小食心虫、梨小食心虫的发生规律、发生条件及食心虫类的防治措施。
16. 危害苹果的卷叶虫有哪些种类？怎样防治？
17. 果园常见螨类有哪几种？发生规律有何不同？怎样防治？
18. 当地苹果、梨蚜虫有哪些种类？如何根据不同种类蚜虫的发生特点选择防治措施？
19. 葡萄透翅蛾有何为害特点？怎样防治？葡萄天蛾的为害特点是什么？怎样防治？
20. 结合当地桃树的主要病虫害种类及发生特点，制订综合防治方案。

任务实施

实训项目1　园艺植物害虫的形态和为害状观察

1.1　实训目标
了解园艺植物害虫的种类，识别园艺植物常见害虫的形态特征和为害状，为正确识别和防治园艺植物害虫奠定基础。

1.2　实训材料
叶甲、叶蜂、负蝗、刺蛾、袋蛾、尺蛾、夜蛾、螟蛾、蝶类、棉蚜、大青叶蝉、草履蚧、红蜡蚧、朱砂叶螨、梧桐木虱、梨网蝽、绿盲蝽、蚱蝉、星天牛、光肩星天牛、桃红颈天牛、纵坑切梢小蠹、柏肤小蠹、六星吉丁虫、大叶黄杨吉丁虫、白杨透翅蛾、桃蛀螟等害虫的成虫、幼虫、若虫、蛹及卵的盒装标本、浸渍标本、干制标本、新鲜标本、挂图及多媒体课件等。

1.3　实训仪器和用具
解剖镜、放大镜、镊子、挑针、载玻片、盖玻片、培养皿及多媒体教学设备等。

1.4　实训内容与方法
（1）观察负蝗、叶甲、叶蜂的形态特征及为害状。观察叶蜂幼虫的形态特征。
（2）比较观察不同刺蛾各虫态的形态特征和为害状。
（3）观察袋蛾的护囊形态及大小，注意比较不同种类袋蛾护囊的区别。

（4）观察尺蛾、夜蛾、毒蛾成、幼虫的形态特征及为害状。

（5）观察新鲜的蚜虫标本，注意体色、蜡粉、口针、触角、尾片、腹管和翅等的形态构造。观察不同蚜虫的为害状特征。

（6）观察不同叶蝉的为害状特征、体形、大小、体色变化及口针的位置。

（7）观察不同蚧壳虫的为害状特征、形态特征及雌雄异形现象。

（8）观察不同螨类的为害状特征、形态特征、颜色、足的数目等。

（9）观察星天牛、桃红颈天牛、光肩星天牛等天牛类害虫的成虫和幼虫的形态特征与为害部位、为害状。

（10）观察合欢吉丁虫、六星吉丁虫、大叶黄杨吉丁虫等吉丁虫类害虫的形态特征及为害状。

（11）观察其他园艺植物害虫的成、幼虫的形态特征、为害状。

1.5 实训作业

（1）将园艺植物食叶害虫观察结果填入下表。

观赏植物食叶害虫观察结果记录表

害虫名称	为害虫态	为害部位及为害状	主要形态特征

（2）绘一种园艺植物蝽象成虫形态图。

（3）绘吉丁虫类幼虫的形态图。

实训项目2　常见蔬菜害虫的形态和为害状观察

2.1　实训目标

认识蔬菜常见害虫种类，区别蔬菜常见害虫的形态特征及为害特点。

2.2　实训材料

菜蚜、菜粉蝶、小菜蛾、甘蓝夜蛾、斜纹夜蛾、银纹夜蛾、菜螟、菜叶蜂、猿叶虫和黄曲条跳甲虫、棉铃虫、烟青虫、茶黄螨、马铃薯瓢虫、茄二十八星瓢虫、茄黄斑螟、朱砂叶螨、瓜蚜、美洲斑潜蝇、温室白粉虱、黄守瓜、瓜绢螟、豆天蛾、豌豆潜叶蝇、豆芫菁、豆野螟、豆荚螟、豌豆象、蚕豆象、葱蝇、葱蓟马、慈姑钻心虫等的浸渍标本、干制标本、挂图、光盘及多媒体课件等。

2.3　实训仪器和用具

解剖镜、放大镜、挑针、镊子、培养皿及多媒体教学设备等。

2.4　实训内容和方法

1. 十字花科蔬菜害虫的形态特征及为害状观察

（1）形态观察　观察菜蚜类有翅成蚜、若蚜及无翅成蚜、若蚜的体形、大小、形态、体色、腹管、尾片的特征；观察菜粉蝶、小菜蛾、甘蓝夜蛾、黄曲条跳甲成虫的大小、颜色、翅的形状，幼虫的体形、体色、斑纹，蛹的类型等；观察十字花科蔬菜其他常见害虫各虫态的特征，注意不同害虫的形态区别。

（2）为害状观察　观察菜蚜成蚜或若蚜群集叶背刺吸寄主汁液的现象，注意受害植株叶片是否卷曲畸形。观察菜粉蝶幼虫为害植株状况。初孵幼虫是否在叶背啃食叶肉并留一层透明的上表皮？大龄幼虫是否将叶片咬成缺刻或将叶片全部吃光，仅剩粗大叶脉和叶柄？幼虫能否蛀入叶球中为害？是否排出大量粪便污染菜心？是否有腐烂现象？观察小菜蛾初孵幼虫潜食叶肉情况，注意是否形成细小的隧道。观察甘蓝夜蛾初孵幼虫是否群集叶背卵块附近取食叶肉，较大幼虫是否将叶片吃成孔洞或将叶片全部吃光仅留叶脉。观察十字花科蔬菜常发生的其他害虫的为害特点。

2. 茄科蔬菜害虫的形态特征及为害状观察

（1）形态观察　对比观察棉铃虫和烟青虫各虫态的形态特征，注意比较两种害虫成虫的体形、大小、体色、前翅特征。幼虫的体色、体形、大小、体线颜色、前胸气门前两根侧毛的连线与前胸气门下端是否相切等？对比观察茄二十八星瓢虫和马铃薯瓢虫的形态特征，注意比较成虫的大小、体形、体色、前胸背板斑点等，比较两种害虫鞘翅上二十八斑点的大小、形状、排列特点是否相同，幼虫体背的枝刺及蛹的形态是否相同。观察茄科蔬菜其他害虫的形态特征，注意不同害虫的形态区别。

（2）为害状观察　比较观察棉铃虫为害的番茄果实和烟青虫为害的辣椒果实，注意虫孔的特征，果内有无虫粪等。注意比较茄二十八星瓢虫和马铃薯瓢虫为害叶片形成的斑纹，果皮是否龟裂。观察茄科蔬菜其他害虫的为害特点，注意不同害虫为害状的区别。

3. 葫芦科蔬菜害虫的形态特征及为害状观察

（1）形态观察　观察瓜蚜有翅胎生雌蚜、无翅胎生雌蚜及若蚜的体形、体色，翅的有无及特征，额瘤的有无，腹管的形状、颜色、长短，尾片的形状等。观察温室白粉虱成虫的大小、体形、体色、体表及翅面覆盖白色蜡粉的情况，注意若虫与成虫的区别。观察美洲斑潜蝇成虫的体形大小、体色和体背的颜色，幼虫的体色、大小等特征。观察黄守瓜成虫的大小、体形、体色、前胸背板长和宽的比例、鞘翅特点等，幼虫的大小、体形、体色、臀板等特征。观察葫芦科蔬菜其他害虫各虫态的形态特征。

（2）为害状观察　观察瓜蚜为害的植株，注意被害株生长是否停滞，叶片是否皱缩、弯曲、畸形。观察温室白粉虱为害的叶片褪绿变黄、萎蔫的情况。观察美洲斑潜蝇幼虫潜食叶肉而在叶片上形成的蛇形潜道的特征。潜道中是否有虚线状交替平行排列的黑色粪便？观察黄守瓜成虫取食叶片形成的为害状，幼虫危害根部、幼茎及幼瓜的特点。观察葫芦科蔬菜其他害虫的为害特点。

4. 豆科蔬菜害虫的形态特征及为害状观察

（1）形态观察　观察豆野螟成虫的体形、体色、大小、前后翅特征。观察幼虫的大小、颜色，中、后胸及腹部各节背面是否有黑色毛片。观察豆荚螟成虫的体色和大小。注意前翅前缘、前翅近翅基的斑纹，幼虫的大小、颜色等特征。观察其他害虫各虫态的形态特征。

（2）为害状观察　观察豆野螟虫蛀食花蕾、嫩荚，造成花和嫩荚脱落或枯梢的现象，观察幼虫吐丝缀合多张叶片，在卷叶内蚕食叶肉的现象等。观察豆荚螟幼虫钻蛀豆荚、食害豆粒造成瘪荚、空荚的现象，注意幼虫是否在豆荚上结一白色薄丝茧。观察其他害虫的为害特点。

5. 其他科蔬菜害虫的形态特征及为害状观察

注意其各虫态的形态特征和为害特点。

2.5 实训作业

（1）列表记载蔬菜常见害虫的典型形态特征。

（2）绘菜粉蝶、茄二十八星瓢虫、温室白粉虱、豆荚螟成虫的形态特征图。

（3）绘美洲斑潜蝇前翅图。

实训项目 3 常见果树害虫的形态和为害状观察

3.1 实训目标

认识果树常发生害虫的种类，识别主要害虫的形态特征及为害特点，为正确识别、鉴定和防治害虫奠定基础。

3.2 实训材料

桃小食心虫、梨小食心虫、苹果小卷叶蛾、褐卷叶蛾、苹果大卷叶蛾、顶梢卷叶蛾、黄斑卷叶蛾、苹果瘤蚜、苹果绵蚜、山楂叶螨、苹果小吉丁、苹果透翅蛾、桑天牛、梨大食心虫、梨蜡象、梨象甲、梨木虱、梨二叉蚜、梨网蝽、天幕毛虫、舞毒蛾、美国白蛾、梨金缘吉丁虫、梨眼天牛、梨茎蜂、柑橘潜叶蛾、介壳虫类、粉虱、木虱、星天牛、褐天牛、吉丁虫、卷叶蛾类、吸果液蛾类、金龟甲类、花蕾蛆、实蝇、刺蛾、袋蛾、叶甲、柑橘红蜘蛛、锈壁虱、瘤壁虱、葡萄透翅蛾、葡萄虎蛾、葡萄天蛾、葡萄虎天牛、葡萄二点叶蝉、葡萄缺节瘿螨和葡萄短须螨等害虫的浸渍标本、干制标本、挂图及多媒体课件等。

3.3 实训仪器和用具

解剖镜、放大镜、挑针、镊子、培养皿及多媒体教学设备等。

3.4 实训内容与方法

（1）苹果害虫的形态和为害状观察　观察桃小食心虫及梨小食心虫成虫大小、翅的颜色及斑纹形状，幼虫的体色、体形、趾钩、臀栉及卵的特征，区别为害果实的特点；观察苹果小卷叶蛾、褐卷叶蛾、苹果大卷叶蛾、顶梢卷叶蛾等成虫的翅的颜色及斑纹形状，幼虫体色、斑纹、臀栉的区别；观察苹果瘤蚜、苹果绵蚜、山楂叶螨等刺吸口器害虫，注意蚜虫的危害果树的部位、体形、颜色、有无被蜡等特征；观察苹果小吉丁、苹果透翅蛾、桑天牛等枝干害虫成虫和幼虫的主要特征、危害果树的部位及特点；观察其他害虫的为害特点和形态特征。

（2）梨树害虫的形态和为害状观察　观察梨大食心虫、梨象甲和梨实蜂成、幼虫的形态特征，区别不同果实害虫对梨果的为害状；观察梨木虱、梨二叉蚜、梨网蝽的形态大小、体形和触角特点和为害状；观察天幕毛虫、舞毒蛾成虫的翅的质地、颜色，幼虫体形及对梨树的为害状；观察其他害虫的为害特点和形态特征。

（3）柑橘害虫的形态和为害状观察　比较观察吹绵蚧、红蜡蚧、龟蜡蚧、褐圆蚧、矢尖蚧、黑点蚧等的形态特征；观察柑橘潜叶蛾成虫的体形、体色、前翅的特征，幼虫形态和对柑橘的为害状；观察黑刺粉虱及柑橘木虱的形态特征和对柑橘的为害状；观察柑橘拟小黄卷叶蛾及褐带长卷叶蛾成虫的体形、大小、颜色和前翅特征，幼虫头部、前胸背板及前、中、后足的颜色，幼虫为害果实、叶片的症状特点；对比观察星天牛、褐天牛以及爆皮虫、溜皮虫成虫的体色、前翅、前胸背板的特征，幼虫的体形、体色、前胸背板斑纹等特征和对柑橘的为害状；对比观察柑橘红蜘蛛、黄蜘蛛、锈壁虱、瘤壁虱的成螨、卵、幼螨、若螨的形态特点，注意柑橘红蜘蛛、锈壁虱对果实、叶片为害状的区别。观察其他害虫的为害特点和形态特征。

(4)葡萄害虫的形态和为害状观察　观察葡萄透翅蛾成虫的体形、体色、前翅的特征,幼虫形态和对葡萄的为害状;观察葡萄天蛾成虫前翅的特征,注意幼虫的体色、体上线纹和锥状尾角;观察比较葡萄短须螨和葡萄缺节瘿螨的形态特征及对葡萄的为害状;观察其他害虫的为害特点和形态特征。

(5)其他果树害虫的形态特征及为害状观察　注意其各虫态的形态特征和为害特点。

3.5　实训作业

(1)将果树害虫的观察结果填入下表。

果树害虫观察结果记录表

害虫名称	为害虫态	为害部位及为害状	主要形态特征

(2)绘梨网蝽成虫、锈壁虱成螨形态图。

项目四 园艺植物真菌病害防治技术

任务一 园艺植物苗期及根部真菌性病害防治技术

知识目标

1. 熟悉并掌握园艺植物苗期及根部真菌性病害如立枯病、猝倒病、白绢病等的症状特点。
2. 重点掌握园艺植物苗期及根部真菌性病害的发生规律和发生条件。

能力目标

1. 能进行园艺植物苗期及根部真菌性病害田间调查。
2. 能进行园艺植物苗期及根部真菌性病害的田间诊断,能制定并掌握综合防治技术措施。

知识平台

4.1.1 猝倒病

猝倒病(图4-1)俗称"倒苗""小脚瘟",我国各地普遍发生,危害各种蔬菜、花卉、苗木幼苗,严重时导致幼苗死亡。

1. 症状

幼苗出土前染病,引起子叶、幼根及幼茎变褐腐烂,即为烂种或烂芽。幼苗出土后真叶未展开前发病,大多从根茎部开始,幼苗出土后真叶未展开前,初为水渍状病斑,后迅速扩展,病斑绕茎1周,在子叶仍为绿色、萎蔫前,根茎部就缢缩变细,幼苗即贴地倒伏死亡,故称"猝倒病"。苗床湿度大时,病部及周围床土上产生一层白色棉絮状霉。开始往往仅个别幼苗发病,条件适宜时,以这些病株为中心,迅速向四周蔓延,田间常形成一块一块的病区。

2. 病原

猝倒病有多种病原,主要是瓜果腐霉[*Pythium aphanidermatum* (Eds.) Fitz.]和德巴利腐霉(*Pythiumde baryanum* Hesse),有报道引起猝倒病的病原还有刺腐霉(*Pythium spinosum*

Sawada)和疫霉属(*Phytophthora spp.*)的一些种,均属鞭毛菌亚门腐霉属真菌,两种腐霉菌生长最适温度为26℃~28℃。病部所见白色棉絮状物是病菌的菌丝体,菌丝与孢子囊梗区别不明显,菌丝无色,无隔膜,直径2.3~6.1μm。条件适宜时,菌丝体几天就可以产生孢子囊。孢子囊丝状或分枝裂瓣状,或呈不规则膨大,大小为(63~625)μm×(4.9~14.8)μm。孢子囊成熟时生出一排孢管,孢管顶端膨大呈近球形泡囊,泡囊内形成许多游动孢子。藏卵器为球形,雄器为袋状或宽棍状,病菌有性生殖产生圆球形、厚壁的卵孢子,卵孢子球形,平滑,不满器,直径14.0~22.0μm。

1. 症状;2. 孢子囊;3. 孢子囊萌发形成泡囊;4. 卵孢子

图4-1　幼苗猝倒病症状及病原形态

3. 发病规律

猝倒病的初侵染来源,主要是带病菌种子、幼苗,或病残体、土壤中腐生的菌丝及休眠的卵孢子。腐霉菌是土壤习居菌,腐生性较强,在土壤中长期腐生存活,为典型的土传性病害。主要以卵孢子在12~18cm表土层越冬,也可混入堆肥中越冬,也能以菌丝体在土壤中的病残体或其他腐殖质上营腐生生活。卵孢子在适宜条件下,萌发产生孢子囊,以游动孢子或直接长出芽管侵入寄主。在土中营腐生生活的菌丝也能产生孢子囊,以游动孢子侵染近土表植株幼苗根茎部,菌丝体能分泌果胶酶,使细胞壁和细胞崩解,组织软化。田间再侵染源主要是病苗上产生的孢子囊及游动孢子,通过灌溉水或雨水喷淋溅射传播到贴近地面的根茎或果实上引致更严重的损失。另外,带菌的有机肥和农具、人的园艺操作均能传病,条件适宜可进行多次再侵染。病菌侵入寄主后,在皮层薄壁细胞中扩展,菌丝蔓延于细胞间或细胞内,后在病组织内形成卵孢子越冬。

4. 发病条件

高湿度是幼苗发病的主要条件,湿度大病害常发生重。多雨、潮湿、阴冷的早春,幼苗出土慢,生长缓慢,抗性弱,极易诱发猝倒病。湿度包括床土湿度和空气湿度,孢子萌发和侵入都需要一定水分。病菌侵入寄主后,当地温在15℃~20℃时,病菌繁殖最快,在10℃~30℃范围内都可以发病。育苗期遇低温、高湿条件利其发病,温度高于30℃则发病受到抑制。在我国长江流域,5、6月份梅雨时节,有利于病菌的生长发育和传播,但不利于幼苗的生长,导致幼苗抗病力下降,病加重。

另外,幼苗子叶养分基本用完,新根尚未长成,幼茎柔嫩,这时真叶未抽出,碳水化合物不能迅速增加,抗病能力弱,此时最易感病。光照不足,播种过密,通风不良,幼苗徒长也易发病。浇水后积水处或薄膜滴水处最易发病。连作,苗圃地选择不当,如地势低洼、土质黏重、曾发生过猝倒病又未进行彻底消毒,整地质量差,施用未经高温腐熟的混有病原体的堆肥,播收不当等均会导致发病。遇有雨、雪连阴天或寒流侵袭,地温低,光合作用弱,幼苗呼吸作用增强,消耗加大,致幼茎细胞伸长,细胞壁变薄,病菌乘机侵入。因此,该病主要在幼苗长出 1~2 片真叶期发生,3 片真叶后,发病较少。结果期阴雨连绵,果实易染病。

5. 防治方法

(1) 种子消毒　许多园艺植物病害可由种子传播,对于易感品种,播种前应进行种子消毒处理。干种子用 25% 甲霜灵粉剂加 60% 代森锰锌(9∶1)1500~2000 倍稀释液拌种,以种子表面湿润为宜,用药量是种子重量的 0.4%,浸种 15~30min,浸种后清水冲洗 2~3 次,晾干后催芽播种;或用适乐时悬浮种衣剂,使用浓度为 10mL 加水 150~200mL,混匀后拌种 5~10kg,包衣后播种。也可用 50% 多菌灵可湿性粉剂 500 倍稀释液浸种 1h,对于能耐温水处理的种子可用 55℃ 温水浸种 15min。

(2) 苗期管理　精细整地,深耕细整,施用净肥。露地育苗应选择地势较高、能排能灌、不黏重、无病地或轻病地、避风向阳的高平地作苗圃,不用旧苗床土,并开深沟,以利排水和降低地下水位。保护地育苗用育苗盘播种。地温低时,在电热温床上播种。播种时浇水适量且选在晴天上午;播种密度不宜过大,对容易得猝倒病的种类可条播,子苗太密又不能分苗的应适当间苗;发现病苗则剔除病苗并结合药物治疗;及时放风排湿。苗床湿度过大,可撒一层干细土吸湿。

(3) 培育壮苗　合理控制苗床的温、湿度是培育壮苗的关键。播种后注意保温,中午、晴天等温度高时要注意炼苗,防止徒长。肥水要小水小肥,注意通风换气。加强秧苗长势检查,及时拔除病苗、死苗,定期用药防治。适期播种,在可能条件下,应尽量避开低温时期,同时最好能够使幼苗出芽后 1 个月避开梅雨季节。

(4) 药剂防治　在秧苗假植、分苗时用 50% 多菌灵可湿性粉剂 100g,拌干培养土 25kg 撒施;发病初期,先拔除病苗集中处理,然后向幼苗基部喷洒 64% 杀毒矾可湿性粉剂 400 倍稀释液、62.2% 普力克水剂 400 倍稀释液、15% 恶霉灵水剂 450 倍稀释液等;天晴时可用 65% 百菌清可湿性粉剂 600 倍稀释液或 25% 百菌灵 800~1000 倍稀释液或铜胺制剂 400 倍稀释液喷雾防治,每平方米苗床喷药液 2~3L。也可用草木灰、石灰(8∶2)混匀后撒于幼苗基部。

(5) 床土消毒　床土消毒对预防猝倒病效果十分显著。每平方米苗床用 25% 甲霜灵可湿性粉剂 9g 加 60% 代森锰锌可湿性粉剂 1g 对细土 5kg 拌匀,或用 40% 五氯硝基苯可湿性粉剂 9g,加入过筛的细土 4~5kg,充分拌匀。施药前先把苗床底水打好,且一次浇透,先将 1/3 量的药土均匀撒在畦面上,播种后再把其余的 2/3 药土覆盖在种子上面,用药量必须严格控制,否则对子苗的生长有较强的抑制作用。或用 50% 的多菌灵粉剂每立方米床土用量 40g,或 65% 代森锌粉剂 60g,拌匀后用薄膜覆盖 2~3d,揭去薄膜后待药味完全挥发掉后再播种。

4.1.2　立枯病

1. 症状

刚出土的幼苗及大苗均可发立枯病(图 4-2),以大苗发病率较高,一般多发生于育苗的中、后期且床温较高时。出土幼苗染病后,茎基部出现红褐色不定形或椭圆形凹陷病斑,变褐缢缩,茎叶萎垂枯死。稍大幼苗发病初期病苗茎叶白天萎蔫,夜间和清晨恢复。病斑继续向四周扩展,并逐渐凹陷,最后绕茎1周,茎基部变褐腐烂,有的木质部暴露在外,皮层开裂呈溃疡状,最后病株收缩干枯,植株死亡,但一般仍立而不倒,所以称为立枯病。潮湿条件下,在发病部位及其附近表土可见到淡褐色蛛丝状的菌丝体,不显著,后期形成粒状菌核。病部没有明显的白色棉絮状霉,可与猝倒病区别。

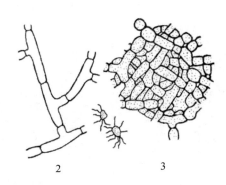

1. 症状；2. 菌丝；3. 菌核

图 4-2　立枯病病原菌丝和菌核的形态

2. 病原

病原为立枯丝核菌(*Rhizoctonia solani* Kuhn),属半知菌亚门丝核菌属真菌。菌丝近直角形分枝,分枝基部略缢缩。老熟菌丝常集结成菌核(图4-2)。此菌生长适温为16℃～28℃,在12℃以下或30℃以上时受抑制。有性态为 *Thanatephorus cucumeris* (Frank) Donk,称瓜亡革菌,属担子菌亚门亡革菌属真菌,自然条件下很少发生。

3. 发生规律

病菌以菌丝体或菌核在土壤中或病组织病残体上越冬,腐生性较强,一般在土壤中可存活2～3年。翌年,条件适宜下,病菌从伤口或表皮直接侵入幼茎、根部而引起发病。通过雨水、流水、灌溉或农具耕作以及带菌肥料等传播蔓延。发病后,还可通过菌丝体的扩展蔓延进行再侵染。

4. 发病条件

病菌的寄生力较弱。一般管理粗放、苗床保温差、不通风换气导致幼苗长势弱,易发病。育苗期早春遇到寒流,长期阴雨天气,苗床内光照不足,土壤湿度大,温度较高,幼苗徒长,生长不良,易受病菌侵染,尤其多年连作的保护地因病菌积累较多,常造成苗期发病严重。夏季遇台风暴雨,苗圃田淹水等情况都有利于发病。此外,地势低、土质黏重,或施用未腐熟的有机肥都可能加重苗病发生。

5. 防治方法

(1) 育苗场地的选择　选择地势高、排水良好、水源方便、避风向阳的地方育苗。

(2) 加强苗床管理　选用肥沃、疏松、无病的新床土,若用旧床土必须进行土壤处理;肥料要腐熟并施匀;播种均匀而不过密,盖土不宜太厚;根据土壤湿度和天气情况,需洒水时,每次不宜过多,且在上午进行;床土湿度大时,撒干细土降湿;做好苗床保温工作的同时,多透光,适量通风换气。

(3) 土壤处理　播种前2~3周,将床土耙松,每平方米床面用40%甲醛30mL加水2~4kg均匀喷洒,并用薄膜覆盖,4~5d后揭去薄膜,待药味充分散尽后再播种。或每平方米苗床用40%拌种双可湿性粉剂8g,与4~5kg细土拌匀制成药土,1/3作垫土,2/3作盖土。

(4) 药剂防治　病害始见时,喷洒65%百菌清可湿性粉剂600倍稀释液、60%代森锰锌可湿性粉剂500倍稀释液或62.2%霜霉威水剂600倍稀释液。上午喷药,间隔6~10d再喷1次,一般防治1~2次,并及时清除病株及邻近病土。

4.1.3　白绢病

白绢病(4-3)又名茎基腐烂病,分布于热带及亚热带地区。危害的寄主很多,多达100科500种以上,以豆科及菊科最多,其次为葫芦科、石竹科、十字花科等。

症状

1

2

3

1. 症状；2. 菌核；3. 菌核剖面

图4-3　白绢病症状及病原特征

1. 症状

主要发生在成年树或苗木的根颈部,有时可扩展至主根基部,很少危害细根、支根。以距地面5~10cm处发病最多。发病初期,根颈表面形成白色菌丝,表皮呈现水渍状褐色病斑。病情进一步发展时,根颈部的皮层腐烂,有酒味,并溢出褐色汁液。菌丝继续生长,直至根颈部全部覆盖着如丝绢状的白色菌丝层,后期产生大量茶褐色菜籽样菌核(图4-3)。有球茎、鳞茎的花卉植物,则发生于球茎和鳞茎上。

2. 病原

无性世代为半知菌亚门罗氏小核菌属(*Sclerotium rolfsii* Sacc.)。有性世代为担子菌亚门伏革菌属白绢伏革菌[*Corticium rolfsii*(Sacc.)Curzi],有性世代在自然界中不易产生。

菌丝呈白色,分两型,大菌丝直线生长；小菌丝生长较不规则。菌丝分枝增加并交织后形成菌核,发育成熟的菌核多为球形、椭圆形,深褐色。

3. 发生规律

病菌以菌核或菌丝在土壤中或病残体上越冬,多分布在1~2cm的表土层中。菌核是病害主要的初侵染菌源,自然条件下可在土壤中存活5~6年。翌年环境条件适宜时,菌核萌发产生菌丝进行侵染,从植株根茎基部的表皮或伤口侵入。病菌发育的适宜温度为25℃~33℃,最高温度为38℃,最低温度为13℃。病菌主要以菌核随雨水或灌溉水转移。远距离传播则通过带菌苗木。

4. 发病条件

高温、高湿、土壤有机质含量高等因素都有利于病害发生。15℃ 以下低温,土壤紧实、偏碱性,通气性差均不利于病害。病菌不耐低温,轻霜即能杀死菌丝体,菌核经受短时间 -20℃后死亡。另外,土壤黏重、排水不良、低洼地及多雨年份,发病重,蔓延快;连作地、播种早发病重。酸性沙质土也会促进病害的发生。

5. 防治方法

(1) 杜绝病源　及时拔除病株,清除土中的病残体,集中烧毁或深埋。提倡施用日本酵素菌沤制的堆肥或充分腐熟有机肥,改善土壤通透条件。发病重的田块,病穴内施撒石灰,每 667m² 施石灰 100～150kg,把土壤酸碱度调到中性。有些菌核会混杂在花卉种子中,育苗时可用 10% 盐水或 20% 硫酸铵汰除菌核,再用清水冲洗后播种。选用无病种子,用种子重量 0.5% 的 50% 多菌灵可湿性粉剂拌种。

(2) 合理选择栽种地　对发病重的地块,不能连作,也不要与易感染白绢病的作物如辣椒、南瓜、花生等连作。不同植物进行 3 年以上轮作。

(3) 加强田间管理　适当晚播,苗期清棵蹲苗,提高抗病力。高温多雨的夏季浇水后晒田,6d 后再晒 1 次,也可在深灌后覆盖地膜晒 20～30d。

(4) 药剂防治　发病初期适时用药可控制病害流行。用 15% 三唑酮可湿性粉剂或 50% 甲基立枯磷可湿性粉剂 1 份,对细土 100～200 份,撒在病部根茎处,防治效果明显。喷洒 20% 甲基立枯磷乳油 1000 倍稀释液,间隔 6～10d,防治 1～2 次。

(5) 生物防治　用培养好的木霉(trichodermaharzxianum rifai,称哈茨木霉),每 667m² 0.4～0.45kg 加 50kg 细土,混匀后撒覆在病株基部,能有效地控制该病发展。

4.1.4 园艺植物苗期其他病害

主要由某些镰刀菌、瓜类炭疽病引起的病害。镰刀菌侵害瓜苗,使秧苗茎部腐烂,特别在黄瓜苗期尤为明显,导致死苗;瓜类炭疽病侵害西瓜、甜瓜的茎基部,病斑凹陷,绕茎 1 周时,引起秧苗猝倒,湿度大时病斑上长出粉红色霉层。

沤根,这是因低温、积水而引起的生理病害,一般在搭秧后遇低温、阴雨天气,秧苗地上部分生长不良,原有根系逐渐呈黄锈色腐烂,根部不发新根或不定根,根皮呈锈色腐烂,地上部叶片边缘变黄焦枯,萎蔫易拔起,导致幼苗死亡,严重时叶片干枯,似缺素症。

任务二　园艺植物叶、花、果真菌性病害防治技术

知识目标

1. 熟悉并掌握园艺植物叶、花、果主要真菌性病害如白粉病类、锈病类、炭疽病类、溃疡病类、腐烂病类等的症状特点。

2. 重点掌握园艺植物叶、花、果主要真菌性病害的识别特征、发生规律及其防治方法。

能力目标

1. 能对园艺植物叶、花、果主要真菌性病害进行田间调查。
2. 能对园艺植物主要叶、花、果真菌病害进行识别诊断,制定并掌握综合防治技术措施。

知识平台

自然情况下,几乎每种园艺植物都会发生病害。尽管叶、花、果病害很少能引起观赏植物的死亡,但叶片的病斑、花朵早落却严重影响观赏植物的观赏效果,且叶部病害还常导致观赏植物提早落叶,减少光合作用产物的积累,削弱花木的生长势。

观赏植物叶、花、果病害的类型很多,包括灰霉病、白粉病、锈病、煤污病、叶斑病、毛毡病、畸形、变色等。

4.2.1 白粉病类

白粉病是观赏植物上发生极为普遍且重要的一种真菌性病害。病症非常明显,在发病部位产生大量的分生孢子而形成一层白色粉层,故名白粉病。

1. 月季白粉病

月季白粉病(图4-4)是世界性病害,在月季上发生普遍。我国各地均有发生。白粉病对月季为害较大,病重时引起早落叶、枯梢、花蕾畸形或完全不能开放,降低切花产量及观赏性。该病也侵染玫瑰、蔷薇等植物。

1. 症状;2、3. 白粉菌粉孢子

图4-4 月季白粉病症状及病原菌形态

(1)症状 月季的叶片、叶柄、花蕾及嫩梢等部位均可受害。早春,病芽展开的叶片上出现褪绿黄斑,逐渐扩大,后上下两面都布满一层白色粉状物,严重时全叶披上白色粉层。嫩叶染病后,幼叶淡灰色,叶片皱缩反卷扭曲变厚,有时为紫红色,逐渐干枯死亡,上覆一层白粉,成为初侵染源。生长季节叶片受侵染,首先出现白色的小粉斑,逐渐扩大为圆形或不规则形的白粉斑,严重时白粉斑相互连接成片。叶柄及嫩梢染病时,受害部位稍膨大,向反面弯曲,节间缩短,病梢有回枯现象。叶柄及皮刺上的白粉层很厚,难剥离。花蕾染病时,表面被满白粉霉层,花姿畸形,萎缩干枯,花朵小而少,开花不正常或不能开花。

(2)病原 病原为蔷薇单囊壳菌[*Sphaerotheca pannosa* (Wallr.)Lev.],属子囊菌亚门,核菌纲,单囊壳菌属。闭囊壳为球形至梨形,附属丝菌丝状,少而短。子囊孢子大小为

(20~27)μm×(12~15)μm。无性态是粉孢霉,粉孢子串生、单胞、椭圆形、无色。月季上只有无性态,蔷薇等寄主植物上有闭囊壳形成。

病菌生长适宜温度为18℃~25℃。粉孢子萌发最适湿度为97%~99%,水膜对粉孢子萌发不利。

(3)发病规律及发病条件 病菌以菌丝体在病芽、病叶或病枝上越冬。翌年春天病菌随芽萌动而开始活动,以分生孢子随风雨传播,直接侵入幼嫩部位。植物生长季节可多次产生分生孢子进行再侵染。

该病在干燥、郁闭处发生严重,温室栽培较露天栽培发生严重。一般夜间温度较低(15℃~16℃)、湿度较高(90%~99%),有利于孢子萌发及侵入;白天气温高(23℃~27℃)、湿度较低(40%~70%),有利于孢子的形成及释放。品种间抗病性有差异,一般来说,小叶、无毛的蔓生多花品种较抗病;芳香族的多数品种,尤其是红色花品种易感病。施肥不当能加重病害发生。露天栽培发病盛期因地区而异,病害与气温关系密切,当气温17℃~25℃时为发病盛期,一年中以春季5~6月和秋季9~10月发病严重。苏州地区通常春季发病比较重,发病高峰期一般在3月中旬至5月中旬。

(4)防治方法。

① 园艺措施 加强修剪管理,早春、冬季结合修剪、整枝、整形,及时剪除病枝、病芽、病叶和病梢,初期病叶应及早摘除。冬季修剪后休眠期喷洒2~3波美度的石硫合剂。

② 加强栽培管理 栽植密度、盆花摆放密度不要过密,温室栽培要加强通风透光,合理施肥、浇灌、增施磷、钾肥,氮肥要适量,灌水最好在晴天的上午进行。

③ 药剂防治 发病前可喷施1∶1∶200的波尔多液预防,发病初期可选喷15%粉锈宁可湿性粉剂1000倍稀释液、25%粉锈宁可湿性粉剂1500~2000倍稀释液、70%甲基托布津可湿性粉剂1000倍稀释液或65%百菌清可湿性粉剂600倍稀释液等。在病叶率上升期每隔6~10d喷1次,连续喷2~3次。喷洒农药应注意药剂的交替使用,以免白粉菌产生抗药性。另外,对温室月季白粉病的冬季防治,可将硫黄粉涂在取暖设备上任其挥发进行防治,使用硫黄粉的适宜温度是15℃~30℃。

2. 瓜叶菊白粉病

瓜叶菊白粉病(图4-5)是各国温室栽培中常见的病害。我国北京、上海、天津、南京、大连、苏州、广州等地均有发生。苗期发病重,植株生长不良,矮化或畸形,发病严重时全叶干枯。

(1)症状 主要为害叶片,也侵染叶柄、花器、茎干等部位。发病初期,叶片正面出现小的白粉斑,逐渐扩大成为近圆形的白粉斑。病重时病斑联结成片,整个植株都被满白粉层,叶片上的白粉层厚实。被满白粉层的花蕾不开放或花朵小,畸形,花芽常常枯死。发病后期白色粉层变为灰

1. 症状;2. 闭囊壳;3. 子囊及子囊孢子
(引自徐明慧《园林植物病虫害防治》)

图4-5 瓜叶菊白粉病

白色,其上着生黑色小点粒(闭囊壳)。

(2)病原　病原菌为二孢白粉菌(*Erysiphae cicheracearum* Dc.),属子囊菌亚门,白粉菌属。闭囊壳附属丝多,菌丝状。子囊卵形或短椭圆形。子囊孢子2个,少数3个,椭圆形。无性态为豚草粉孢霉(*Oidium ambrosiae* Thum.),分生孢子为椭圆形或圆筒形。

(3)发病规律　病原菌以闭囊壳在病残体上越冬,成为来年初侵染源。经气流和水流传播,自表皮直接侵入。该病的发生与温室中的温度关系密切,温度15℃~20℃时有利于病害发生,当室温在7℃~10℃以下时,病害发生受到抑制。一年中有两个发生高峰期,苗期发病盛期为11~12月,成株发病盛期为次年的3~4月。据北京资料报道,瓜叶菊品种的抗病性差异不明显,均较易感病。

(4)防治方法。

① 减少侵染来源　注意温室卫生,及时清除病残体及发病植株。

② 加强栽培管理　见"月季白粉病"。

③ 药剂防治　在发病初期及时喷药效果最好。可选用25%粉锈宁可湿性粉剂2000~2500倍稀释液、80%代森锌可湿性粉剂500~600倍稀释液等药剂。

3. 紫薇白粉病

紫薇白粉病(图4-6)主要发生在春、秋季,秋季发病为害最为严重。紫薇发生白粉病后,其光合作用强度降低54.04%,病叶组织蒸腾强度增加,从而加速叶片的衰老、死亡。紫薇白粉病在我国普遍发生。据报道,云南、四川、湖北、浙江、江苏、山东、上海、北京、湖南、贵州、河南、福建、台湾等省市均有发生。白粉病使紫薇叶片枯黄,引起早落叶,影响树势和观赏。

(1)症状　病菌主要侵害紫薇的叶片,嫩叶比老叶易感病。嫩梢和花蕾也能受侵染。叶片展开即可受侵染。发病初期,叶片上出现白色小粉斑,扩大后为圆形病斑,白粉斑可相互连接成片,有时白粉层覆盖整个叶片。叶片扭曲变形,枯黄早落。发病后期白粉层变白而黄,最后变为黑色的小点粒——闭囊壳。

1. 症状；2. 分子孢子梗及分生孢子

图4-6　紫薇白粉病症状及病原菌形态

(2)病原　病原菌是南方小钩丝壳菌[*Uneinuliella australiana*(Mo Alp.) Zheng & Chen],属子囊菌亚门,核菌纲,白粉菌目,小钩丝壳属。菌丝体着生于叶片上下表面。闭囊壳聚生至散生，暗褐色，球形至扁球形，直径 90～125μm。附属丝有长、短两种，长附属丝直或弯曲，长度为闭囊壳的 1～2 倍，顶端钩状或卷曲 1～2 周。子囊 3～5 个，卵形、近球形，(48.3～58.4)μm×(30.5～40.6)μm。子囊孢子 5～7 个，卵形，(17.8～22.9)μm×(10.2～15.2)μm。

（3）发病规律　病原菌以菌丝体在病芽，或以闭囊壳在病落叶上越冬，分生孢子由气流传播，生长季节有多次再侵染。分生孢子萌发最适温度为 19℃～25℃，温度范围为 5℃～30℃，空气相对湿度为 100%，自由水更有利于粉孢子萌发。分生孢子的萌发力可以持续 15d 左右，侵染力维持 13d。

（4）防治措施　减少侵染来源，秋季清除病枯枝落叶，并烧毁。生长季节及时摘除病芽、病叶和病梢。发病时喷洒 25% 粉锈宁可湿性粉剂 3000 倍稀释液，或 80% 代森锌可湿性粉剂 500 倍稀释液等，药剂应交替使用。

4. 黄栌白粉病

黄栌为北京香山红叶的主要树种。黄栌白粉病（图 4-7）是黄栌上的重要病害。该病主要分布在北京、大连、河北、河南、山东、陕西、四川等地，其中北京、西安的黄栌发病最严重。白粉病对黄栌最大的危害是秋季红叶不红，变为灰黄色或污白色，失去观赏性。

（1）症状　白粉病主要为害叶片，叶片褪绿，花青素受破坏，黄栌叶片不变红而呈黄色，引起早落叶。发病严重时嫩梢也受害，连年发生致树势削弱。发病初期，叶片正面出现针尖大小的白色粉点，逐渐扩大成为污白色的圆斑，犹如雨滴溅起的泥浆所形成的泥斑，不易发现，但病斑最后发展成典型的白粉斑，边缘略呈放射状。发病严重时，白粉斑相连成片，菌丝生于叶两面，整个叶片被厚厚的白粉层所覆盖。发病后期白粉层上出现白色、黄色、黑色的小点粒——闭囊壳，此时白粉层逐渐消解。秋季叶片焦枯，不但影响树木生长，而且受害叶片秋天不能变红，影响观赏。

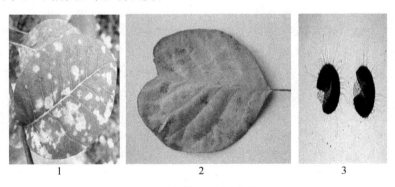

1、2. 症状；3. 闭囊壳

图 4-7　黄栌白粉病症状及病原菌形态

（2）病原　病原菌是漆树钩丝壳菌（*Uncinula vrrniciferae* P. Henn），属子囊菌亚门，核菌纲，白粉菌目，钩丝白粉菌属。闭囊壳球形、近圆形，黑色至黑褐色，直径 112～126μm。附属丝顶端卷曲。闭囊壳内有多个子囊，子囊袋状、无色。子囊孢子 5～8 个，单胞，卵圆形，无色，(18.7～23.7)μm×(9.5～12.6)μm。

（3）发病规律及发病条件　病原菌主要以闭囊壳在病枯落叶上越冬，成为次年的初侵染来源。也可以菌丝体在病枝条上越冬,在温湿度适宜条件下,次年春季直接产生分生孢子进行初侵染。孢子由风雨传播,雨水对闭囊壳涨发及子囊孢子的释放有重要作用。子囊孢子6月中下旬释放,以子囊孢子进行初侵染。子囊孢子和分生孢子萌发适温为25℃~30℃,要求高的空气湿度。6月底或7月初叶片上出现白色小粉点。潜育期10~15d。生长季节,分生孢子气流传播,进行多次再侵染。

白粉病发生的早晚、严重程度与当年的降雨量多少、早晚关系密切,尤其是7~8月的降雨量。在日平均温度为22℃~27℃、空气相对湿度为84%~90%以上的条件下,最有利于白粉菌的侵入。从发病到8月上中旬左右,白粉病发展很缓慢,这可能和7~8月上中旬气温偏高有关,降雨量大也是原因之一。8月中下旬至9月上中旬病害蔓延很迅速,这可能和昼夜温差大、日平均温度下降有关。

黄栌白粉病由下而上发生。病斑首先出现在1m以下枝条的叶片上,之后逐渐向树冠蔓延。据调查资料表明,植株下部气温比植株中部低1.5℃~2.0℃,而相对湿度却比中部高15%~20%。黄栌植株根部往往萌生许多分蘖,幼嫩组织多,下部叶片离越冬菌源最近。植株密度大、通风不良时发病重。山顶部分的树比窝风的山谷发病轻。黄栌生长不良发病重,黄栌和油松等树种混交比纯黄栌林发病轻,分蘖多的树发病重。

(4)防治措施。

① 减少侵染来源,秋季结合清园彻底扫除病落叶,剪除病枯枝条。

② 加强水肥管理,提高树势,增强抗病性。

③ 春季及时剪除分蘖,减少发病部位。

④ 营造黄栌针叶树混交林、剪去分蘖条可减少白粉病的发生。山谷窝风处要搭配针叶树种,杜绝纯林栽培。

⑤ 休眠期喷洒5波美度的石硫合剂(地面落叶和枝干),清除越冬菌源。

⑥ 生长季节喷洒25%粉锈宁可湿性粉剂1000~1500倍稀释液,或15%的粉锈宁700倍稀释液,防治效果好,药效长达2个月。

5. 草坪草白粉病

草坪草白粉病(图4-8)为草坪草的常见病害,其中以早熟禾、细羊茅和狗牙根发病较重。

(1)症状 病菌主要侵染叶片和叶鞘,也危害茎秆和穗部。受侵染的草皮呈灰白色,像是被撒了一层面粉。受害叶片和叶鞘上出现长度为1~2mm的白色霉点,后逐渐扩大成近圆形、椭圆形霉斑,初白色,后变灰白色、灰褐色。霉斑表面着生一层白色粉状分生孢子,受震动后飘散。后期霉层中生出黑色小粒点,即病原菌的闭囊壳。该病主要降低光合作用,加大呼吸和蒸腾作用,致使草坪发育不良、早衰,严重影响草坪景观。

(2)病原 病原菌有性态为布氏白粉菌[(*Blumeriagraminis* (Dc.) Golov. ex Speer(= *Erysiphegraminis* Dc. ex Merat)],属子囊菌亚门,布氏白粉菌属。分生孢子串生于分生孢子梗上,卵圆形或椭圆形,无色,大小为$(25~30)\mu m \times (8~10)\mu m$。分生孢子寿命短,其侵染力只能维持3~4d。闭囊壳球形,黑褐色,直径135~180μm。附属丝线状,不分枝,基部淡褐色,无隔膜。闭囊壳内有子囊9~30个。子囊长卵圆形,内含孢子4~8个。子囊孢子椭圆形,无色,单胞,大小为$(20~33)\mu m \times (10~13)\mu m$。

1. 症状；2. 分生孢子；3. 闭囊壳；4. 子囊

图 4-8　草坪草白粉病症状及病原菌形态

（3）发病规律及发病条件　病菌主要以菌丝体或闭囊壳在病株上越冬，也能以闭囊壳在病残体上越冬。翌春闭囊壳成熟，释放出子囊孢子；越冬菌丝体也产生分生孢子，随气流传播，成为初侵染来源。春季病叶持续产生分生孢子，1 周内就可以产生大量分生孢子，不断引起再侵染。夏季高温可以限制分生孢子的萌发。

环境温湿度与该病发生程度有密切关系，15℃～20℃为发病适温，25℃以上时病害发展受抑制。空气相对湿度较高有利于分生孢子萌发和侵入，但雨水太多又不利于其生成和传播。南方春季降雨较多，如在发病关键时期连续降雨，不利于该病发生和流行，但在北方地区，常年春季降雨较少，因而春季降雨量较多且分布均匀时，有利于该病的发生。水肥管理不当、荫蔽、通风不良等都是诱发病害发生的重要因素。

（4）防治方法。

① 减少侵染来源，秋季结合清园彻底清除枯枝落叶等集中烧毁，减少初侵染来源。

② 加强水肥管理，提高树势，增强抗病性。

③ 发病初期喷施 15% 粉锈宁可湿性粉剂 1500～2000 倍稀释液、25% 敌力脱乳油 2500～5000 倍稀释液、40% 福星乳油 8000～10000 倍稀释液、45% 特克多悬浮液 300～800 倍稀释液等药剂。

6. 大叶黄杨白粉病

大叶黄扬白粉病（图 4-9）主要分布于江苏、山西、陕西、河南、安徽、上海、浙江、江西、云南、贵州等地。

图 4-9　大叶黄杨白粉病症状

（1）症状　大叶黄杨白粉病的白粉（病菌的菌丝体和分生孢子）多分布于大叶黄杨的叶正面，部分产生于叶背面。单个病斑近圆形、白色，病斑扩大并愈合后可呈现不规则形。有时病叶发生皱缩，病梢扭曲畸形、萎缩。苏州地区通常春季发病比较重，发病高峰期一般在3月中旬至5月中旬。

（2）病原　大叶黄杨白粉病病原为冬青卫矛端孢菌［*Acrosporium*（Oidium 粉孢霉属正木粉孢菌）*euonymi-japonicae*（Arc.）Sacc］，属于半知菌亚门丛梗孢目丛梗孢科端孢属。分生孢子梗大小为39.2～70.5μm，分生孢子椭圆形，孢子单生或成短链状串生，孢子的长宽分别为21.6～38.0μm 和 13.2～15.6μm。

（3）发病规律　病菌以菌丝体在病组织上越冬，翌年春季病原菌在寄主上产生大量的分生孢子传播侵染，病菌在寄主枝叶表面寄生，产生吸器深入表皮细胞内吸收养分。夏季高温不利于病害发展，秋季病菌又产生大量孢子再次侵染危害。大叶黄杨枝叶过密发病较重。

（4）防治方法。

① 清除越冬病菌，秋冬季节结合修剪，剪除病弱枝，并清除枯枝落叶等集中烧毁，减少初侵染来源。

② 休眠期喷洒2～3波美度的石硫合剂，消灭病芽中的越冬菌丝或病部的闭囊壳。

③ 加强栽培管理，改善环境条件。栽植密度、盆花摆放密度不要过密；温室栽培注意通风透光。增施磷、钾肥，氮肥要适量。灌水最好在晴天的上午进行。灌水方式最好采用滴灌和喷灌，不要漫灌。生长季节发现少量病叶、病梢时，及时摘除烧毁，防止扩大侵染。

④ 发病初期喷施 15% 粉锈宁可湿性粉剂 1500～2000 倍稀释液、25% 敌力脱乳油 2500～5000 倍稀释液、40% 福星乳油 8000～10000 倍稀释液、45% 特克多悬浮液 300～800 倍稀释液。温室内可用 10% 粉锈宁烟雾剂熏蒸。

⑤ 近年来生物农药发展较快，BO-10（150～200 倍稀释液）、抗霉菌素 120 对白粉病也有良好的防效。

⑥ 种植抗病品种。这是防治该病的重要措施之一。

4.2.2　霜霉病类

1. 十字花科蔬菜霜霉病

霜霉病全国各地发生普遍。在沿江、沿海和气候潮湿、冷凉地区易流行。病害流行年份大白菜株发病率可达 80%～90%，减产 30%～50%，且病株不易贮存。除白菜外，油菜、花椰菜、甘蓝、萝卜、芥菜和荠菜上也有发生，造成不同程度的损失。

（1）症状　整个生育期都可受害。一般以晚秋和早春时的蔬菜发病较普遍。主要为害叶片，其次为害茎、花梗和果荚等。成株期叶片发病，多从下部或外部叶片开始。发病初期叶片正面出现淡绿色小斑，扩大后病斑呈黄色，因其扩展受叶脉限制而呈多角形。空气潮湿时，在叶背相应位置布满白色至灰白色稀疏霉层（孢囊梗和孢子囊）（图 4-10）。病斑变成褐色时，整张叶片变黄，随着叶片的衰老，病斑逐渐干枯。大白菜包心期以后，病株叶片由外向内层层干枯，严重时只剩下心叶球。

示孢囊梗、孢子囊、
孢子囊萌发和卵孢子　　　　示病叶正面病斑和叶背霉层　　　　示田间症状、为害状

图 4-10　白菜霜霉病病原形态特征及症状、为害状

花轴受害后呈肿胀弯曲状畸形,故有"龙头病"之称。花器受害后经久不凋落,花瓣肥厚、绿色、叶状,不能结实。种荚受害后瘦小,淡黄色,结实不良。空气潮湿时,花轴、花器、种荚表面可产生较茂密的白色至灰白色霉层。

（2）病原　此病由鞭毛菌亚门霜霉属寄生霜霉[*Peronospora parasitica* (Pers.) Fries]侵染所致。病菌属专性寄生菌。菌丝无色无隔,以吸器伸入寄主细胞内吸取养分。孢囊梗呈锐角两叉状分枝,每小梗尖端着生一个孢子囊。孢子囊椭圆形,无色,单胞。卵孢子黄至黄褐色,球形,厚壁,外表光滑或略带皱纹,萌发时直接产生芽管。

病菌菌丝生长发育适温为 20℃～24℃,孢子囊形成的最适温度为 8℃～12℃,孢子囊萌发适温为 6℃～13℃,侵入寄主的最适温度为 16℃。在相对湿度低于 90% 时不能萌发,在水滴中适温下孢子囊经 3～4h 就能萌发；卵孢子形成的适温为 10℃～15℃,适宜湿度为70%～75%；因此,病菌发育要求稍低的温度和较高的湿度。在长江中下游地区,春、秋两季凉爽高湿的气候条件有利于霜霉病的流行。

（3）发病规律及发生条件　北方主要以卵孢子在土壤中、种子表面、种子中越冬,或以菌丝体在种株上越冬。春季环境适宜卵孢子萌发,侵染小白菜、油菜、萝卜等春菜,发病中后期病组织内产生卵孢子越夏,当年秋季可萌发侵染大白菜等秋菜。所以,卵孢子是北方地区春、秋两季十字花科蔬菜发病的初侵染源。在南方,田间终年种植十字花科植物,病菌不断产生大量孢子囊在多种植物上辗转为害。

在长江中下游地区,病菌以卵孢子随病残体和以菌丝体在田间寄主体内越冬,成为次春的初侵染源。卵孢子或菌丝体上产生的孢子囊靠气流和雨水传播,萌发后从气孔或表皮直接侵入。病部不断产生的孢子囊随气流传播,进行多次再次侵染,使病害逐步蔓延；植株生长后期,病组织内形成卵孢子。在长江中下游地区,9月形成发病中心,10月下旬至11月初发病高峰,11月中旬后病害发生平缓。春季主要危害春菜下部叶片和留种株花轴,造成下部叶片发病和花轴"龙头"状畸形。形成春、秋两个发病高峰。

霜霉病发生和流行与气候条件、品种抗性和栽培措施等因素有关,其中以气候条件的影响最大。低温（平均气温 16℃ 左右）高湿有利于病害的发生和流行。温度决定病害出现的早迟和发展的速度,雨量决定病害发展的严重程度。在适温范围内,湿度越大,病害越重。气温 16℃～20℃、昼夜温差大或忽冷忽热天气有利于病害发生流行。田间湿度越大,夜间结露或多雾,即使雨量少,病害也会发展较快。

十字花科蔬菜连作的田块,土中菌量多,病害发生早且严重。秋菜播种早,作物生育期

提前,栽培密度大,病害发生早,危害重。基肥不足、追肥不及时,导致植株生长不良,抗病力下降,发病重。

不同品种间抗性差异显著,一般疏心直筒型品种较抗病,圆球型和中心型品种较易感病。青帮品种发病较轻,柔嫩多汁的白帮品种发病较重。一般讲,抗病毒病的品种同时也抗霜霉病,反之亦然。

(4) 防治方法。

① 利用抗病品种　青帮品种比白帮品种抗病性强,疏心直筒型比圆球型品种抗病性强。抗病毒病的品种一般也抗霜霉病,应因地制宜地选用抗病品种。

② 合理轮作,适期播种　由于卵孢子随着残体在土壤中越冬,与非十字花科作物轮作,最好是水旱轮作,因为淹水不利于病菌卵孢子存活,可减少菌源,减轻前期发病。秋白菜不宜播种过早,常发病区或干旱年份应适当推迟播种。播种不宜过密,注意及时间苗。

③ 栽培防病　加强肥水管理,施足基肥,增施磷、钾肥,合理追肥。收获后清洁田园,进行秋季深翻。

④ 药剂防治　药剂拌种,用药量为种子重量的 0.3% ~ 0.4%。加强田间检查,发病初期或发现发病中心时要及时喷药防治,控制病害蔓延。可选用 80% 大生 M-45 可湿性粉剂 600 倍稀释液、25% 甲霜灵可湿性粉剂 600 倍稀释液、62% 克露可湿性粉剂 1000 倍稀释液、65% 百菌清可湿性粉剂 500 ~ 600 倍稀释液等药剂。

2. 黄瓜霜霉病

黄瓜霜霉病(图 4-11)是黄瓜最常见的重要病害,也是一种速灭性病害,病害发展迅速,从发病到流行最快时只要 5 ~ 6d。除为害黄瓜外,还可为害丝瓜、瓠瓜、甜瓜、苦瓜等。

(1) 为害症状　主要为害叶片。早期出现水渍状、淡黄色小斑点,扩大后受叶脉限制呈多角形,黄褐色。潮湿时病斑背面长出灰色至紫黑色霉。湿度大时,病叶腐烂,一般从下往上发展,病重时全株枯死。

图 4-11　黄瓜霜霉病病原形态及症状

(2) 病原　此病由鞭毛菌亚门真菌古巴假霜霉菌 [*Pseudoperonospora cubensis* (Berk. et Curt.) Rostov] 侵染所致,为专性寄生菌。孢囊梗无色,锐角分枝,末端尖细。孢子囊椭圆形,有乳头状突起,淡褐色。

(3) 发病规律　病菌以在土壤或病株残余组织中的孢子囊及潜伏在种子内的菌丝体越冬或越夏。保护地栽培棚内,孢子囊借气流传播至寄主植物上,从寄主表皮直接侵入叶片,引起初次侵染,以后通过气流和雨水传播进行多次再侵染,加重为害。

黄瓜霜霉病病菌喜温暖、高湿环境,适宜温度范围 10℃ ~ 30℃,最适发病环境为日均温度15℃~22℃,相对湿度90%~100%,昼夜温差8℃~10℃;最易感病期为开花至结瓜中后期。黄瓜叶片上有水滴或水膜更易发病。

(4) 防治方法。

① 选用抗病品种　较为抗病的品种为津研系列黄瓜。

② 加强栽培管理　培育无病壮苗,露地栽培要选择地势高、排灌良好的地块,采用高畦覆膜栽培。施足底肥,多施有机肥,盛瓜期及时追肥。切忌大水漫灌、阴天灌水,灌水应选择晴天上午进行。保护地栽培要坚持通风换气,浇水施肥应在晴天的上午,并及时开棚降湿。

③ 生态防治　控制温度、湿度,用于保护地病害防治,采用三段管理:上午,28℃~32℃,相对湿度80%~90%;下午,20℃~25℃,相对湿度70%~80%;夜间,11℃~12℃,相对湿度<80%。大棚闷杀,闷棚前要求土壤较潮湿,选择晴天密闭大棚,使温度上升至44℃~46℃,持续2h,处理后及时降温和加强管理。

④ 药剂防治　在病害始见后3~5d用药,用药间隔期6~10d,连续用药3~5次,可选用62%克露可湿性粉剂1000倍稀释液或大生M-15可湿性粉剂800倍稀释液喷雾防治。傍晚用45%百菌清烟剂每667m² 200~250g,分放在棚内4~5处点燃熏蒸,或用喷粉器喷洒5%百菌清粉尘剂,每667m² 1kg,关闭门窗,第2天通风。可兼治白粉、灰霉病等。

3. 葡萄霜霉病

葡萄霜霉病(图4-12)是一种古老的病害,该病原发生在非洲,1860年,随引进抗根瘤蚜砧木而传入法国,然后陆续在全世界传布。我国各葡萄产区均有分布,以山东沿海地区及华北、西北春、夏多雨时发病较重。秋季发生多,主害叶片。此病还侵染山葡萄、野葡萄、蛇葡萄等。

病叶片背面霉层和叶正面病斑、小梗霉层

(引自费显伟《园艺植物病虫害防治》)

图4-12　葡萄霜霉病原形态和症状

(1) 症状　主要为害叶片,也为害新梢、叶柄、花、幼果、果梗及卷须等幼嫩部分。叶片受害初呈半透明水浸状斑,后来变为淡绿至黄绿色不规则病斑,边缘不明显,邻近的病斑可互相愈合成多角形大斑。在病斑发展过程中,叶背长出灰白色霜霉状孢囊梗和孢子囊。天气潮湿时霜霉扩展快,布满全叶,病组织变为黄褐色枯斑;天气干旱病斑不易扩大,不生霉层,病斑呈褐色或红褐色。病叶发育不良,早期脱落。新梢、叶柄、果梗、卷须等受害,初呈水渍状斑,后变为淡褐色至暗褐色不规则病斑。天气潮湿,病斑上产生白色霜霉层;天气干旱,病部组织干缩,生长停滞,扭曲枯死。花及幼果受害,病斑初为淡绿色,后呈深褐色,病粒硬,可生霉层,不久干缩脱落。果实着色后很少染病。

(2) 病原　病原为葡萄生单轴霉菌[*Plasmopara viticola*(Berd. et Curt.) Berl. Toni],属鞭毛菌亚门单轴霉属。孢子囊无色,倒卵形,萌发时产生游动孢子。卵孢子褐色、球形、厚壁,萌发产生芽管,在芽管先端形成芽孢囊,萌发时可产生游动孢子。菌丝生长最适温度为25℃左右。病菌孢子囊形成最适温度为15℃,适宜的相对湿度为95%～100%,至少需要4h的黑暗。

(3) 发生规律及发病条件　主要以卵孢子在病组织中或随病残体在土壤中越冬,或以菌丝在幼芽中越冬。当日平均温度达13℃时,卵孢子可在水滴或潮湿土壤中萌发,产生的游动孢子借风雨传播,进行初侵染,潜育期6～12d。只要条件适宜,病菌可不断产生孢子囊进行再侵染。孢子囊在13℃～28℃形成,萌发的最适温度为10℃～15℃。孢子囊的产生与萌发均需雨露,因此高湿低温是发病的重要条件。

冷凉潮湿的气候有利于发病。春、秋两季少风、多雾、多露、多雨的地区霜霉病发生重。不同品种对霜霉病的抗性存在差异,美洲系统品种较抗病,欧洲系统品种较易感病,圆叶葡萄较抗病,欧亚种葡萄较易感病。

一般含钙量高的葡萄组织抗霜霉病的能力也强。果园地势低洼、排水不良、土质黏重、栽植过密、棚架过低、枝蔓徒长郁蔽、通风透光不良、寄主表面易结露及偏施或迟施氮肥、刺激葡萄抽新梢、延迟组织成熟、树势衰弱等均有利于发病。

(4) 防治方法。

① 园艺防治　清扫落叶,剪除病梢,集中烧毁,并进行深翻,以减少菌源。

② 加强栽培管理　合理修剪使植株通风透光,增施磷、钾肥,酸性土壤多施石灰,提高植株的抗病能力。

③ 药剂防治　在发病前或发病初期喷布1∶0.6∶200的波尔多液,以后每隔半个月喷1次,连续喷2～3次。发病初期可用25%阿米西达悬浮剂1500倍稀释液或60%安泰生可湿性粉剂500倍稀释液。瑞毒霉防治霜霉病有特效,使用25%可湿性粉剂1500～2000倍稀释液。

4.2.3　锈病类

锈病是观赏植物中的一类常见病害。据统计,全国有80余种观赏植物锈病。锈病因多数锈菌产生类似铁锈状的粉状孢子堆而得名。锈菌可以为害植物的叶、枝、花、果,为害叶片时,病菌在叶片产生黄色或褐色的斑点,以后出现锈色孢子堆。有的锈菌为害枝杆能引起瘤肿、丛枝、溃疡等症状。观赏植物受害后常造成提早落叶、花果畸形,影响植物的生长,降低植物的观赏性。

1. 玫瑰锈病

玫瑰锈病(图4-13)又称蔷薇锈病,是月季、蔷薇上的重要病害。我国发生普遍。

(1) 症状　主要危害叶片和芽,嫩梢、叶柄、果实等部位也可受害。早春时从病芽展开的叶片布满橘黄色粉状物,叶正面的性孢子器不明显。叶背面出现黄色稍隆起的小斑点(锈孢子器),初生于表皮下,成熟后突破表皮散出橘红色粉末,病斑外围常有褪色环圈。随着病情的发展,叶背又出现近圆形的橘黄色粉堆(夏孢子堆)。嫩梢、叶柄上夏孢子堆呈长椭圆形。果实上的病斑呈圆形,果实畸形。生长季节末期,叶背出现大量的黑褐色小粉堆(冬孢子堆)。危害严重时叶片枯焦,提前脱落。

1. 症状；2. 冬孢子堆

(引自徐明慧《园林植物病虫害防治》)

图 4-13 玫瑰锈病病原形态和症状

(2) 病原　引起玫瑰锈病的病原菌种类很多,国外报道有 9 种,国内已知有 3 种,均属多胞菌属。其中以短类多胞锈菌[*Phragmidium mucronatum* (Pers.) Schlecht]分布较广,为害大,属担子菌亚门,锈菌目,多胞锈菌属。性孢子器不明显。锈孢子器橘黄色,周围有很多侧丝,锈孢子为椭球形,有瘤状刺,淡黄色。夏孢子堆橘黄色,夏孢子呈椭球形,孢壁密生细刺。冬孢子堆黑褐色,冬孢子为圆筒形,暗褐色,顶端有乳头状突起,孢子柄永存,下部显著膨大。

(3) 发病规律　病原菌以菌丝体在病芽、病组织内或以冬孢子在病落叶上越冬。翌年产生担孢子,侵入植株幼嫩组织。在嫩芽、嫩叶上产生橙黄色粉状的锈孢子。在叶背产生橙黄色的夏孢子,经风雨传播后,由气孔侵入进行第 1 次侵染,在生长季节可以有多次再侵染。

发病的最适温度为 18℃~21℃。锈孢子萌发的适宜温度为 10℃~21℃,在 6℃~27℃范围内均可萌发;夏孢子萌发的适宜温度为 9℃~25℃;冬孢子萌发的适宜温度为 18℃。气温、雨水、寄主品种的抗病性是影响病害流行的主要条件。一年中以 5~6 月发病比较重,秋季 9 月有 1 次发病小高峰。

(4) 防治方法。

① 园艺措施　选用抗病品种。冬季清除枯枝落叶,减少侵染源。生长季节及时摘除病芽或病叶。加强水肥管理,改善环境条件。温室栽培要注意通风透光,降低空气湿度。增施磷、钾、镁肥,提高抗病性。避免偏施氮肥,防止徒长。休眠期喷洒 3~5 波美度的石硫合剂,杀死芽内及病部的越冬菌丝体。

② 药剂防治　发病初期,可选喷 15% 粉锈宁 1000 倍稀释液、12.5% 烯唑醇 2500 倍稀释液或 0.2~0.3 波美度的石硫合剂等,每隔 10~15d 喷 1 次,连续 2~3 次。

2. 海棠锈病(梨锈病)

海棠锈病(图 4-14)是风景区各种海棠及其他果仁类观赏植物上的常见病害。我国发生相当普遍,安徽、江苏、云南、湖南、四川、浙江、北京、上海等省市均有发生。该病使海棠叶片布满病斑,严重时叶片枯黄脱落。同时危害桧属、柏属中的树木,针叶及小枝枯死,使树冠稀疏,降低观赏效果。

1. 桧柏上的菌瘿;2. 冬孢子萌发;3. 海棠叶上的症状;4. 性孢子器;5. 锈孢子器
图4-14　海棠锈病

（1）症状　主要危害海棠叶片、叶柄、新梢、嫩枝、果实。叶片染病,叶片正面初生橘黄色光泽小圆斑,直径1~2mm,后扩大至4~10mm,病斑边缘有黄绿色晕圈。病斑稍凹陷,表面产生黑色小粒点(性孢子器),病部组织变厚。发病1个月后叶背病斑突起,产生灰色至灰褐色毛状物(锈孢子器),破裂后散出褐色锈孢子。最后病斑变黑,严重的干枯脱落。叶柄及果实上的病斑明显隆起,多呈纺锤形,果实畸形,有时开裂。嫩梢发病时,病斑凹陷,病部易折断。

桧柏等针叶树受侵染,针叶和小枝上生出大小不等的瘤状物,即冬孢子角或称菌瘿。菌瘿的大小差异大,如桧柏上的小菌瘿直径1~2mm,大菌瘿直径达20~25mm。针叶和小枝生长衰弱或枯死。菌瘿吸水膨胀成橘黄色的胶状物,犹如针叶树开"花"。

（2）病原　病原为担子菌亚门,锈菌目,胶锈菌属,主要有两种:山田胶锈菌(*Gymnosporangium yamadai* Miyabe),主要危害西府海棠、垂丝海棠、白海棠、红海棠、三叶海棠、湖北海棠、海棠花等苹果属植物;梨胶锈菌(*G. haraenum* Syd.),主要危害贴梗海棠、日本海棠、木瓜等梨属植物。

性孢子器群集在叶正面病斑上,红褐色,扁瓶形,有侧丝;性孢子呈椭圆形或纺锤形,无色,单胞;锈孢子器生在叶背、叶柄或果实上,细圆筒形,淡黄色;锈孢子呈近圆形,橙黄色,有细瘤;冬孢子角呈圆锥形或鸡冠状,棕黄色,遇水膨胀为橙色花朵状胶状物;冬孢子呈纺锤形或长椭圆形,黄褐色,双胞,柄细长,丝状,无色,胶质。担孢子呈卵形,淡黄色。无夏孢子阶段。

（3）发病规律　病菌以多年生菌丝体在桧柏针叶、小枝及主干上部组织中越冬,来年春天遇充足的雨水,冬孢子角胶化产生担孢子,随风雨传播侵染刚萌发的海棠嫩叶、叶柄、嫩枝、果实,萌发产生芽管,直接由表皮侵入,在叶正面产生性孢子器,约3周后在叶背面产生锈孢子器,在海棠上完成性孢子器、性孢子、锈孢子器、锈孢子的发育过程。锈孢子借风雨传播到桧柏上侵入新梢越冬。没有再侵染。该病菌需要转主寄生才能完成其生活史,故海棠与桧柏类针叶树混栽发病就重。

该病的发生与5月份降水早晚及降水量成正相关。展叶20d以内的幼叶易感病,展叶25d以上的叶片一般多不再受侵染。

(4) 防治方法。

① 园艺措施　种植海棠、木瓜、山楂、苹果等蔷薇科植物要远离桧柏、圆柏、龙柏、塔柏、刺柏等转主寄主植物;在3月份以前冬孢子堆成熟前剪除桧柏上的冬孢子角,减少传染源。

② 药剂防治　春季冬孢子萌发初期,对桧柏等转主寄主植物喷施3~5波美度的石硫合剂或15%粉锈宁可湿性粉剂1000倍稀释液;在转移寄主时对海棠等植物喷施15%粉锈宁可湿性粉剂1000倍稀释液,用药2~3次;秋季在锈孢子传播侵染桧柏等寄主时,在桧柏等植物上喷施3~5波美度的石硫合剂。

3. 梨锈病(海棠锈病)

梨锈病(图4-15)又称赤星病、羊胡子。分布于我国各梨产区,是梨产区的主要病害。梨锈病菌除为害梨外,还能为害山楂、木瓜、棠梨和铁梗海棠。由于锈病菌具有转主寄生的习性,其转主寄主为松柏科的桧柏、欧洲刺柏、高塔柏、圆柏、龙柏和翠柏等。桧柏类植物的分布和多少是影响梨锈病发生的重要因素,在桧柏类植物较多的南方地区梨锈病发生较普遍,北方平原地区零星发病。

病原形态—性孢子器、锈孢子器及冬孢子萌发

梨叶上症状—1. 叶片正面；2. 叶片背面

转主寄主—桧柏上的菌瘿

(引自费显伟《园艺植物病虫害防治》)

图4-15　梨锈病病原形态和症状

(1) 症状　主要为害幼叶和新梢,严重时也能为害果柄和幼果。叶片受害初在叶正面发生橙黄色、有光泽的小斑点,后逐渐扩大为近圆形的病斑,病斑中部橙黄色,边部淡黄色。天气潮湿时,其上溢出淡黄色黏液,黏液干燥后,小粒点变为黑色。病斑组织逐渐变厚,叶背隆起,正面微凹陷,在隆起的部位长出灰黄色的毛状锈孢子器,其中含有大量孢子。随后病斑变黑枯死,引起落叶。幼果多在萼片处发病,初期症状与叶相似,病果果肉硬化,畸形,提早脱落。嫩梢的病斑龟裂,易折断。

(2) 病原　病原为梨胶锈菌(*Gymnosporangium haraeanum* Syd.),属担子菌亚门胶锈菌属。

(3) 发生规律及发病条件　病菌以多年生的菌丝体在桧柏等转主寄主的病组织中越

冬,翌春2~3月间开始形成冬孢子角。冬孢子成熟后,遇雨水时吸水膨胀,冬孢子开始萌发产生担孢子(也称小孢子)。担孢子随风雨传播,当散落在梨树幼叶、新梢、幼果上时,遇水萌发成芽管,从气孔、皮孔或从表皮直接侵入,引起梨树叶片和果实发病。一般在4月上旬,梨树上开始产生性孢子器,4月中旬出现最多,并有性孢子溢出;4月底开始,锈孢子器突破表皮外露;5月中旬锈孢子器成熟并陆续释放锈孢子;到6月上旬锈孢子器因锈孢子的释放和重寄生菌的寄生而脱落,病斑变黑、干枯。锈孢子借风传播到柏树枝叶上,在其枝叶上产生黄色隆起的小病斑。病菌就以多年生菌丝体在桧柏病部组织中越冬,至翌春形成冬孢子角。梨锈病1年发生1次,锈孢子只能侵害转主寄主桧柏的嫩叶和新梢,无再侵染。病害的发生与转主寄主、气候条件和品种抗病性等相关。担孢子最大有效传播距离为2.5~5km。因此病害的轻重与桧柏的多少及距离远近有关,尤以离梨树栽培区2.5~5km范围内的桧柏关系最大,此范围内患病桧柏越多,梨锈病发生越重。

病害的流行与否受气候条件的影响。病菌一般只侵染幼嫩组织,当梨树萌芽、幼叶初展时,若天气温暖多雨,且温度适宜冬孢子萌芽,田间就会有大量担孢子释放,发病必定严重。风力的强弱和风向都可影响担孢子与梨树的接触,对发病也有一定的影响。在长江中下游地区3月中旬后,冬孢子陆续成熟,只要气温高于15℃,每次雨后,冬孢子角即吸水胶化萌发产生担孢子。此时正值梨树萌芽展叶易感病的时期。病害潜育期长短与气温和叶龄有密切关系,一般约为6~10d。温度越高,叶龄越小,潜育期越短。梨树的感病期很短,自展叶开始20d内最易感病,超过25d,叶片一般不再受感染。梨树的不同品种对锈病的抗性有一定差异,一般中国梨最易感病,日本梨次之,西洋梨最抗病。

(4)防治方法　防治关键是清除转主寄主和合理用药防治,这样能减少病害所造成的损失。

① 清除转主寄主　梨区不用桧柏等柏科植物造林绿化,新建梨区应远离柏树多的风景区。在梨区周围5km范围内,禁止栽植桧柏和龙柏等转主寄主,砍除少量桧柏等植物,是防治梨锈病最彻底的有效的措施。

② 合理用药防治　无法清除转主寄主时,应在3月上中旬在梨树萌发前和春雨前剪除桧柏上的冬孢子角,或选用2~3波美度的石硫合剂、1:2:(160~200)的波尔多液、15%三唑酮乳剂2000倍稀释液等喷射桧柏,以抑制冬孢子萌发。梨树上用药,应在梨树萌芽至展叶后25d内喷药保护,一般应在梨萌芽期用第1次药,以后每隔10d左右用1次,酌情喷1~3次。药剂可选用1:2:(160~200)的波尔多液。开花后,如遇降雨,雨后1周可喷20%粉锈宁乳油2000~2500倍稀释液。

③ 抗病品种的利用　在桧柏等转主寄主多、病害发生严重的地区,应考虑种植抗病品种。

4. 豆类锈病

菜豆、豇豆、蚕豆和豌豆等都有锈病(图4-16)发生,且一年四季都能发生,其中以4~7月发生最多。江苏7~8月是豇豆锈病的盛发期。病情严重时,叶面布满锈斑,致使叶片迅速干枯早落,减少可采豆次数。

1. 冬孢子；2. 夏孢子　　　　1. 叶片症状；2. 茎秆症状

图4-16　蚕豆锈病病原形态和症状

（1）症状　主要发生在叶片上，也为害叶柄、茎和豆荚。叶片染病，多在叶背产生黄白色微隆起的小疱斑，扩大后呈黄褐色，表皮破裂，散出红褐色粉末（夏孢子）。后期疱斑变为黄褐色，或在疱斑周围长出黑褐色冬孢子堆，表皮碎裂散出黑褐色粉末（冬孢子），严重时可使叶片枯黄早落。茎、荚和叶柄与叶片相似。

（2）病原　病原有疣顶单胞锈菌[*Uromyces appendiculatus* (Pers.) Ung]，可侵染菜豆、绿豆、豇豆、小豆、扁豆等。蚕豆单胞锈菌[*U. vicide-fabae* (Pers.) Schroet.]，可侵染蚕豆和豌豆，都属担子菌亚门单胞锈菌属。夏孢子单胞，椭圆形或卵圆形，橘黄色，表面有微刺；冬孢子短椭圆形，单胞，黄褐色，胞壁较厚，顶端有1个半透明乳头状突起，下端有1条略长于冬孢子的柄，胞壁平滑。

（3）发病规律　病菌主要以冬孢子随病残体遗落在土表或附着在架材上越冬。南方夏孢子可周年传播为害。第2年条件适宜时冬孢子萌发长出担孢子，通过气流传播进行初侵染。田间通过夏孢子进行频繁的再侵染。生长后期，病部产生冬孢子堆越冬。

温度16℃~26℃，相对湿度95%以上，高温、多雨、雾大、露重、天气潮湿极有利于锈病流行。菜地低洼、土质黏重、耕作粗放、排水不良，或种植过密、插架引蔓不及时、田间通风透光状况差，以及施用过量氮肥，均有利于锈病的发生。

（4）防治方法。

① 轮作　与非豆类作物实行2年以上轮作。

② 加强田间管理　收获后清除田间病残体并集中烧毁，减少菌源，深沟高畦栽培，合理密植，科学施肥。

③ 药剂保护　发病初期及时喷药防治。可选用的药剂有80%大生M-45可湿性粉剂800倍稀释液、15%三唑酮可湿性粉剂1000倍稀释液、15%粉锈宁可湿性粉剂800倍稀释液等，每隔6d左右喷1次，连续喷1~2次。

4.2.4　炭疽病类

炭疽病是园艺植物上极为常见的一类病害。主要危害寄主植物叶片，有的也为害嫩枝、茎秆、花、果等部位。受害组织产生界线明显、稍微下陷、黄褐色或暗褐色的病斑，其主要症状特点是发病后期，病斑上出现黑色小点，黑色小点一般呈轮纹状排列，潮湿条件下病部有粉红色、橙黄色或灰白色的黏孢子团出现，即为分生孢子堆。病菌为害肥厚组织时，可引起疮痂或溃疡。炭疽病的另一特点是有潜伏侵染的特点，寄主虽受侵染，但繁殖少不显示任何症状,当条件适宜时大量繁殖侵染显症,经常给观赏植物的引种造成损失。例如,从东南亚购进的南洋杉,潜伏有炭疽病未检出而给国家造成了损失。因此对苗木的引种、调运一定要加强检疫,做好产地检疫工作,防止引入大量染病植株造成损失。

1. 兰花炭疽病

兰花炭疽病(图4-17)是一种分布广泛的病害,是我国四川、云南、贵州、江苏、浙江、广东、上海、北京、天津等省、市兰花的重要病害。兰花素来有观叶似观花的评价,但炭疽病使兰花叶片上布满黑色的病斑,去除病斑后的兰花叶片长短不一,观赏性大大降低。发病严重时兰花整株死亡。

(1)症状 主要为害叶片,也为害果实。发病初期,叶片上出现黄褐色稍凹陷的小斑点,逐渐扩大为暗褐色圆形斑或椭圆形斑。发生在叶尖及叶缘的病斑多为半圆形或不规则形,叶尖端的病斑向下延伸,枯死部分可占整个叶片的1/5~3/5。发生在叶基部的病斑大,导致全叶迅速枯死或整株死亡,病斑由红褐色变为黑色,病斑中央组织变为灰

1. 症状;2. 分生孢子盘、分生孢子及刚毛
(引自徐明慧《园林植物病虫害防治》)

图4-17 兰花炭疽病

褐色,或有不规则的轮纹。有的品种病斑周围有黄色晕圈。后期病斑上有许多近轮状排列的黑色小点粒(即分生孢子盘)。潮湿条件下病斑上有粉红色的黏孢子团。病斑的大小、形状因兰花品种的不同而异。建兰上的病斑主要发生在叶尖端,病斑呈椭圆形或长条状。在绿云、寒兰、百岁兰等品种上,病斑多发生在叶缘或叶尖,病斑直径达20mm以上等。果实上的病斑不规则,稍长。

(2)病原 病原为兰花炭疽菌(*Colletotrichum orchidaerum* Allesoh.),属半知菌亚门,腔孢纲,刺盘胞属。分生孢子盘呈垫状,刚毛黑色,有数个隔。分生孢子梗短细,不分枝,分生孢子呈圆筒状。

(3)发生规律 病菌以菌丝体和分生孢子盘在病株残体、假鳞茎上越冬。翌年借风、雨、昆虫传播。一般自伤口侵入,幼嫩叶可直接侵入。潜育期2~8周。有多次再侵染。分生孢子萌发适温为22℃~28℃。每年3~11月均可发病,4~6月梅雨季节发病重。老叶片4~8月发病,新叶8~11月发病。最适宜的pH为5~6,自由水有利于分生孢子萌发。

(4)发生条件 高湿闷热、天气忽晴忽雨、通风不良、花盆内积水均加重病害的发生。株丛过密,叶片相互摩擦易造成伤口,蚧虫危害严重时也有利于该病的发生。此外,喷灌提高环境湿度也是发病的重要因素。品种抗病性差异明显,春兰、寒兰、风寒兰、报春兰、大富贵等品种易感病;蕙兰、十元抗性中等;台兰、秋兰、墨兰、建兰中的铁梗素较为抗病。

(5)防治方法。

① 园艺措施 通过清除病残体,尤其是假鳞茎上的病叶残茬;生长季节及时剪除叶片上的病斑等减少侵染来源。改善环境条件,控制病害发生。花室要通风透光良好,降低湿度。夏季盆花室外放置要搭荫棚;浇水忌用喷壶直接从植株上端淋水,最好用滴灌。

② 药剂防治 病斑出现时开始喷药,生长季节喷3~4次基本上能控制病害的发生。

常用药剂为 50% 多菌灵可湿性粉剂 500 倍稀释液、70% 甲基托布津可湿性粉剂 800 倍稀释液或 (0.5~1) : 1 : 100 的波尔多液。

2. 山茶炭疽病(赤枯病)

(1) 分布与为害 山茶炭疽病(图 4-18)是庭园及盆栽山茶上普遍发生的重要病害。该病分布很广,美国、英国、日本等国均有报道。我国四川、江苏、湖南、云南、广州、天津、北京、上海等省市均有发生,其中福州、昆明等市该病发生严重。炭疽病常引起早落叶、落蕾、落花、落果和枝条的回枯,削弱树势力,减少切花产量。

1. 症状；2. 分生孢子盘(仿蔡耀焊)

图 4-18 山茶炭疽病

(2) 症状 该病侵害山茶花地上部分所有器官,主要侵染叶片及嫩枝梢。老叶片对该病最敏感。发病初期叶片上出现浅褐色小斑点,逐渐扩大成为赤褐色或褐色病斑,近圆形,直径 5~15mm,或更大。病斑上有深褐色与浅褐色相间的线纹。雪山茶品种叶片上的病斑小,病斑边缘稍隆起,暗褐色。叶缘部分有许多病斑,叶缘和叶尖的病斑为半圆形或不规则形。病斑后期变为灰白色,边缘为褐色。病斑上轮生或散生着许多红褐色至黑色的小点粒,即病原菌的分生孢子盘,在湿度大的条件下,从黑色点粒内溢出粉红色黏孢子团。

枝梢发病时,叶片突然枯萎,但叶片不变色,数天后叶片逐渐变为暗绿色、橄榄色、棕绿色,最后枯死变成黑褐色。病叶常常留在枝条上,但容易破碎。主干和大枝条发病时,病斑迅速蔓延绕干一周,致使病斑以上的枝条变色和枯死。枝干上的溃疡斑,其长度为 6~25mm,大病斑同枝干是平行的。溃疡斑常具有同心轮纹。花器受侵染,病斑在鳞片上,不规则,黄褐色或黑褐色,后期变为灰白色。分生孢子盘通常在鳞片的内侧。果皮上的病斑为黑色圆形,病斑后期轮生着黑色的点粒,果实容易脱落。

(3) 病原 山茶炭疽菌有无性态及有性态之分。有性态为围小丛壳菌[*Glomerella cingulaia* (Ston.) Spauld et Schtenk.],比较少见。无性态为山茶炭疽菌(*Colletotrichum camelliae* Mass,属半知菌亚门、腔孢纲、黑盘孢目、刺盘胞属(炭疽菌属)。分生孢子萌发最适宜温度为 24℃ (20℃~32℃),最适宜的 pH 为 5.6~6.2;病原菌生长最适宜的温度为 27℃~29℃。分生孢子盘直径 150~300μm;刚毛黑色;有 1~3 个分隔,(30~72μm)×(4~5.5μm);分生孢子长椭圆形,两端钝,单细胞,无色,(10~20μm)×(4~5.5μm)。

(4) 发病规律 病原菌以菌丝体和分生孢子盘在病枯枝落叶内,在叶芽、花芽鳞片基部、溃疡斑等处越冬。病原菌无性态在侵染中起着重要作用。该病有潜伏侵染的现象。分生孢子由风雨传播,自伤口侵入。但在自然界,病原菌可以从春季落叶的叶痕侵入,或从叶背茸毛处侵入。潜育期 10~20d,从卷叶虫咬食的伤口侵入潜育期短,只有 3~5d。

山茶炭疽病一般从 5 月份开始发病,5~11 月份为发病期,6~9 月份为发病高峰期。高温、高湿、多雨有利于炭疽病的发生。高温烈日后遇上暴雨,常引起病害的爆发。另外,土壤贫瘠、黏重容易发病。施用氮、磷、钾的比例不当,通风不良,光照不足,均能加重炭疽病的发生。枝干上的病斑愈合后,如生长不良,病害仍可复发。山茶品种对炭疽病的抗病性有差异。据国外报道,日本山茶、茶梅、南山茶等品种容易感病。

(5)防治措施　减少侵染来源,清除枯枝落叶,剪除有病枝条。应从病斑以下5cm的健康组织处剪掉病枝条,如果剪口处仍有变色斑点时,必须向下再次修剪;剪口应用杀菌剂消毒。从健康无病的母树上采条,扦插繁殖无菌苗木。改善环境条件,促进山茶的生长,增强植株的抗病性。栽植山茶的基物要肥沃、排水良好,呈酸性(pH 5.0~6.5);土壤应选择壤土。栽植地应设置在半阴的通风处,增施有机肥及磷、钾肥。据国外报道,施用鱼杂肥能减少山茶炭疽病的发生。春季新梢抽出后,喷洒1%波尔多液,或70%甲基托布津可湿性粉剂800倍稀释液,或50%多菌灵可湿性粉剂800倍稀释液,或65%代森锌可湿性粉剂500倍稀释液,每隔10~15d喷1次药,雨过天晴后喷药效果最好。

3. 辣椒炭疽病

辣椒炭疽病(图4-19)是辣椒上的主要病害之一,在多雨年份为害较重,常引起幼苗死亡、落叶、烂果等。

图4-19　辣椒炭疽病病原形态和果实受害症状

(1)症状　辣椒炭疽病可区分为黑色炭疽病、黑点炭疽病和红色炭疽病3种,其症状比较可参阅表4-1。

表4-1　辣椒炭疽病3种症状比较

种　类	症　状　特　点
黑色炭疽病	较常见,主要为害叶片和果实。叶片上初产生水渍状褪绿斑,渐变成边缘深褐色、中央浅褐色或灰白色的圆形或不规则形病斑,病斑上轮生小黑点。果实上病斑为褐色,凹陷,长圆形或不规则形,有稍隆起的同心轮纹,上密生小黑点,病斑边缘有湿润的变色圈。病斑易干缩、破裂呈羊皮纸状
黑点炭疽病	仅在浙江、江苏、贵州等地发生,成熟果实受害重。症状似黑色炭疽病,但病斑上的黑点较大,颜色较深,潮湿时,小黑点可溢出粉红色黏稠物
红色炭疽病	发生较少,幼果和成熟果均能受害。病斑水渍状,黄褐色,圆形,凹陷,其上着生橙红色小点,略呈同心环状排列,潮湿时,病斑表面溢出淡红色黏稠物

(2)病原　病原为辣椒炭疽病菌[*Colletotrichum capsici*(Syd.)Butli et Bisby],属真菌半知菌亚门真菌。刺盘孢属的黑刺盘孢菌常引起辣椒黑色炭疽病,病斑上的黑色小点是病菌的分生孢子盘,周缘生暗褐色刚毛,有2~4个隔膜。分生孢子梗为圆柱形,无色,单胞。分生孢子为长椭圆形,无色,单胞。刺盘孢属的刺盘孢菌常引起辣椒黑点炭疽病,分生孢子盘

周缘及内部均密生刚毛,尤其在内部刚毛特别多,刚毛暗褐色,有隔膜,分生孢子为新月形,无色,单胞。盘长孢属的盘长孢菌常引起辣椒红色炭疽病,分生孢子盘排列成轮纹状,无刚毛,分生孢子为椭圆形,无色,单胞。

(3) 发病规律　病菌均以菌丝体及分生孢子盘随病残体遗落在土中越冬,或以菌丝体潜伏在种子内,或以分生孢子黏附在种子上越冬。翌年田间适宜时产生分生孢子,通过气流、雨水溅射、昆虫等传播,从伤口或寄主表皮直接侵入进行初侵染致病。病部产生分生孢子进行重复侵染。高温高湿发病重,一般发育适温为26℃,相对湿度95%以上,任何使果实损伤的因素也有利于发病。高温多湿的天气有利于发病,偏施、过施氮肥会加重发病,果实越成熟越易发病。

(4) 防治方法。

① 留种与种子处理　要从无病留种株上采收种子,选用无病种子。播前要做好种子处理,可用55℃温水浸种5min,冷却后催芽播种;也可用50%多菌灵500～600倍稀释液浸种20min,用清水冲洗晾干后播种。

② 合理轮作　与非茄科蔬菜实行2～3年轮作。

③ 加强栽培管理　管好肥水,合理密植,适时采收,注意田间卫生。

④ 化学防治　发现病株及时喷药防治,可选用药剂有10%世高水溶性颗粒剂1000～1500倍稀释液、25%施保功乳油1000～1500倍稀释液、60%代森锰锌可湿性粉剂600倍稀释液、65%百菌清可湿粉剂600倍稀释液等。

4. 菜豆炭疽病

菜豆炭疽病(图4-20)主要危害菜豆,还能危害豇豆、蚕豆等豆类植物。炭疽病是菜豆的重要病害之一,在各地均有发生。

图4-20　菜豆炭疽病症状与病原

(1) 发病症状　主要为害菜豆的豆荚,也为害叶片和茎蔓。苗期和成株期均可发病。幼苗子叶染病,初产生红褐至黑褐色圆形凹陷病斑,后腐烂。幼茎上初产生锈色小斑点,渐变为细条状,病斑凹陷龟裂。成株叶片染病多在叶背沿叶脉发展成三角形或多角形网状斑,病部叶脉凹陷。豆荚染病初产生红褐色至黑褐色小斑,后扩大为多角形或圆形斑,病斑中央灰色,四周红褐色。严重时,病菌可扩展到种子上。潮湿时,病部产生粉红色黏稠物,即病菌的分生孢子。

(2) 病原　此病由半知菌亚门炭疽菌属菜豆炭疽菌[*Colletotrichum lindemuthianum* (Sacc. et Magn.) Briosi et Cav.]侵染所致。分生孢子盘黑色,刚毛黑色,针状,有1～3个隔膜。分生孢子梗杆状，无色，单胞。有性态为子囊菌亚门菜豆小丛壳菌[*Glomerella lindemuthianum*(Sacc. et Magn.)Shear et Wood]。

（3）发病规律　病菌主要以菌丝潜伏在种皮下或以菌丝体随病残体在地面上越冬。翌年播种带病种子引致幼苗子叶或嫩茎染病，病部产生的分生孢子通过昆虫及风雨传播蔓延进行再侵染。豆荚染病，病菌透过荚壳进入种皮，致种子带菌，成为翌年初侵染源。气温16℃左右、相对湿度100%利于发病。温凉多湿或多雨、多露、多雾天气及地势低洼、密度过大、土壤黏重发病重。

（4）防治方法。

① 选用抗病品种，选留无病种子　一般蔓生种比矮生种抗病性强。从无病荚上采种，必要时进行种子消毒，用45℃温水浸种10min，然后晾干播种。也可用种子重量0.3%的50%福美双粉剂可湿性粉剂拌种。

② 合理轮作　重病田与非豆科蔬菜实行2～3年轮作。

③ 加强田间管理　收获后及时清除病残体，合理密植，适时早播，深度适宜，间苗时注意剔除病苗，加强肥水管理。

④ 架材消毒　对旧架杆应在插架前用50%代森铵水剂1000倍稀释液喷淋灭菌。

⑤ 药剂防治　发病初期开始喷药，可选用25%施保功乳油1000倍稀释液、40%达科宁悬浮剂600倍稀释液、10%世高水溶性颗粒剂1000～1500倍稀释液、50%多菌灵可湿性粉剂800倍稀释液、65%百菌清可湿性粉剂600倍稀释液等药剂，隔6～10d喷药1次，连续防治2～3次。

5. 苹果炭疽病

苹果炭疽病（图4-21）又称苦腐病、晚腐病，是苹果果实的重要病害。各苹果产区均有发生，在黄河故道及其以南地区为害严重。该病害除为害苹果属果树外，还能侵害梨、葡萄等多种果树。

（1）症状　主要为害果实。发病初期在果面上产生淡褐色斑点，扩大后呈圆形病部下陷，果实软腐，并成圆锥状向果心发展。当病斑扩大到1～2cm时，病斑表面形成许多黑色小粒点，呈同心轮纹状排列，潮湿时从小黑点上溢出粉红色黏液。一个病斑可扩展到果面的1/3～1/2，一个病果上病斑数量不等，有的可多达几十个，但只有少数病斑扩大，其余病斑只有1～2mm，病果易脱落。也有少数病果失水干缩成黑色僵果，留于树上经久不落。

（2）病原　有性世代为围小丛壳菌[*Glomerella cingulata*(Stonem)Spauld et Schrenk]，属子囊菌亚门核菌纲小丛壳属。无性世代为果生盘长孢菌（*Gleosporium fructigenum* Berk.）和胶孢炭疽菌[*Colletotrichum gloeosporioides*(Penz.)Penz. et Sacc.]，前者属于半知菌亚门黑盘孢目盘长孢属，后者属半知菌亚门炭疽菌属。分生孢子单胞，无色，椭圆或长卵圆形。子囊孢子与分生孢子相似（图4-22）。

图4-21　苹果炭疽病症状

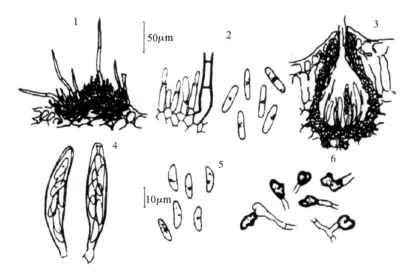

1. 分生孢子盘；2. 分生孢子梗及分生孢子；3. 子囊壳；4. 子囊；5. 子囊孢子；6. 附着孢

图 4-22　苹果炭疽病病原形态

（3）发生规律及发病条件　主要以菌丝体在树上病僵果、病枯枝、病果台上等部位越冬。第 2 年春天产生分生孢子，借雨水和昆虫传播。分生孢子萌发通过角质层或皮孔、伤口侵入果肉，病菌孢子从幼果期即可侵入，有潜伏侵染特性，到近成熟期或贮藏期发病，病害有多次再侵染。菌丝在细胞间生长，分泌果胶酶，引起果腐。黄河故道果区 5 月底至 6 月初就可见到病果，6～8 月为发病盛期。

田间发病有明显的发病中心，以树上残留僵果、病果台下面发病最明显。发病与降雨关系密切，特别是雨后高温更有利于病害流行。树势弱、树冠郁闭、通风不良、土壤黏重的果园，病害发生严重。品种不同抗病性不同，红玉、鸡冠、祥玉等发病早而重，祝光、金冠、元帅、大国光、秦冠、印度、国光、红星发病较轻，伏花皮、黄魁等早熟品种很少发病。

（4）防治方法。

① 清除越冬菌源，控制"中心病株"，结合冬剪，剪除树上病僵果、病果台、病枯枝、爆皮枝。发现"中心病株"，清除干枯果和小僵果、病源病果。夏、秋季，摘除树上病果。避免用刺槐做防风林。

② 深翻改土，控制结果量，改造树体的通风透气条件，及时中耕除草。

③ 果树发芽前，全树喷 40% 福美砷可湿性粉剂 100 倍稀释液。落花后 10d 喷第 1 次药，以后间隔 15～20d 喷药 1 次，到 8 月中旬结束。常用药剂有 50% 退菌特可湿性粉剂 600～800 倍稀释液、60% 甲基托布津可湿性粉剂 800 倍稀释液、1:(2～3):200 波尔多液。波尔多液在雨季与其他药剂交替使用。

6. 葡萄炭疽病

葡萄炭疽病又名晚腐病，是葡萄的重要病害之一，南北各地都有分布。

（1）症状　主要发生在着色或近成熟的果实上，但病菌也能侵染绿果、蔓、叶和卷须等，表现不明显症状。着色后的果实发病，初在果面产生很小的褐色圆形斑点，其后病斑逐渐扩大，并凹陷，在表面逐渐长出轮纹状排列的小黑点。天气潮湿时，病斑上长出粉红色黏状物,是该病的典型特征。发病严重时,病斑可以扩展到半个或整个果面,果粒软腐,易脱落,或逐渐干缩成为僵果。果穗及穗轴发病,产生暗褐色长圆形凹陷病斑,影响果穗生长,发病严重时使全穗果粒干枯或脱落。

(2) 病原　有性阶段为围小丛壳菌[*Glomerella cingulata* (Stonem) Spauld. et Schrenk],属子囊菌亚门小丛壳属,在自然条件下很少发现。无性阶段为果生长盘圆孢菌(*Cloospoium fructigenum* Berk)、葡萄刺盘孢菌(*Colletotrichum ampelinum* Cav)和胶孢炭疽菌[*Colletotrichum gloeosporioides* (Penz.) Penz. et Sacc.],属半知菌亚门。分生孢子盘橙红色,分生孢子圆筒形,两端钝圆,单胞,无色。

(3) 发生规律　病菌主要以菌丝体在一年生枝蔓表层组织及病果上越冬,也可在叶痕、穗梗及节部等处越冬。翌春环境条件适宜时,产生大量的分生孢子,借助风雨、昆虫传到果穗上引起初侵染。在河南郑州约从 5~6 月开始,每下一场雨即产生一批分生孢子,孢子发芽直接侵入果皮或通过皮孔、伤口侵入。潜育期因受侵染时期不同而异,幼果期侵入潜育期长达 20d,一般为 10d 左右,近成熟期侵染只需 4d。潜育期的长短除温度影响外,与果实内酸、糖的含量有关,酸含量高病菌不能发育,也不能形成病斑。熟果含酸量少,含糖量增加,病菌发育好,潜育期短。所以一般年份,病害从 6 月中下旬开始发生,以后逐渐增多,6~8 月间果实成熟时,病害进入盛发期。

一年生枝蔓上潜伏带菌的病部,越冬后于第 2 年环境条件适宜时产生分生孢子。它在完成初侵染后,随着蔓的加粗与病皮一起脱落,而新越冬部位,又在当年生蔓上形成,这就是该病菌在葡萄上每年出现的越冬场所的交替现象。二年生蔓的皮脱落后即不带菌,老蔓也不带菌。

病菌生长的适宜温度为 20℃~30℃。病菌产生孢子需要一定的温度和雨量,孢子形成的最适温度为 28℃~30℃,在此温度下经 24h 即出现孢子堆;15℃ 以下也可产生孢子,但所需时间较长。产生分生孢子所需雨量以能湿润组织为度。炭疽病菌分生孢子外围有一层水溶性胶质,分生孢子团块只有遇水后才能散开并传播出去。孢子萌发的最适温度为 28℃~32℃,并需要高的湿度。所以,夏季多雨,发病常严重。

一般果皮薄的品种发病较重,早熟品种可避病,而晚熟品种往往发病较严重。此外,果园排水不良、架子过低、蔓叶过密、通风透光不良等环境条件,都有利于发病。

(4) 防治方法。

① 搞好清园工作　结合修剪,清除留在植株上的副梢、穗梗、僵果、卷须等,并把落于地面的果穗、残蔓、枯叶等彻底清除,集中烧毁,以减少果园内病菌的来源。

② 加强栽培管理　生长期要及时摘心和处理副梢,及时绑蔓,使果园通风、透光良好,以减轻发病。注意合理施肥,氮、磷、钾三要素应适当配合,要增施钾肥,以提高植株的抗病力。雨后要搞好果园的排水工作,防止园内积水。

③ 喷药防治　幼果期开始喷药,每隔 15d 左右喷 1 次,连续喷 3~5 次,葡萄采收前半个月应停止喷药。防治葡萄炭疽病的药剂以 50% 退菌特可湿性粉剂 800~1000 倍稀释液及 5% 田安 500 倍稀释液较好。为了提高药液的黏着性能,可加入 0.03% 的皮胶或其他黏着剂。此外,可喷用 1∶0.5∶200 等量式波尔多液,或 65% 代森锰锌可湿性粉剂、65% 百菌清可湿性粉剂 500~800 倍稀释液。敌菌丹和灭菌丹对防治此病也很有效。

7. 桃炭疽病

桃炭疽病是桃树果实上的重要病害之一。我国辽宁、河北、山东、四川、云南、贵州、湖北、江苏、浙江、广东、上海等省市都有分布。该病主要为害果实,流行年份造成严重落果,是桃树生产上威胁较大的一种病害。特别是幼果期多雨潮湿的年份,损失更为突出。

(1) 症状 炭疽病主要为害果实,也能侵害叶片和新梢。硬核前幼果染病,初期果面呈淡褐色水渍状斑,继后随果实膨大,病斑也扩大成圆形或椭圆形,呈红褐色并显著凹陷。气候潮湿时,在病斑上长出橘红色小粒点。被害果除少数干缩而残留枝梢外,绝大多数都在5月间脱落,这是桃树被害前后引起脱落最严重的一次,重者落果占全树总果数的80%以上,个别果园甚至全部落光。果实近成熟期发病,果面症状除与前述相同外,其特点是果面病斑显著凹陷,呈明显的同心环状皱缩,并常愈合成不规则大斑,最后果实软腐,多数脱落。

新梢被害后,出现暗褐色略凹陷的长椭圆形病斑。气候潮湿时,病斑表面也可长出橘红色小粒点。病梢多向一侧弯曲,叶片萎蔫下垂,纵卷成筒状。严重的病枝常枯死。在芽萌动至开花期间,枝上病斑发展很快,当病斑环绕一圈后,其上段枝梢即枯死。因此,炭疽病严重的桃园在开花前后还会出现大批果枝陆续枯死的现象。

(2) 病原及发生规律 病原菌为桃炭疽盘长孢菌(*Gloeosporium laeticolor* Berk.),属于半知菌亚门,腔孢纲,盘长孢属。病菌主要以菌丝体在病梢组织内越冬,也可在树上僵果中越冬。第2年早春产生分生孢子,随风雨、昆虫传播,侵害新梢和幼果,引起初次侵染。该病为害时间较长,在桃的整个生长期都可侵染为害。浙江省一般在4月下旬,幼果开始发病,5月为发病盛期,受害最烈,常造成大量落果,6月病情基本停止发展。但果实接近成熟期如遇高温多雨气候,发病也严重。北方一般于5~6月间开始发病,若果实成熟期多雨,发病常严重。

病菌入侵寄主后,菌丝先在寄主细胞间蔓延,后在表皮下形成分生孢子盘及分生孢子,成熟后突破表皮,孢子盘外露,分生孢子被雨水溅散或由昆虫传播,引起再次侵染。病菌发育最适温度为24℃~26℃,最低4℃,最高33℃。分生孢子萌发最适温度为26℃,最低9℃,最高34℃。

桃品种间的抗病性有很大差异,一般早熟种和中熟种发病较重,晚熟种发病较轻。早生水蜜、水林、太仓、锡蜜、六林甜桃以及黄肉罐桃5号、14号等均为易感病品种;白凤、橘早生次之;岗山早生、玉露、白花等抗病力较强。桃树开花及幼果期低温多雨,有利于发病;至果实成熟期,则以温暖、多云多雾、高湿的环境发病较重。管理粗放、留枝过密、土壤黏重、排水不良以及树势弱的果园发病都较重。

(3) 防治方法 防治必须抓早和及时,在芽萌动到开花期要不失时机地及时剪去陆续出现的枯枝,同时抓紧在果实最易感病的4月下旬至5月进行喷药保护,这是防治该病的关键性措施。

① 消除菌源 结合冬季修剪,彻底清除树上的枯枝、僵果和地面落果,集中烧毁,以减少越冬菌源。芽萌动至开花前要反复地剪除陆续出现的病枯枝,并及时剪除以后出现的卷叶病梢及病果,防止病部产生孢子,进行再次侵染。

② 药剂防治 重点是保护幼果和消灭越冬菌源。用药时间应抓紧在雨季前和发病初

期进行。芽萌动期喷 1∶1∶100 的波尔多液或 3～4 波美度的石硫合剂混合 0.3% 五氯酚钠。落花后至 5 月下旬，每隔 10d 左右喷药 1 次，共喷 3～4 次。其中以 4 月下旬至 5 月上旬的两次最重要。药剂可用 60% 甲基托布津可湿性粉剂 1000 倍稀释液、80% 炭疽福美可湿性粉剂 800 倍稀释液、50% 克菌丹 400～500 倍稀释液，或 50% 退菌特可湿性粉剂 1000 倍稀释液。退菌特对某些品种易发生药害，可降低浓度至 1500 倍稀释液。

③ 加强果园管理　注意果园排水，降低湿度，增施磷、钾肥料，提高植株抗病力。发病严重的地区可选栽岗山早生、白花等抗病性较强的品种。

4.2.5　花木煤污病

煤污病是观赏植物上的常见病害，是由吸汁害虫如蚜虫、介壳虫引起的病害。在南方各省份的花木上普遍发生，温室及大棚栽培的花木上也时常发病。煤污病的寄主范围很广，常见的寄主有山茶（图 4-23）、扶桑、五色梅、蔷薇、夹竹桃、木槿、桂花、玉兰、含笑等。发病部位的黑色"煤烟层"是煤污病的典型特征。由于叶面布满了黑色"煤烟层"，使叶片的光合作用受到抑制，既削弱植物的生长势，又影响植物的观赏效果。

1. 症状；2. 闭囊壳

图 4-23　山茶煤污病症状及病原菌形态特征

（1）症状　主要为害植物的叶片，也能为害嫩枝、花器等部位。病菌的种类不同，引起的花木煤污病的病状也略有差异，但发病部位的黑色"煤烟层"是各种花木煤污病的典型特征。由于煤污病的病原菌种类多，症状上有许多差异。如枝孢霉引起的煤污病，发病初期叶片上散生着霉点，而后霉点相连成片为黑褐色霉层。又如散播烟霉引起的煤污病，发病初期叶片上着生着疏松的黑色小斑点，而后相连成片，形成质地较硬的黑色煤粉层。煤炱煤污病的煤粉层呈片状，煤粉层厚易剥落。

（2）病原　引起花木煤污病的病原菌种类很多，常见的病菌其有性阶段为子囊菌亚门，核菌纲，小煤炱菌目，小煤炱菌属的小煤炱菌；子囊菌亚门，腔菌纲，座囊菌目，煤炱菌属的煤炱菌。小煤炱菌为高等植物上的专性寄生菌，菌丝体生于植物表面，黑色，有附着枝，并以吸器伸入寄主表皮细胞内吸取营养。煤炱菌主要依靠蚜虫、介壳虫的分泌物生活，表生的菌丝体由圆形细胞组成，菌丝体上常有刚毛。其无性阶段为半知菌亚门，丝孢菌纲，丛梗孢目，烟霉属的散播霉菌和枝孢霉属的枝孢霉菌。煤污病病原菌常见的是无性阶段，散播霉菌的菌丝匍匐于叶面，分生孢子梗暗色，分生孢子顶生或侧生，变化较大，有纵横隔膜进行砖状分隔，暗褐色，常形成孢子链，为煤炱属或小煤炱属的无性态。该菌与蚜虫所分泌的蜜露有关系。

(3) 发病规律 病菌主要以菌丝体、分生孢子或子囊孢子在病部及病落叶上越冬,成为次年的初侵染源。翌年温、湿度适宜,叶片及枝条表面有植物的渗出物、蚜虫的蜜露、介壳虫的分泌物时,分生孢子和子囊孢子就可萌发并在其上生长发育。菌丝和分生孢子可由气流、蚜虫、介壳虫等传播,进行再次侵染。病菌以昆虫的分泌物或植物的渗出物为营养,或以吸器直接从植物表皮细胞中吸取营养。病原菌寄生在蚜虫、粉虱、介壳虫等昆虫的排泄物上及分泌物上,或植物自身的分泌物上,或通过吸器寄生在寄主上。

病害的严重程度与温度、湿度、立地条件及蚜虫、介壳虫的关系密切。温度适宜,湿度大,通风透光差,发病重;花木栽植过密,环境阴湿,发病重;蚜虫、介壳虫等害虫发生猖獗,均能加重煤污病的发生。在露天栽培的情况下,一年中煤污病的发生有春、秋两次高峰,即3~6月和9~12月。温室栽培的花木,煤污病可整年发生。

(4) 防治方法 及时防治蚜虫、介壳虫的为害是防治本病的重要措施。

① 园艺措施 注意防止花木栽植的密度过密,对寄主植物进行适度适时修剪、整枝,改善通风透光条件,降低林内湿度,温室通风透光要良好,以便降低湿度从而减少病害的发生。

② 药剂防治 喷施杀虫剂防治蚜虫、介壳虫等害虫的为害(详见蚜虫、介壳虫的防治),减少其排泄物或蜜露,从而达到防病的目的。在植物休眠季节喷施3~5波美度的石硫合剂,以杀死越冬的病菌;在发病季节喷施0.3波美度的石硫合剂,有杀虫治病的效果,从而减轻病害的发生。

4.2.6 叶斑病类

每一种园艺植物都有许多斑点病,广义地说,锈病、炭疽病等凡是造成叶部病斑的都是叶斑病。但通常所说的叶斑病,主要是指由真菌中半知菌亚门丝孢纲和腔孢纲球壳目及部分子囊菌亚门中的一些真菌,以及细菌、线虫等病原物所致。叶斑病是叶片因组织受到病菌的局部侵染,而形成各种类型斑点的一类病害的总称。叶斑病种类很多,可因病斑的色泽、形状、大小、质地、有无轮纹的形成等因素分为黑斑病、褐斑病、圆斑病、角斑病、斑枯病、轮斑病等。这类病害的后期往往在病斑上产生各种小颗粒或霉层。叶斑病严重影响叶片的光合作用效果,降低观赏植物的观赏性,并导致叶片的提早脱落,影响植物的生长和观赏效果。有些叶斑病也给观赏植物造成巨大损失,如月季黑斑病、山茶斑枯病等。

1. 月季黑斑病

月季黑斑病(图4-24)为世界性病害,是蔷薇、月季、玫瑰上最为常见的病害,全世界所有种植月季、玫瑰的地区都有发生。目前我国各地均有发生。该病还为害黄刺玫、金樱子等蔷薇属中的多种植物。

(1) 症状 主要为害月季的叶片,也侵害花梗、叶柄、叶脉、嫩茎、嫩梢等部位。发病初期,叶片正面出现褐色小斑点,逐渐扩展成放射状近圆形病斑,直径为2~12mm,病斑黑紫色,其外常有一黄色晕圈,边缘有羽绒状菌丝围绕,是该病的特征性症状。后期病斑上出现许多黑色小颗粒(即分生孢子盘)。有的月季品种病斑周围组织变黄,有的品种在黄色组织与病斑之间有绿色组织,称为"绿岛"。由于受害叶中乙烯含量较高,致使叶片黄化和过早脱落,影响植株的生长和花的数量和质量,并降低植株的抗病、抗冻害能力,最终导致植株的过早衰败。嫩梢上的病斑为紫褐色的长椭圆形斑,后变为黑色,病斑稍隆起。叶柄、叶脉上的病斑与嫩梢上的相似。花蕾上的病斑多为紫褐色的椭圆形斑。

1. 症状；2. 分生孢子盘及分生孢子

图 4-24　月季黑斑病症状及病原菌形态特征

（2）病原　病原菌是蔷薇盘二孢菌[*Marssonina rosae* (Lib.) Lind.]，属半知菌亚门，腔孢菌纲，黑盘孢目，盘二孢属。分生孢子梗呈短柱状，无色。分生孢子呈长卵圆形或椭圆形，无色，双胞，分隔处稍缢缩，两个细胞大小不等，直或略弯曲，葫芦形或近椭圆形。

（3）发病规律　病原菌的越冬方式因栽植方法而异。露地栽培，病菌以菌丝体在芽鳞、叶痕等处越冬，或以分生孢子盘在病枝和枯枝落叶上越冬。温室栽培则以分生孢子和菌丝体在病部越冬。翌年春天产生分生孢子，借雨水或喷灌水飞溅传播，由表皮直接侵入，进行初侵染，昆虫也可传播，生长季节有多次再侵染。在潮湿情况下，约 26℃，叶片上的分生孢子 6h 之内可萌发侵入，22℃~30℃ 及其他适宜条件下，潜伏期最短 3~4d，一般为 6~14d，接种 15d 后产生子实体。

（4）发病条件　阳光不足，通风透气不良，肥水不当，多雨、多雾、多露，雨后闷热均有利于发病。植物生长不良，尤其是刚移栽的植株发病重。露地栽培株丛密度大，或花盆摆放太挤，偏施氮肥，以及采用喷灌或"滋"水的方式浇水，地面残存病枝落叶等均会加重病害的发生。一般地区 5~6 月开始发病，7~9 月为发病盛期。月季黑斑病每年发生的早晚及危害程度，与当年降雨的早晚、降雨次数、降雨量密切相关。老叶较抗病，新叶较易感病，展开 6~14d 的叶片最易感病。所有的月季栽培品种均可受侵染，但抗病性差异明显。据国内报道，"艳阳天"、"和平"、"茶香"、"金枝玉叶"等月季品种易感病。"伊丽莎白"、"热带之王"、"墨龙"等月季品种较抗病。据国外报道，"月亮花"、"黄色无瑕"、"粉色无瑕"等品种为高抗病品种。

（5）防治方法。

① 每年秋季彻底清除枯株落叶，结合冬季修剪剪除有病枝条和病株并烧毁，减少侵染来源。可选用抗病良种。

② 合理施肥，增施磷、钾肥，适度修剪，松土培土，提高根系活力，提高长势，增强植株抗病力。清沟排渍，不用喷淋方法浇水，最好采用滴灌、沟灌或沿盆边浇水。

③ 休眠期喷洒 2000 倍五氯酚钠稀释溶液或 1% 硫酸铜溶液杀死病残体上的越冬菌源。翌年开春在月季、玫瑰萌发前，喷晶体石硫合剂 100 倍稀释液。发病初期喷洒 1∶1∶200 波

尔多液,发病严重时期交替喷75%达可宁600倍稀释液、12.5%得清(斑节脱)乳油1000倍稀释液、75%百菌清可湿性粉剂1000倍稀释液、50%炭疽福美可湿性粉剂或50%复方硫菌灵可湿性粉剂800倍稀释液等,雨季7d喷1次,平常生长期和梅雨季节7~10d喷1次,连喷4~5次,可控制病害蔓延。

2. 大叶黄杨褐斑病

褐斑病是大叶黄杨上普遍发生的主要叶斑病。广泛分布于江苏、浙江、山东、河南、湖北、四川、上海、北京等省市。褐斑病引起大叶黄杨早落叶,树势生长衰弱,也常引起扦插苗的死亡。

(1) 症状　主要侵染叶片。发病初期,叶片上出现黄色或褐色小斑点,后扩大成为近圆形或不规则形的大斑,边缘稍隆起,具晕圈(图4-25)。发病后期,病斑变成灰褐色或灰白色,边缘黄褐色,上有轮纹。病斑正面散生细密黑色绒霉状小点,即病原菌的子座、分生孢子及分生孢子梗,叶背病斑上有少量的小霉点。发病严重时,病斑相互连接占叶片面积的1/2以上,叶片变黄、枯萎、脱落。

1. 症状；2. 分生孢子及分生孢子梗

图4-25　大叶黄杨褐斑病症状及病原菌形态特征

(2) 病原　病原菌为坏损尾孢菌(*Cercosporade structiva* Ray.),属半知菌亚门,丝孢菌纲,丝孢目,尾孢属。子座发达,球形或椭圆形,黑色,分生孢子梗细,丛生,褐色,不分枝,呈屈膝状。分生孢子呈鞭状或线形,直或微弯,无色,具1~5个隔膜。

(3) 发病规律　病菌以菌丝体和子座在病变组织内越冬,翌春产生分生孢子进行初侵染,分生孢子由风雨传播。据观察,大叶黄杨褐斑病从5月中旬开始初侵染,6月中旬至7月中旬为侵染盛期,9月仍有少量侵染。8月中旬为发病盛期。在上海、南京等地,褐斑病有两个发病高峰期,即5~6月及9~10月,10~11月发生大量落叶。苏州地区从6月中下旬见病,8~10月发病最为严重。

管理粗放、多雨、圃地排水不良、扦插苗过密、通风透光不良等情况下发病重。春季天气寒冷发病重,夏季炎热干旱,肥水不足,树势生长不良也加重病害的发生。

(4) 防治方法。

① 减少侵染来源。冬季清园,秋季清除病变落叶枯枝并集中处理,减少初侵染源。春季发芽前喷洒5波美度的石硫合剂杀死越冬菌源。

② 从健康无病的植株上取条,扦插繁殖无病苗木。育苗床要远离发病的苗圃。加强检疫,避免从重病区引入苗木。

③ 加强养护管理,控制病害发生。肥水要充足,尤其是夏季干旱时,及时浇灌。在排水良好的土壤上建造苗圃。种植密度要适宜,以便通风透光,降低叶片湿度。

④ 发病严重的地区从每年5月份开始喷药。常用药剂有1%等量式波尔多液、50%多菌灵可湿性粉剂500倍稀释液,或用200倍稀释的高脂膜。7~10d喷1次药,连续喷3~4次,基本上可以控制病害的发生。

3. 桂花叶斑病

桂花叶斑病是桂花叶片上各种叶斑病的总称。我国广州、杭州、南京、上海、济南、福州、北京等地均报道过桂花的各种叶斑病，如褐斑病、枯斑病、炭疽病等。桂花叶斑病引起早落叶，削弱植株长势，降低桂花产花量，造成经济损失。尽管桂花叶斑病的种类较多，但防治方法基本上相同。我国桂花树常见的几种病害及防治措施见表4-2。

表4-2　几种桂花叶斑病的病害特点比较及防治措施

项目	桂花褐斑病	桂花枯斑病	桂花炭疽病
症状	发病初期，叶片上出现褪绿小黄斑点，逐渐扩展成为近圆形或不规则形病斑。病斑黄褐色至灰褐色，病斑外围有一黄色晕圈。后期病斑上着生黑色霉状物（分生孢子及分生孢子梗）	多从叶缘、叶尖端侵入。发病初期，叶片上出现褐色小斑点，逐渐扩大成为圆形或不规则大型病斑。病斑灰褐色至红褐色，边缘为鲜明的红褐色。发病后期病斑上产生许多黑色小粒点（分生孢子器）	侵染叶片。发病初期，叶片上出现褪绿小斑点，逐渐扩大后形成圆形、椭圆形病斑。病斑浅褐色至灰白色，边缘有红褐色环圈。后期病斑上产生黑色小粒点（分生孢子盘）。潮湿的条件下，病斑上出现淡桃红色的黏孢子团
病原	半知菌亚门，丝孢菌纲，丛梗孢目，尾孢属，木樨生尾孢菌	半知菌亚门，腔孢菌纲，球壳孢目，叶点霉属，木樨生叶点霉菌	半知菌亚门，腔孢菌纲，黑盘孢目，炭疽菌属，胶孢炭疽菌
发病规律	以菌丝块在病叶、病落叶上越冬，分生孢子由气流和雨滴传播。一般发生在4~10月，老叶比嫩叶易感病	以分生孢子器在病落叶上越冬，由风雨传播。高温、高湿、通风不良的环境条件有利于病害的发生	以分生孢子盘在病落叶中越冬，分生孢子由风雨传播。多发生在4~6月份
防治措施	减少侵染来源，秋季彻底清除病落叶，盆栽的桂花要及时地摘除病叶。重病区的苗木出圃时用1000倍稀释的高锰酸钾溶液浸泡消毒。加强栽培管理，控制病害的发生。选择肥沃、排水良好的土壤或基质栽植桂花；增施有机肥料及钾肥；栽植密度要适宜，以便通风透光，降低叶面湿度，减少病害的发生。发病初期喷洒1∶2∶200倍的波尔多液，或50%苯来特可湿性粉剂1000~1500倍稀释液，或嗪氨灵500倍稀释液，或50%多菌灵可湿性粉剂1000倍稀释液		

4. 杜鹃褐斑病

杜鹃褐斑病（图4-26）又名角斑病，是杜鹃上常见的重要病害之一。该病在我国分布广泛，江苏、江西、广东、安徽、江西等省市均有发生。苏州、无锡等地发生普遍。

（1）症状　主要侵染叶片。发病初期，叶片上出现红褐色小斑点，逐渐扩展为近圆形或多角形病斑，病斑褐色或红褐色，正面比反面颜色深。后期病斑中央组织变为黄白至灰白色，边缘深褐色。潮湿条件下，病斑上着生许多灰褐色霉点，即病原菌的分生孢子梗及分生孢子。发病严重时病斑相互汇合，引起叶片枯黄早落。

（2）病原　病原为杜鹃花假尾孢菌[*Pseudocercospora handelii* (Bubak) Deighton]，属半知菌亚门，丝孢目，假尾孢属，异名为杜鹃尾孢菌（*Cercospora rhododendri* Marchal et Verpl.），属半知菌亚

1. 症状；2. 分生孢子及分生孢子梗
（引自徐明慧《园林植物病虫害防治》）

图4-26　杜鹃褐斑病症状及病原菌形态特征

门、丛梗孢目、尾孢属。分生孢子梗淡褐色,密集成束。分生孢子呈鞭状,稍弯曲,基部略宽钝圆,顶部较尖,成熟后具多个隔膜。

（3）发病规律 病原菌以菌丝体在病叶或病残体上越冬,次年形成分生孢子,借风雨传播,成为初侵染源。分生孢子自伤口侵入,生长季节可多次侵染。该病一般于5月中旬开始发病,6~7月为发病高峰期。褐斑病的盛发期因杜鹃品种、地区气象条件不同而异。例如,南京有报道,在西洋杜鹃上褐斑病有3个发病高峰期,即5月中旬、9月上旬及11月上旬,而在小叶杜鹃上则分别为7月上旬、9月中旬及11月中旬。温室条件下栽培的杜鹃可周年发病。

雨水多、雾多、露水重有利于发病,因为分生孢子只有在水滴中才能萌发。通风透光不良、抚育管理粗放、植株生长不良、梅雨及台风等环境条件下均能加重病害的发生。不同品种的杜鹃对褐斑病的抗病性差异显著。一般西杜鹃比东杜鹃易感病。据报道,"满山红"、"映山红"等最易感病,"白花杜鹃"、"玫瑰红"等为高抗病品种。

（4）防治方法 减少侵染来源,秋季彻底清除病落叶并加以处理,生长季节及时摘除病叶。改善环境条件,控制病害发生。杜鹃栽植或盆花摆放密度要适宜,以便通风透光,降低叶面湿度。夏季盆花放在室外的荫棚内,以减少日灼和机械损伤等造成的伤口。杜鹃开花后立即喷洒65%代森锌可湿性粉剂500~600倍稀释液,或50%多菌灵可湿性粉剂500~800倍稀释液,或70%甲基托布津可湿性粉剂1000倍稀释液。每10~14d喷1次,连续喷2~3次防治效果较好。

5. 豇豆煤霉病

豇豆煤霉病(图4-27)是豇豆常见的主要病害之一,在各地菜区均有发生,为害较重,对产量影响较大。除为害豇豆外,还可为害菜豆、蚕豆、豌豆、大豆等豆科蔬菜。

图4-27 豇豆煤霉病症状及病原菌形态特征

（1）症状 主要为害叶片。叶片染病后两面初生赤褐色小点,后扩大成直径为1~2cm、近圆形或多角形的褐色病斑,病、健交界不明显。潮湿时,病斑上密生灰黑色霉层,尤以叶片背面显著,即病菌的分生孢子梗和分生孢子。严重时,病斑相互连片,引起早期落叶,仅留顶端嫩叶。病叶变小,病株结荚减少。

（2）病原 此病由半知菌亚门真菌豆类煤污尾孢菌(*Cercospora cruenta* Saccardo)侵染所致。分生孢子梗从气孔伸出,直立不分枝,丛生,具1~4个隔膜,褐色;分生孢子鞭状,上端略细,下端稍粗大,淡褐色,具3~16个隔膜。病菌发育的温度范围为6℃~35℃,最适温度为30℃。

（3）发生规律 豇豆煤霉病以菌丝块随病残体在田间越冬。第2年当环境条件适宜时,在菌丝块上产生分生孢子,通过风雨传播进行初侵染,引起发病。病部产生的分生孢子可进行多次再侵染。田间高温、高湿或多雨是发病的重要条件,当温度25℃~30℃,相对湿度85%以上,或遇高湿多雨,或保护地高温高湿、通气不良则发病重。连作地或播种过晚发病重。

(4)防治方法。

① 合理轮作　与非豆科作物实行2~3年轮作。

② 加强田间栽培管理　施足腐熟有机肥,采用配方施肥;合理密植,使田间通风透光,防止湿度过大。保护地要通风,透气排湿降温。要及时摘除病叶,收获后清除病残体,集中烧毁或深埋。

③ 药剂防治　发病初期喷施60%甲基托布津可湿性粉剂1000倍稀释液、66%可杀得可湿性粉剂1000倍稀释液等药剂,隔10d左右1次,连续防治2~3次。

6. 番茄早疫病

番茄早疫病(图4-28)又称轮纹病,是番茄的重要病害之一。我国山东、广东、湖北、江苏、上海、浙江等省市都有发生。主要为害番茄、茄子、甜(辣)椒、马铃薯等茄科蔬菜。通常保护地内在苗期发病较重,露地番茄上一般在植株生长后期为害相对较重。发病严重时,引起落叶、落果和断枝,对产量影响大,可减产30%以上。

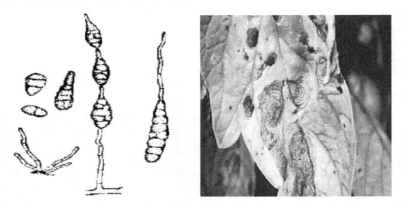

图4-28　番茄早疫病病原形态特征和病叶片症状

(1)症状　番茄早疫病菌主要为害叶片,也能为害茎、叶柄和果实。从苗期到成株期均可发病。受害叶片起初出现水渍状暗绿色病斑,慢慢扩大呈近圆形或不规则形,上有同心轮纹(图4-28)。在潮湿条件下,病斑会长出黑霉。病斑大多从植株下部叶片开始,逐步向上部叶片发展,严重时,下部叶片萎蔫、枯死。叶柄、茎秆和果实发病,初为暗褐色椭圆形病斑,扩大后稍有凹陷,并出现黑霉和同心轮纹。

(2)病原　由半知菌亚门链格孢属茄链格孢菌[*Alternaria solani*(Ell et Mart)Sor]侵染所致。分生孢子呈长棍棒状,黄褐色,有纵横隔膜,顶端有细长的嘴孢,嘴孢有数个横隔膜。病菌生长温度范围广(1℃~45℃),最适温度为26℃~28℃。

(3)发病规律　病菌主要以菌丝体或分生孢子随病残体在土壤中越冬,或以分生孢子附着在种子表面越冬,成为第2年的初浸染源。分生孢子靠气流、雨水和农事作业传播,萌发后从气孔、皮孔、伤口侵入寄主,也可从表皮直接侵入。病部产生分生孢子进行多次再侵染。高温(26℃～28℃)、高湿(相对湿度90%以上)有利于发病。多雨、多雾天气常引起病害流行。连作、排水不良的田块发病较早、较重。栽培上种植过密、通风透光差、管理粗放、大水大肥浇施的田块发病重。番茄的生育期及与发病有关系的作物进入开花坐果期,常是发病始期;果实采收初期是发病高峰期。

(4)防治方法。

① 合理轮作　与非茄科作物实行2年以上的轮作。

② 选种无病壮苗　选择连续2年未种过茄科作物的土壤育苗,种子进行消毒,苗期做好病害防治,剔除病苗,定植无病壮苗。

③ 加强管理,合理密植　加强大棚、温室的温、湿度管理,浇水要在晴天上午进行,及时通风,防止湿度过大、温度过高,避免叶面结露。增施基肥可减轻发病。铺盖地膜,对减轻前期发病有较好的效果。

④ 药剂防治　早疫病菌潜育期短,药剂防治要掌握防治适期,应在发病初期及时喷药防治。可选用60%代森锰锌可湿性粉剂或胶悬剂干粉500倍稀释液、65%百菌清可湿性粉剂600倍稀释液、50%扑海因可湿性粉剂1000倍稀释液、50%托布津可湿性粉剂600倍稀释液、50%多菌灵可湿性粉剂500倍稀释液、40%达科宁悬浮剂600倍稀释液等喷雾。保护地也可选用45%百菌清烟雾剂熏蒸。

7. 苹果斑点落叶病

苹果斑点落叶病(图4-29)是我国苹果产区的一种严重的苹果病害,此病可造成苹果早期落叶,树势衰弱,不仅影响当年产量,还会影响花芽形成,降低来年的产量。

分生孢子梗及分生孢子

图4-29　苹果斑点落叶病病原形态和症状

(1)症状　主要为害嫩叶,特别是20d以内的嫩叶。发病初期叶片上出现褐色小斑点,周围有紫红色晕圈。条件适宜时,病斑相连成片,最后叶片焦枯脱落。天气潮湿时,病斑反面长出黑色霉层。幼嫩叶片受侵染后,受害部位停止生长,致使叶片皱缩、畸形,有的病斑破裂穿孔。叶柄及嫩枝受害后,产生椭圆形褐色凹陷病斑,叶片易脱落和病枝易折、易枯。果实受害多在近成熟期,果面产生直径1～4mm的褐色斑点,果心受害,产生褐色至黑褐色霉层,严重时扩大至果肉。

(2)病原　病原为链格孢菌苹果专化型(*Alternaria alternaria f. sp. maii* Roberts),系轮斑病菌强毒菌系,属半知菌亚门链格孢属真菌。分生孢子梗褐色,丝状,弯曲,有分隔,顶端串生数个分生孢子。分生孢子暗褐色,短棒槌形或卵形,具2～5个横隔和1～3个纵隔,顶端有或无小突起。

（3）发生规律　病菌以菌丝体在被害叶、枝条或芽鳞中越冬。翌年春产生分生孢子，随气流、风雨传播，侵染为害春梢叶片。一般果园花期前后可出现病叶，发病严重的果树，6月上中旬就可落叶。病叶上产生的分生孢子可再侵染。第2次发病高峰在9月份，主要秋梢发病严重，病叶大量脱落，9月下旬病害停止发展。

气候条件对病害流行影响甚大，若春季雨多而早，夏季遇到连阴雨天，病害发生早而重。温度在16℃~31℃时叶片均可发病，最适温度28℃~31℃，但病菌的潜伏期随温度增高而缩短。品种间的抗病性也有差异，红星、新红星、红冠、陆奥、富士、红富士、印度、元帅、青香蕉等品种易感病，金冠、国光可感病，红玉、祝光等较抗病。

（4）防治方法。

① 秋末冬初落病叶集中烧毁，并剪除病枝。

② 进入6月中旬，苹果徒长枝、叶片病情加剧，此是后期发病的主要侵染源。及时将这些无用徒长枝剪除，改善果园通风透光条件可减轻发病。

③ 苹果斑点落叶病一般只危害展叶20d内的嫩叶，而苹果树1年有2次新梢生长，其中春梢叶片对全年树体营养、果品质量、产量以及花芽形成起着决定性的作用，因此要采取重点保护春梢、压低后期菌源的原则。在春梢抽生后病叶率达5%~10%时，开始喷10%宝丽安可湿性粉剂或50%扑海因可湿性粉剂1000~1500倍稀释液、80%大生或喷克可湿性粉剂800倍稀释液、60%代森锰锌可湿性粉剂500倍稀释液1~2次，秋梢抽生时喷药1次，即可达到控制病害的目的。

4.2.7　疫病类

1. 瓜类疫病

瓜类疫病（图4-30）又称死藤，病害蔓延迅速，防治难度高，是毁灭性病害。主要危害黄瓜、冬瓜、西瓜、甜瓜、丝瓜等葫芦科作物。

1. 孢囊梗、孢子囊；2. 游动孢子；3. 卵孢子

图4-30　瓜类疫病病原形态和症状

（1）症状　瓜类疫病从苗期开始至成株期均可发病，不但危害叶片、茎干，而且危害果实。苗期感病多从嫩梢发生，茎、叶、叶柄及生长点呈水渍状，暗绿色，最后干枯死亡。成株期感病多从嫩茎或节部发生，初在节间出现暗绿色水渍状病斑，后病部失水缢缩，叶片由下而上失水萎蔫，但维管束不变色；叶片受害初在叶缘和叶柄连接产生暗绿色水渍状斑点，后

扩大为近圆形大病斑,潮湿时易腐烂并着生白色霉状物,干燥时易破裂;果实感病,病斑初呈水渍状,后病部凹陷,瓜条皱缩软腐,病斑扩大引致果实腐烂,表面生白色霉层,即病菌的孢囊梗和孢子囊。

(2)病原 此病由瓜疫霉菌(*Phytophthora melonis* Katsura)侵染所致,属真菌鞭毛菌亚门疫霉属真菌。菌丝无隔,易产生瘤状或节状突起,常集结成束状或葡萄球状,色深,菌丝间可产生淡黄色的厚垣孢子。

(3)发病规律 病菌以卵孢子、厚垣孢子和菌丝体随病残体在土壤或粪肥中越冬。翌年环境适宜,形成孢子囊,经雨水、灌溉水传播到寄主上,从寄主表皮进入寄主体内而导致寄主发病,引起初侵染,主要侵染植株下部。在病部产生新生孢子囊,借风雨传播,进行多次再侵染。

病菌喜高温高湿,病原菌生长的温度范围是11℃~36℃,最适温度为23℃~32℃;发病适温为28℃~32℃,相对湿度85%以上。在开花前后到坐果盛期,田间发病高峰通常在大雨后暴晴时。地势低洼、地下水位高、排水不良的田块发病重;相反则发病轻。种植过密、氮肥过量、施用带病残体或未经腐熟的厩肥的田块均发病重。

(4)防治方法 黄瓜疫病的防治应采取以农业防治为主、药剂防治为辅的综合防治措施。

① 选用抗病品种 抗病性较强的黄瓜品种有津研4号、津研7号、中农5号等;甜瓜品种有香黄、红蜜脆等。

② 合理轮作 与非瓜类作物实行3~5年以上轮作。

③ 种子消毒 先用冷水将种子浸泡,再用55℃温水浸泡10~15min,立即移入冷水冷却晾干后催芽播种。或用25%瑞毒霉可湿性粉剂600~800倍稀释液浸种30min,清水中浸4h后催芽播种。

④ 加强田间栽培管理 控制浇水量,及时摘除病叶、病果,拔除病株并销毁,清除田间病残体,深翻土壤,加速病残体腐烂分解。施用腐熟的有机肥,适当早播,合理浇水,推广高畦栽培。这种沟渠配套的栽培方式,便于小水灌溉和及时排除雨后积水,不利于病菌的传播蔓延,从而减轻病害。

⑤ 药剂防治 发病初期及时喷药,间隔期6~10d,连续防治2~3次。可选用58%雷多米尔1000倍稀释液、64%杀毒矾可湿性粉剂1000倍稀释液、25%阿米西达悬浮剂2000倍稀释液、75%百菌清可湿性粉剂600倍稀释液、58%甲霜灵锰锌可湿性粉剂500~1500倍稀释液等药剂,交替使用。

2. 茄子绵疫病

茄子绵疫病(图4-31)全国各地均有发生,苏州地区也很普遍,特别是高温多雨季节,茄果受害更为严重。发病后蔓延很快,常造成大量果实腐烂,对产量影响很大。除危害茄子外,也能危害番茄、辣椒、黄瓜、马铃薯等作物。

(1)症状 从苗期到成株期均可发病,主要为害果实。果实受害多为下部老果,发病初期出现水渍状小斑点,逐渐扩大并产生茂密的白色棉絮状菌丝。果实内部变黑腐烂且易脱落。病果落地后,由于潮湿可使全果腐烂遍生白霉,最后干缩成僵果。叶片被害,病部水浸状,褐色,有明显轮纹,潮湿时边缘不明显,扩展极快,病斑上生有稀疏的白色霉状物,干燥时病斑停止扩大,病部组织干枯。花被害,常在发病盛期,呈水浸状褐色湿腐,向下蔓延,常使嫩茎变褐腐烂、缢缩以致折断,上部叶片萎蔫下垂。幼苗受害,常发生猝倒现象,病部常产生白色絮状菌丝体。

1. 孢囊梗及孢子囊;2. 游动孢子;3. 卵孢子

图 4-31　茄子绵疫病病原形态和症状

（2）病原　由鞭毛菌亚门疫霉属寄生疫霉菌(*Phytophthora melongenae* Saw)和辣椒疫霉菌(*Phytophthora capsici* Leonian)侵染所致。

（3）发病规律　病菌以卵孢子或厚垣孢子随病株残余组织遗留在田间越冬。在环境条件适宜时,卵孢子或厚垣孢子萌发侵入根系或茎基部,或借雨水反溅到近地面的果实上,从果实表皮直接侵入,引起初侵染。病部产生的孢子囊借气流、雨水传播,通过伤口或直接侵入引起再侵染。病菌喜高温高湿的环境,田间温度28℃～30℃及高湿条件下,病害发展迅速。多雨、过度密植、通风透光不良发病重。地势低洼、排水不良、定植过迟、偏施氮肥、管理粗放、重茬、长果型品种发病较重。特别是在结果期、雨后暴晴时最易发病。在保护地湿度大,植株上有水,空气相对湿度85％以上、气温25℃～35℃条件下,发病较迅速。

（4）防治方法。

① 选用抗病品种　一般认为圆茄类型的品种比长茄类型品种较抗病,厚皮品种比薄皮品种较耐病。

② 合理轮作,加强田间管理　有计划地与非茄科作物轮作,施足基肥,不偏施氮肥,培育壮苗,及时整枝打杈,采用高畦栽培,及时清理土表病残体等。

③ 塑料薄膜的运用　在重病地块,清地后抓紧高温季节,铺地膜、借日光进行高温灭菌,采用黑色地膜覆盖地面或铺于行间,可起到较好的防病效果。

④ 化学防治　在发病初期开始喷药,每隔6d喷1次,连续喷2～3次。可选用46%加瑞农可湿性粉剂600倍稀释液、62%克露可湿性粉剂1000倍稀释液、65%百菌清可湿性粉剂600倍稀释液等。

4.2.8　茄子褐纹病

茄子褐纹病(图4-32)是茄子的主要病害之一,与茄子绵疫病统称为"烂茄子",在我国南北方均有发生,苏州地区发生普遍。高温多雨季节是该病发生的高峰期。

1. 症状

主要为害茄子的茎、叶和果实。茎部感病初期呈水渍状病斑,后变成棱形或纺锤形,边缘深紫褐色,中间灰白色,上生许多深褐色小点(分生孢子器)。病斑多时可连接成坏死区,绕茎一周,上部随之枯死。往往皮层腐烂脱落,仅留下木质化的茎,遇风易被吹折。幼苗有时也被害,茎基染病出现立枯或猝倒。叶片染病初生白色小点,扩大后成近圆形斑,边缘深褐,中央浅褐或灰白,有轮纹,上生大量黑点。果实病斑呈褐色圆形有凹陷,上生许多黑色小粒点,排列成轮纹状。病斑不断扩大可达整个果实。病果后期落地软腐或留在枝干逐步脱水成僵果。

2. 病原

此病由半知菌亚门拟茎点霉属真菌茄褐纹拟茎点霉菌[*Phomopsis vexans*(Sacc. et Syd.) Harter.]侵染所致。分生孢子器呈球形或扁球形,有凸出的孔口。分生孢子单孢,无色透明,椭圆形或丝状。

1. 病果;2. 病叶　　1. 分生孢子器;2. 椭圆形分生孢子;3. 丝状分生孢子

图 4-32　茄子褐纹病症状和病原形态

3. 发病规律

病菌主要以分生孢子器和菌丝体随病株残体遗留在田间越冬,也能以菌丝体潜伏在种皮内,或以分生孢子黏附在种子表面越冬。在病株残体和休眠种子种皮内的分生孢子器和菌丝体能存活 2 年。种子带菌引起幼苗猝倒,土壤带菌多造成茎基部溃疡。所产生的分生孢子借风雨、昆虫及农事操作等途径传播。分生孢子萌发后,可直接从茄子表皮或伤口侵入,也可由萼片侵入果实,病部产生分生孢子,再次侵染。高温(28℃~30℃)、高湿(相对湿度 80%以上)条件适合发病。夏季高温、连阴、多雨等气候因素有利发病。地势低洼、排水不良、连作、定植过晚、栽植过密以及施用氮肥过多均有利于病害发生。

4. 防治方法

① 选用抗病品种　在重病区种植条茄、白皮茄等较抗病品种。

② 种子处理　要从无病留种株上采收种子。播前要做好种子处理,可用 55℃温水浸种 15min 冷却后催芽播种,也可用 2.5% 适乐时悬浮种衣剂进行处理。

③ 合理轮作　重病田应与非茄科蔬菜实行 3 年轮作制,以减轻病害。

④ 土壤消毒　整地时每 667m² 撒施 50% 多菌灵可湿性粉剂 3kg,耙入土中消毒土壤。

⑤ 田间管理　适当密植,及时打杈整枝,摘除老叶,保持田间通风透光,适度灌溉,及时排渍,高畦栽培,降低湿度,不偏施氮肥。

⑥ 药剂防治　发病初期喷药,每6~10d喷1次,连续2~3次,效果比较明显。药剂可用46%加瑞农可湿性粉剂600倍稀释液、60%代森锰锌可湿性粉剂600倍稀释液、65%百菌清可湿性粉剂600倍稀释液等。

4.2.9　灰霉病类

灰霉病是草本园艺植物上最常见的真菌病害,对保护地温室栽培植物为害最大。灰霉病的病症很明显,在潮湿条件下病部会形成显著的灰色霉层。灰霉病常造成巨大的经济损失,有时造成毁灭性的危害。灰霉病可以防治,但防治往往又很困难,主要是病原菌的来源太多,有些防不胜防。

1. 仙客来灰霉病

仙客来灰霉病(图4-33)是世界性病害,尤其是温室栽培的花卉发病极普遍。我国北京、上海、天津、杭州、西安等市均有发生。常造成叶片、花瓣的腐烂坏死,使仙客来生长衰弱,降低观赏性。

图4-33　仙客来灰霉病症状及病原特征

(1)症状　主要危害仙客来的叶片、叶柄及花冠等部位。发病初期,叶缘部分常出现暗绿色水渍状病斑。病斑扩展较快,病斑可能蔓延至整个叶片,叶片变为褐色,病斑迅速干枯,叶片枯焦。在湿度大的条件下,腐烂部分长出密实的灰色霉层,即病原菌的分生孢子及分生孢子梗。叶柄和花梗发病也出现水渍状腐烂,并生出灰色霉层。花瓣发病时,则出现变色,白色品种花瓣变成淡褐色,红色品种的花瓣褪色,并出现水渍状圆斑,病重时花瓣腐烂,密生灰色霉层。

(2)病原　病原菌是灰色葡萄孢霉(*Botrtrytis cinerea* Pers et Fr.),属半知菌亚门,丛梗孢目,葡萄孢属,灰色葡萄霉。分生孢子梗丛生,有横隔,分生孢子梗顶端为枝状分枝,分枝末端膨大。分生孢子葡萄状聚生,卵形或椭圆形,少数球形,无色至淡色,单细胞。灰色葡萄孢霉寄主范围广,我国温室中常见的寄主有秋海棠、天竺葵、仙客来、一品红、瓜叶菊、芍药、月季等植物。

(3)发病规律　病原菌以分生孢子或菌核在病叶等病株残体或其他病组织内越冬。风雨传播,直接或伤口侵入,温度20℃、相对湿度90%有利于发病,一年中有两次发病高峰。在湿度大的温室内该病可以周年发生,一般情况下,6~7月梅雨季节,以及10月以后的开花期发病重,病原菌由老叶的伤口侵入。10月后,植株外围生长衰弱的老叶柄发病,随后腐烂,并向叶片扩展。湿度高、光照不足加重病害的发生。

(4)防治方法。

① 改善环境条件,控制温室湿度,控制病害发生。为了降低棚室内的湿度,温室栽培应经常通风,最好使用换气扇或暖风机,以便增加室内空气的流通,该项措施在秋季使用效果明显。增加室内光照,提高寄主抗病性。植物种植密度要适宜,以利通风透光,降低室内湿度。浇水应避免喷灌,使叶片上保持干燥无水,花盆内不要有积水,阴雨天要控制浇水量。增施钙肥,控制氮肥的施用量,减少伤口的发生。

② 清除侵染来源。要及时清除温室中的病花、病叶等病残体,拔除重病株,并集中处理销毁,以免扩大传染。种植过有病花卉的盆土,必须更换掉或者经消毒之后方可使用。

③ 加强肥水管理,注意园艺操作。定植时要施足底肥,适当增施磷、钾肥,控制氮肥用量。要避免在阴天和夜间浇水,最好在晴天的上午浇水,浇水后应通风排湿,一次浇水不宜太多。在养护管理过程中应小心操作,尽量避免在植株上造成伤口,以防病菌侵入。

④ 在生长季节或5月下旬梅雨季节时进行喷药保护,可选用50%速克灵可湿性粉剂2000倍稀释液,或50%扑海因可湿性粉剂1500倍稀释液、70%甲基托布津可湿性粉剂800~1000倍稀释液、50%多菌灵可湿性粉剂1000倍稀释液、50%农利灵可湿性粉剂1500倍稀释液,进行叶面喷雾。每两周喷1次,连续喷3~4次。为了避免产生抗药性,要注意交替和混合用药。在温室大棚内使用烟剂和粉尘剂,是防治灰霉病的一种方便有效的方法。可选用50%速克灵烟剂熏烟,每667m^2的用药量为200~250g;45%百菌清烟剂,每667m^2的用药量为250g,于傍晚分几处点燃后,封闭大棚或温室,过夜即可。有条件的也可用5%百菌清粉尘剂、10%灭克粉尘剂、10%腐霉利粉剂喷粉,每667m^2用药粉量为1kg。烟剂和粉尘剂每7~10d用1次,连续用2~3次,效果很好。

2. 番茄灰霉病

灰霉病是茄科蔬菜的重要病害。近年来,随着保护地栽培蔬菜的发展,我国灰霉病发生已相当普遍,危害严重。苏州地区早春番茄灰霉病(图4-34)的大棚发病率在65%左右,发病严重时损失达60%左右。

灰霉病菌寄主范围广,除为害番茄外,还危害茄子、甜(辣)椒、黄瓜、生菜、芹菜、草莓等20多种作物。幼苗、果实及贮藏器官等均易被侵染,引起幼苗猝倒、花腐或烂果等。

(1)症状 苗期至成株期均可受害。主要危害花和果实,叶片和茎也可受害。花染病,病菌一般先侵染已过盛期的残留花瓣、花托或幼果柱头,产生灰白色霉层,然后向幼果或青果发展。果实染病,主要危害幼果和青果,染病后一般不脱落,发病初期被害部位的果皮呈灰白色水浸状,中期果实的被害部位发生组织软腐,后期在病部表面密生灰色和灰白色霉层,即病菌的分生孢子梗及分生孢子。在田间一般植株下部的第1塔(果穗)果最易发病且受害重,植株中上部的果穗相对发病较轻。叶片染病,发病常在植株下部老叶片的叶缘先侵染发生,病斑呈"V"字形扩展,并伴有深浅相间不规则的灰褐色轮纹,表面生少量灰白色霉层。发病末期可使整叶全部枯死,发病严重时可引起植株下部多数叶片枯死。

图 4-34　番茄灰霉病病原特征和症状

（2）病原　病原为灰葡萄孢菌（*Botrytis cinerea* Pers），属半知菌亚门葡萄孢属真菌。病菌发育最适温度为20℃～25℃。分生孢子在温度21℃～23℃时萌发最为有利。分生孢子抗旱力强，在自然条件下，经过138d仍具有生活力。

（3）发病规律　病菌主要以菌核（寒冷地区）或菌丝体及分孢梗（温暖地区）随病残体遗落在土中越夏或越冬。在大棚和温室内，病菌可终年危害。翌春环境条件适宜时，菌核萌发产生菌丝体，然后产生分生孢子。分生孢子通过气流、雨水、灌溉水及农事操作传播。在适温和寄主组织表面有水滴存在条件下，分生孢子萌发，从寄主伤口、衰弱的器官或死亡组织侵入。开花后的花瓣、萎蔫组织或老叶尖端坏死部分最易被病菌入侵。侵入后的病菌迅速蔓延扩展，并在病部表面产生分生孢子进行再侵染。后期形成菌核越冬。病菌为弱寄生菌，可在有机物上营腐生生活，发育适温为20℃～23℃，低温高湿条件适于病害的发生，一般发病适温为20℃左右，相对湿度90%以上时有利于发病。温室内湿度大，叶面结露时间长，灰霉病发生重。寄主植物生长衰弱或组织受冻、受伤时极易感染灰霉病。

长江中下游地区番茄灰霉病的主要发病盛期在冬春季2月中下旬至5月间；早春温度偏低、多阴雨、光照时数少的年份发病重；连作、排水不良、与感病寄主间作的田块发病较早、较重。栽培上种植过密、通风差、氮肥施用过多的田块发病重。

（4）防治方法　根据保护地番茄灰霉病发生特点，采取以培育无病壮苗为基础，定植后选用高效低毒农药保护以及改进栽培技术等防病控病措施。

① 调节棚室环境条件，进行棚室变温管理　采用双重覆膜、膜下灌水的栽培措施。根据天气情况，要及时开棚通风，合理放风，降低棚室内湿度。发病初期控制灌水，灌水后及时放风排湿。如果是晴好天气，可把开棚放风时间适当推迟，保证在1个昼夜即24h之内，有一段时间棚温可升至30℃以上，这个温度对番茄的生长发育十分有利，同时可抑制番茄灰霉病菌的发生发展。阴天也要开棚放风，通风换气，有效降低棚内湿度。

② 轮作换茬　要尽量避免在同一大棚内多年连续栽种番茄、草莓等易感灰霉病的作物。可与其他蔬菜实行2~3年轮作。

③ 切断侵染途径　及时清除病花、病枝叶、病果，妥善处理，切断番茄灰霉病的主要侵染途径。收获后及时清除病残体，减少侵染源。

④ 追肥浇水　肥水要勤浇少浇，次数要多，每次量要少。追肥浇水应选择在晴天上午进行，保证在浇水后有充足的时间放风排湿。

⑤ 防止番茄沾花传病　在沾花时加入速克灵,使花器沾药,减少病菌传播机会。苗期或定植前,应加强叶部灰霉病的初期诊断,及时用药防治,可用50%多菌灵可湿性粉剂500倍稀释液或50%腐霉利可湿性粉剂1500倍稀释液喷淋苗床。

⑥ 开花期防治　要抓住开花期这个防治重点时期,在始花期应该用好1次药,然后每隔6d左右防治1次。发病初期或浇催果水前1d用药。第1塔果开花时,用50%腐霉利或65%甲霜灵可湿性粉剂,蘸花或喷涂。在阴雨天,要先用药预防,农药要交替使用,避免或减缓抗药性产生,用药方法提倡弥雾机低量喷雾。在阴雨天气长期持续期间,每667m² 可使用10%腐霉利和10%百菌清烟剂3.7kg熏蒸剂防治,尽量少用药剂喷雾防治。

⑦ 生物防治　用木霉微粒剂(每克含 16×10^8 个孢子)500倍稀释液,防治效果达80%以上,可在无公害蔬菜生产中推广使用。

4.2.10　叶畸形类

叶畸形病主要发生在木本观赏植物上。该类病害数量不多,但病原菌侵染寄主的绿色部位,一般情况下,寄主受病菌侵害后,病原菌刺激寄主组织增生,使叶片肿大、皱缩、加厚,果实肿大、中空呈囊果状物,引起早落叶、早落果,发病严重的引起枝条枯死,削弱树势,容易遭受低温的为害,影响观赏效果。下以桃缩叶病为例说明。该病在我国分布很广,南京、连云港、广州、西安、无锡、湖北、安徽等地均有发生。

桃缩叶病(图4-35)是桃树的重要病害之一,分布广泛,尤以沿海和滨湖地区发生较重。在我国南、北方桃产区均有发生,南方以湖南、湖北、江苏、浙江等省发生较重。桃树早春发病后,引起初夏落叶,不仅影响当年产量,还影响第2年花芽的形成。如连年严重落叶,则树势削弱,甚至导致植株过早衰亡。桃缩叶病除危害桃外,还可危害油桃、扁桃和蟠桃、李等果树。

症状　　　　　　　　　　　　　子囊及子囊孢子
(引自徐明慧《园林植物病虫害防治》)

图4-35　桃缩叶病症状和病原形态

1. 症状

主要危害叶片,嫩梢、花、果也可以受侵害。春季嫩梢从芽鳞抽出的嫩叶即表现出症状,病叶呈波纹状皱缩卷曲,叶片由绿色变为黄色至紫红色,随叶片逐渐开展,卷曲皱缩程度也随之加剧,叶片增厚变脆,并呈褐色,严重时全株叶片变形,枝梢枯死。春末、夏初季节,叶片正面出现一层灰白色粉层,即病原菌的籽实层,有时叶背病部也出现白粉层。病叶逐渐干枯、脱落。嫩梢发病变为灰绿色或黄色,节间段有些肿胀,病枝条上的叶片多呈丛生状、卷曲,严重时病枝梢枯萎死亡。幼果发病,发病初期幼果上有黄色或红色的斑点,稍隆起。病斑随着果实的长大逐渐变为褐色、龟裂,引起早落果。

2. 病原

病原菌为畸形外囊菌[*Taphrinade formans* (Berk)Tul.],属子囊菌亚门,半子囊菌纲,外子囊菌目,外囊菌属。子囊裸生于寄主表皮外,在寄主叶片角质层下排列成层。子囊为圆筒形,无色,顶端平截,内含有4~8个子囊孢子。子囊孢子为球形至卵形,无色。子囊孢子在子囊内外均能进行芽殖,产生近球形的芽孢子。病菌生长发育温度范围为6℃~30℃,最适温度为20℃,侵染的最适温度为13℃~17℃。

3. 发生规律及发病条件

病菌主要以子囊孢子和厚壁芽殖孢子在桃芽鳞片上越冬、越夏,也可在枝干的树皮上越冬、越夏。翌年春,当桃芽萌发时,芽孢子即萌发,借风雨、昆虫传播,产生芽管直接穿过表皮或气孔侵入嫩叶。病菌只能侵染幼嫩组织,不能侵染成熟的叶片和枝梢。幼叶展开前由叶背侵入,展叶后可从叶正面侵入。病菌侵入后,菌丝在表皮细胞下及栅栏组织细胞间蔓延,刺激中层细胞大量分裂,胞壁加厚,叶片由于生长不均而发生皱缩并变红。初夏则形成子囊层,产生子囊孢子和芽孢子。芽孢子在芽鳞和树皮上越夏,条件适宜时,可继续芽殖,但由于夏季温度高,不适于孢子的萌发和侵染,即或偶有侵入,为害也不显著。所以该菌一般没有再侵染。

缩叶病的发生与早春的气候条件有密切关系。低温多湿利于发病,早春桃芽萌发时,如果气温低(10℃~16℃),持续时间长,阴雨天多,湿度又大,桃树最易受害;当温度在21℃以上时,病害则停止发展。凡是早春低温多雨的地区,如江河沿岸、湖畔及低洼潮湿地,桃缩叶病往往较重;早春温暖干旱则发病较轻。

病害一般在4月上旬开始发生,4月下旬至5月上旬为发病盛期,6月气温升高,发病渐趋停止。品种间以早熟品种发病较重,中、晚熟品种发病较轻。毛桃一般比优良品种更易感病。

4. 防治方法

(1)加强果园管理,清除菌源 在病叶初见而未形成白色粉状物之前,及时摘除病叶,集中烧毁,可减少当年的越冬菌源。发病较重的桃树,由于叶片大量焦枯和脱落,树势衰弱,应及时增施肥料,并加强培育管理,促使树势恢复,以免影响当年和第2年的产量。减少侵染来源,桃树落叶后喷洒3%的硫酸铜溶液,以杀死芽上越夏、越冬的孢子。发病初期,在籽实层未产生前及时摘除病叶、剪除被害枝条,均有一定的防治效果。

(2)药剂防治 桃缩叶病菌自当年夏季到翌年早春桃萌芽展叶前营芽殖生活,不侵入寄主,所以药剂防治桃缩叶病具有明显的效果。早春喷洒农药是防治桃缩叶病的关键时期,早春喷1次药基本上能控制住病害的发生,但要掌握好喷药时间,注意用药要周到细致。过早会降低药效,过晚容易发生药害。病菌危害时期主要发生在桃抽梢展叶期,掌握在桃芽开始膨大到花瓣露红(未展开)时,即桃芽膨大抽叶前,喷洒1次3~5波美度的石硫合剂,或1∶1∶100的波尔多液、60%代森锰锌可湿性粉剂500倍稀释液、50%甲基硫菌灵可湿性粉剂 600 倍稀释液等,铲除树上的越冬病菌,可达到良好的防治效果。

4.2.11 桃李穿孔病

桃李穿孔病(图 4-36)是桃树、李树上常见的叶部病害,包括细菌性穿孔病和真菌性穿孔病。其中以细菌性穿孔病分布最广,全国各桃、李产区都有发生,在沿海滨湖地区和排水不良的果园以及多雨年份,常严重发生,如防治不及时,易造成大量落叶,削弱树势和产量,影响第 2 年的结果。霉斑穿孔病和褐斑穿孔病分布也很广,各地桃、李产区都有发生,部分地区有时为害也较重,引起树叶脱落和导致枝梢枯死。

(引自费显伟《园艺植物病虫害防治》)

图 4-36 桃穿孔叶片受害症状(左)与李穿孔病果实受害症状(右)

1. 症状

(1)细菌性穿孔病 主要为害叶片,也能侵害枝梢。叶片发病,初为水渍状小点,扩大后成圆形或不规则形病斑,紫褐色至黑褐色,大小约 2mm。病斑周围呈水渍状并有黄绿色晕环,以后病斑干枯,病、健组织交界处发生一圈裂纹,脱落后形成穿孔,或一部分与叶片相连。枝条受害后有两种不同的病斑,一种称春季溃疡,另一种则为夏季溃疡。春季溃疡发生在上一年夏季生出的枝条上。春季,在第 1 批新叶出现时,枝条上形成暗褐色小疱疹,直径约 2mm,以后扩展长达 1~10cm,宽度多不超过枝条直径的一半,有时可造成梢枯现象。春末病斑表皮破裂,病菌溢出,开始传播。夏季溃疡多于夏末发生,在当年的嫩枝上以皮孔为中心形成水渍状暗紫色斑点。以后病斑变褐色至紫黑色,圆形或椭圆形,稍凹陷,边缘呈水渍状。夏季溃疡的病斑不易扩展,并且会很快干枯,故传病作用不大。果实发病,果面发生暗紫色、圆形、中央稍凹陷的病斑,边缘水渍状。天气潮湿时,病斑上出现黄白色黏稠物,干燥时常发生裂纹。

(2)霉斑穿孔病 侵染叶片、枝梢、花芽和果实。叶片上病斑初为淡黄绿色,后变为褐色,圆形或不规则形,直径 2~6mm。病斑最后穿孔。幼叶被害时大多焦枯,不形成穿孔。潮湿时,病斑背面长出污白色霉状物。侵染枝梢时,以芽为中心形成长椭圆形病斑,边缘褐紫色,并发生裂纹和流胶。果实上病斑初为紫色,渐变褐色,边缘红色,中央渐凹陷。

(3)褐斑穿孔病 侵害叶片、枝梢和果实。在叶片两面发生圆形或近圆形病斑,直径约 1~4mm,边缘清晰并略带环纹,外围有时呈紫色或红褐色。后期在病斑上长出灰褐色霉状物,中部干枯脱落,形成穿孔。病斑穿孔的边缘整齐,穿孔多时即致落叶。新梢和果实上的病斑与叶面相似,均可生有灰色霉状物。

2. 病原

(1) 细菌性穿孔病菌　病原为黄单胞菌[*Xanthomonas campestris pv. pruni*（Smith）Dye.],属薄壁菌门黄单胞菌属。病菌发育最适温度为24℃~28℃,病菌在干燥条件下可存活10~13d,在枝条上溃疡组织内可存活1年以上,细菌在日光下经30~45min 即死亡。

(2) 霉斑穿孔病菌　病原为嗜果刀孢菌[*Clasterosporium carpophilum*（Léw.）Aderh.],属半知菌亚门刀孢属。菌丝发育最适温度为19℃~26℃,最低5℃~6℃,最高39℃~40℃,孢子在5℃~6℃即可萌发进行侵染。

(3) 褐斑穿孔病菌　病原为核果假尾孢菌[*Pseudocercospora circumscissa*（Sacc.）Liu.&Guo.],属半知菌亚门假尾孢属真菌。

3. 发生规律

(1) 细菌性穿孔病　病原细菌在枝条病组织内越冬,主要在春季溃疡斑和秋季感染未表现症状的部位越冬。翌春随气温上升,潜伏在组织内的细菌开始活动,桃树开花前后,病菌从病组织中溢出,借风雨或昆虫传播,经叶片的气孔、枝条及果实的皮孔等自然孔口和伤口侵入,可发生多次再侵染。叶片一般于5月间发病,梅雨季为发病盛期,夏季干旱时病势进展缓慢,至秋雨季节,又发生后期侵染,果园又有大量细菌扩散,通过腋芽、叶痕侵入。病菌潜育期因气温高低和树势强弱而不同,当温度在25℃~26℃时,潜育期约4~5d,20℃时为9d,19℃时为16d;树势强时潜育期可长达40d。温暖、雨水频繁或多雾季节适宜病害发生,树势衰弱或排水、通风不良以及偏施氮肥的果园发病都较重,品种间以晚熟种玉露、太仓等发病重;早熟品种如小林等发病较轻。

(2) 霉斑穿孔病　病菌以菌丝体和分生孢子在被害枝梢或芽内越冬。第2年春季病菌借风雨传播,先侵染幼叶,产生新的孢子后,再侵染枝梢和果实。病菌潜育期因温度高低而不同,日平均温度达19℃时为5d,1℃时为34d。低温多雨适于此病发生。

(3) 褐斑穿孔病　主要以菌丝体和分生孢子在病叶中越冬,菌丝体也可在枝梢病组织内越冬。翌春随气温回升和降雨,形成分生孢子,借风雨传播,侵染叶片、新枝和果实。低温多雨适合病害发生。

4. 防治方法

(1) 加强果园管理　冬季结合修剪,彻底清除枯枝、落叶、落果等,集中烧毁,清除越冬菌源。注意果园排水,合理修剪,使果园通风、透光良好,降低果园湿度。增施有机肥料,避免偏施氮肥,使果树生长健壮,提高抗病力。

(2) 喷药防治　在果树发芽前,喷撒4~5波美度的石硫合剂或1:1:100的波尔多液;在5、6月可喷撒65%代森锌可湿性粉剂500倍稀释液1~2次,对3种穿孔病均有良好的防治效果。硫酸锌石灰液对细菌性穿孔病有良好的防治效果,其配方为硫酸锌0.5kg,消石灰2kg,水120kg。

(3) 避免与核果类果树混栽　细菌性穿孔病除侵害桃、李外,还能侵害杏、樱桃等核果类果树。如上述果树混栽在一园内,在管理和防病上困难较多。尤其是李树和杏树对细菌性穿孔病的感病性很强,往往成为果园内的发病中心,而传染给周围的桃树。因此在以桃树为主的果园,应将李、杏等果树移植到距离桃园较远的地方。

4.2.12 梨黑星病

梨黑星病(图4-37)又称疮痂病、黑霉病,全国梨产区均为害严重,是梨树的重要病害之一,尤在种植鸭梨、白梨等高度感病品种的梨区,病害流行频繁,造成重大损失。

1. 叶片; 2. 果实

左:分生孢子梗和分生孢子;右:假囊壳、子囊和子囊孢子

(引自费显伟《园艺植物病虫害防治》)

图4-37 梨黑星病症状和病原形态特征

1. 症状

病菌危害梨树所有绿色幼嫩组织,其中以叶片和果实受害最重,为害期从落花后直到果实近成熟期。叶片受害时,病斑多发生在叶片背面,呈不规则淡黄色,叶脉上和叶柄上的病斑为长条形或椭圆形,病斑上很快长出黑霉层,叶片变成黄绿相间的斑纹,病叶易脱落。果实发病初期为淡黄色圆斑,逐渐扩展,病部稍凹陷,上生黑霉,最后病斑木栓化并龟裂。幼果畸形,有时造成裂果,大果表面粗糙。新梢和果柄受害时产生黑褐色椭圆形病斑,边缘不清晰,病斑生黑色绒毛状霉层。芽发病时生长受阻,鳞片茸毛增多,有黑霉,严重时枯死。

2. 病原

无性阶段为梨黑星病菌[*Fusicladium pirinum* (Lib.) Fuckel],为半知菌亚门黑星孢属。有性阶段为黑星(*Venturia pirina* Aderh.)和纳雪黑星菌(*V. nashicola* Tanaka et Yamamoto),为子囊菌亚门黑星菌属。分生孢子耐低温干燥,在自然条件下,残叶上的分生孢子能存活4~6个月,但潮湿时,分生孢子易死亡。

3. 发生规律

病菌主要以分生孢子和菌丝体在梨芽鳞片和病枝中越冬,或以分生孢子、菌丝体及未成熟的假囊壳在落叶上越冬。次年春季梨萌芽后,先是花序发病,其次是嫩梢,病花病梢布满黑色霉层。分生孢子由风雨传播到附近的叶果上,在相对湿度达60%~80%、温度达

20℃~23℃时,一般经14~25d的潜伏期后表现症状,以后条件适宜可陆续多次侵染。病菌在20℃~23℃发育最为适宜。分生孢子萌发要求相对湿度80%以上,低于50%则不萌发。低温高湿是病害流行的有利条件,高温能延长病害的潜育期。春雨早,持续时间长,夏季6~7月雨量多,日照不足,空气湿度大,往往引起病害流行。地势低洼、树冠茂密、通风透光不良和湿度较大的梨园,以及肥力不足、树势衰弱的梨树易发病。梨树的不同品种对黑星病的抗性有明显差异,一般中国梨最易感病,日本梨次之,西洋梨最抗病。

4. 防治方法

(1) 清洁果园　秋、冬季节清除果园的落叶、病叶、病果。冬季或早春结合修剪,剪除树上的病枝、病芽。春季开花后摘除病花、病梢,集中销毁,消除和减少病菌初侵染来源。发病初期,及时连续地剪除中心病梢和花序,防止病菌扩散蔓延。

(2) 加强果园管理　合理施肥,提高梨树的抗病性。

(3) 药剂防治　梨树休眠期,对全树喷4~5波美度的石硫合剂。萌芽期对树下地面及树冠喷硫酸铵20倍稀释液。开花前和花落2/3时各喷1次50%多菌灵可湿性粉剂500~600倍稀释液或1∶2∶300倍稀释波尔多液。以后根据降雨情况和病情发展情况,间隔15~20d用药1次,前后约用4次。常用药有80%喷克可湿性粉剂800倍稀释液、80%大生M-45可湿性粉剂800倍稀释液、60%甲基托布津可湿性粉剂800~1000倍稀释液、40%福星乳油8000倍稀释液。

4.2.13　柑橘疮痂病

柑橘疮痂病(图4-38)又称"癞头疤"、"疥疙疤",是柑橘的重要病害之一。该病在我国东南、西南、长江流域及台湾省均有分布,是温带柑橘区的常发病。

病叶　　　　　　病果

病果分生孢子梗及分生孢子

图4-38　柑橘疮痂病症状和病原形态

1. 症状

主要为害嫩叶、幼果,也可为害花器。叶片受害,初生油渍状黄褐色圆形小点,逐渐扩大变为蜡黄色至黄褐色,后病斑木栓化隆起,多向叶背突出而叶面凹陷,形成向一面突起的直径 0.5~2mm 的变灰白色至灰褐色的圆锥形疮痂状木栓化病斑,形似漏斗。早期被害严重的叶片常焦枯脱落。在叶片正反两面都可生病斑,但多数发生在叶片背面,不穿透两面,天气潮湿时病斑顶部有一层粉红色霉状物。病斑多时常连成一片,使叶片扭曲畸形,新梢叶片受害严重的常早期脱落。在温州蜜柑叶片上,病斑在后期常脱落形成穿孔。新梢受害与叶片病斑相似,但突起不显著,病斑分散或连成一片。枝梢变得短小、扭曲。花瓣受害后很快凋落。

果实发病则在果皮上散生或密生突起病斑。幼果在落花后即可发病,长至豌豆大小时发病,呈茶褐色腐烂脱落。稍大的果实初期病斑极小,褐色,后变黄褐色木栓化的瘤状突起病斑,严重时病斑连成一片,果小畸形易早落。果实长大后发病,病斑往往变得不太显著,但果小、皮厚、汁少。病果的另一症状是果实后期发病,病部果皮组织一大块坏死,呈癣皮状剥落,下面的组织木栓化,皮层较薄,久晴骤雨常易开裂。

2. 病原

有性态为柑橘痂囊腔菌[*Elsinoe fawcettii* Bitancourt & Jenkins),我国尚未发现。无性态为柑橘痂圆孢菌(*Sphaceloma fawcettii* Jenkins)。分生孢子盘散生或多个聚生于寄主表皮下,分生孢子梗密集排列,圆柱形,顶端尖或钝圆,无色或淡灰色,分生孢子椭圆形。病菌菌丝生长的最适温度为 21℃。分生孢子形成的最适温度为 20℃~24℃。分生孢子在 24℃~28℃下能萌发。

3. 发生规律

病菌以菌丝体在病叶、病枝梢等病组织内越冬。翌年春季阴雨多湿,当气温在 15℃ 以上时,旧病斑上的菌丝体开始活动,并产生分生孢子,通过风雨传播,侵害当年生的新梢、嫩叶和幼果。经过 3~10d 左右的潜育期后即形成病斑。病斑上产生分生孢子,进行再次侵染,侵害幼嫩叶片、新梢。花瓣脱落后,病菌侵害幼果。夏、秋抽梢期又为害新梢。最后又以菌丝体在病部越冬。病害远距离传播则通过带菌苗木、接穗及果实的调运。

疮痂病的发生与气候条件等关系密切。病害的发生需要较高的湿度和适宜的温度,发病适宜温度为 20℃~24℃,当温度达 28℃以上时就很少发病。凡春季雨水多的年份或地区,春梢发病就重,反之则轻。长江流域、东南沿海及华南高海拔的橘区,由于雨多、雾大、温度适宜,疮痂病发生往往严重。

病菌只侵染幼嫩组织,以刚抽出尚未展开的嫩叶、嫩梢及刚谢花的幼果最易感病。随着组织不断老熟,抗病力增强,叶片宽 1.5cm 左右,果实至核桃大小时就具有抵抗力,组织完全老熟则不感病。橘苗及幼树因梢多,时间长,发病较重,成年树次之,15 年以上树龄的柑橘发病很轻。合理修剪,树冠通风、透光良好,施肥适当,新梢抽生整齐,墩高沟深、排水畅通的橘园发病轻。

疮痂病菌对不同种类和品种的柑橘的为害有显著差异。一般来说,早橘、本地早、温州蜜橘、乳橘、朱红橘、福橘等橘类最易感病,椪柑、蕉柑、葡萄柚、香柠檬等柑类、柚类、柠檬类等属中度感病,甜橙类的脐橙和金柑等抗病性较强。

4. 防治方法

应采取加强栽培管理和适时喷药保护相结合的综合治理措施。

（1）加强栽培管理，减少侵染来源　加强冬季清园，剪除、烧毁病枝病叶，喷施10～15倍稀释的松脂合剂或3～5波美度的石硫合剂1～2次，以减少越冬病菌基数。结合春季修剪，剪去病梢和病叶，改善橘园内树冠通气、透光条件，降低湿度，以减轻发病。加强肥水管理，促使树体健壮，新梢抽发整齐，成熟快，缩短疮痂病的为害时间。

（2）喷药防治　疮痂病菌只侵染柑橘的幼嫩组织，药剂防治的目的是保护新梢和幼果不受病菌侵染，苗木和幼树以保梢为主，成年树以保果为主。掌握在春梢抽发期，梢长1～2mm时喷第1次药，喷施0.8∶0.8∶100的波尔多液以保护春梢；谢花2/3时喷第2次药，喷0.6∶0.6∶100的波尔多液以保护嫩梢和幼果；10～15d再次喷药，可喷50%～60%甲基托布津可湿性粉剂、代森锰锌500～800倍稀释液或50%多菌灵1000倍稀释液。

（3）接穗、苗木消毒处理　新开发的柑橘区，对外来的苗木应进行严格检验，发现病苗木或接穗应予以淘汰；来自病区的接穗，可用50%苯来特800倍稀释、50%多菌灵可湿性粉剂500倍稀释液或60%甲基硫菌灵可湿性粉剂800倍稀释液浸泡30min，以杀灭携带病菌，消毒效果甚好。

4.2.14　柑橘树脂病

柑橘树脂病（图4-39）是柑橘上普遍发生的重要病害之一。在国内分布很广，长江流域、东南沿海、华南地区以及台湾等橘区均有发生。

图4-39　柑橘树脂病症状

1. 症状

因发病部位不同而有各种名称，发生在树干上的称流胶和干枯病，发生在叶片上的称砂皮和黑点病，发生在果实上的称蒂腐病。在橘树遭受冻害后最易发病和流行。

（1）流胶和干枯　这两种在枝干上的受害类型并非截然分开，可相互转化。

①流胶型　病部皮层组织松软，呈灰褐色，渗出褐色的胶液。在高温干燥情况下，病势发展缓慢，病部逐渐干枯下陷，病势停止发展，病斑周围产生愈伤组织，已死亡的皮层开裂剥落，木质部外露，现出四周隆起的疤痕。在甜橙、温州蜜柑、椪橘等品种上发生较普遍。

②干枯型　病部皮层红褐色，干枯略下陷，微有裂缝，但不立即剥落。在病健交界处，有1条明显隆起的界线。在适温、高湿条件下，干枯型可转化为流胶型。在早橘、本地早、南丰蜜橘、朱红橘等品种上发生较多。

（2）蒂腐或褐色蒂腐　主要发生在成熟果实上，特别是在贮藏过程中发生较多。主要特征为环绕蒂部周围出现水渍状、淡褐色的病斑，病部渐向脐部扩展，边缘呈波纹状，最后可使全果腐烂。由于病果内部腐烂比果皮腐烂快，因此，又有"穿心烂"之称。甜橙、葡萄柚等的绿果,有时也能受害,在蒂部周围出现红褐色、暗褐色乃至近于黑色的病斑,引起早期落果。

(3)砂皮和黑点　病菌侵害新叶、嫩梢和幼果时,在病部表面产生苋褐色或黑褐色硬胶质小粒点,散生或密集成片称为"砂皮"和"黑点"。病菌为害限于表皮及其下数层细胞,一般不超过5~6层,因此发病迟的影响不大;发病早的生长缓滞,发育不良。

(4)枯枝　生长衰弱的果枝或上一年冬季受冻害的枝条,受病菌侵染后,因抵抗力弱,并不形成"砂皮"和"黑点"。病菌深入内部组织,病部一开始则呈现明显的褐色病斑,病、健交界处常有小滴树脂渗出。严重时,可使整枝枯死,表面散生无数黑色细小粒点状的分生孢子器。

2. 病原

由柑橘间座壳菌[*Diaporthe citri*(Fawcett) Wolf]侵染所致,属子囊菌亚门核菌纲间座壳属。无性阶段为柑橘拟茎点霉菌(*Phomopsis citri* Fawcett),属于半知菌亚门拟茎点霉属。分生孢子器黑色,分生孢子一种为卵形、单胞、无色,另一种为丝状或钩状、单胞、无色,子囊壳球形,黑色,有细长的喙部伸出子座外呈毛发状,肉眼可见。子囊长棍棒状,无色。子囊孢子长椭圆形或纺锤形,双胞,分隔处稍缢缩,无色,

病菌生长最适温度为20℃左右,在10℃及35℃时生长缓慢。卵形分生孢子萌发的温度范围为5℃~35℃,适温为15℃~25℃,丝状或钩状分生孢子不易萌发。

3. 发生规律

病菌以菌丝体和分生孢子器在病枯枝及病死树干皮层内越冬,分生孢子器为次年初侵染的主要来源,菌丝体为初侵染的次要来源。翌春,潜伏的菌丝体加快生长,形成更多的分生孢子器,环境适宜时(特别是下雨后),大量孢子从孢子器孔口溢出,经雨水冲刷,随水滴沿枝干流下,或由风吹散溅飞到新梢、嫩叶和青果上,也可由昆虫等传播。孢子萌发后从枝干的伤口或从嫩叶、新梢、青果的表皮直接侵入,5~6月平均气温在21℃~25℃时,经5~10d的潜育期(一般枝龄、树龄大的潜育期短),出现新病斑后完成初侵染。发病后病部又可产生大量分生孢子,在橘园中辗转传播,进行多次再侵染。当大量分生孢子萌发侵入幼嫩组织时,由于柑橘新生组织活力较强,能产生一种保卫反应以阻止病菌的继续扩展;同时,柑橘细胞内的油质和某些酶也对病菌有抑制或杀伤作用,使病组织下面形成木栓层,挤裂上面的角质层而溢出胶质,因而病部形成许多胶质的小黑硬粒点,呈现"砂皮"或"黑点"症状。病菌危害成熟果实一般从蒂部伤口侵入,在室温下潜育期一般为10~15d,在果园和贮运期间发生蒂腐病。

树脂病的发生和流行程度主要决定于植株伤口、雨水和温度等因素。树脂病菌寄生性不很强,只有在柑橘生长衰弱或受伤的情况下才易侵入为害。因此,导致树势衰弱或受伤的各种环境因素,均易诱发树脂病。

(1)气候条件　严寒冰冻是诱发树脂病的主导因素。每年5~6月和9~10月间,平均气温18℃~25℃,降水充足,阴雨天多,是发病的主要季节。

(2)伤口　该病菌为一个弱寄生菌,只能从寄主的伤口侵入为害,所以冻伤、日灼伤、机械伤等伤口是该病流行的先决条件。如在适宜条件下,雨水充足,植株产生伤口多,该病就会严重发生。

(3) 栽培管理　树势旺盛发病较轻,壮年树较老树发病轻。肥料不足或施肥不及时,偏施氮肥,土壤保水、排水力差和病虫害为害严重的柑橘园,树势衰弱,容易遭受冻害,从而加重柑橘树脂病的发生。

4. 防治方法

树脂病的防治措施主要是做好防寒工作,培养树势,提高树体的抗病能力。

(1) 加强栽培管理　果实采收后,及时施肥培土,恢复树势,提高树体防寒抗冻能力。树干涂白,有条件时在小树主干包扎稻草,或于地面铺草进行防冻。春季结合修剪,剪除病枝梢,锯掉枯死枝,加以烧毁。

(2) 刮治或涂药　对为害树体枝干的树脂病病斑,春季(4~5月)在病斑的病健交界处用纵横刻伤的方法,涂上50%多菌灵或40%灵福20~30倍稀释液,使病部周围长出愈伤组织,促使树体恢复健康。

(3) 灼烧　用煤油喷灯对准病部,从病斑外缘向中间灼烧。刮除病部的,灼烧到刮伤部位呈黑褐色即可,时间30~40s;不刮除病部的,灼烧到腐烂部和与之相接的健部不冒紫色流胶为止。

(4) 喷药防治　结合防治柑橘疮痂病,于春梢萌发前喷1次0.8:0.8:100的波尔多液,花落2/3及幼果期各喷1次40%灵福1000倍稀释液,或50%多菌灵1000倍稀释液,以保护叶片和枝干。

(5) 防止蒂腐　果实适当早采,并剔除病、伤果后,包装入箱贮藏,有减轻该病作用。

4.2.14　葡萄黑痘病

葡萄黑痘病(图4-40)又名疮痂病、鸟眼病,是葡萄的重要病害之一。病害分布广,南北方产区均有发生,在多雨潮湿地区发病严重,给葡萄生产造成的损失较大。

1. 叶片；2. 幼果　　　　　　　　　　　　葡萄痂圆孢菌

(引自费显伟《园艺植物病虫害防治》)

图4-40　葡萄黑痘病症状和病原形态

1. 症状

主要为害葡萄的绿色幼嫩部分,如果实、果梗、叶片、叶柄、新梢及卷须等。幼果受害后,果面出现褐色小圆斑,后扩大,直径达3~8mm,病斑中央凹陷,灰白色,外部深褐色,周缘紫褐色,似鸟眼状,后期病斑硬化或龟裂,果实小而酸。果梗、叶柄、新梢、卷须受害,初呈褐色圆形或不规则形小斑点,后扩大为近椭圆形,灰黑色,边缘深褐色或紫色的病斑,中部明显凹陷并开裂。新梢未木质化前易受侵染,发病严重时,新梢停止生长,萎缩枯死。幼叶受害,初呈针头大褐色或黑色斑点,周围有黄晕,后病斑扩大为圆形或不规则,直径 1 ~ 4mm,病斑中央灰白,稍凹陷,边缘黑褐或黄色,干燥时病斑中央破裂穿孔,叶脉受害重时常使病叶扭曲皱缩。

2. 病原

有性阶段为葡萄痂囊腔菌[*Elsinoe ampelina*(de Bary)Shear],属子囊菌亚门痂囊腔菌属,我国尚未发现;无性阶段为葡萄痂圆孢菌[*Sphaceloma ampelimunde* Bary],属半知菌亚门痂圆胞属。分生孢子盘瘤状;分生孢子梗短小,无色,单胞;分生孢子椭圆形或卵形,无色,单胞,稍弯曲,两端各有 1 个油球。

3. 发生规律

病菌以菌丝体或分生孢子盘在病枝梢、病蔓、病叶、病果、叶痕等处越冬。菌丝生命力强,在病组织内能存活 3 ~ 5 年。第二年 5 月前后葡萄开始萌芽展叶时,遇雨水,越冬病菌产生新的分生孢子,随风雨传播,引起初侵染,经 10d 潜育而发病。一般在开花前后发病,幼果期为害较重。病害的潜育期长短受气温、感病组织的幼嫩程度和品种抗病性的影响。一个生长季节,特别是在幼嫩组织、器官的形成期,黑痘病可以发生多次再侵染,引致病害流行。葡萄黑痘病菌寄主较少。病害的远距离传播主要通过带菌苗木与插穗的调运。

分生孢子在 25℃ 左右、高湿时最易形成。分生孢子萌发的最适温度为 24℃ ~25℃。菌丝生长的最适温度为 30℃,在 24℃ ~30℃ 下,潜育期最短,超过 30℃,发病受到抑制。黑痘病的发生与降雨、空气湿度及植株幼嫩情况密切相关。多雨、闷热利于分生孢子的形成、传播及萌发侵入,同时寄主组织生长迅速而幼嫩,致使病害容易流行。果园地势低洼、排水不良、管理粗放、通风透光不好和施氮肥过多等,使病害加重。

4. 防治方法

(1)消除菌源 在生长期中,及时摘除不断出现的病叶、病果及病梢。秋季清扫落叶病穗,冬季修剪时,仔细剪除病梢、僵果,刮除主蔓上的枯皮,集中烧毁。在葡萄发芽前全面喷布 1 次铲除剂,消灭枝蔓上潜伏的病菌。常用 0.3% 五氯酚钠加波美 3 度的石硫合剂、10% 硫酸亚铁加 1% 粗硫酸进行铲除。

(2)加强栽培管理 合理施肥,增施磷、钾肥,不偏施氮肥,增强树势,同时加强枝梢管理,注意通风透光。

(3)药剂防治 葡萄展叶后开始喷药防治,以开花前和落花 60% ~80% 后的两次喷药最为重要。可根据降雨及病情决定喷药次数。常用的药剂有 1∶0.5∶(200 ~240)的波尔多液、50% 退菌特可湿性粉剂 800 ~1000 倍稀释液、50% 多菌灵可湿性粉剂 1000 倍稀释液、65% 百菌清可湿性粉剂 600 倍稀释液等。

(4)苗木消毒 新建的葡萄园或苗圃除选用抗病品种外,对苗木插条要严格检验,烧毁病重苗,对可疑苗木进行消毒处理,即在萌芽前,用上述铲除剂或 3% ~5% 硫酸铜、15% 硫酸铵,整株喷药或浸泡 3min,进行消毒。

4.2.15 葡萄白腐病

葡萄白腐病(图 4-41)又称腐烂病、水烂、穗烂,是葡萄的重要病害之一。主要发生在东北、华北、西北和华东北部地区。一般年份果实损失 15% ~20%,流行年份损失达 60%

以上。

病叶　　　　　　　病枝梗　　　　　病果　　　　　分生孢子器及分生孢子

图 4-41　葡萄白腐病症状和病原形态特征

1. 症状

主要为害果穗,也为害新梢和叶片。一般在近地面的果穗尖端首先发病,在果梗和穗轴上产生淡褐色、水渍状、边缘不明显的病斑,病斑逐渐向果粒蔓延,使果粒基部变褐软腐,然后整个果粒很快变色变软。病穗轴及果粒表面密生灰白色小粒点。发病严重时全穗腐烂,果梗和穗轴干枯皱缩,病果、病穗易脱落。有时果粒干缩呈深褐色僵果,长久不落。

新梢多在受损伤部位发病,病斑初呈淡褐色水渍状,形状不规则,边缘深褐色。病斑纵向扩展快,成为暗褐色凹陷的不规则大斑,表面密生灰白色小粒点。后期病部表皮纵裂,成乱麻状。当病斑环绕枝蔓时,病部以上枝叶枯死。叶片发病多从叶缘开始,产生淡褐色水渍状、近圆形或不规则形病斑,逐渐扩大为略显同心轮纹的边缘色深的大斑,上面也有灰白色小粒点,但以叶背和叶脉两边多。后期病斑干枯易破裂。

2. 病原

病原为白腐盾壳霉菌[*Coniothyrium diplodiella*(Speg.) Sacc],属半知菌亚门盾壳霉属。分生孢子器球形或扁球形,壁较厚,灰褐色至暗褐色;分生孢子梗淡褐色,无分枝,无分隔;分生孢子单孢,卵圆形至梨形,一端稍大,表面光滑,初无色,成熟后为淡褐色,内含 1~2 个油球。

3. 发生规律

病菌主要以分生孢子器、分生孢子和菌丝体在遗留于地面和土壤中的病残体上越冬,病菌也可在悬挂于树体的僵果上越冬。散落在地面及表土中的病残体是来年初侵染的主要来源。僵果上分生孢子器的基部有结构紧密的菌丝体,抗性强,越冬后能形成新的分生孢子器和分生孢子。分生孢子借风雨、昆虫传播,主要由伤口,也可由蜜腺、水孔、气孔侵入,引起初侵染,以后病斑上产生分生孢子器,散出分生孢子引起再侵染。前期主要为害枝叶,6 月以后主要为害果实。病害潜育期一般为 3~8d。白腐病菌具潜伏侵染现象。病菌在枝蔓发芽展叶后(5 月上旬)即可对其绿色幼嫩组织进行侵染,以花序最易感病。

分生孢子在蒸馏水中萌发率很低,在 0.2% 葡萄糖溶液中萌发率也不高,而在葡萄汁液中萌发率高达 90% 以上,在放有穗轴的蒸馏水中萌发率最高。分生孢子萌发温度范围是 13℃~40℃,最适温度为 28℃~30℃,空气相对湿度达 92% 以上,分生孢子才能萌发。因此高温高湿是发病的主要因素,一般从 6 月开始,直至果实成熟,病害不断发生。

白腐病的发生与降雨关系密切,雨季早发病也早,雨季迟发病也迟。果园发病后,每逢雨后就会出现一个发病高峰。一切造成伤口的条件,如风害、虫害、农事操作等均利于病菌侵入，尤其是风害影响更大，每次暴风雨后发病严重。果实进入着色与成熟期，感病性增加。距地表近的果穗易受越冬菌源侵染，并且下部通风透光差、湿度大易发病。果园土壤黏重、地势低洼、排水不良，以及管理不善、草丛生地发病严重。

4. 防治方法

（1）清除越冬菌源　冬季结合修剪，彻底剪除病果穗、病枝蔓，刮除可能带病菌的老树皮，清除园中的枯枝蔓、落叶、病果穗等，并集中烧毁或深埋。冬季深翻果园，可将病残体埋入土壤深层加速其腐烂分解，减少翌年初的侵染源。生长季节及时剪除病果、病穗、病枝蔓，拣净落地病粒。

（2）加强栽培管理　通过修剪绑蔓提高结果部位，50cm 以下不留果穗；做好中耕除草、雨季排水和其他病虫害防治等经常性的田间管理工作，降低田间小气候湿度，抑制病害发生。增施有机肥和钾肥，合理修剪、疏花疏果，及时摘心、抹副梢、绑蔓，适当疏叶，加强通风透光，调节植株挂果量等措施均可增强植株长势，提高植株抗病力。

（3）喷药防治　葡萄坐果后经常检查下部果穗，出现零星病穗时应摘除，并立即开始喷药。第 1 次喷药应掌握在病害的始发期，一般在 6 月中旬开始，以后每隔 10~15d 喷药 1 次，连续喷 3~5 次，直至采果前 15~20d 停止。喷药时要仔细周到，重点保护果穗。喷药后遇雨，应于雨后及时补喷，直至采果。有效药剂有 50% 退菌特可湿性粉剂 800~1000 倍稀释液、50% 多菌灵可湿性粉剂 1000 倍稀释液、65% 百菌清可湿性粉剂 600 倍稀释液、50% 托布津可湿性粉剂 500 倍稀释液、50% 福美双可湿性粉剂 600~800 倍稀释液等。喷药时，在配好的药液中加入 0.05% 皮胶或其他展着剂，可提高药液的黏着性。为消除来自土壤的病菌，重病果园于发病前进行地面撒药灭菌。可用 50% 福美双可湿性粉剂 1 份、硫黄粉 1 份、碳酸钙 2 份，混合均匀，每 667m² 15~30kg 混合药，拌砂土 365kg，撒施果园土表，进行地面消毒。

（4）套袋　对重病区可在最后一次疏果后，进行套袋，预防病菌感染。套袋前应对葡萄进行全面喷药，在果实采收前半个月，选择晴天（切忌雨天）去除纸袋，以利果实着色，开袋后及时喷药保护。

4.2.16　桃褐腐病

桃褐腐病（图 4-42）是桃树的重要病害之一。辽宁、河北、河南、山东、四川、云南、湖南、湖北、安徽、江苏、浙江等省均有分布，尤以浙江、山东沿海地区和长江流域的桃区发生最重。

桃褐腐病病果

分生孢子、假菌核、子囊及子囊孢子萌发

图 4-42　桃褐腐症状和病原形态特征

1. 症状

危害桃树的花、叶、枝梢及果实。在低温、湿度高时，花易被害。花部受害常自雄蕊及瓣尖端开始，先发生褐色水渍状斑点，后逐渐延至全花，随即变褐而枯萎。天气潮湿时，病花迅速腐烂，表面丛生灰霉，若天气干燥时则萎垂干枯，残留枝上，长久不脱落。嫩叶受害，自叶缘开始，病部变褐萎垂，俨若霜害残留枝上。

侵害花与叶片的病菌菌丝，可通过花梗与叶柄逐步蔓延到果梗和新梢上，形成溃疡斑。病斑长圆形，中央稍凹陷，灰褐色，边缘紫褐色，常发生流胶。当溃疡斑扩展环绕一圈时，上部枝条即枯死。气候潮湿时，溃疡斑上也可长出灰色霉丛。

果实自幼果至成熟期均可受害，但果实越接近成熟受害越重。果实被害最初在果面产生褐色圆形病斑，如环境适宜，病斑在数日内便可扩及全果，果肉也随之变褐软腐。继后在病斑表面生出灰褐色绒状霉丛。孢子层常成同心轮纹状排列，病果腐烂后易脱落，但不少失水后变成僵果，悬挂枝上经久不落。僵果为一个大的假菌核，是褐腐病菌越冬的重要场所。

2. 病原及发生规律

病原有3种：桃褐腐（链）核盘菌、果生（链）核盘菌、果产（链）核盘菌。病菌主要以菌丝体或假菌核在树上或地面的僵果和枝梢的溃疡部越冬。悬挂在树上或落于地面的僵果，翌春都能产生大量的分生孢子，借风雨、昆虫传播，引起初次侵染。因国内尚未发现有性阶段，故分生孢子在初次侵染中起主要作用。分生孢子萌发产生芽管，经虫伤、机械伤口、皮孔侵入果实，也可直接从柱头、蜜腺侵入花器造成花腐，再蔓延到新梢。在适宜的环境条件下，病果表面长出大量的分生孢子，引起再次侵染。分生孢子除借风雨传播外，桃食心虫、桃蛀螟和桃象虫等昆虫也是病害的重要传播者。在贮藏期病果与健果接触，也可引起健果发病。

开花及幼果期如遇低温多雨，果实成熟期又逢温暖、多雨、多雾、高湿度的环境条件，发病严重。前期低温潮湿容易引起花腐；后期温暖、多雨、多雾则易引起果腐。桃蜷象和食心虫等为害的伤口常给病菌造成侵入的机会。树势衰弱、管理不善、地势低洼、枝叶过于茂密、通风透光较差的果园，发病较重。果实贮运中如遇高温高湿，则有利病害发展，所致损失更重。不同品种的抗病性也不同，一般凡成熟后质地柔嫩、汁多、味甜、皮薄的品种较易感病；表皮角质层厚，果实成熟后组织保持坚硬状态者抗病力较强。

3. 防治方法

（1）消除越冬菌源　结合修剪，做好清园工作，彻底清除僵果、病枝，集中烧毁。同时进行深翻，将地面病残体深埋地下。

（2）及时防治害虫　如桃象虫、桃食心虫、桃蛀螟、桃蜷象等，应及时喷药防治，可减少伤口及传病机会，减轻病害发生。有条件套袋的果园，可在5月上中旬进行，以保护果实。

（3）喷药防治　桃树发芽前喷布波美5度的石硫合剂。落花后10d左右喷撒65%代森锌可湿性粉剂500倍稀释液、50%多菌灵1000倍稀释液或60%甲基托布津800～1000倍稀释液。花腐发生多的地区，在初花期需要加喷药1次，喷用药剂以代森锌或托布津为宜。不套袋的果实，在第2次喷药后，间隔10～15d再喷1～2次，直至成熟前1个月左右再喷一次药。

任务三 园艺植物茎干真菌性病害防治技术

知识目标

1. 熟悉并掌握园艺植物茎干真菌性病害如溃疡病类、腐烂病类等的症状特点。
2. 重点掌握园艺植物茎干真菌性病害的识别特征、发生规律及其防治方法。

能力目标

1. 能对园艺植物茎干真菌性病害进行田间调查。
2. 能对园艺植物茎干真菌性病害进行识别诊断,制定并掌握综合防治技术措施。

知识平台

4.3.1 腐烂、溃疡病类

腐烂、溃疡病是园林观赏植物的一类重要病害,常造成植株死亡。这类病害是指茎干皮层局部坏死的病害。典型的溃疡病使茎干皮层局部坏死,坏死后期因组织失水而稍凹陷,周围被稍隆起的愈伤组织所包围。有的溃疡病病斑扩展极快,不待植株形成愈伤组织就包围了茎干,使植株的病部以上部分枯死,在枯死过程中,病斑继续扩大,大部分皮层坏死,这种现象称为腐烂病或烂皮病。当病斑发生在小枝上,小枝迅速枯死,常不表现为典型的溃疡症状,一般称为枝枯病;当病斑发生在苗木根茎部时表现为茎腐。

引起茎干腐烂、溃疡病的病原主要是真菌,少数病害也由细菌引起,冻害、日灼及机械损伤也可致病。病菌多自伤口侵入。腐烂、溃疡病的流行常常是寄主受某种原因的影响而长势减弱的结果。

1. 银杏茎腐病

银杏茎腐病(图4-43)分布于山东、安徽、江苏、浙江、江西、福建、湖南、湖北、广东、广西和新疆等地。可危害扁柏、香榧、杜仲、鸡爪槭、马尾松、金钱松、水杉、银杏、板栗、枫香、刺槐等多种阔叶树苗木,其中以银杏、扁柏、香榧、杜仲、鸡爪槭受害最重。有的地区苗木感病后死亡率达到90%。

(1)症状 一年生苗木发病初期,茎基部近地面处变成深褐色,叶片失绿稍向下垂。后病斑包围茎基并迅速向上扩展,引起整株枯死,叶片下垂不落。苗木枯死3~5d后,茎上部皮层稍皱缩,内皮层组织腐烂呈海绵状或粉末状,浅灰色,其中有许多细小的黑色小菌核。病菌侵入木质部和髓部后,髓部变褐色,中空,也生有小菌核。最后病害蔓延至根部,使整个根系皮层腐烂。此时若拔苗则根部皮层脱落,留在土壤中,仅拔出木质部。二年生苗木易感病。有的地上部分枯死根部仍保持健康,当年自根颈部能发出新芽。

(2)病原 病原菌为菜豆壳球孢菌[*Macrophomina phaseoli*(Tassi.)Goid],属半知菌亚

门,球壳孢目,壳球孢属。菌核黑褐色,扁球形或椭圆形,粉末状。分生孢子器埋生于寄主组织内,孔口开于表皮外。分生孢子梗细长,不分枝,无色。分生孢子单胞,无色,长椭圆形。病菌在银杏上不产生分生孢子器,但在芝麻、黄麻上产生。病菌较喜高温,生长最适温度为30℃~32℃。对酸碱度的适应范围为pH 4~9,但以pH 4~6为最适宜。

(3)发病规律及发生条件 病菌是一种土壤习居菌,平时在土壤中营腐生生活,在适宜条件下,自伤口侵入寄主。寄主的生长状况、环境条件与病害的发生关系密切。夏季炎热、土温升高、苗木根茎部灼伤,是病害发生的诱因。在南京,苗木一般在梅雨结束后10~15d开始发病,以后发病率逐渐增加,到9月中旬停止发病。

2. 仙人掌茎腐病

仙人掌茎腐病(图4-44)在我国福建、广东、山东、天津、新疆等地均有发生,是仙人掌类植物普遍而严重的病害,常引起茎部腐烂,最后导致全株枯死。

1. 茎腐病状;2. 病部小菌核
(引自徐明慧《园林植物病虫害防治》)
图4-43 银杏茎腐病的症状

(1)症状 主要危害幼嫩植株茎部或嫁接切口组织,大多从茎基部开始侵染。初为黄褐色或灰褐色水渍状斑块,并逐渐软腐。病斑迅速发展,绕茎1周,使整个茎基部腐烂。后期茎肉组织腐烂失水,剩下一层干缩的外皮,或茎肉组织腐烂后仅留髓部。最后全株枯死。病部产生灰白色或紫红色霉点或黑色小点,即病菌的子实体。

(2)病原 病原有3种:尖镰孢(*Fusarium oxysporum* Schlecht.)、茎点霉菌(*Phoma sp.*)、大茎点霉菌(*Macrophoma sp.*)。其中主要是尖孢镰,属于半知菌亚门,丝孢纲,瘤座孢目,镰孢霉属。子座灰褐色至紫色;分生孢子梗集生;大型分

1.症状;2.病原菌的分生孢子盘和分生孢子
(引自徐明慧《园林植物病虫害防治》)
图4-44 仙人掌茎腐病的症状和病原菌形态

生孢子在分生孢子座内形成,纺锤形或镰刀形,一般有3~5个隔膜;小型分生孢子卵形至肾形,单细胞或双细胞。

(3)发病规律及发生条件 尖镰孢以菌丝体和厚垣孢子在病株残体上或土壤中越冬,并在土壤中存活多年。通过风雨、土壤、混有病残体的粪肥和操作工具传播,带病茎是远程传播源。多由伤口侵入。高温高湿有利于发病。盆土用未经消毒的垃圾土或菜园土,施用未经腐熟的堆肥,嫁接、低温、受冻以及虫害造成的伤口多时,均有利于病害的发生。

3. 月季枝枯病

月季枝枯病(图4-45)在我国上海、江苏、湖南、河南、陕西、山东、天津、安徽、广东等地均有发生。为害月季、玫瑰、蔷薇等蔷薇属多种植物,常引起枝条枯死,严重的甚至全株

枯死。

（1）症状　主要侵染枝干。发病初期，枝干上出现灰白、黄或红色小点，后扩大为椭圆形至不规则形病斑，中央灰白色或浅褐色，并有一清晰的紫色边缘，后期病斑下陷，表皮纵向开裂。溃疡斑上着生许多黑色小颗粒，即病菌的分生孢子器。老病斑周围隆起。病斑环绕枝条1周，引起病部以上部分枯死。

（2）病原　病原菌为伏克盾壳霉（*Coniothyrium fucklii* Sacc.），属半知菌亚门，腔胞纲，球壳孢目，盾壳霉属。分生孢子器生于寄主植物表皮下，黑色，扁球形，具乳突状孔口；分生孢子梗较短，不分枝，无色；分生孢子浅黄色，单胞，近球形或卵圆形。

（3）发生规律及发病条件　以菌丝和分生孢子器在枝条的病组织中越冬。翌年春天，在潮湿情况下分生孢子器内的分生孢子大量涌出，借风雨传播，成为初侵染来源。病菌通过休眠芽和伤口侵入寄主。管理不善、过度修剪、生长衰弱的植株发病重。

1. 枝条上的症状；2. 病原菌的分生孢子器
（引自徐明慧《园林植物病虫害防治》）

图4-45　月季枝枯病的症状和病原菌形态

4. 腐烂、溃疡病类的防治方法

（1）加强栽培管理，促进植物健康生长，增强树势，是防治茎干腐烂、溃疡病的重要途径。夏季搭荫棚或合理间作或及时灌水降温，可以有效防止病害的发生，如银杏茎腐病；适地适树、合理修剪、剪口涂药保护、避免枝干皮层损伤、随起苗随移植避免假植时间过长、秋末冬初树干涂白防止冻害、防治蛀干害虫等措施都十分有效。用无菌土做栽培土、厩肥充分腐熟、合理施肥可取得很好的防治效果，如仙人掌茎腐病。

（2）加强检疫，防止危险性病害的扩展蔓延。茎干溃疡、腐烂病中有些是危险性病害，是检疫对象，如柑橘溃疡病、毛竹枯梢病等，要防止带病苗木、种竹、毛竹传入无病区，一旦发现，立即烧毁。

（3）及时清除病死枝条和植株，结合修剪去除其他枯枝或生长衰弱的植株及枝条，刮除老病斑，减少侵染来源，可减轻病害的发生。

（4）树干发病时可用50%代森铵、50%多菌灵可湿性粉剂200倍稀释液，80%"402"抗生素200倍稀释液喷洒，2波美度的石硫合剂喷射树干或涂抹病斑。茎、枝梢发病时可喷洒50%退菌特可湿性粉剂800～1000倍稀释液、50%多菌灵可湿性粉剂800～1000倍稀释液、60%百菌清可湿性粉剂1000倍稀释液，或65%代森锌可湿性粉剂1000倍稀释液和50%苯来特可湿性粉剂1000倍稀释液的混合液（1∶1）。

4.3.2　十字花科蔬菜菌核病

十字花科蔬菜菌核病（图4-46）主要为害甘蓝、大白菜、青菜、花椰菜等十字花科蔬菜，长江流域和南方沿海各省发生普遍。

症状　　　　　　　　　　　　　　　1. 菌核；2. 萌发产生的子囊盘

图 4-46　十字花科蔬菜菌核病症状和病原菌形态特征

1. 症状

主要危害植株的茎基部,也可危害叶片、叶柄、叶球及种荚,苗期和成株期均可染病。幼苗期轻病株无明显症状,重病株根茎腐烂并生白霉,大田栽植后病情不断扩展,至抽薹后达高峰。病株茎秆上出现浅褐色凹陷病斑,后转为白色,终致皮层朽腐,纤维散离成乱麻状,茎腔中空,内生黑色鼠粪状菌核。在高湿条件下,病部表面长出白色棉絮状菌丝体和黑色菌核。受害轻的造成烂根,致发育不良或烂茎,植株矮小,产量降低;受害严重的茎秆折断,植株枯死。

2. 病原

此病由核盘菌[*Sclerotinia sclerotiorum*(Lib.) de Bary]侵染所致。病原属子囊菌亚门核盘菌属真菌。菌核黑色,鼠粪状。

3. 发病规律

病菌主要以菌核在土壤中、采种株上或混杂在种子间越冬或越夏。在春、秋两季多雨潮湿时,菌核萌发,产生子囊盘放射出子囊孢子,并借气流传播。子囊孢子在衰老的叶片上,进行初侵染引起发病,随后病部长出菌丝,通过病、健株的接触进行再侵染,到生长后期形成菌核越冬。温度 20℃左右、相对湿度在 85% 以上有利于病害的发生。苏州地区发病盛期为 2～6 月和 10～12 月。另外,连作、地势低洼、排水不良、密植、偏施氮肥的田块发病较早较重。

4. 防治方法

（1）选种　选用无病种子,并对种子进行处理。

（2）轮作、深翻及加强田间管理　与禾本科作物进行隔年轮作;收获后及时翻耕土地,把子囊盘埋入土中 12cm 以下,使其不能出土;合理密植;施足腐熟基肥,合理施用氮肥,增施磷、钾肥均有良好的防治效果。

（3）药剂防治　发病初期可喷洒 50% 速克灵可湿性粉剂 2000 倍稀释液、50% 农利灵可湿性粉剂 1000 倍稀释液、50% 多菌灵可湿性粉剂 800 倍稀释液等药剂。此外,可用生物农药菜丰宁拌种或灌根等,效果较好。

4.3.3　瓜类枯萎病

瓜类枯萎病（图 4-47）又名蔓割病,是瓜类的主要病害之一,全国各地发生普遍。长江中下游地区危害严重,露地栽培的黄瓜发病率常在50%以上。主要危害黄瓜、西瓜、甜瓜等葫芦科作物,为典型的土传病害、积年流行的维管束病害,难以防治。

症状　　　　　　大型分生孢子;小型分生孢子;菌丝及分生孢子着生情况

图4-47　瓜类枯萎病症状和病原形态

1. 症状

主要危害根茎,苗期和成株期均可发病。苗期发生病害时,表现与猝倒相近似的症状。幼苗出土后,子叶萎蔫,真叶褪绿黄枯,幼茎腐烂仅留丝状纤维而死。

成株期发病多在结瓜以后,枯萎病株常表现生长不良,植株矮化,叶小,色暗绿,并由下而上逐渐褪绿黄枯,以后全株或局部瓜蔓白天萎蔫,早晚恢复,5~6d后逐渐枯萎死亡。剖视病蔓,可见输导组织变褐,有时根部也表现溃疡病状。潮湿时病蔓表面可出现白色菌丝层和粉红色霉。

2. 病原

此病由尖镰孢菌黄瓜专化型(*Fusarium oxysporum* Schl. f. sp. *cucumerinum* Owen.)侵染所致,属半知菌亚门镰孢属真菌。菌丝有隔,多分枝,无色。可以产生两种分生孢子,大型分生孢子镰刀形,有3~5个横隔。小型分生孢子椭圆形,多数单胞,偶尔可见双胞,集生在分生孢子梗上。

3. 发病规律

主要以菌丝体、厚垣孢子和菌核在土壤、病残体、种子及未腐熟的粪肥中越冬,成为翌年主要的初侵染源。种子带菌也是侵染来源之一。通过土壤、灌溉水、肥料、昆虫、农具等传播,种子带菌是病害远距离传播的主要途径。病菌主要从根及茎基部的伤口或根毛顶端细胞侵入,再侵染不起主要作用。病菌离开寄主在土壤中能存活5~6年。厚垣孢子与菌核经牲畜消化道后仍保持生活力。其致萎机制与其他作物枯萎病的基本相似。病害有潜伏侵染现象,有些植株虽在幼苗期即被感染,但直到开花结瓜期才表现症状。病菌在田间的传播主要借助灌溉水和土壤的耕耙。地下害虫和土壤中线虫的活动和为害既可传播病菌,又可造成根部伤口,为病菌的侵入创造有利条件。

病菌喜温暖潮湿的环境,发育最适温度为24℃~32℃,空气相对湿度90%以上。温度24℃~25℃、土温25℃~30℃、pH 4.5~6易发病。高温高湿、土壤黏重、连作、施用不腐熟的带菌肥料、氮肥过多和灌水不当、土壤过分干旱等条件都易引起发病。人工接种盆栽黄瓜，14~45d 表现萎蔫状态，并产生白色至粉红色霉层。

4. 防治方法

（1）轮作　避免连作，一般至少应 3~4 年轮作 1 次。也可实行水旱轮作，减少田间病菌。

（2）种子处理　播前可用 55℃ 温水浸 10min，或用 50% 多菌灵可湿性粉剂 500 倍稀释液浸种 1h，洗净后，再催芽播种。

（3）加强栽培与管理　推广高畦地膜种植，控制氮肥施用量，增施磷、钾肥及微量元素。

（4）嫁接防病　国内已成功地用于防治黄瓜枯萎病，以黑籽南瓜做砧木，抗病、增产。

（5）土壤处理　在病害严重发生的地块，尤其是保护地，可在农闲季节进行。

（6）无土栽培或营养钵育苗或无病新土育苗　无土栽培是防治枯萎病及其他土传病害的有效措施，营养钵育苗或无病新土育苗可提高寄主抗病性，同时可减少根部伤口，在有条件的地区可大力推广应用。

（7）药剂防治　在发现个别病株初期症状时，可用 60% 甲基托布津 1000 倍稀释液或 50% 多菌灵 800 倍稀释液灌根，每株 150~200mL，可阻止病菌侵染瓜根，并抑制维管束内菌体的生长。墒情大时，灌根后应加强中耕保墒，控制灌水，改善土壤通气状况，以充分发挥药效。

4.3.4　茄子黄萎病

茄子黄萎病（图 4-48）是茄子的重要病害之一，国内分布广泛，东北平原与长江中下游地区发生普遍，城市近郊老菜区尤其严重。一般发病率在 50% 以上，重病田块发病率可达 90% 以上，减产 30% 以上。

田间病株

叶片变黄

分生孢子梗及分生孢子

图 4-48　茄子黄萎病症状和病原形态

1. 症状

茄子黄萎病在现蕾期始见，一般在茄子坐果后表现症状。长江中下游地区发病盛期为 5 月中旬到 6 月上旬。发病初期在叶片的叶脉间或叶缘出现失绿成黄色的不规则圆形斑块，病斑逐渐扩展成大块黄斑，可布满两支脉之间或半张叶片，甚至整张叶片。始病时，病叶不凋萎或仅中午强光照时凋萎。随着病情的发展，病株上病叶由黄变褐，并自下而上逐渐凋萎、脱落。植株可全株发病，也可半边发病半边正常（俗称"半边疯"），还有的仅个别枝条发病。病株的果实小而少，质地坚硬，果皮皱缩干瘪。病株根和主茎的维管束变成深褐色,重病株的分枝、叶柄和果柄的维管束也变成深褐色。

2. 病原

病原为大丽花轮枝孢菌(*Verticilliumdahliae* Kleb.),属半知菌亚门轮枝孢属真菌。分生孢子梗轮状分枝,每轮有3~4分枝。分生孢子无色,单胞,长卵圆形。病菌生长最适温度为23℃。生长最适pH为5.3~7.2,在pH 3.6条件下,生长良好。

3. 发病规律

病菌主要以休眠菌丝体、厚垣孢子、拟菌核随病残体在土壤中越冬,是主要的初侵染源,或以菌丝体潜伏在种子内,分生孢子附着在种子表面越冬。主要通过风雨、流水、人畜、农具及农事操作等途径在田间与田块间传播蔓延。翌年,病菌菌丝体从根部伤口或直接穿透幼根的表皮及根毛侵入,一般不发生再侵染。

病菌侵入寄主后,以菌丝体先在皮层薄壁细胞间扩展,并产生果胶酶分解寄主细胞间的中胶层,从而进入导管并在其内大量繁殖,随着液流迅速向地上部茎、叶、枝、果等部位扩展,构成系统侵染。病株表面一般不产生分生孢子,没有再侵染。

茄子黄萎病发生的适宜温度是20℃~25℃,超过30℃时病害受到抑制。从茄子定植到开花期,日平均气温低于15℃的日数越多,发病越早、越重。连作田块发病重,连作年限越长,发病越重。土壤湿度高发病重,尤其是定植以后,土壤湿度高不利于根部伤口愈合而有利于病菌侵入。初夏的连续阴雨或暴雨、地势低洼积水和灌水不当等均会导致土壤湿度偏高和土温下降,病害发生明显加重。

4. 防治方法

(1)选用抗病品种、无病种与种子处理 在无病区应抓好无病田留种工作,做到自留自用,严禁从病区引种。

(2)栽培防病 抓好栽培防病措施,与葱蒜、水稻等非茄科作物实行4年以上轮作,轮作换茬防病效果显著。

(3)种子处理 用55℃温水浸种15min,冷却后催芽播种。

(4)嫁接防病 用野生茄子做砧木嫁接防病。

(5)土壤消毒 定植前可用50%多菌灵可湿性粉剂与20%地茂散粉剂按1:1比例混合而成的药剂撒施土表,耙入土中,进行土壤消毒,每公顷用30kg,能收到较好的防病增产效果。

(6)药液灌根 定植前5~6d,用50%多菌灵可湿性粉剂1000倍液灌根,带药移植。田间发现病株时可用50%多菌灵可湿性粉剂1000倍液、50%琥胶肥酸铜可湿性粉剂500倍稀释液、70%托布津可湿性粉剂700倍稀释液灌根,每株300mL,7d用1次,连续3~4次。

4.3.5 苹果树腐烂病

苹果树腐烂病俗称烂皮病,是苹果树树干上一种很严重的病害。目前在我国北方苹果产区均发生普遍,发病严重时树干病疤累累,树势严重衰弱,枝干残缺,甚至整树枯死和毁园。此病除危害苹果外,还可感染沙果、海棠和山定子等苹果属植物。

1. 症状

主要危害树龄10年以上的结果树枝干,主干和大枝受害显著重于小枝,幼树、苗木甚至果实也可被害。枝干上的症状可归纳为溃疡型和枝枯型两种类型(图4-49)。

1. 溃疡型；2. 枝枯型

（引自费显伟《园艺植物病虫害防治》）

图 4-49 苹果树腐烂病症状

(1) 溃疡型 冬春发病盛期和夏秋衰弱树上发病时表现出的症状。发病初期病部红褐色，略隆起，水渍状，组织松软，常伴有黄褐色汁液流出，皮易剥离。腐烂皮层为鲜红褐色，组织质地糟烂，湿腐状，有酒糟味。用手指按压即下陷，并流出红褐色汁液。掀开表皮可见树皮内层已完全腐烂，病变范围远比外表所见的大。发病后期病部失水干缩，病部有黑绿色或枯黄色小粒点，病斑绕干 1 周，其上部枯死。

(2) 枝枯型 春季多发生在弱树或小枝上，病部扩展迅速，形状不规则，病斑很快包围枝干，枝条逐渐枯死，后期病部也产生很多小黑点。被浸染果实病斑呈红褐色，圆形或不规则形，有轮纹，边缘明晰，病组织腐烂软化，有酒精味，病斑中部散生或集生有时略呈轮纹状排列的小黑点，潮湿时涌出橘黄色卷须状的分生孢子角。

2. 病原

有性世代为苹果黑腐皮壳菌（*Valsamali* Miyabe et Yamada），属子囊菌亚门黑腐皮壳属真菌。无性世代为苹果干腐烂壳蕉孢菌（*Cytosporamand shurica* Miura），属半知菌亚门壳囊孢属真菌。子囊孢子无色，单胞。分生孢子无色，单胞，腊肠形（图 4-50）。病菌菌丝生长最适温度为 28℃~32℃。分生孢子萌发最适温度为 24℃~28℃，子囊孢子最适萌发温度为 19℃ 左右。

分生孢子梗及分生孢子　　　　　　　分生孢子器

图 4-50 苹果树腐烂病病原

3. 发生规律及发病条件

病菌主要以菌丝体、分生孢子器和子囊壳在病树皮上越冬，次年春季树液开始流动时，病菌即开始活动,遇雨或潮湿时产生孢子角,大量分生孢子和子囊孢子从分生孢子器和子囊壳中排出,分生孢子通过风雨或昆虫活动传播。从植株的各种伤口(冻伤、剪锯伤、环剥伤、虫伤等)、叶痕、果柄痕和皮孔侵入,子囊孢子也能侵染。该病菌是一种弱寄生菌,具有潜伏侵染特性,当树体健壮时,侵入的病菌不能扩展,以潜伏状态存活在侵染点内,当树体衰弱后病菌迅速扩展蔓延,引起树皮腐烂。

苹果树腐烂病发病常始于夏季,因此时树体生长旺盛,病菌只能在落皮层上扩展,形成表层溃疡斑。10月下旬至11月间,树体生活力减弱,病菌活动加强,穿过周皮,向树皮内层发展,形成坏死点,开始扩展为害。11月至次年1月,皮内发病数量激增,但病斑扩展缓慢,病状不明显。苹果腐烂病的外观症状出现的高峰期在早春的2~3月(北方苹果主区),此时病斑迅速扩展,为害最重,为一年内的发病盛期,5月后发病盛期结束。到晚秋,腐烂病斑又会出现一个小高峰。区别于北方苹果产区,江苏省苹果产区发病规律主要表现在:发病盛期在1~4月,高峰期为1~2月;4月有个小高峰,5月后病斑明显减少,无晚秋小高峰;新病疤的产生部位以剪锯口为主,而不是老皮下的绿皮层。

树体冻伤是诱导腐烂病流行的主导因素之一。果园栽培管理粗放、果树营养不良是腐烂病流行的另一个重要因素。另外,苹果树的愈伤能力与发病轻重也有着密切的关系。综合看来,土壤瘠薄、干旱缺水、其他病虫害严重、树体负载量过大、病斑刮治不及时、病枯枝处理不妥等都可诱发此病。

4. 防治方法

应以加强栽培管理、增强树势、提高抗病能力为基础,采用预防和治疗相结合的综合防治措施。

(1)增强树势,施足有机肥 注意种植果园绿肥,做到氮、钾、磷配合施肥,避免偏施氮肥。适度修剪,调节控制好结果量,注意排涝抗旱,防治好早期落叶病和红蜘蛛等各种病虫害。

(2)清除菌源 冬季结合修剪,清除枯死树、病枯枝及残桩等,集中烧毁,减少病源。在发芽前喷布40%福美砷可湿性粉剂100倍稀释液于树体。

(3)刮治病斑 刮治病斑要早,原则上要定期检查,及时刮治。其中冬季每半月1次,病斑刮除后用40%福美砷可湿性粉剂50倍稀释液进行涂抹。

4.3.6 苹果、梨轮纹病

苹果、梨轮纹病(图4-51)又称瘤皮病、粗皮病、水烂病。各苹果产区均普遍发生,是为害苹果树枝干和果实的重要病害。该病除危害苹果树外,还危害梨、桃、李、杏等多种果树。

1. 症状

主要危害枝干和果实,叶片受害比较少。受害枝干常以皮孔为中心,形成扁圆形或椭圆形的直径3~20mm的红褐色病斑。病斑的中心突起,质地坚硬,如一疣状物,边缘龟裂,往往与健部组织形成一道环沟。第2年病斑上生出黑色小粒点(分生孢子器)。病斑与健部的裂缝逐渐加深,病组织翘起如马鞍状。许多病斑连在一起,树皮极为粗糙,故又称为粗皮病。

苹果轮纹病果实症状　　　　　梨轮纹病果实症状　　　　子囊壳、子囊、分生孢子器及分生孢子

图 4-51　苹果、梨轮纹病果实症状和病原

果实发病主要在近成熟期或贮藏期。果实受害时，也是以皮孔为中心，生成水渍状褐色小斑点，病斑很快扩大成同心轮纹状，呈淡红褐色。病斑发展迅速，在条件适宜时，几天即可使全果腐烂，并发出酸臭气味。病部中心表皮下逐渐散生黑色粒点。病果腐烂多汁，失水后变为黑色僵果。

叶片发病产生近圆形的具有同心轮纹的褐色病斑或不规则形的褐色病斑，病斑逐渐变为灰白色并生出黑色小粒点。叶片上病斑很多时，往往引起干枯早落。

2. 病原

有性阶段为梨生囊孢壳菌（*Physalospora piricola* Nose），属子囊菌亚门囊孢壳属，有性阶段不常出现。无性阶段为轮纹大茎点菌（*Macrophoma kuwatsukai* Hara），属半知菌亚门大茎点属。分生孢子无色，单胞，纺锤形或椭圆形。

病菌菌丝生长和分生孢子器形成的最适温度均为 26℃ 左右，且需要光照。分生孢子萌发对湿度条件的要求严格，离开水膜时，分生孢子不能萌发。

除轮纹病菌外，引起苹果采收前后烂果的还有苹果干腐病菌。这两种病菌在苹果上所致的果腐症状无明显差别，故习惯上将该两种病菌引起的果腐统称轮纹病。

3. 发生规律及发病条件

病菌以菌丝体、分生孢子器在病枝上越冬，菌丝在枝干组织中可存活 4～5 年。翌年春季菌丝体恢复活动，继续危害枝干。4～6 月生成分生孢子，成为初次侵染来源，6～8 月分生孢子散发较多，靠雨水飞溅传播，从枝条和果实的皮孔或伤口侵入。该病菌是一种弱寄生菌，衰弱植株、老弱枝干及弱小幼树易感病。枝条的侵染在整个生长期间都有发生；果实从幼果期便开始侵染，直至成熟期，在徐淮地区 6～8 月是果实侵染的高峰期。幼果侵染后不立即发病，病菌在果实内呈潜伏状态，一般为 80～150d，待果实近成熟期、贮藏期或生活力衰退后，潜伏菌丝迅速蔓延扩展，果实才开始发病。由于病菌菌丝扩展蔓延，陆续出现轮纹状病斑。由于田间果实发病很晚，很少形成子实体进行再侵染，故轮纹病菌的田间侵染多属初侵染，无再侵染。

若幼果期降雨频繁，园内病菌分生孢子散发多，则当年轮纹病烂果加重。故果实发病多少与田间菌源多少、5～6 月降雨多少关系密切。品种间的抗病性也有一定的差异，以红星、富士、金冠和青香蕉等最易感病，国光、祝光和印度等品种次之，伏皮花等较抗病。另外，果园管理粗放、挂果过多、蛀果和蛀干性害虫为害严重等均可导致树势衰弱，从而加重

发病。

4. 防治方法

(1) 加强栽培管理,增强树势,提高树体抗病能力。

(2) 休眠期刮除枝干病瘤或粗翘皮后,可用10%果康宝涂抹剂作铲除剂。

(3) 苹果落花后10d,雨后立即选择喷洒50%多菌灵可湿性粉剂600倍稀释液、60%甲基托布津可湿性粉剂800倍稀释液、80%大生M-45或喷克可湿性粉剂800倍稀释液等。其他次喷药应根据前一次药的药效期及降雨程度而决定。雨季上述有机杀菌剂与1：(2~3)：240倍稀释波尔多液交替使用,至果实成熟前40d左右停止喷药。

(4) 果实套袋,一般在谢花后30~40d进行,套袋前喷一次杀虫杀菌剂(波尔多液除外,它会污染果面),可有效防治果实轮纹病的发生。

4.3.7 苹果干腐病

苹果干腐病(图4-52)又称为胴腐病,是苹果树重要病害之一,在我国的各苹果产区均有发生。

苹果干腐病

干腐病树枯枝

图4-52 苹果干腐病症状

1. 症状

幼树受害时,初期多在嫁接部位附近形成暗褐色至黑褐色病斑,沿树干向上扩大,严重时会枯死,病斑上有很多突起的小黑粒点。大树受害时,多在枝干上散生湿润不规则暗褐色病斑,病部溢出浓茶色黏液。病斑在枝上纵向发展严重时会致整个枝干发病,病斑后期失水形成明显凹陷黑褐色干斑。病、健交界处往往开裂,病皮翘起以至剥离,病斑表面出现许多小而密的隆起的小黑点。发病严重时,树皮组织死亡,最后可烂到木质部,整个枝干枯死。

果实发病首先在树冠上部向阳面的果实上出现褐色小点,扩大后成为圆形或不定形淡褐色病斑,逐渐扩大成同心轮纹状病斑。在适宜条件下病斑扩展迅速,几天内可使全果腐烂。后期病斑表面可产生黑色粒点。

2. 病原

病原为茶藨子葡萄座腔菌(*Botryosphaeria berengeriana* Tode Not),即苹果干腐病菌,属子囊菌亚门座腔菌属真菌。无性世代为*Dothiorella*和*Uderophoma*,其黑色小粒点为病菌子座。子座为扁圆形,散生,可产生多个分生孢子器或子囊腔室。分生孢子单胞,无色,长椭圆形。

3. 发生规律

病菌以菌丝体、分生孢子器在枝干病部越冬。翌年春产生分生孢子,借风雨传播,从伤口或皮孔侵入,也能从死亡的枯芽侵入。树干发病常始于5月下旬,旱季发病重,雨季来临后病势减弱。土质瘠薄、肥水条件差、结果过多、各种伤口多等有利于发病,干旱年份发病较重。另外,苹果不同品种的抗性也存在差异,其中金冠、国光、富士等发病较重,而红玉、元帅、祝光等受害较轻。

4. 防治方法

(1) 加强栽培管理,深翻改土,增施有机肥,适时排灌,增强树体抗病力,尽量减少树体伤口。

(2) 清除树上病枯枝,集中烧毁。

(3) 刮除病皮,刮后可用40%福美砷50倍稀释液涂抹。

(4) 秋末冬初或早春芽前,全树喷洒40%福美砷100倍稀释液,用于清园铲除病菌。平时结合防治其他病害喷施波尔多液、百菌清等。

(5) 防止果实被侵染,可参考苹果轮纹病的防治方法。

4.3.8 丛枝病类

丛枝病的典型症状是树冠的部分枝条密集簇生呈扫帚状或鸟巢状,故又称扫帚病或鸟巢病。丛枝病通常是由植原体、真菌引起的,大多是系统侵染,病害从局部枝条扩展到全株需数年或数十年。丛枝病是一类危险性病害,常导致植株死亡。

1. 竹丛枝病

我国竹子产区均有发生竹丛枝病(图4-53)。主要为害刚竹属、短穗竹属、麻竹属中的部分竹种。病竹生长衰弱,出笋减少。为害严重者,整株枯死。

(1) 症状　发病初期,个别细弱枝条节间缩短,叶退化呈小鳞片形,后病枝在春秋季不断长出侧枝,形似扫帚,严重时侧枝密集成丛,形如雀巢,下垂。4~5月,病枝梢端、叶鞘内产生白色米粒状物,为病菌菌丝和寄主组织形成的假子座。雨后或潮湿的天气,子座上可见乳状的液汁或白色卷须状的分生孢子角。6月间假子座的一侧又长出1层淡紫色或紫褐色的垫

1. 病枝;2. 假菌核和子座切面;
3. 子囊壳和子囊;4. 子囊孢子
(引自徐明慧《园林植物病虫害防治》)

图4-53　竹丛枝病的病枝和病原菌形态

状子座。9~10月,新长的丛枝梢端叶鞘内,也可产生白色米粒状物。但不见子座产生。病竹从个别枝条丛枝发展到全部枝条发生丛枝,致使整株枯死。

(2) 病原　病原菌为竹瘤座菌[*Balansia take*(Miyake)Hara],属子囊菌亚门,核菌纲,球壳菌目,瘤座菌属。分生孢子无色,细长,3个细胞。子囊壳埋生于垫状子座中,瓶状。子囊圆筒形,子囊孢子线形,无色,有隔膜。

(3) 发生规律及发病条件　以菌丝体在竹的病枝内越冬,翌年春天在病枝新梢上产生分生孢子成为初侵染源。分生孢子借雨水传播,由新梢的心叶侵入生长点,刺激新梢在健康春梢停止生长后仍继续生长而表现出症状,2~3年后逐渐形成鸟巢状或扫帚状的典型症状。郁闭度大、通风透光不好的竹林,或者低洼处、溪沟边湿度大的竹林以及培育管理不善

的竹林,病害发生较为常见。病害大多发生在四年生以上的竹林内。

复习思考

1. 简述植物苗期猝倒病、立枯病的发生规律、发生条件及防治措施。
2. 根部病害的发病规律有哪些共同点？针对根癌病发病规律,应采取哪些相应措施预防该病的发生？
3. 白绢病的发病条件是什么？怎样防治？
4. 简述月季白粉病、玫瑰锈病、兰花炭疽病、仙客来灰霉病的病原、发生规律、发病条件及白粉病、锈病类、炭疽病、灰霉病类的综合防治措施。
5. 简述月季黑斑病、杜鹃褐斑病、桂花枯斑病、大叶黄杨褐斑病、桃缩叶病的病原、发生规律、发病条件及叶斑病类的综合防治措施。
6. 简述唐菖蒲花叶病、花木煤污病的病原、发生规律、发病与蚜虫的关系及病毒病、煤污病类的综合防治措施。
7. 简述美人蕉花叶病、唐菖蒲花叶病、花木煤污病的病原、发生规律、发病与蚜虫的关系及病毒病、煤污病类的综合防治措施。

考证提示

1. 大叶黄杨白粉病、月季黑斑病、菊花斑枯病、杜鹃褐斑病、桂花枯斑病、香石竹叶斑病、大叶黄杨褐斑病、桃缩叶病、玫瑰锈病、海棠锈病、兰花炭疽病、灰霉病、花木煤污病的症状识别、病原、发生规律、发病条件及综合防治措施。
2. 4 种刺蛾、大小袋蛾、丝棉木金星尺蛾、樟叶瘤丛螟、吹绵蚧、草履蚧、红蜡蚧、桃蚜、棉蚜、杜鹃花冠网蝽、马尾松毛虫、蔷薇叶蜂等的形态特征、发生规律、生活习性及综合防治措施。

任务四　园艺植物其他真菌性病害防治技术

园艺植物蔬菜其他病害防治技术见表 4-3。

表 4-3 蔬菜其他病害防治技术

病害名称	症状特点	发病规律	防治要点
十字花科蔬菜根肿病	发病后,根部肿大,形成大小不一的不规则形肿瘤。主根肿瘤大而量少,侧根肿瘤小而多。根部受害后,地上部分生长缓慢,植株矮小,严重时出现萎蔫,最后整株死亡	以休眠孢子囊随病残体遗留在土壤越冬或越夏,孢子囊在土壤中可存活5～6年。翌年休眠孢子产生游动孢子,借雨水、地下害虫、农事操作传播,从植株根部表皮侵入,引起初侵染。病菌喜温暖潮湿环境,最适发病环境为温度19℃～25℃,相对湿度60%～98%,土壤pH5.4～6.4;最易感病期为苗期至成株期	有病的地块与非十字花科作物进行轮作。做好种子调入、调出时的检疫。种子带菌可喷洒50℃温水浸种20min杀菌。结合增施熟石灰粉或草木灰等碱性物质改变土壤酸性状况。发病初期可喷洒50%多菌灵可湿性粉剂500倍稀释液。发现病株拔除后可用65%五氯硝基苯可湿性粉剂600～1000倍稀释液浇灌,对土壤消毒
十字花科蔬菜炭疽病	主要发生于叶和叶柄上。叶片发病先有褪绿色圆形斑,呈水渍状,慢慢扩大,至最后病部中央为灰白色,变薄至半透明状,易破裂穿孔。叶柄被侵害后,病斑呈梭形或长圆形,有浅褐色凹陷,有时开裂。病情严重时,病斑布满整叶,致使全叶枯死	以菌丝体或分生孢子随病残体在土中或附着在种子上越冬,成为翌年的初浸染源。病菌借气流、雨水、灌溉水传播。病害发生、流行要求26℃～30℃的温度条件和高湿条件	与非十字花科蔬菜实行隔年轮作。可用50%的多菌灵或50%的福美双药剂拌种。加强栽培管理。发病初始期,可选用40%达科宁悬浮剂600倍稀释液、60%的甲基托布津可湿性粉剂600～1000倍稀释液、65%的百菌清可湿性粉剂600倍稀释液等药剂喷雾
番茄叶霉病	叶、茎、花和果实均可受害,以叶片受害最为常见。叶片受害后变黄枯萎,发病部位产生"黑毛"。影响番茄产量和品质,发病严重时可造成绝收	以菌丝体或菌丝块随病残体在土壤中越冬,或以分生孢子附着在种子表面,或以菌丝体潜伏在种皮内越冬。翌年产生的分生孢子通过气流或雨水传播,从气孔侵入,可引起多次再侵染。病菌发育适温为20℃～25℃,相对湿度90%以上	选用抗病品种,合理轮作,加强栽培管理,及时摘除病、老叶。保护地在定植前用硫黄粉2～2.5 g/m³,密闭熏蒸24h。可用40%多硫悬浮剂400～500倍稀释液、50%多菌灵可湿性粉剂800倍稀释液等药剂喷雾防治
辣椒疫病	成株期果实受害多从蒂部开始,病斑水渍状,青灰色,无光泽,后期常伴有细菌腐生,呈白色软腐。高湿时可见白色稀疏霉层;干燥条件时易形成僵果。根颈部的病斑凹陷,导致全株叶片由下向上发黄、凋萎、脱落,直至植株死亡	以卵孢子或厚垣孢子在土壤或土壤中的病残体上越冬。翌年温、湿度适宜时,卵孢子萌发形成芽管或游动孢子囊,引起对寄主的初侵染。高湿条件下形成的游动孢子囊借助于雨水或灌溉水传播,不断进行再侵染。直接侵入或伤口侵入	选用抗病品种。进行2～3年的轮作,用无病床土或进行床土消毒。发病初期及时喷药防治,可用58%甲霜灵锰锌500倍稀释液,72.2%霜霉威水剂600～700倍稀释液等药剂

续表

病害名称	症状特点	发病规律	防治要点
瓜类白粉病	主要危害叶片，也能危害叶柄、茎蔓。从幼苗期至成株均可染病。子叶侵染后出现星星点点的褪绿斑，逐渐发展可使整个子叶表面覆盖一层白色粉物，幼茎也有相似症状。染病子叶或整株幼苗逐渐萎缩枯干。成株叶片从下而上染病，在正、反两面出现褪绿斑点，很快在病斑上长出白粉层，这不但降低叶片光合效能，且进一步可使叶片甚至整株萎黄枯干	病菌以菌丝体和分生孢子随病株残体遗留在田间越冬或越夏。分生孢子通过气流传播或雨水反溅至寄主植物上，直接侵入引起初次侵染。受害部位产生新分生孢子可进行再侵染。病菌喜温湿，耐干燥，温度16℃~24℃、较高湿度有利于病害流行	选用抗、耐病品种。及时摘除病、老叶，清除病残体，加强栽培管理。发病初期开始喷药，可选用10%世高水溶性颗粒剂1000~1200倍稀释液、40%福星乳油4000~6000倍稀释液、15%粉锈宁可湿性粉剂1000倍稀释液等药剂，每隔6~10 d用1次，连续2~3次
黄瓜细菌性角斑病	主要浸染叶片和果实，苗期和成株期均可染病。叶片染病从下部叶片开始，逐渐向上发展，叶片上初产生水渍状斑点，扩大后受叶脉限制呈多角形，淡黄色至黄褐色，后期病斑中央易干枯碎裂。湿度大时，叶背面病部可见到乳白色黏液。病斑后期易开裂穿孔，潮湿时瓜上病斑也产生菌脓，后期腐烂，有臭味	病菌在种子内或随病残体在土壤中越冬，种子上的病菌可存活2年以上。经风、雨、水滴、昆虫及农事操作等途径传播，从自然孔口或伤口侵入。病部溢出的菌脓可进行多次再侵染，发病适温18℃~26℃，相对湿度65%以上	可用50℃温水浸种20min处理种子。与非葫芦科作物实行隔年轮作。及时通风降湿，控制室内结露时间。及时摘除病残叶片和病果。发病初期用30%DT可湿性粉剂600倍稀释液、65%百菌清可湿性粉剂600倍稀释液、50%氯溴异氰尿酸水溶性粉剂1000~1500倍稀释液喷雾，每隔1周1次，连用3~4次
瓜类病毒病	花叶型：病叶呈浓绿与淡绿相间的斑驳，叶片皱缩，节间短，植株矮化，果实呈浓、淡绿色相间斑驳，病果变形；皱缩型：新叶沿叶脉发生浓绿色隆起皱纹，或出现蕨叶、裂片或叶片变小，病果瘤突、畸形；绿斑型：叶片初生黄色斑点，继而形成黄色斑驳，绿色部分呈瘤状隆起，病果畸形；黄化型：叶片色泽黄绿至黄色，叶脉绿色	传毒昆虫介体为多种蚜虫，也极易以汁液接触传染，黄瓜种子不带毒，但由黄瓜花叶病毒侵染引起的甜瓜花叶病的种子带毒率可高达16%~18%	种子播种前用60℃~62℃温水浸种10 min或在55℃温水中浸种40 min后，即移入冷水中冷却，晾干后播种。铲除田边杂草，消灭越冬毒源。加强栽培管理，增施肥料，提高植株抗病力。防治蚜虫，减少病毒传播。喷洒植物双效助壮素（病毒K）或台农高产宝叶面肥
蚕豆赤斑病	叶片初生赤色小点，后扩大为圆形或椭圆形斑，中央略凹，周缘隆起，病、健交界明显；茎或叶柄染病，先出现赤色小点，后为边缘深赤褐色条斑，表皮破裂后形成裂痕；花染病后枯萎；种子染病后种皮上出现小红斑	以混在病残体中的菌核于土表越冬或越夏。菌核产生分生孢子进行初侵染。分生孢子借风雨传播。湿度须饱和，寄主表面具水膜，孢子才能发芽和侵入	种植抗病品种，采用配方施肥技术，实行2年以上轮作，可用种子重量0.3%的50%多菌灵可湿性粉剂拌种。发病初期可用40%多硫悬浮剂500倍稀释液、50%农利灵可湿性粉剂1000倍稀释液、50%扑海因可湿性粉剂1500倍稀释液等喷洒，每隔10 d左右1次，连续防治2~3次

续表

病害名称	症状特点	发病规律	防治要点
豇豆白粉病	主要危害叶片。叶片染病，叶背初产生黄褐色小斑，扩大后为不规则形褐色病斑，并在叶背或叶面产生白色粉层霉斑，后呈白色粉状斑，严重时粉斑相互连合成片，叶面大部分或全部被白粉状物所覆盖，终致叶片枯黄乃至脱落	以菌丝体和分生孢子在病残体上越冬。以子囊孢子或分生孢子进行初侵染，病部产生分生孢子进行再侵染。在环境适宜时，分生孢子通过气流传播或雨水反溅传播	选用良种。加强田间栽培管理。结合防治锈病，及早施药预防控病。每隔6~10 d喷药1次，连续喷2~3次。可选用10%世高水溶性颗粒剂1000~1500倍稀释液、15%粉锈宁可湿性粉剂1000倍稀释液、40%达科宁悬浮剂600倍稀释液等药剂
芹菜斑枯病	主要侵害叶片，其次是叶柄和茎。叶片染病，一般从下部老叶开始，逐渐向上发展，病斑初为淡褐色油渍状小斑点，扩大后，病斑外缘黄褐色，中间散生许多黑色小粒点（分生孢子器）。在叶柄和茎上，病斑长圆形，稍凹陷。严重时叶枯、茎秆腐烂	主要以菌丝体潜伏在种皮内越冬，种皮内的病菌可存活1年多，也可在病残体上越冬。分生孢子主要借风、雨传播，农事操作也能传播。病菌从气孔或直接穿透寄主表皮侵入体内。发病后在病斑上产生分生孢子器及分生孢子进行再侵染	选用无病种子，播前种子处理。与其他蔬菜合理进行2~3年的轮作。及时摘除病叶，清除田间病残体，适当密植，合理灌溉等。芹菜苗高2~3 cm时，就应开始喷药保护，每隔6~10 d喷药1次。可用65%百菌清可湿性粉剂500~800倍稀释液、65%代森锌可湿性粉剂500倍稀释液等

园艺观赏植物的其他真菌性病害防治技术见表4-4，果树其他病害防治技术见表4-5。

表4-4 园艺观赏植物其他真菌性病害防治技术

病害名称	症状特点	发病规律	防治要点
樱花褐斑穿孔病	主要危害叶片，也侵染嫩梢。发病初期，叶片正面出现针尖大小的紫褐色小斑点，逐渐扩大为圆形斑。病原菌的侵入刺激寄主组织产生离层使病斑脱落，呈穿孔状，穿孔边缘整齐	以菌丝体在枝梢病部，或者以子囊壳在病落叶上越冬。孢子由风雨传播，从气孔侵入。大风、多雨的年份发病严重；夏季干旱，树势衰弱发病也重	收集病枯落叶，剪除有病枝条，并处理。加强管理，增强树势。增施有机肥，及时灌水。在展叶前后喷洒65%代森锌可湿性粉剂500倍稀释液，或70%甲基托布津可湿性粉剂1000倍稀释液等
紫荆角斑病	主要发生在叶片上，发病初期针头大小斑点，病菌扩展受叶脉限制，呈多角形，黄褐色至深红褐色，严重时病斑连接成片，叶片枯死脱落。后期病斑上密生黑褐色小霉点	病菌在病落叶上越冬。孢子经风雨传播。展叶不久病菌就能为害，多从下部叶片先感病，逐渐向上蔓延扩展。植株生长不良、多雨季节发病重	秋季清除病落叶并集中烧毁。加强栽培管理。发病期间可喷50%多菌灵可湿性粉剂700~1000倍稀释液、75%百菌清700~1000倍稀释液等，10d喷1次，连喷3~4次

续表

病害名称	症状特点	发病规律	防治要点
香石竹叶斑病	主要侵染叶片和茎干。发病初期叶片上出现淡绿色水渍状圆斑,后为紫色并扩大,后期病斑中央为灰白色,边缘褐色。潮湿的天气条件下,病斑上出现黑色霉层。茎干上的病斑多发生在茎节上,病斑灰褐色,形状不规则	以菌丝体和分生孢子在土壤中的病残体上越冬。分生孢子由气流和雨水传播,气孔和伤口侵入,或自表皮直接侵入。露地栽培比温室栽培发病严重。降雨次数多,雨量大加重发病;连作发病严重	清除种植场中的病残体。实行轮作;有病土壤进行高温处理或用甲醛液处理。栽植密度要适宜。发病时可选喷1∶1∶100等量式波尔多液、50%代森锰锌可湿性粉剂500倍稀释液、40%大福丹400倍稀释液,每10d喷1次药
芍药(牡丹)褐斑病	主要为害叶片,也侵染枝条。叶片一展开即受害,叶背出现针尖状的凹陷斑点,后扩大成近圆形或不规则形病斑。病斑连接成片使得叶片皱缩、枯焦、破碎。潮湿的条件下,病斑的背面产生墨绿色霉层。幼茎及枝条上的病斑长椭圆形,红褐色	以菌丝体在病叶、病枝条、果壳等残体上越冬。伤口侵入或直接侵入。褐斑病发生的早晚、严重程度与当年春雨的早晚、降雨量大小密切相关。栽培品种抗病性差异显著	采用及时分株移栽、合理栽植密度,加强肥水管理等措施控制病害发生发展。发病时,在展叶后开花前,喷洒50%多菌灵可湿性粉剂1000倍稀释液;落花后可交替喷洒65%代森锌可湿性粉剂500倍稀释液、1∶1∶100等量式波尔多液和0.1%多菌灵,7~10d喷1次,遇雨后重喷
仙客来病毒病	主要为害叶片,受害叶片皱缩、反卷、变厚、质地脆,叶片黄化,有疱状斑,叶脉突起成棱。花畸形,花少而小,有时抽不出花梗。植株矮化,球茎退化变小	黄瓜花叶病毒在病球茎、种子内越冬。病毒主要通过汁液、棉蚜、叶螨及种子传播。该病与寄主生育期、温度和昆虫介体种群密度关系密切	合理施肥控制病害的发生。种子热处理,种子用70℃的高温进行干热处理脱毒率高。栽植土壤要进行灭菌。通过对传毒介体的药剂防治而取得较好的效果
菊花褐斑病	主要为害叶片。发病初期,叶片上出现褪绿斑或紫褐色小斑点,后扩大成为圆形、椭圆形或不规则形病斑,(黑)褐色。后期病斑中央变为灰白色,边缘为黑褐色。病斑上散生黑色小点粒	以菌丝体和分生孢子器在病残体或土壤中的病残体上越冬。风雨传播,分生孢子由气孔侵入。病害发育适宜温度为24℃~28℃	清除病落叶,栽种抗病品种。发病期间及时喷药,常用药剂有65%代森锌可湿性粉剂500倍稀释液、70%甲基托布津可湿性粉剂1000倍稀释液、50%代森铵600~800倍稀释液,7~10d喷1次药
杜鹃饼病	主要危害叶片、嫩梢。发病初期,叶片正面出现淡黄色、半透明的近圆形病斑,后逐渐扩大,黄褐色,叶背的相应部位隆起产生大小不同的菌瘿。菌瘿表面着生有灰白色黏性粉层。病叶枯黄早落。有时受侵染叶片加厚,犹如饼干状,故称为饼病	以菌丝体在病植物组织内越冬。担孢子借风雨传播蔓延,生长季节有多次再侵染。栽植密度大、通风透光不良、偏施氮肥等均有利于病害的发生	及时摘除病叶、剪除病枝梢,加强栽培管理,提高植株抗病力。在休眠期喷洒3~5波美度的石硫合剂;新叶刚展开后和抽梢时,喷洒1∶1∶100等量式波尔多液进行保护;发病期间和落花后喷洒65%代森锌可湿性粉剂400~600倍稀释液,或0.2%~0.5%的硫酸铜液3~5次

续表

病害名称	症状特点	发病规律	防治要点
郁金香碎锦病	侵害郁金香的叶片及花冠。发病初期，受害叶片上出现淡绿色或灰白色条斑。受害花瓣畸形，由于病毒侵染影响花青素的形成，原为色彩均一的花瓣上出现淡黄色、白色条纹，或不规则的斑点，称为"碎锦"	病菌在病鳞茎内越冬，成为次年的初侵染源。该病毒由桃蚜和其他蚜虫作非持久性的传播	建立郁金香无病毒母本和品种基地，加强检疫，加强栽培管理，控制病害的发生。防治传毒蚜虫，定期喷洒乐果和辟蚜雾等杀虫剂杀灭传毒蚜虫

表 4-5　果树其他病害防治技术

病害名称	症状特点	发病规律	防治要点
梨腐烂病	主要为害主枝和侧枝，发病期间，病斑稍隆起，呈水渍状，红褐色，用手压可下陷，并溢出红褐色液汁，散发出酒糟味。以后病部逐渐凹陷、干缩，并于病部出现龟裂，表面布满黑色瘤状小点，空气潮湿时，从中涌出淡黄色孢子角。病部与健部分界明显	以菌丝体、分生孢子器及子囊壳在枝干病部越冬，经雨水传播，多从伤口侵入。病害发生1年有2个高峰，春季盛发，秋季活动没有春季严重。该病的发生与土质、树龄、枝干部位、品种有一定的关系	春、秋季注意预防，如春季萌芽前喷5波美度的石硫合剂；秋季进行枝干涂白。增强树势是防治本病的重要环节。早春、晚秋和初冬季节，要及时彻底刮除树上的病斑并烧毁。注意刮口要光滑、平整，刮后涂药治疗，常用药剂有腐必清或843康复剂原液、2%农抗120的10～20倍稀释液、5%菌毒清水剂30～50倍稀释液等。半个月后再涂1次
苹果霉心病	两种症状：一种是果实病变，向果内扩展，呈黄褐色腐烂，后期果心部形成一个空洞，病部长有粉红霉层；另一种是果心长出灰褐色至深褐色霉层，少数可扩展至果肉。因此本病主要特征是常使果心霉变或从果心向果肉腐烂	主要在树上僵果、枯死小枝、病落叶上越冬。分生孢子靠气流传播。花期是主要侵染期。降雨早而多，果园低洼潮湿及郁闭，均有利于发病	早春芽前喷布2～3波美度的石硫合剂，现蕾期和落花60%时喷洒50%扑海因可湿性粉剂1 500倍稀释液，或60%甲基托布津可湿性粉剂800倍稀释液。果实采收后及时放到冷库中贮藏。清除病枯枝、杂草，增施磷、钾肥
枇杷枝干褐腐病	主干和主枝受害后出现不规则病斑，病、健交界处产生裂纹，病皮红褐色，粗糙易脱落，且留下凹陷痕迹。未脱落病皮则连接成片，呈鳞片状翘皮。受害皮层坏死、腐烂严重时可深达木质部，绕枝干1周致使枝枯甚至全树死亡。后期病部可见黑色小粒点	主要以菌丝体和分生孢子器在树皮中越冬。翌春条件适宜时，产生分生孢子器和分生孢子，分生孢子借风雨传播，从皮孔和伤口侵入。嫁接、虫害等造成伤口，常诱发本病	增强树势，及时整形修剪，改善通风、透光条件，减少树皮受伤。早期发现病斑及时刮除，并涂刷50%多菌灵可湿性粉剂200倍稀释液或25%润通悬浮剂300倍稀释液。未发病茎干、侧枝可喷施50%退菌特可湿性粉剂600倍稀释液或45%施保克乳油1500倍稀释液保护，间隔15 d用药1次，连喷2～3次

续表

病害名称	症状特点	发病规律	防治要点
枇杷角斑病	只侵染果实。初期叶上出现赤褐色小点病斑,后逐渐扩大,以叶脉为界,呈多角形,周围有黄色晕环。多数病斑可愈合成不规则形大斑。后期在病斑上长出霉状小粒点	以分生孢子盘、菌丝体和分生孢子在病叶或病落叶上越冬。翌年3~4月间,越冬后的病菌或新产生的分生孢子,借风雨传播,引起初侵染。温暖地区,全年均可发生,出现重复侵染,不断扩展蔓延	冬季清园,剪除病叶,清除枯枝落叶,集中烧毁,减少越冬菌源。增施有机肥料,及时修剪,增强树势。新叶长出刚展叶时用药剂喷施。药剂可选用25%阿米西达悬浮剂1000倍稀释液、60%甲基托布津可湿性粉剂800倍稀释液、50%翠贝干悬浮剂2500倍稀释液等。注意轮换使用药剂,喷雾要均匀,药量要足
枇杷轮纹病	为害叶片,多从叶缘先发病,病斑半圆形至近圆形,淡褐色至棕褐色,后期中央变灰褐色至灰白色,边缘褐色。病、健部分界清晰,斑面微具同心轮,上生细小黑点	同"枇杷角斑病"	同"枇杷角斑病"
杨梅癌肿病	各种年龄的枝条都能发病。病部初期先发生乳白色的小突起,表面平滑。后逐渐增大形成肿瘤,表面粗糙坚硬,呈褐色或黑褐色,肿瘤近球形,小如樱桃,大如核桃,1根枝条上的肿瘤少者1~2个,多者4~5个或更多	病原菌在树上和果园地面的残枝病瘤内越冬。次年4月中、下旬,细菌从病瘤内溢出,通过雨水、空气、接穗、昆虫传播。病菌只能从伤口侵入。该病的发生与气候条件关系密切,病瘤在4月中、下旬,气温15℃左右时开始发生;6月气温在25℃左右,梅雨连绵的情况下发生最快;9~10月又趋缓慢。随着树龄增大,伤口增多,病瘤也不断增加	随时剪除病瘤多的病枝、枯枝并烧毁。尽量减少人为的机械损伤。增施有机肥料和钾肥。禁止在病树上接穗、嫁接繁殖苗木。在雨水较多季节,当病瘤吸水软化后,用快刀削去瘤体,然后涂刷抗菌402 50~100倍稀释液,或叶青双50倍稀释液

复习思考

1. 十字花科蔬菜病毒病在什么情况下容易发生？简述其病原、发生规律、发生条件及防治的有效措施。

2. 白菜霜霉病的发生规律、发生条件如何？怎样防治？怎样防治白菜菌核病？

3. 简述桃蚜、萝卜蚜生活史和习性及菜蚜的防治措施。

4. 为什么菜粉蝶、小菜蛾春秋季为害严重？简述其生活史和习性及防治措施。

5. 简述番茄病毒病的病原、症状特点、发病规律及防治措施。

6. 影响茄科蔬菜青枯病发生和流行的因素有哪些？如何才能有效防治茄科蔬菜青枯病？

7. 番茄灰霉病的症状特点、发病规律各是什么？保护地茄科蔬菜灰霉病的防治措施有哪些？

8. 茄子褐纹病的病原、发病规律是什么？怎样防治？
9. 茄子黄萎病的症状特点是什么？防治茄子黄萎病的措施有哪些？
10. 棉铃虫和烟青虫的习性有哪些？怎样防治？
11. 黄瓜霜霉病主要症状是什么？可采取哪些措施？
12. 瓜类疫病的病原有何特征？影响黄瓜疫病发生的因素有哪些？如何对该病害进行有效防治？
13. 番茄早疫病的主要症状是什么？防治番茄早疫病应采取哪些措施？
14. 黄瓜枯萎病的病原、发生规律、发生条件是什么？防治黄瓜枯萎病有哪些经济、有效的措施？为什么？
15. 温室白粉虱的发生有何规律？怎样防治？怎样防治黄守瓜？
16. 为什么美洲斑潜蝇很难防治？防治美洲斑潜蝇应采取哪些技术措施？
17. 菜豆锈病的发生有何规律？怎样防治？
18. 豆野螟的发生规律如何？防治豆野螟可采取的措施有哪些？

 考证提示

1. 白菜病毒病、白菜软腐病、白菜霜霉病的症状、病原、侵染循环、影响病害发生的因素、防治方法。菜蚜、菜粉蝶、小菜蛾的识别特征、发生规律、发生条件及综合防治方法。

2. 茄科蔬菜立枯病、猝倒病、番茄病毒病、早疫病、叶霉病、灰霉病、辣椒病毒病、疫病、炭疽病、茄子褐纹病、黄萎病、绵疫病等的症状、病原、侵染循环、影响病害发生的因素和防治方法。棉铃虫和烟青虫、茄二十八星瓢虫的识别特征、发生规律、发生条件及综合防治方法。

3. 黄瓜病毒病、黄瓜霜霉病、黄瓜细菌性角斑病、黄瓜白粉病、黄瓜枯萎病、病虫害的症状、病原、侵染循环、影响病害发生的因素、防治方法。瓜蚜、黄守瓜等的识别特征、发生规律、发生条件及综合防治方法。

4. 菜豆细菌性疫病、豆类锈病、豆类炭疽病的症状、病原、侵染循环、影响病害发生的因素和防治方法。

实训项目1 园艺植物苗期和根部病虫害形态特征及症状、为害状观察

1.1 实训目标

识别园艺植物苗期和根部病害的症状特点和病原菌的形态特征，识别园艺植物主要地下害虫的形态特征及为害状特点，为防治奠定基础。

1.2 实训材料

园艺植物立枯病和猝倒病、紫纹羽病、白绢病、根癌病、白纹羽病、根腐病标本或新鲜材料，病原菌玻片标本；华北大黑鳃金龟、暗黑鳃金龟、铜绿丽金龟、东方蝼蛄、华北蝼蛄、细胸金针虫、种蝇、小地老虎和大地老虎等针插标本、浸渍标本、为害状标本、挂图及多媒体课件等。

1.3 实训仪器和用具

显微镜、解剖镜、放大镜、解剖刀、刀片、镊子、挑针、滴瓶、载玻片、盖玻片、多媒体教学设备等。

1.4 实训内容与方法

（1）立枯病和猝倒病观察　观察立枯病和猝倒病侵害幼苗茎基部所产生病斑的形状、颜色，注意是否缢缩，是否倒伏，病部是否有丝状霉或菌核。观察病菌菌丝的形态特征。

（2）白绢病观察　观察病部皮层腐烂情况。有无酒糟味？是否溢出褐色汁液？表面菌丝层的颜色和形状如何？是否形成菌核？颜色、形状和大小如何？

（3）根癌病观察　观察病害发生的部位、颜色、形状和大小。

（4）其他园艺植物根部病害观察　观察发病部位、症状特点和病原菌形态。

（5）金龟子及其幼虫（蛴螬）类形态观察　观察成虫形状、大小、鞘翅特点和体色，注意幼虫头部前顶刚毛的数量与排列、臀节腹面覆毛区刺毛排列情况及肛裂特点。

（6）东方蝼蛄和华北蝼蛄形态观察　观察成虫体形、大小、体色、前胸背板中央心脏形斑大小、后足胫节的主要区别。

（7）地老虎类形态观察　观察成虫体长、体色、前翅斑纹、后翅颜色、雌雄蛾的触角。观察幼虫体长、体色、体表皮特征。蛹的大小、颜色及其他区别。

（8）当地园艺植物其他地下害虫观察　主要观察它们的形态和为害状。

1.5 实训作业

（1）列表比较所观察园艺植物根部病害的症状。

（2）绘东方蝼蛄和华北蝼蛄前足腿节内侧外缘形态图。

（3）绘小地老虎类前翅斑纹形态图。

实训项目 2　园艺观赏植物病害的症状和病原菌形态观察

2.1 实训目标

了解观赏植物病害的种类，识别常见观赏植物叶部病害及主要枝干病害的症状及病原菌形态特征，为诊断和防治观赏植物病害奠定基础。

2.2 实训材料

紫薇白粉病、月季白粉病、海棠锈病、玫瑰锈病、兰花炭疽病、山茶炭疽病、月季黑斑病、樱花穿孔病、仙客来灰霉病、唐菖蒲病毒病、香石竹枯萎病、郁金香茎腐病、鸢尾细菌性软腐病、月季枝枯病、竹丛枝病、泡桐丛枝病、松材线虫病和水仙茎线虫病等盒装标本、新鲜标本、浸渍标本、病原菌玻片标本、挂图及多媒体课件等。

2.3 实训仪器和用具

显微镜、放大镜、镊子、挑针、刀片、滴瓶、纱布、盖玻片、载玻片、擦镜纸、吸水纸及多媒体教学设备等。

2.4 实训内容与方法

（1）观察白粉病症状。发病部位的白色粉层是否有小黑点？病叶是否扭曲？镜检分生孢子、闭囊壳及附属丝形态。

（2）观察锈病病叶上冬孢子堆、性子器、锈子器和夏孢子堆的形状和颜色。切片或挑取锈病的锈子器、夏孢子堆、性子器并观察形态结构。

（3）观察所示病害标本叶片病斑的形状及颜色变化,注意有无小黑点或霉层。镜检分生孢子盘、分生孢子器、分生孢子梗和分生孢子的形态特征。

（4）观察灰霉病为害仙客来嫩梢、幼叶、花蕾、花器的症状特点,注意病部是否产生灰色霉层。

（5）观察球根观赏植物枯萎病地上部分枯萎和种球茎腐病的症状特点。

（6）观察炭疽病类枝干病害的症状特点,注意病斑中央是否有同心轮纹状排列的小黑点。

（7）观察竹丛枝病和泡桐丛枝病的小叶,注意叶革质化,枝叶丛生,腋芽多次萌发及节间缩短等症状特点。

（8）观察水仙茎线虫病、松材线虫病的症状特点。

（9）观察其他病害症状,注意其主要症状及病原菌的形态特征。

2.5 实训作业

（1）将观赏植物叶部病害的观察结果填入下表。

园艺观赏植物叶部病害观察结果记录表

病害名称	受害部位和症状特点	病原菌形态特征

（2）绘白粉病、炭疽病、灰霉病病原菌的形态特征图。

实训项目3 园艺蔬菜病害的症状和病原菌形态观察

3.1 实训目标

熟悉并识别当地蔬菜主要病害的症状及其病原菌的形态特征。

3.2 实训材料

十字花科蔬菜病毒病、霜霉病、软腐病、黑腐病、菌核病、根肿病,番茄病毒病、灰霉病、叶霉病、脐腐病,茄子褐纹病、黄萎病、绵疫病,辣椒病毒病、炭疽病,黄瓜霜霉病、细菌性角斑病、菌核病,瓜类疫病、枯萎病、白粉病、炭疽病,豆类炭疽病、菜豆细菌性疫病、豇豆煤霉病,葱紫斑病、大蒜叶枯病,芹菜斑枯病、姜瘟病等病害的新鲜标本、浸渍标本、干制标本、病原菌玻片标本、挂图及多媒体课件等。

3.3 实训仪器和用具

显微镜、放大镜、挑针、解剖刀、载玻片、盖玻片、吸水纸、纱布、蒸馏水及多媒体教学设备等。

3.4 实训内容与方法

（1）观察十字花科蔬菜病害标本 注意病毒病病株的矮化、扭曲、皱缩等畸形现象,叶上症状;观察霜霉病叶片正、反面病斑的颜色、形状,霉层的特点;观察软腐病标本,注意受害部位的腐烂状况及叶片失水后的薄纸状特征;观察菌核病发病的部位,病斑颜色,病斑上是否有白色絮状霉层和黑色菌核等特征;观察提供的其他常发生的十字花科蔬菜病害的发病部位、症状特点。

(2) 观察茄科蔬菜病害标本。

① 番茄病害观察　观察番茄病毒病,注意叶片是否有花叶、蕨叶、坏死斑等症状。观察番茄早疫病,注意病斑的形状、大小和发生部位、有无轮纹等特征;观察番茄叶霉病,注意病斑的形态、大小、颜色,叶片背面是否有黑色霉层？观察其他的番茄病害,注意发病部位及症状特征并观察病原菌的形态特征。

② 茄子病害观察　观察茄子褐纹病,注意病果的发病部位,病斑大小、颜色,有无腐烂等;观察茄子绵疫病,注意病果的发病部位、病斑大小和颜色、腐烂与茄子褐纹病的区别;观察茄子黄萎病,注意叶片上变黄部分的分布特点,维管束是否变成褐色。观察其他的茄子病害,注意发病部位及症状特征。

③ 其他茄科蔬菜病害观察　注意发病部位、症状特点。

(3) 观察葫芦科蔬菜病害标本。

① 黄瓜病害观察　注意霜霉病叶片上病斑前后期的发展,是否有灰黑色霉层。观察黄瓜黑星病,注意叶片、茎及叶柄上病斑的区别;观察黄瓜细菌性角斑病,注意病斑前后期的变化,叶背是否有污白色菌脓或粉末状物或白膜。比较其症状表现与黄瓜霜霉病的异同。

② 观察瓜类病害　注意瓜类白粉病叶片正面白色粉斑及粉斑形态、粉斑中黑褐色的小粒点;观察瓜类枯萎病,注意茎基部表皮的纵裂,根是否变褐色。剖检病茎维管束是否变成褐色,茎基部表面是否有白色或粉红色霉层。观察瓜类炭疽病幼苗、叶片、茎蔓、果实上病斑的大小、形状和颜色等特点;观察瓜类疫病叶片上水渍状病斑,注意茎基部是否缢缩、扭折,维管束是否变褐,病部表面是否产生稀疏的白色霉层。观察瓜类其他病害,注意观察叶片、果实上的症状特点。

(4) 观察豆科蔬菜病害标本。

① 观察豆类锈病　注意叶背黄白色的小疱斑。表皮破裂后是否有大量铁锈色粉状夏孢子或黑褐色粉状冬孢子散出？挑取病变部的粉状物制片,观察夏孢子及冬孢子的形态特征。

② 观察菜豆细菌性疫病　注意观察叶片的不规则形深褐色病斑。病斑周围是否有黄色晕圈？豆荚上是否有近圆形或不规则形的褐色病斑？病斑是否凹陷？茎部是否有凹陷的长条形病斑？潮湿时病部是否有黄色菌脓或菌膜？

③ 观察菜豆炭疽病　注意叶背沿叶脉的病斑,豆荚上的病斑形状。病斑上是否有粉红色黏质物？

(5) 观察其他科蔬菜病害标本　注意发病部位、病状特点等。

3.5　实训作业

(1) 列表描述蔬菜常见病害的症状特点。

(2) 绘白菜霜霉病、茄子褐纹病、瓜类枯萎病、豆类锈病病原菌形态图,注明各部位名称。

实训项目 4　果树病害的症状和病原菌形态观察

4.1　实训目标

认识果树常发生的病害种类,区别主要病害的症状特点及病原菌的形态,为正确诊断和防治病害奠定基础。

4.2 实训材料

苹果树腐烂病、苹果干腐病、苹果轮纹病、苹果斑点落叶病、苹果褐斑病、苹果锈病、苹果白粉病、苹果轮纹烂果病、苹果炭疽病、苹果紫纹羽、苹果立枯病、苹果锈果病、苹果花叶病、梨黑星病、梨锈病、梨轮纹病、梨炭疽病、梨腐烂病、柑橘黄龙病、柑橘溃疡病、柑橘疮痂病、柑橘黑星病、柑橘炭疽病、柑橘黑斑病、柑橘根结线虫病、柑橘青霉病、柑橘绿霉病、柑橘黑腐病、柑橘煤烟病、葡萄霜霉病、葡萄白腐病、葡萄黑痘病、葡萄炭疽病、葡萄黑腐病、葡萄白粉病等病害的新鲜标本、浸渍标本、盒装标本、病原菌玻片标本、照片、挂图及多媒体课件等。

4.3 实训仪器和用具

显微镜、放大镜、挑针、解剖刀、镊子、载玻片、盖玻片、吸水纸、纱布、蒸馏水及多媒体教学设备等。

4.4 实训内容与方法

（1）苹果树病害的症状和病原菌形态观察　观察苹果树腐烂病、苹果干腐病、苹果轮纹病枝干病斑的部位、形状、质地、表面特征和气味；观察苹果斑点落叶病、苹果褐斑病、苹果锈病、苹果白粉病病斑的形状、颜色；观察苹果轮纹烂果病、苹果炭疽病受害果实的部位、病斑形状、质地和表面特征等；观察苹果紫纹羽、苹果立枯病地上、地下症状；观察苹果锈果病、苹果花叶病的果、叶、枝干特征。以上部分病害可以通过徒手制作切片或观察切片标本来识别病原菌的形态特征。

（2）梨树病害的症状和病原菌形态观察　观察梨黑星病、梨锈病、梨白粉病病斑的形状、大小；观察梨轮纹病、梨炭疽病的发病部位和病斑形状、质地和表面特征等；观察梨轮纹病、梨腐烂病等枝干病害，注意病斑的形状、质地、小黑点着生情况等特征。以上部分病害可以通过制作徒手切片或观察切片标本来识别病原菌的形态特征。

（3）柑橘病害的症状和病原菌形态观察　观察柑橘黄龙病新梢的新叶颜色、中脉及侧脉颜色变化，病梢上老叶叶脉和叶肉的颜色、形状和厚度；观察柑橘溃疡病叶片病斑的大小、分布、颜色，注意枝梢和果实上的病斑是否表现木栓化。观察柑橘炭疽病叶片、枝梢和果实病斑的形状、颜色、轮纹和小黑点，比较叶、枝、果症状的异同；观察柑橘疮痂病叶片、嫩梢和果实病斑的形状，注意与柑橘溃疡病症状的区别；观察柑橘黑星病、柑橘青霉病、柑橘绿霉病、柑橘树脂病、柑橘根结线虫病和柑橘煤烟病等标本及症状特点。以上部分病害可以通过制作徒手切片或观察切片标本来识别病原菌的形态特征。

（4）葡萄病害的症状和病原菌形态观察　观察葡萄霜霉病叶片下面病斑的颜色及形状，注意叶片背面病斑有无密生的白色双霉状物。观察葡萄白腐病病果干缩失水和果梗干枯缢缩状态，病蔓和病梢皮层形态，病叶病斑形状、大小，注意病部是否生有灰色颗粒状物。观察葡萄黑痘病叶片、新梢及果实病斑，注意各部位病斑的形状、大小、颜色、晕圈，观察果实病斑有无鸟眼状表现。观察葡萄炭疽病、锈病等病害在叶片上的症状特点。以上部分病害可以通过制作徒手切片或观察切片标本来识别病原菌的形态特征。

（5）其他果树病害的症状和病原菌形态观察　注意发病部位、病状特点等。

4.5 实训作业

（1）将柑橘病害的观察结果填入下表。

柑橘病害观察结果记录表

病害名称	受害部位和症状特点	病原菌形态特征

（2）绘梨锈病病菌、葡萄霜霉病菌的形态图。

复习思考

1. 引起苗期病害的病原有哪些？苗期立枯病、猝倒病的症状和发病规律有何异同？防治措施有哪些？
2. 根部病害的发病规律有哪些共同点？针对根癌病发病规律，应采取哪些相应措施预防该病的发生？
3. 白绢病的病原、发病规律、条件是什么？怎样防治？
4. 简述大叶黄杨白粉病、瓜类白粉病的症状、发病规律及白粉病类的综合防治方法。
5. 简述玫瑰锈病、海棠锈病的症状、发病规律及锈病类的综合防治方法。
6. 简述兰花炭疽病、辣椒炭疽病的症状、发病规律及炭疽病类的综合防治方法。
7. 简述仙客来灰霉病、番茄灰霉病的症状、发病条件及灰霉病类的综合防治方法。
8. 简述月季黑斑病、大叶黄杨叶斑病的病原、发病条件及叶斑病类的综合防治方法。
9. 根据苹果、梨轮纹烂果病、腐烂病的发生特点，如何选择防治措施？
10. 黑星病及苹果斑点落叶病的发生规律、发生条件及防治措施是什么？
11. 简述柑橘溃疡病、柑橘疮痂病的病原、发生规律及防治方法。
12. 十字花科蔬菜霜霉病、黄瓜霜霉病、葡萄霜霉病的症状有何特点？发病与环境条件有何关系？药剂防治应选择哪些农药？
13. 葡萄白腐病和葡萄炭疽病的发生流行条件是什么？防治的关键时期是什么时候？
14. 怎样结合桃褐腐病及炭疽病的发生特点采取防治措施？怎样防治桃缩叶病？
15. 结合当地桃树的主要病虫害种类及发生特点，制订综合防治方案。

考证提示

1. 苹果树腐烂病、斑点落叶病，梨锈病、黑星病，葡萄白腐病、黑痘病、霜霉病的症状、病原、侵染循环、影响病害发生的因素和防治方法。
2. 梨小食心虫、葡萄透翅蛾、葡萄天蛾、苹果及梨蚜虫、柑橘全爪螨、柑橘潜叶蛾的形态识别、为害特点及防治方法。

项目五　园艺植物其他病害防治技术

 知识目标

1. 熟悉并掌握园艺植物其他病害如细菌性病害、病毒病害、线虫病害等的症状特点。
2. 重点掌握园艺植物其他病害的识别特征、发生规律及其防治方法。

 能力目标

1. 能对园艺植物其他病害进行田间调查。
2. 能对园艺植物其他病害进行识别诊断,制定并掌握综合防治技术措施。

 知识平台

任务一　园艺植物细菌性病害和植原体病害防治技术

5.1.1　园艺植物病原原核生物细菌概述

原核生物是指含有原核结构的微生物,结构简单,一般是指由细胞壁和细胞膜或只有细胞膜包围细胞质所组成的单细胞生物,包括细菌、放线菌以及无细胞壁的植原体等。原核生物无真正的细胞核,无核膜包围,核质分散在细胞质中,形成椭圆形或近圆形的核质区。

1. 细菌的一般性状

细菌病害的数量和为害仅次于真菌和病毒,是引起植物病害最多的一类植物病原原核生物。一般细菌的形态为球状、杆状和螺旋状。植物病原细菌大多是杆状菌,有鞭毛,着生在菌体一端或两端的称为极鞭,着生在菌体四周的称为周鞭(图5-1)。细菌鞭毛的有无、着生位置和数目是细菌分类的重要依据。细菌以裂殖方式进行繁殖,其突出的特点是繁殖速度极快,在适宜的环境条件下,每20～30min可以裂殖1次;能耐低温,对高温较敏感;一般在中性偏碱的环境中生长良好。革兰染色反应是细菌分类的一个重要性状,植物病原细菌革兰染色反应多为阴性，少数为阳性。

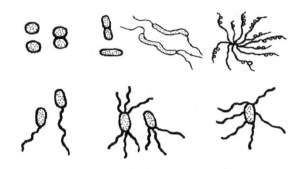

图 5-1　细菌形态及鞭毛着生方式

植物病原细菌可以在普通培养基上培养，生长的最适温度为 26℃～30℃，能耐低温，对高温较敏感，通常 48℃～53℃ 处理 10min，多数细菌即死亡。植物病原细菌绝大多数为好气性，少数为兼性厌气性。

2. 植物病原细菌的主要类群

常见园艺植物病原细菌及其所致病害的特点见表 5-1。

表 5-1　常见园艺植物病原细菌及其所致病害的特点

| 门 | | 属 | | | 致病特点 | 代表病害 |
名称	特征	名称	鞭毛	菌落特征		
薄壁菌门	有细胞壁，较薄，革兰染色反应阴性	土壤杆菌属（Agrobacterium）	1～6根，周生或侧生	圆形，隆起，光滑，灰白至白色	肿瘤、畸形	桃、苹果、月季根癌病
		欧氏杆菌属（Erwinia）	周生多根鞭毛	圆形，隆起，灰白色	腐烂、萎蔫、叶斑、溃疡	白菜软腐病、梨火疫病
		假单胞杆菌属（Pseudomonas）	极生1～4根或多根	圆形，隆起，灰白色，多数有荧光反应	叶斑、腐烂和萎蔫	黄瓜细菌性角斑病、桑疫病
		黄单胞菌属（Xanthomonas）	极生单鞭毛	隆起，黏稠，蜜黄色，产生非水溶性色素	叶斑、叶枯	甘蓝黑腐病、柑橘溃疡病、桃细菌性穿孔病
		布氏菌属（Burkholderia）	极生2～4根	光滑，湿润而隆起或粗糙，干燥而低平	萎蔫，维管束变褐	茄科植物青枯病
厚壁菌门	有细胞壁，较厚，革兰染色反应阳性	棒形杆菌属（Clavibacter）	无	圆形，光滑，凸起，多为灰白色	萎蔫，维管束变褐	马铃薯环腐病

5.1.2　十字花科蔬菜软腐病

十字花科蔬菜软腐病（图 5-2）是一种世界性分布病害。我国凡栽培大白菜的地区都有发生，是大白菜三大病害之一。软腐病危害期长，在大白菜生长、贮藏、运输与销售过程中，都可发生腐烂,造成严重损失。该病除危害十字花科作物外,还可危害马铃薯、番茄、莴苣、黄瓜等蔬菜,引起各种不同程度的损失。

1. 症状

软腐病的症状因受害组织和环境条件的不同,略有差异。一般柔嫩多汁的组织受侵染后开始多呈浸润半透明状,后渐呈明显的水渍状。颜色由淡黄色、灰至灰褐色,最后组织黏滑软腐,并有恶臭。较坚实少汁的组织受侵染后,病斑多呈水渍状,先淡褐色,后变褐色,逐渐腐烂,最后病部水分蒸发,组织干缩。

在田间,白菜、甘蓝多从包心期开始发病,通常植株外围叶片在烈日下表现萎蔫,但早晚仍能恢复,随着病情的发展,这些外叶不再恢复,露出叶球,病组织内充满污白色或灰黄色黏稠物质。腐烂病叶在干燥环境下失水变成透明薄纸状。发病严重时,植株结球小,叶柄基部和根茎处心髓组织完全腐烂,并充满灰黄色黏稠物,臭气四溢,农事操作时易被碰落。

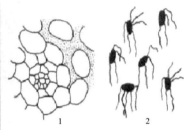

病株　　　　　　　　　　　　　　　　1. 受害组织内的细菌; 2. 菌体

图 5-2　十字花科蔬菜软腐病症状和病原

2. 病原

此病由胡萝卜软腐欧氏杆菌胡萝卜致病亚种 [*Erwinia caratovora* subsp. *carotovora* (Jones) Bergey et al.] 侵染所致。属细菌薄壁菌门欧氏杆菌属。菌体短杆状,2~8 根周生鞭毛,无荚膜,革兰染色反应阴性,兼性嫌气性。该细菌在 4℃~36℃ 都能生长发育,最适温度 27℃~30℃,致死温度 50℃。pH 为 5.3~9.3 都能生长,以 pH 为 7 时生长最好。不耐干燥和日光。

3. 发病规律和发病条件

主要在病株和病残组织中越冬。翌年病菌通过昆虫、雨水和灌溉水传播,从伤口或生理裂口侵入寄主。软腐病的发生与伤口及影响寄主愈伤能力均有密切关系。此外,与寄主的抗病性也有关,气候条件中以雨水与发病的关系最密切,白菜包心以后多雨往往发病严重。昆虫危害白菜造成的伤口有利于病菌的侵入,同时有的昆虫携带病菌,直接起到了传播和接种病菌的作用。在多雨或低洼地区,平畦地面易积水,土中缺乏氧气,不利于寄主伤口愈合,有利于病菌繁殖和传播,发病重。采收后的发病轻重还与贮藏条件密切相关,缺氧、温度高、湿度大均易发病,造成损失。

白菜品种间也存在着抗病性差异。一般而言,疏心直筒的品种由于外叶直立,垄间不荫蔽,通风良好而发病较轻。另外,青帮菜较抗病,多数柔嫩多汁的白帮菜品种则较感病。一般抗病毒病和霜霉病的品种也抗软腐病。

4．防治方法

软腐病的防治应以利用抗病品种、加强栽培管理为主,结合防病治虫等综合措施,才能收到较好的效果。

(1) 利用抗病品种　提倡推广使用杂交品种。晚熟品种、青帮品种、抗病毒病和霜霉病的品种一般也抗软腐病,较抗病的大白菜品种有大青口和旅大小根等。

(2) 加强田间管理　实行轮作和合理安排茬口,采用垄作或高畦栽培,有利于田间排水,降低湿度。在不影响产量的前提下,可考虑适当迟播。田间发现重病株时应立即拔除,带出田外。白菜收获后,及时清除病残体,施足基肥,早追肥,促进幼苗生长健壮,减少自然裂口,增施钙素可提高寄主对软腐病的抵抗性。

(3) 防虫治病　从幼苗起加强对黄条跳甲、地蛆、菜青虫、小菜蛾等害虫的防治。

(4) 药剂防治　发病前或发病初期及时进行药剂防治,防止病害发生蔓延。喷药应以发病株及其周围的植株为重点,注意喷射接近地面的叶柄及茎基部。大白菜喷药时间一般掌握在莲座期至包心期,在莲座期开始喷药,以后每隔 6~7 d 喷 1 次,连续喷 2~3 次。可选用 26.12% 铜高尚 500 倍稀释液、46% 加瑞农可湿性粉剂 800~1000 倍稀释液、62% 硫酸链霉素 500 倍稀释液等药剂。此外,可用生物农药菜丰宁(B1)拌种或灌根等,效果较好;消毒病穴,防止烂窖,减少机械损伤,适当晾晒也有效。

5.1.3　菜豆细菌性疫病

菜豆细菌性疫病(图 5-3)又称叶烧病、火烧病,是菜豆常见病害之一。目前在我国各地的菜豆生产区均有发生。主要为害菜豆、豇豆、扁豆等豆类作物。

1．症状

主要危害叶片、茎及豆荚,苗期和成株期均可染病。叶片染病,在叶片上初生暗绿色油渍状小斑点,后逐渐扩大,呈不规则形,被害组织逐渐变褐色、干枯,枯死组织变薄,半透明。病斑周围有黄色晕圈。病斑上常分泌出一种淡黄色菌脓,干后在病斑表面形成白色或黄色的薄膜状物。严重时病斑连接成片,相互愈合,最后引起叶片枯死,但一般不脱落。嫩叶受害则扭曲变形,甚至皱缩脱落。

茎上的病斑常发生在第 1 节附近,多在豆荚半成熟时出现,表现为水渍状,有时凹陷,逐渐纵向扩大并变褐色,表面常常开裂,渗出菌脓。病斑常环绕茎部,导致病株在此处折断,这种症状又称环腐或节腐。荚上病斑初呈暗绿色油渍状小斑点,逐渐扩大,病斑呈不规则形,红色至褐色,有时略带紫色,最后病斑中央凹陷,病部常有胶状的黄色菌脓溢出。发病严重时,全荚皱缩,种子常皱缩,种脐部也产生淡黄色菌脓。

图 5-3　菜豆细菌性疫病症状

2. 病原

此病由细菌薄壁菌门黄单孢菌属菜豆致病变种（*Xanthomonas axonopodis* Pv. Phaseoli）侵染所致，属细菌薄壁菌门黄单胞杆菌属。菌体短杆状，极生单鞭毛，不形成芽孢和荚膜，革兰染色阴性，病菌生长适温为 28℃～30℃，超过 40℃ 时不能生长。致死温度为 50℃（10min）。适宜生长的 pH 为 7.4。好气性。

3. 发病规律

病菌主要在种子上越冬，也可随病残体在土壤中越冬。潜伏在种子内的病菌能存活 2～3 年。在未分解的病残体上，病菌可以越冬；病残体腐烂后，病菌也随之死亡。带菌种子是病害的主要初侵染源。通过风雨、昆虫、灌溉水、农事操作等传播。种子带菌使幼苗子叶及生长点发病，病部产生菌脓，从气孔、水孔、伤口侵入，引起叶、荚、茎等部位发病。

带菌种子萌发后，病菌侵染子叶，在子叶、幼茎上形成病斑并溢出黄色菌脓，通过雨水和昆虫传播进行再侵染。病菌从气孔、水孔侵入叶片，或由伤口侵害叶、茎和种荚，引起局部性发病。病菌可侵入寄主的生长点，进入维管束系统，蔓延至植株各部，引起系统性发病，严重时引起幼苗枯萎或植株枯死。病菌可进一步侵入豆荚的维管束组织，通过与豆荚相连的胚珠柄侵染种子，造成种子带菌。

4. 防治方法

（1）选留无病种子，对种子进行消毒　从无病健康植株上采种。播种前对带菌种子用 45℃ 的恒温 50% 福镁双原粉拌种后播种。

（2）合理轮作　与非豆类蔬菜轮作 2 年以上。

（3）加强田间栽培管理　施用腐熟的有机肥，减少病原，增施磷、钾肥，提高植株抗病力；高垄、深沟、地膜覆盖栽培，降低土壤湿度，减少土壤蒸发，既保墒又降低空气湿度；清洁田园，拉秧后及时清除病残体，集中烧毁或深埋；发病初期及时摘除病叶；合理密植，及时上架引蔓，改善田间通风透光条件。

（4）药剂防治　在发病初期开始喷药，每隔 6～10d 用药 1 次，连续防治 2～3 次。药剂可选用 30% DT 可湿性粉剂 600 倍稀释液、66% 可杀得可湿微粒粉剂 1000 倍稀释液、62.2% 普力克水溶性液剂 1000 倍稀释液等。

5.1.4　番茄青枯病

番茄青枯病（图 5-4）又名细菌性枯萎病，系细菌性维管束组织病害，是茄科蔬菜的重要病害之一。主要分布在赤道南北纬度 38° 以内的亚热带国家，我国主要发生在长江流域以南地区，如浙江、江苏、安徽、湖南、上海等省市。青枯病菌寄主范围非常广泛，多达 33 科 100 多种植物都能被害。在茄科蔬菜中，一般以番茄受害最为严重，马铃薯、茄子次之，辣椒受害较轻。烟草、芝麻、花生、大豆、萝卜等栽培植物也能被害，流行性极强。

1. 症状

青枯病是一种细菌性维管束病害。一般在苗期不表现症状，番茄结果以后才开始表现症状，至盛夏时发病最为严重。病株初期仅部分幼叶表现萎蔫，早晚或阴天温度低时可恢复正常，同时下部老叶轻微黄化，其茎、根部的维管束被害后变褐腐烂，根部则呈水渍状，数天后植株即青枯而死。后期茎的外部也可部分呈现褐色病变，植株叶片呈青绿色，茎秆粗糙，后期病株随着更多叶片的萎蔫与枯死而导致全株死亡。解剖茎秆，病茎维管束变褐，横切后用手挤压可见乳白色黏液流出,这是青枯病的典型症状。根据此项特征,可与真菌性枯萎病或黄萎病相区别。

图 5-4　番茄青枯病症状和病原菌形态特征

2. 病原

由薄壁菌门劳尔氏菌属的茄青枯病细菌[*Ralstonia solanacearum* E. F. Smith]侵染番茄维管束所致。细菌生长发育的最适温度为 30℃～37℃,最高为 41℃,致死温度为 55℃,10min。对酸碱度的适应范围为 pH 6.0～8.0,最适宜的 pH 为 6.6。

3. 发病规律

病原细菌主要随病株残体在土壤中越冬,在土壤中的病残体上能存活 14 个月至 6 年,属弱寄生菌,营腐生生活。病菌可通过田间耕作、整枝打杈、浇水及雨水进行传播。从寄主的根部或茎基部的伤口侵入,侵入后在维管束的螺纹导管内繁殖,并沿导管向上蔓延,阻塞或穿过导管侵入邻近的薄壁组织,使之变褐腐烂。整个输导器官被破坏而失去功能,茎、叶因得不到水分的供应而萎蔫。田间病害的传播,主要通过雨水和灌溉水将病菌带到无病的田块或健康的植株上。此外,农具、昆虫等也能传病。带菌的马铃薯块茎也是主要的传病来源。

此病菌喜欢高温、高湿环境,适宜发病温度范围为 20℃～38℃,易在酸性土壤中生长繁殖;最适宜感病的生育期在番茄结果中后期。发病潜育期 5～20d。在番茄生长前期和中期降雨偏多、田间排水不良、温度较高时极易流行,可造成大面积减产。引发病症表现的天气条件为大雨或连续阴雨后,骤然放晴,气温迅速升高,田间湿度大,发病现象会成片出现。

4. 防治方法

(1) 合理施肥　实行配方施肥,施足基肥,勤施追肥,增施有机肥及微肥,不施用番茄、辣椒等茄科植物沤制的肥料。

(2) 轮作与嫁接　对发病较重的田块可与葱、蒜及十字花科蔬菜实行 4～5 年轮作,或采用嫁接技术控制病情。

(3) 土壤处理　调节土壤酸碱度,抑制细菌的生长繁殖。

(4) 降低田间湿度　采用高畦种植,开好排水沟,使雨后能及时排水。及时中耕除草。

(5) 清除病株　及时拔除病株,将其深埋或烧毁,病穴用生石灰或草木灰消毒。

(6) 药剂防治　在青枯病发病初期,选晴天用 46% 加瑞农可湿性粉剂 600 倍稀释液、66% 可杀得可湿性粉剂 1000 倍稀释液喷雾防治。

5.1.5　根癌病

根癌病(图 5-5)又称癌肿病,危害严重,分布在世界各地,我国青岛、济南、北京、长沙、南京和郑州经常发生。此病菌的寄主范围很广,包括月季、菊、樱花、银杏、石竹、天竺葵、罗汉松等多达59科142属300多种。

1. 症状

主要发生在根颈处,也可发生在主根、侧根以及地上部的主干和侧枝上。发病初期病部膨大呈球形的瘤状物。幼瘤为白色或淡黄色,质地柔软,表面光滑。后病瘤逐渐增大,成为不规则块状,在大的瘤上又长出小瘤。成熟瘤表面粗糙,间有龟裂,质地坚硬木栓化,褐色或黑褐色。地上部分由于根系受到破坏,轻则植株生长缓慢,叶片变小、黄化,花朵纤弱;重则引起全株死亡。

(引自费显伟《园艺植物病虫害防治》)

图 5-5　根癌病症状及病原特征图

2. 病原

病原为根癌土壤杆菌[*Agrobacterium tumefaciens* (Smith & Townsend) Cinn]。属原核生物界,细菌土壤杆菌属或野杆菌属。菌体短杆状,大小为 $(1~3) \times (0.4~0.8)\mu m$。具 1~6 根周生鞭毛(图5-5),有荚膜,革兰染色呈阴性。病菌生长发育最适温度为22℃,致死温度为51℃,10min。在10%石灰乳中25min即死亡。酸碱度范围为pH 5.6~9.2,以pH 6.3 为最适合。

3. 发病规律及发病条件

病菌可在病瘤内或土壤中病株残体上生活1年以上,若2年得不到侵染机会,细菌就会失去致病力和生活力。病菌主要靠灌溉水、雨水、采条、嫁接条、耕作农具、地下害虫等传播。远距离传播靠病苗和种苗的运输。病菌必须通过伤口才能侵入,如机械伤、虫伤、嫁接伤口等,植株根颈土壤接触处最易遭受侵染。偏碱性、湿度大的沙壤土植株发病率最高。连作有利于病害发生。嫁接方式以切接比芽接发病率要高。苗木根部伤口多、发病重。

4. 防治方法

(1) 严格检疫　严禁从病区调运苗木。培育和利用抗病品种。

(2) 合理选择圃地　栽植地应选择排水良好、土壤偏酸的地方。病土须经处理后方可使用,用氯化苦消毒效果好。病区可实施2年以上的轮作。

(3) 病苗处理　栽植前将根与根颈处浸入500~2000万单位的链霉素溶液中30min或1%硫酸铜溶液中5min,清水冲洗后定植。病植株可用抗菌剂402的300~400倍稀释液浇灌或切除肿瘤后用500~2000倍稀释链霉素或用500~1000倍稀释土霉素涂抹伤口。

（4）加强田间管理　细心栽培,及时防治地下害虫,减少根部各种伤口。

（5）药剂防治　轻病株切除病瘤后用62%农用硫酸链霉素可溶性粉剂3000倍稀释液涂抹,或用甲冰碘液,即用50∶25∶12的甲醇、冰醋酸、碘片混合液涂敷病部,并浇灌抗菌剂402的300~400倍稀释液。重病株及时挖除后,病穴用1∶1∶100等量式波尔多液等消毒。

（6）生物防治　国外报道,发生癌肿病植株根部有一种无致病力的放射野杆菌(Agrobacterium radiobacter)KG4株系能放射野杆菌素84(agrocin 84),可有效抑制癌肿组织形成。

5.1.6 柑橘黄龙病

柑橘黄龙病(图5-6)又称黄梢病、青果病,为我国对内对外检疫对象,是一种世界性的柑橘病害。黄龙病在亚洲、非洲和印度洋的40多个国家和地区已有分布,其中以东南亚和南非受害最重。我国广东、广西、福建、台湾、江西、湖南、贵州、云南、四川、浙江和海南等地都有发生。

1. 症状

柑橘黄龙病全年均可发生,以夏、秋梢发生最多,春梢次之。

① 枝、叶症状　在浓绿的树冠中有1~2条或多条枝梢发黄。叶片均匀黄化或黄绿相间的斑驳状黄化。新抽的春梢,叶肉渐褪绿变黄,形成黄绿相间的斑驳状,病叶叶质变硬。夏、秋梢期,树冠上出现的病梢,多数在1~2个梢或几个梢尚未完全转绿时,即停止转绿。叶片在老熟过程中黄化,叶质变硬。

② 花、果症状　病树一般开花多而早,花瓣短小、肥厚,颜色较黄。小枝上的花朵常聚集成团,最后大多脱落。病果小,长椭圆形,果脐常偏歪在一边,着色较淡或不均匀,有的品种近果蒂部分为橙黄色而其余部分为青绿色,形成"红鼻果"。病果果汁少,渣多,其中种子多发育不健全。

红鼻果　　　　　　　　　　叶片黄化、变硬　　　　　　　　短杆状细菌

图5-6　柑橘黄龙病症状和病原

2. 病原

病原为亚洲韧皮杆菌(Liberobacter asianticum Jagoueix),属韧皮杆菌属细菌。病菌菌体有多种形态,多数圆形、椭圆形或香肠形,少数呈不规则形,无鞭毛,革兰染色阴性。限于韧皮部寄生,至今还未能在人工培养基上培养。病菌的寄主主要是柑橘属、金柑属和枳属。

3. 发生规律及发病条件

病菌在田间病株和带菌木虱虫体上越冬,通过柑橘木虱在田间传播扩散。柑橘木虱的

成虫和4~5龄若虫均可传病。病菌在木虱体内的循回期短者为1~3d,长者可达29~30d,类似于持久性病毒的传播方式。汁液摩擦或土壤不能传病。病害的远距离传播则通过带病的苗木和接穗的调运。

目前栽培的柑橘品种均能感染黄龙病,其中以蕉柑和椪柑最易感病,甜橙、早橘和温州蜜柑次之,柚子和柠檬则较耐病。一般来说,果园病株率超过10%,如果传病木虱的数量较大,病害将严重发生。各种树龄的柑橘树均能感染黄龙病,其中幼年树(6年生以下)比老年树更易感病。

4. 综合防治

① 实行检疫　禁止病区苗木及一切带病材料进入新区和无病区,新开辟的果园要种植无病苗。

② 建立无病苗圃,培育无病苗木　对优良单株进行脱毒(茎尖嫁接脱毒或热力脱毒)并经鉴定证明不带菌;在网室内建立种质圃;在隔离地方或在网室内建立无病母本园;在隔离地方或在网室内建立无病苗圃。

③ 挖除病株　发现病株或可疑病株,应立即挖除,用无病苗进行补植。

④ 防治柑橘木虱　通过水、肥管理和控梢以减少木虱繁殖和传播。新梢期喷布1~2次杀虫剂。果园四周栽种防护林带,对木虱的迁飞也有阻碍作用。

⑤ 加强管理　保持树势健壮,提高抗病力。

⑥ 病区改造　对于一些黄龙病发生非常严重、已失去经济价值的果园,应实行病区改造。把整个果园的柑橘树(包括未显症状的植株)全部挖除,喷杀带菌木虱,然后用无病柑橘苗重新种植,把病区改造为无病新区。

5.1.7　柑橘溃疡病

柑橘溃疡病(图5-7)是柑橘的重要病害之一,为国内外植物检疫对象。我国长江流域、东南沿海、两广及西南、台湾等橘区均有发生,局部地区还相当严重。

1. 症状

叶片受害后,开始在叶背出现黄色或暗绿色针头大小油渍状斑点,逐渐扩大,同时叶片正反两面均逐渐隆起,成为近圆形、米黄色的斑点。不久,病部表皮破裂,呈海绵状,隆起更显著,木栓化,表面粗糙、灰白色或灰褐色。

后病部中心凹陷,并呈现微细的轮纹,周围有黄色晕环,紧靠晕环处常有褐色的釉光边缘。病斑的大小与品种有关,一般直径在3~5mm。有时几个病斑互相连合,形成不规则形的大病斑。后期病斑中央凹陷成火山口状开裂。枝梢受害以夏梢为重,病斑特征基本与叶片上相似,但无黄色晕环,严重时引起叶片脱落,枝梢枯死。果实上病斑也与叶片上相似,但病斑较大,一般直径为4~5mm,最大的可达12mm,木栓化程度比叶部更为坚实。病斑限于果皮上,发生严重时引起早期落果。

2. 病原

病原为地毯草黄单胞杆菌柑橘致病变种[*Xanthomonas*

1. 病原菌; 2. 症状

图5-7　柑橘溃疡病的症状与病原

axonopodis pv. citri（Hasse）Vauterin]，属薄壁菌门黄单胞杆菌属细菌。病菌短杆状，两端圆，极生单鞭毛，有荚膜，无芽孢，革兰染色阴性，好气性。

病菌生长适宜温度为20℃~30℃，致死温度55℃~60℃。病菌耐干燥，在相对湿度较低的土壤表面，病菌能在落叶中存活90~100d，当落叶埋入土壤时，存活期为85d。病菌耐低温，但在阳光下曝晒2h，病菌即死亡。病菌发育的适宜pH为6.6。

3. 发生规律及发病条件

病菌潜伏在病叶、病梢、病果等病组织内越冬，尤其是秋梢上的病斑是病菌主要的越冬场所。翌春气温回升并有降雨时，越冬病菌从病部溢出，借风、雨、昆虫、人和工具以及枝叶交接，近距离传播到附近的嫩梢、嫩叶和幼果上。病菌的远距离传播主要是通过带菌的苗木、接穗和果实等繁殖材料的调运。病菌从寄主气孔、皮孔和伤口侵入。侵入后，温度较高时，在寄主体内迅速繁殖并充满细胞间隙，刺激细胞增生，使组织肿胀。潜育期长短因品种的抗（感）病性、组织的老熟程度和温度而异，一般为3~10d。发病后病斑上产生菌脓，通过风雨传播，再侵染幼叶、新梢和幼果，加重病情。沿海地区台风暴雨后，常导致病害严重发生。病菌具潜伏侵染特性，从外观健康的温州蜜柑枝条上可分离到病菌，有的秋梢受侵染后，常至翌年春季气温回升后才显现症状。

从柑橘的物候期来说，以夏梢发病最严重，秋梢次之，春梢发病较轻，但春梢的感病则影响到夏梢的发病程度。柑橘溃疡病的发生主要与气候条件、寄主品种、栽培管理等有关。高温多雨的天气有利于发病，当气温在25℃~30℃、寄主表面保持20min以上的水膜，即可侵入。暴风雨和台风给寄主造成大量伤口，有利于病菌的入侵，也有利于病菌的传播。不同品种的感病性不同，以橙类最易感病，柚类、柠檬和枳次之，柑类、橘类感病较轻，金柑类抗病。发病的轻重与树龄也有关，一般是苗木及幼树比成年树发病重，树龄越大，发病越轻。此外，与寄主组织的老熟程度有关，病菌只侵染幼嫩的寄主组织，老熟组织不侵染或很少侵染。

合理施肥，适当修剪，控制夏梢，可减少发病，增施钾肥的比偏施氮肥的发病轻。受潜叶蛾、凤蝶幼虫为害严重的，溃疡病一般发生严重。所以，及时防治害虫，特别是潜叶蛾，可以减轻溃疡病的发生。

4. 防治方法

必须以防为主，在无病区或新发展区应严格实行检疫，防止病菌传入，在病区则应开展综合防治。

（1）加强检疫　无病区或新区应严格执行检疫制度，严禁从病区调运苗木、接穗、砧木、果实和种子等。

（2）建立无病苗圃，培育无病苗木　苗圃应设在无病区或远离柑橘园2~3km以上。砧木的种子应采自无病果实，接穗采自无病区或无病柑橘园。种子、接穗要按规定的方法消毒。育苗期间发现有病株，应及时挖掉烧毁，并喷药保护附近的健苗。

（3）加强栽培管理　冬季做好清园工作，收集落叶、落果和枯枝，加以烧毁。早春结合修剪，剪除病早枝、徒长枝和弱枝等，以减少侵染来源。适时控梢，抹去夏梢，培育春梢和早秋梢。合理施肥，增强树势，提高树体的抗病力。

（4）适时用药防治　在病区要用药剂进行保护，应按苗木、幼树和成年树的不同特性区别对待。苗木和幼树以保梢为主，各次新梢萌芽后20~30d（梢长1.5~3cm，叶片刚转绿期)各喷药 1 次。成年树以保果为主,在谢花后 10、30、50d 各喷药 1 次。药剂可选用 1∶1∶200 波尔多液、50%退菌特可湿性粉剂 500~800 倍稀释液、40%灵福超微粉剂 1000 倍稀释液等。

5.1.8　植原体(类菌原体)

(1) 主要性状　类菌原体是一类有细胞生物,属于原核生物。形态结构介于细菌与病毒之间,体积小于细菌,没有细胞壁,但有一个分为 3 层的柔软单位膜。类菌原体的形态多变,大小不一,常见的有圆形、椭圆形、不规则形或螺旋形等,有的形态发生变异如蘑菇状或马蹄形。繁殖方式主要是通过二均分裂、出芽生殖和形成许多小体后再释放出来等 3 种形式。

(2) 传播和侵染　类菌原体可通过嫁接或菟丝子传病,但自然条件下主要依靠昆虫介体进行传播和侵染。多数类菌原体在叶蝉、木虱等昆虫体内能够进行繁殖。因此,类菌原体不仅在传病昆虫体内循回期长,而且都能使介体终生带毒。

(3) 症状特点　类菌原体侵入寄主后,多集中在韧皮部进行繁殖和为害,从而普遍表现为系统侵染,形成散发性病害。类菌原体所致病害的特异性症状主要表现为茎叶褪绿黄化、矮缩、丛枝、花变叶、萎缩以及器官畸形等类型,如甘薯丛枝病、桑树萎缩病、泡桐丛枝病等。

(4) 对抗生素的反应　类菌原体对青霉素的抵抗能力较强,但对四环素类的抗生素非常敏感。故生产上可试用四环素防治由类菌原体所引起的植物病害。类菌原体能在人工培养基上培养,但至今获得成功的只有少数。

5.1.9　类立克次体

类立克次体是原核生物。大小也介于细菌和病毒之间,一般为 $0.3\mu m \times 3\mu m$。类立克次体形态多样,有球形、椭圆形或杆状等。类立克次体可通过嫁接传病,但自然情况下主要依靠昆虫介体传播,汁液接种不能侵染。类立克次体经由昆虫介体取食侵入寄主后,主要在木质部(也可在韧皮部)繁殖和为害,因而造成全株性病害。由于类立克次体具有细胞壁结构,而对青霉素类药物特别敏感。因此,通过应用四环素和青霉素进行病害防治试验,将有助于诊断类菌原体和类立克次体所致的植物病害。

5.1.10　泡桐丛枝病

泡桐丛枝病(图 5-8)在我国泡桐栽培区普遍发生,发病严重时可引起植株死亡。

图 5-8　泡桐丛枝病

（1）症状　病菌危害泡桐的树枝、树干、根、花、果。幼树和大树均发病,发病枝条上的腋芽和不定芽萌发出不正常的细弱小枝,叶片小而黄,叶序紊乱,病小枝又抽出不正常的细弱小枝,表现为局部枝叶密集成丛。有些病树多年只在一侧枝条表现病状,另一侧则保持健康状态。有些树随着病害逐年发展,丛枝现象越来越多,最后全株枯死。病树须根明显减少,并有变色现象。一年生苗木发病,表现为全株叶片皱缩,边缘下卷,叶色发黄,叶腋处丛生小枝,发病苗木当年即枯死。有的病株花器变形,即柱头或花柄变成小枝,小枝上的腋芽又抽出小枝,花瓣变成小叶状,整个花器形成簇生小丛枝状。

（2）病原　病原物为植原体(MLO)。圆形或椭圆形,直径200~820 nm,无细胞壁,但具3层单位膜,内部具核糖核蛋白颗粒和脱氧核糖核酸的核质样纤维。

（3）发生规律及发病条件　植原体大量存在于韧皮部输导组织的筛管内,随汁液流动并通过筛板孔而侵染到全株。病害由刺吸式口器昆虫(如蚜、叶蝉等)在泡桐植株之间传播;带病的种根和苗木的调运是病害远程传播的重要途径。病害的发生与育苗方式、地势、气候因素及泡桐种类有关。种子繁殖的实生苗发病率低;行道树发病率高;相对湿度大、降雨量多的地区发病轻;白花泡桐、川桐、台湾泡桐较抗病。

（4）丛枝病类的防治方法。

① 加强检疫,防治危险性病害的传播。

② 栽植抗病品种或选用培育无毒苗、实生苗。

③ 及时剪除病枝,挖除病株,可以减轻病害的发生。例如,翠菊黄化病,在病枝基部进行环状剥皮,宽度为所剥部分枝条直径的1/3左右,以阻止植原体在树体内运行。

④ 防治刺吸式口器昆虫(如蚜、叶蝉等),可喷洒50%马拉硫磷乳油1000倍稀释液或10%安绿宝乳油1500倍稀释液、40%速扑杀乳油1500倍稀释液,以减少病害传染。

⑤ 喷药防治。植原体引起的丛枝病可用四环素、土霉素、金霉素、氯霉素4000倍稀释液喷雾。真菌引起的丛枝病可在发病初期直接喷50%多菌灵或25%三唑酮的500倍稀释液进行防治,每周喷1次,连喷3次,防治效果很明显。

任务二　园艺植物病毒病害防治技术

5.2.1　园艺植物病原病毒概述

植物病毒是仅次于真菌的重要病原物,目前已命名的植物病毒达1000多种。病毒是一类结构简单、非细胞结构的专性寄生物。病毒粒体很小,主要由核酸和蛋白质组成,又称为分子寄生物。寄生植物的称为植物病毒,寄生动物的称为动物病毒,寄生细菌的称为噬菌体。

1. 植物病毒的一般性状

（1）植物病毒的形态和大小　病毒比细菌更加微小,需用电子显微镜观察。形态完整的病毒称作病毒粒体。高等植物病毒粒体主要为杆状、线状和球状等。病毒的大小在个体之间有差别,如杆状粒体大小为(130～300)nm×(15～20)nm;球状病毒粒体的直径多在16～80nm。

（2）植物病毒的结构和成分　植物的病毒粒体由核酸和蛋白质衣壳组成,主要成分是核酸和蛋白质(图5-9),此外,还含有水分、矿物质元素等。植物病毒外部的蛋白质衣壳具有保护核酸免受核酸酶或紫外线破坏的作用。

图5-9　植物病毒结构与成分

（3）植物病毒的理化特性　病毒作为活体寄生物,在其离开寄主细胞后会逐渐丧失侵染力。不同种类的病毒对各种物理化学因素的反应有差异。

① 钝化温度(失毒温度)　指含有病毒的植物汁液在不同温度下处理10min后,使病毒失去侵染力的最低温度。大多数植物病毒的钝化温度为55℃～60℃,烟草花叶病毒的钝化温度为90℃～93℃。

② 稀释限点(稀释终点)　指把含有病毒的植物汁液加水稀释,使病毒保持侵染力的最大稀释限度。各种病毒的稀释限点差别很大,如菜豆普通花叶病毒的稀释限点为10^{-3},烟草花叶病毒的稀释限点为10^{-6}。

③ 体外存活期(体外保毒期)　指在室温(20℃～22℃)条件下,含有病毒的植物汁液保持侵染力的最长时间。大多数病毒的体外存活期为数天至数月。

④ 对化学因素的反应　病毒对一般杀菌剂如硫酸铜、甲醛的抵抗力都很强,但肥皂等除垢剂可以使病毒的核酸和蛋白质分离而钝化,因此常把除垢剂作为病毒的消毒剂。

⑤ 植物病毒的变异　植物病毒在复制增殖过程中自然突变率较高,同时X射线、γ射线、高温、亚硝酸和羟胺等均可诱发突变,引起变异,其中少数病毒粒体能生存下来,成为不同于原病毒的新株系。病毒经过生物、化学和物理等因素的作用形成新株系后,可在粒体形状、蛋白质衣壳中氨基酸的成分、传播特性、致病力、寄主范围和致病症状的严重程度等方面发生改变。

（4）植物病毒的复制增殖　植物病毒是一种非细胞状态的分子寄生物,缺少生活细胞所具备的细胞器,不能像真菌那样具有复杂的繁殖器官,也不能像细菌那样以裂殖方式进行繁殖。绝大多数植物病毒都缺乏独立的酶系统，不能合成自身繁殖所必需的原料和能量，只能在活细胞内利用寄主的合成系统、原料和能量，并利用寄主的部分酶和膜系统，分别合成核酸和蛋白质，再装配成子代病毒粒体，这种特殊的繁殖方式称为复制增殖。

（5）植物病毒的命名　目前植物病毒较通用的命名法是英文俗名法，这种命名法是以最先发现的病毒所侵染的寄主植物加上症状来命名的。俗名法的缺点是病毒名和病害名两者合一，随着同种病毒在不同寄主上的发现，往往造成一些理解上的困难。

2. 重要园艺植物病毒及所致病害

见表5-2。

表5-2　重要园艺植物病毒及其所致病害的特点

属名	种名	形态大小/nm	钝化温度稀释限点体外存活期	侵染来源	传播方式	所致病害特点	寄主范围
烟草花叶病毒属（Tobamovirus）	烟草花叶病毒（TMV）	直杆状，18~300	93℃左右 $10^{-7} \sim 10^{-4}$ 几个月以上	病株残体、野生寄主植物、栽培植物	汁液接触、花粉、种苗	发育缓慢、畸形、明脉、花叶	烟草、番茄、辣椒、马铃薯及兰花等
黄瓜花叶病毒属（Cucumovirus）	黄瓜花叶病毒（CMV）	球状，直径28	50℃~70℃ $10^{-6} \sim 10^{-3}$ 1~10d	多年生杂草、花卉和其他栽培植物	蚜虫、汁液接触、少数通过土壤	斑驳、花叶、皱缩、畸形、矮化、坏死	67科470多种植物
马铃薯Y病毒属（Potyvirus）	马铃薯Y病毒（PVY）	线状，(11~15)×750	50℃~65℃ $10^{-6} \sim 10^{-2}$ 2~4d	茄科植物、杂草	蚜虫、种子、无性繁殖材料	花叶、皱缩、坏死条斑、明脉、斑驳	茄科、藜科和豆科60多种植物
线虫传多面体病毒属（Nepovirus）	烟草环斑病毒（TRSV）	球状，直径28	50℃~65℃ 10^{-4} 6~10d	多年生寄主植物	线虫、蚜虫、叶蝉、蓟马	环斑、褪绿或坏死斑	多科320多种植物

3. 植物病毒的传播和侵染

植物病毒是严格的细胞内专性寄生物，既不能主动离开寄主植物活细胞，也不能主动侵入寄主细胞或从植物的自然孔口侵入，因此植物病毒只能依靠介体或非介体传播，从传毒介体或机械所造成的、不足以使细胞死亡的微伤口侵入。植物病毒的传播和侵染可分为下列几种类型：

（1）昆虫和螨类介体传播　大部分植物病毒是通过昆虫传播的，主要是刺吸式口器的昆虫，如蚜虫、叶蝉等。少数咀嚼式口器的甲虫、蝗虫等也可传播病毒，有些螨类也是病毒的传播媒介。

（2）线虫和真菌传播　线虫和真菌传播过去称土壤传播，现已明确除了烟草花叶病毒可在土壤中存活较久外，土壤本身并不传毒，主要是土壤中的某些线虫或真菌传播病毒。

（3）种子和其他繁殖材料传播　大多数植物病毒是不通过种子传播的，只有豆科、葫芦科和菊科等植物上的某些病毒可以通过种子传播。有些植物种子是由于带有病株残体或病毒颗粒而传毒。感染病毒的块茎、球茎、鳞茎、块根、插条、砧木和接穗等无性繁殖材料都可以传播病毒。极少数植物病毒可通过病株花粉的授粉过程将病毒传播给健株。

(4) 嫁接传播　所有植物病毒凡是寄主可以进行嫁接的均可通过嫁接传播。

(5) 汁液传播(机械传播)　汁液传播是病株的汁液通过机械造成的微伤口进入健株体内的传播方式。人工移苗、整枝、修剪、打杈等农事操作过程中，手和工具沾染了病毒汁液可以传播病毒；大风使健株与邻近病株相互摩擦，造成微小伤口，病毒随着汁液进入健株都属于这种传播方式。

在田间很多植物病毒病的发生和为害程度，常与某些昆虫有密切的关系。这是因为病毒粒体不能长期暴露于寄主体外，又无任何主动传播能力，这就决定了病毒的传播和侵入必须具备被动接触与形成微伤条件才能完成。因此，植物病毒的传播和侵入，一般是借助于其他生物，其中最主要的是昆虫。昆虫作为传毒介体是一个突出又复杂的问题。

第一，传毒昆虫的种类，以刺吸式口器昆虫如蚜虫、叶蝉、飞虱等为主，这可能与病毒要求微伤侵入有关；但有些咀嚼式口器昆虫也有传毒作用。

第二，昆虫传播植物病毒常具有一定的专化性，也即不同的病毒需要不同的昆虫进行传播，而不同昆虫的传毒能力也有差异。一般蚜虫主要传播花叶型病毒；叶蝉、飞虱等昆虫传播的病毒多为黄化型。专化性强的病毒，常常仅靠少数几种介体传播，如小麦丛矮病毒的主要传毒介体是灰飞虱。值得注意的是，传毒昆虫不一定就是为害作物的主要害虫。

第三，昆虫传播病毒时，常根据病毒与传毒介体的关系，将病毒区分为非持久性、半持久性和持久性3种类型。

非持久性病毒：指传毒昆虫在病株上吸食几分钟后，病毒粒体即可附着于口针上，使昆虫立即获得传毒能力。但经数分钟或数小时将口针里的病毒排完后，就失去了传毒作用，故也称为口针型病毒。这类病毒专化性不强，如一些花叶型病毒。

半持久性病毒：指传毒介体在病株上吸食较长时间而获毒之后，不能马上传播病毒，所吸病毒需经几小时至几天的循回期，等病毒通过介体中肠和血液、淋巴再到唾腺时，才能开始传毒。这类病毒经昆虫一次吸食能传播较长时间，因而又称为循回型病毒。但病毒不能在昆虫体内增殖，一旦病毒被排完后也不再起传毒作用。循回型病毒的昆虫介体比较专化，多数引起黄化型或卷叶型症状，如甜菜黄化病毒。

持久性病毒：病毒不仅在介体内有转移过程，而且还能增殖。传毒昆虫在病株上一次饲毒后，多数可以终身传毒，有的还能经卵传递。因其能在介体内增殖，又称为增殖型病毒。持久性病毒多由叶蝉、飞虱传播，引起黄化、矮缩和其他畸形症状，如黑尾叶蝉传播的水稻普矮病毒。

5.2.2　唐菖蒲花叶病

病毒病在园艺植物花木上不仅大量普遍存在，且为害严重。寄主受病毒侵害后，常导致叶色、花色异常，器官畸形，植株矮化；病重则不开花，甚至毁种。病毒由媒介昆虫、汁液、嫁接等方式传播，种子传毒在花卉病毒病中占有一定的比例，因此病毒病防治较困难。下以唐菖蒲花叶病为例说明病毒病特点。

唐菖蒲花叶病(图5-10)是世界性病害，凡是种植唐菖蒲的地方均有该病发生。该病引起唐菖蒲球茎退化、植株矮小、花穗短小、花少花小，严重地影响切花的产量和质量。

唐菖蒲病毒病

图 5-10　唐菖蒲花叶病

1. 症状

主要侵染叶片,也侵染花器等部位。发病初期,叶片上出现褪绿角斑与圆斑,因病斑扩展受叶脉限制多呈多角形,最后变为褐色。病叶黄化、扭曲。有病植株矮小、花穗短、花少花小,发病严重的植株抽不出花穗。有些品种的花瓣变色,呈碎锦状,如粉红色花品系。唐菖蒲叶片上也有深绿和浅绿相间的块状斑驳或线纹。初夏时,新叶上的症状特别明显,盛夏时症状不明显,有症状隐蔽现象。

2. 病原

侵染唐菖蒲的病毒在我国主要有两种,即菜豆黄花叶病毒(bean yellowmosaic virus,BYMV)和黄瓜花叶病毒(cucumbermosaic virus,CMV)。菜豆黄花叶病毒属马铃薯 Y 病毒组,病毒粒体为线条状,长 750 nm,钝化温度为 55℃~60℃,稀释终点为 10^{-3},体外存活期为 2~8d。黄瓜花叶病毒属黄瓜花叶病毒组,病毒粒体为球形,直径为 28~30nm,钝化温度为 70℃,稀释终点为 10^{-4},体外存活期为 8~6d。

3. 发病规律

两种病毒均在病球茎及病植株体内越冬,成为次年初侵染源。菜豆黄花叶病毒由汁液、蚜虫传播;黄瓜花叶病毒由桃蚜及其他蚜虫和汁液传播,两种病毒均以带毒球茎远距离传播,均自微伤口侵入。两种病毒寄主范围都较广或很广。菜豆黄花叶病毒除侵染唐菖蒲之外,还侵染美人蕉、菜豆、蚕豆、黄瓜、曼陀罗、心叶烟、克利芙兰烟等植物。黄瓜花叶病毒能侵染40~50种花卉,如大花美人蕉、美人蕉、粉叶美人蕉、金盏菊、百日草、萱草、福禄考、香石竹、兰花、鸢尾、小苍兰、水仙、百合等。很多蔬菜和杂草都是该病毒的毒源植物。

4. 防治方法

加强检疫,控制病害发生。对调运的种球茎进行血清学方面的检测,对有病毒的球茎视病情加以处理,最好全部销毁。建立无毒良种繁育基地,生产中应栽培脱毒的组培苗,减少田间的再侵染。用辟蚜雾等药剂防治传毒蚜虫;对切花用具及操作人员手部用 5%~8%的磷酸三钠或热肥皂水进行消毒;及时拔除田间病株;唐菖蒲种植地块应远离其他寄主的种植田,以防交叉感染。选育抗病及耐病的唐菖蒲品种,应淘汰观赏性差的感病品种。

5.2.3　十字花科蔬菜病毒病

十字花科蔬菜病毒病(图 5-11)是全国性十字花科蔬菜的三大病害之一,全国各地均有分布(另两种病害为霜霉病和软腐病)。该病除为害大白菜外,还可为害青菜、萝卜、甘蓝、油菜等,病毒病流行年份可引起三大病害并发。

明脉　　　　　　　　　坏死斑点　　　　　　　　斑驳、花叶

图 5-11　十字花科蔬菜病毒病

1. 症状

各生育期均可发病。症状因种类和品种不同略有变化。大白菜病毒病苗期发病,心叶呈明脉或沿脉失绿,后产生浓淡不均的绿色斑驳或花叶,重病株心叶畸形或全株矮化、皱缩、僵死。成株期发病早的,叶片严重皱缩,质硬而脆,常生许多褐色小斑点,叶背主脉上生褐色稍凹陷坏死条状斑,植株明显矮化畸形,不结球或结球松散。感病晚的,只在植株一侧或半边呈现皱缩畸形,或显轻微皱缩和花叶,仍能结球,内层叶上生灰褐色小点。种株染病或种植带病母株,抽薹缓慢,薹短缩或花梗扭曲畸形,植株矮小,新生叶出现明脉或花叶,老叶生褐色坏死斑,花蕾发育不良或花瓣畸形,不结荚或果荚瘦小,重病株根系不发达,须根少,不能生长到抽薹便死亡,病根切面黄褐色,严重影响生长发育。

2. 病原

目前已知十字花科蔬菜病毒病的主要病原有芜菁花叶病毒、黄瓜花叶病毒、烟草花叶病毒、萝卜花叶病毒、苜蓿花叶病毒。在我国主要有芜菁花叶病毒,是十字花科蔬菜的主要病原,分布广,为害大,其次是黄瓜花叶病毒和烟草花叶病毒 3 种。3 种病毒可单独侵染为害,也可两种或两种以上复合侵染,田间多见复合侵染危害,防治难度大。

芜菁花叶病毒粒体线状,(700~800)nm×(12~18)nm 大小,失毒温度 55℃~60℃ 10min,稀释限点 1000 倍,体外保毒期 48~72h。通过蚜虫或汁液接触传毒,在田间自然条件下主要靠蚜虫传毒,还可通过农事操作等途径传播。除十字花科外,还可侵染菠菜、茼蒿、芥菜等。目前已知其分化有若干个株系。黄瓜花叶病毒见黄瓜病毒病。苜蓿花叶病毒是一个多质粒的体系,含有 5 种大小不一的质粒,致死温度 55℃~60℃,稀释限点 1000~2000 倍,体外存活期 3~4d,通过汁液、摩擦及蚜虫传毒,传毒蚜虫主要有桃蚜、大戟长管蚜和豌豆蚜。

3. 发生规律及发病条件

病毒病在苏南地区可周年发生。冬季不种十字花科蔬菜的地区,病毒在窖藏的大白菜、甘蓝、萝卜或越冬菠菜上越冬。冬季如栽植十字花科蔬菜,病毒主要在留种株或多年生宿根植物及杂草上越冬。翌年春天,蚜虫把毒源从越冬寄主上传到春季甘蓝、水萝卜、油菜、青菜或小白菜等十字花科蔬菜及野油菜上。南方由于终年长有十字花科植物,则无明显越冬现象,感病的十字花科蔬菜、野油菜等十字花科杂草都是重要的初侵染源。

病害发生与寄主生育期、品种、气候条件、栽培制度、播种期及品种抗病性等因素密切相关。苗期易感病,特别是七叶期前是易感时期,侵染越早发病越重,七叶期后受害明显减轻。此外,播种早,毒源或蚜虫多,再加上菜地管理粗放,地势低不通风或土壤干燥,缺水、缺肥时发病重。高温干旱有利此病发生。

白菜播种后遇高温干旱,地温高或持续时间长,根系生长发育受抑,地上部朽住不长,寄主抗病力下降,此外,高温还会缩短病毒潜育期,28℃芜菁花叶病毒潜育期3~10d,10℃则为25~30d或不显症。本病春、秋两季蚜虫发生高峰期与白菜感病期吻合,并遇有气温15℃~20℃、相对湿度75%以下易发病。苏州地区春季4~6月、秋季9~11月是病毒病发病盛期。早春温度偏高、雨水偏少的年份发病重;秋季干旱少雨、温度偏高的年份发病重。连作、地势低、排水差的田块发病重。管理粗放、氮肥施用过多也有利此病发生。

4. 防治方法

(1) 选用抗病品种　一般杂交品种比普通品种抗病性强,青帮品种比白帮品种抗病性强。苏州地区的三月慢、四月慢品种抗病性较强。

(2) 加强肥水栽培管理　秋季高温干旱应及时浇水,增施有机肥,合理密植,适时移栽。

(3) 适期早播　避开高温及蚜虫猖獗季节,适时蹲苗应据天气、土壤和苗情掌握,一般深锄后,轻蹲十几天即可。蹲苗时间过长,妨碍白菜根系生长发育,容易染病。

(4) 注意防蚜、灭蚜　蚜虫是传播病毒病的主要媒介,应注意防蚜、灭蚜,苗期防蚜至关重要,在幼苗七叶期前应适当喷药防治。要尽一切可能把传毒蚜虫消灭在毒源植物上,尤其春季气温升高后对采种株及春播十字花科蔬菜的蚜虫更要早防。

(5) 药剂防治　发病初期开始喷洒新型生物农药——抗毒丰(0.5%菇类蛋白多糖水剂,原名抗毒剂1号)300倍稀释液或病毒1号油乳剂500倍稀释液、1.5%植病灵Ⅱ号乳剂1000倍稀释液、83增抗剂100倍稀释液,隔10d喷1次,连续防治2~3次。

5.2.4　番茄病毒病

番茄病毒病全国各地普遍发生,危害严重。一般发病率10%~30%,严重的50%~70%,产量损失大,对夏秋露地生产造成了严重威胁,秋播番茄病害发生最为严重。在田间病害症状可归纳为6种主要表现型,即花叶型、蕨叶型、条纹型、丛生型、卷叶型和黄顶型。发病率以花叶型最高,蕨叶型次之,条斑型较少。危害程度以条斑型最严重甚至绝收,蕨叶型居中,花叶型较轻。

1. 症状(图5-12)

花叶型症状　　　　蕨叶型症状　　　　枯死条斑型症状

图5-12　番茄病毒病症状

(1) 花叶型　主要发生在植株上部叶片,表现为在叶片上出现黄绿相间或叶色深浅相间的花叶症状,叶色褪绿,叶面稍皱,植株矮化。新生叶片偏小、皱缩、明脉,叶色偏淡。

(2) 蕨叶型　植株一般明显矮化,上部叶片叶肉组织退化,叶片细长呈线状,节间缩短。花瓣加长增厚。

(3) 条纹型　可发生在茎、叶、果上,茎感病初始产生暗绿短条斑,后呈褐色、长短不一的条斑,并逐渐蔓延,严重时引起部分枝条或全株枯死。叶染病形成褐色斑点或云纹状或条状斑。果实染病,果面着色不匀,畸形,病果易脱落。

(4) 丛生型　顶部及叶腋长出的丛生分枝众多,叶片线状,色淡畸形。病株不结果或结果少,所结果坚硬,圆锥形。

(5) 卷叶型　叶脉间黄化,叶片卷曲整个植株萎缩,或丛生多不能开花结果。

(6) 黄顶型　顶部叶片褪绿或黄化,叶片变小,叶面皱缩,病叶中部突起,边缘卷曲,植株矮小,分枝增多。

2. 病原(图5-13)

1. 烟草花叶病毒;2. 黄瓜花叶病毒

图5-13　番茄病毒病病原

番茄病毒病的毒源,据国内外报道的有20多种,我国主要有6种:烟草花叶病毒、黄瓜花叶病毒、马铃薯X病毒、马铃薯Y病毒、烟草蚀纹病毒、苜蓿花叶病毒。最主要的是烟草花叶病毒和黄瓜花叶病毒。北方以烟草花叶病毒为主,南方以黄瓜花叶病毒为主,长江中下游烟草花叶病毒、黄瓜花叶病毒为主或复合侵染。花叶型病毒病是由烟草花叶病毒侵染所致。条斑型病毒病是由烟草花叶病毒的另一个株系侵染所致,其物理性状与烟草花叶病毒相似。蕨叶型病毒病是由黄瓜花叶病毒侵染引起。

① 烟草花叶病毒　钝化温度92℃~96℃,稀释限点10^{-6}~10^{-7},体外存活期60d,杆状,寄主范围很广,涉及30多个科、200种植物。

② 黄瓜花叶病毒　钝化温度50℃~60℃,稀释限点10^{-2}~10^{-4},体外存活期2~8d,球状,有明显的株系分化。

3. 发病规律

烟草花叶病毒具有高度的传染性,极易通过接触传染,但蚜虫不传毒。番茄花叶病和条纹病主要通过田间各项农事操作(如分苗、定植、绑蔓、整枝、打杈和2,4-D蘸花等)传播。番茄种子附着的果肉残屑也带毒。此外,烟草花叶病毒还可在干燥的烟叶和卷烟中,以及寄主的病残体中存活相当长的时期。

黄瓜花叶病毒和马铃薯Y病毒由蚜虫传播,如桃蚜、棉蚜等多种蚜虫都能传染,但以桃蚜为主,种子和土壤都未发现有传病现象。病毒可以在多年生宿根植物或杂草上越冬,这些植物在春季发芽后蚜虫也随之发生,通过蚜虫吸毒与迁移,将病毒传带到附近的番茄地里,引起番茄发病。

夏番茄发病最重,秋番茄次之,春番茄最轻,冬季温室内几乎不发病。高温干旱年份易流行。品种间抗病性差异明显。

4. 防治方法

控制番茄病毒病的发生和流行,应采用以农业防治为主的综合防病措施。其中最重要的是培育出番茄植株发达的根系,促进健壮生长,增强其对晴雨骤变的适应性,提高对病害的抵抗能力。

(1) 选栽抗病品种 粉红系列明显比大红系列抗病。

(2) 种子处理 种子在播种前先用清水浸泡3~4h,再放在10%磷酸三钠(Na_3PO_4)溶液中浸种30min,用清水冲洗干净,催芽播种。

(3) 加强田间管理,注意农事操作 适时播种,培育壮苗;严格挑选健壮无病苗移植,选择在植株成龄抗病阶段进行;及时清理田边杂草,减少传毒来源;加强肥水管理;注意防止农事操作中人为传病,如接触过病株的手和农具应用肥皂水冲洗,吸烟菜农肥皂水洗手后再进行农事操作。

(4) 早期治蚜防病 推广应用银灰膜避蚜防病。在蚜虫发生初期,及时用药防治,防止蚜虫传播病毒。

(5) 深耕及轮作 烟草花叶病毒在土壤中的病体上可以存活2年以上,所以轮作要采用3年轮作制。

(6) 化学防治 在发病前或发病始见期开始用20%病毒A可湿性粉剂600~1000倍稀释液喷药预防,每隔6~10d喷1次,连续喷2~3次,能减少感染,增强植株抗性,起到较好的预防作用。

5.2.5 类病毒

类病毒是比病毒还小的粒体,外部没有蛋白衣壳,只含核糖核酸的粒片。但它们和病毒一样,同样能有效地侵染生物细胞而成为病原生物。当前,类病毒通常被认为是比病毒更为低级的寄生物。类病毒所致病害主要有马铃薯纺锤形块茎病、柑橘裂皮病、菊花矮缩病等。

任务三 园艺植物线虫病害和藻斑病等防治技术

5.3.1 植物病原线虫概述

线虫又称蠕虫,属于动物界,线形动物门,线虫纲,是一类低等动物,种类多,分布广。多数线虫能独立生活于土壤和水流中,但也有不少可以寄生于人类、动物和植物上。其中寄生在植物上引起植物病害的类群称为植物病原线虫,如花生根结线虫。线虫的寄主植物非常广泛,几乎所有大田作物、果树蔬菜以及茶树林木等都有线虫病的发生,并常遭受严重损失。

线虫危害植物与一般害虫不同,它能引起寄主生理功能的破坏和一系列的病变,与一般的病害症状相似,因此常称为植物线虫病。线虫除直接为害植物外,有的线虫还能传播其他病原物,如真菌、病毒、细菌等,并和这些病菌一起引起复合病害,加剧病害的严重程度,应引起重视。

植物线虫病一直受到人们的重视。根据1994年的初步估计,全世界每年因线虫为害给粮食和纤维作物造成的损失大约为12%。东北和黄淮地区的大豆胞囊线虫、甘薯茎线虫一直造成生产上的严重损失;近年来松材线虫传入我国并在江苏、安徽等省蔓延,引起一些松树树种的毁灭性危害。另一方面,生产上还利用斯氏线虫科、异小杆线虫科等昆虫病原线虫防治小地老虎、大黑鳃金龟等害虫。此外,还利用线虫捕食真菌、细菌。

1. 一般性状

(1) 形态与结构　线虫因其体形呈线条状而得名。大多数植物病原线虫体形细小,两端稍尖,形如线状,多为乳白色或无色透明,肉眼不易看见。绝大多数雌雄同形,呈蠕虫状,长0.3~1.0mm,宽为30~50μm。少数植物线虫雌雄异形,雄虫为线形,雌虫幼虫期为线形,成熟后膨大呈梨形、球形或柠檬形(图5-14)。

图5-14　线虫虫体形态特征

线虫虫体分为头部、体段和尾端三部分,结构较简单,从外向内可分为体壁和体腔两部分。体壁角质,几乎透明,有弹性,不透水,有保持体形和防御外来毒物渗透的作用。体腔很原始,其内充满体腔液,体腔液是一种原始的血液,起着呼吸和循环系统的作用。线虫缺乏真正的呼吸系统和循环系统。线虫的口腔内有一个针刺状的器官,称作口针,是线虫侵入寄主植物体内并获取营养的工具。口针能穿刺植物的细胞和组织,并且向植物组织内分泌消化酶,消化寄主细胞中的物质,然后吸入食管。口腔下是很细的食管,食管中部膨大形成中食管球。食管的后端是唾液腺,可分泌消化液。

(2) 生活史　植物线虫一般为两性交配生殖,也可以孤雌生殖。植物线虫的生活史很简单,包括卵、幼虫和成虫3个阶段。卵通常为椭圆形,半透明,产在植物体内、土壤中或留在卵囊内。幼虫发育到一定阶段就蜕皮,每蜕化1次,就增加1个龄期,一般有4个龄期。线虫的生殖系统非常发达,1条线虫在一生中可产卵500~3000个。在环境条件适宜的情况下,多数线虫完成1个世代一般只需要3~4个星期。多数线虫1年可以完成多代,少数线虫1年只完成1代,如小麦粒线虫1年仅发生1代。线虫在一个生长季节里大都可以发生若干代,发生的代数因线虫种类、环境条件和危害方式而不同,不同种类线虫的生活史长短差异很大。

(3) 生物学特性　植物病原线虫都是专性寄生虫,只能在活的植物细胞或组织内取食和繁殖,在植物体外就依靠它体内储存的养分生活或休眠。线虫发育最适温度一般在15℃~30℃,在45℃~50℃的热水中10min即可死亡。土壤是线虫最重要的生态环境,在土壤环境中,温度和湿度是影响线虫的重要因素,土壤的温、湿度高,线虫活跃,体内的养分消耗快,存活时间较短;在低温低湿条件下,线虫存活时间较长。线虫在寒冷、干燥或缺乏寄主时,能以休眠或滞育的方式在植物体外长期存活,多数线虫的存活期可以达到1年以上,而卵囊或胞囊内未孵化的卵存活期更长。植物寄生线虫在土壤中有许多天敌,有寄生线虫的原生动物,有吞食线虫的肉食性线虫,有些土壤真菌可以菌丝体在线虫体内寄生。

(4) 传播和侵染　线虫大都生活在土壤的耕作层中,在田间的分布一般是不均匀的,水平分布呈块状或中心分布。垂直分布与植物根系有关,在地面到15cm深的耕作层内线虫较多,尤其是根周围的土壤。植物病原线虫多以幼虫或卵在土壤、田间病株、带病种子和无性繁殖材料、病残体等场所越冬。

线虫在土壤中的活动性不大,整个生长季节内,线虫在土壤中的扩展范围很少超过0.3~1.0m。被动传播是线虫的主要传播方式,在田间主要以灌溉水的形式传播,人为传播方式有耕作机具携带病土、种苗调运、污染线虫的农产品及其包装物的贸易流通等,通常远距离传播主要是通过人为传播。

线虫寄生植物的方式有外寄生和内寄生。外寄生是线虫的虫体大部分留在植物体外,仅头部穿刺到寄主的细胞和组织内取食。内寄生是线虫的整个虫体都进入植物组织内。线虫主要从植物表面的自然孔口(气孔和皮孔)侵入和在根尖的幼嫩部分直接穿刺侵入,也可从伤口和裂口侵入植物组织内。

(5) 致病作用　线虫吸食营养是靠其口针刺入细胞内,首先注入唾液腺的分泌液,消化一部分细胞内含物,再将液化的内含物吸入口针,并经过食管进入肠内。在取食过程中,线虫除分泌唾液外,有时还分泌毒素或激素类物质,造成细胞的死亡或过度生长。此外,线虫所造成的伤口常常成为某些病原真菌或细菌的侵入途径,对植物造成更为严重的伤害。线虫还可传播病毒病。

2. 植物病原线虫的主要类群

园艺植物重要病原线虫及其所致病害的特点见表5-3。

表5-3　园艺植物重要病原线虫及其所致病害的特点

属名	形态特征	重要种类	寄主范围	所致病害特点
茎线虫属 (Ditylenchus)	雌、雄虫体均为蠕虫形,雌虫单卵巢,卵母细胞1~2行排列。雌虫和雄虫尾为长锥状,末端尖锐,侧线4条,交合伞不包至尾尖	鳞球茎茎线虫 (D. dipsaci)	300种以上植物	危害茎、块茎、球茎、鳞茎或叶片。引起坏死、腐烂、矮化、变色、畸形、肿瘤
		马铃薯茎线虫 (D. destructor)	马铃薯、甘薯	薯块表皮龟裂,内部干腐、空心。茎蔓、块根发育不良,短小或畸形,严重者枯死

续表

属名	形态特征	重要种类	寄主范围	所致病害特点
根结线虫属（Meloidogyne）	雌雄异形，雌虫成熟后膨大呈梨形，卵成熟后全部排到体外的胶质卵囊中。雄虫蠕虫形，尾短，无交合伞，交合刺粗壮	南方根结线虫（M. incognita）爪哇根结线虫（M. javanica）	多种单子叶和双子叶园艺植物	根部形成根瘤，须根少，严重时整个根系肿胀成鸡爪状。植株生长衰退
滑刃线虫属（Aphelenchoides）	雌、雄虫体均为蠕虫形。滑刃形食管，卵巢短，前伸或回折1次或多次；侧区通常具2～4条侧线；阴门位于虫体后部1/3处	草莓滑刃线虫（A. fragariae）菊花叶线虫（A. ritzemabosi）	草莓、菊花	为害植物的叶、芽、花、茎和鳞茎，引起叶片皱缩、枯斑、花畸形、死芽、茎枯、茎腐和全株畸形等
剑线虫属（Xiphinema）	矛线形食管，食管前部较细，后部较宽呈柱状；口针的导环靠后	标准剑线虫（X. index）美洲剑线虫（X. americanum）	多种单子叶和双子叶园艺植物	根尖肿大、坏死、木栓化。标准剑线虫传播葡萄扇叶病毒，美洲剑线虫传播烟草环斑病毒、番茄环斑病毒
长针线虫属（Longidorus）	矛线形食管，食管前部较细，后部较宽呈柱状；口针的导环靠前	长针线虫（Longidorus spp.）	多种单子叶和双子叶园艺植物	根部寄生，引起根尖肿大、扭曲、卷曲等畸形。有些种类传播植物病毒

5.3.2 松材萎蔫线虫病

松材萎蔫线虫病（图5-15）又称松枯萎病，是松树的一种毁灭性病害。该病在我国主要为害黑松、赤松、马尾松、海岸松、火炬松、黄松、湿地松、琉球松、白皮松等植物。

1. 症状

松树受害后针叶失绿变为黄褐色到红褐色，萎蔫，最后整株枯死，但针叶不脱落。外部症状表现，首先是树脂分泌急剧减少和停止，蒸腾作用下降，继而边材水分迅速减少。其症状的发展过程可分为4个阶段：第一阶段，外观正常，树脂分泌减少或停止，蒸腾作用下降；第二阶段，针叶开始变色，树脂分泌停止，通常能够观察到天牛或其他甲虫侵害和产卵的痕迹；第三阶段，大部分针叶变为黄褐色，萎蔫，通常可见到甲虫的蛀屑；第四阶段，针叶全部变为黄褐色，病树干枯死亡，但针叶不脱落。此时树体上一般有次期性害虫栖居。

2. 病原

该病由松材线虫[*Bursaphelenchuh xylophilus* (Steiner & Buhrer) Nickle]引起。属于线形动物门，线虫纲，垫刃目，滑刃科。成虫体细长约1mm，唇区高，缢缩显著，中食管球卵圆形，占体宽的2/3以上。食管腺细长，叶状，覆盖于肠背面。排泄孔的开口大致与食管和肠交接处平行。雌虫尾部亚圆锥形，末端钝圆，少数有微小的尾尖突。雄虫交合刺大，弓形，喙突显著，远端膨大如盘状。

大部分针叶变为黄褐色,萎蔫,可见松褐天牛的蛀屑

图 5-15　松材萎蔫线虫病症状和病原线虫形态特征

3. 发生规律及发病条件

多发生在 6～9 月。高温干旱气候适合病害的发生和蔓延,低温则能限制病害的发展。土壤含水量低,病害发生严重。在我国,传播松材线虫的主要媒介是松墨天牛。松墨天牛一般 5 月前后羽化,从罹病树中羽化出来的天牛几乎 100% 携带松材线虫,天牛体内的松材线虫均为耐久型幼虫,这阶段幼虫抵抗不良环境能力很强,它们主要分布在天牛的气管中,每只天牛都可携带成千上万条线虫,最高可达 28 万条。当天牛在树上咬食补充营养时,线虫幼虫就从天牛取食造成的伤口进入树脂道,然后蜕皮成为成虫。被松材线虫侵染的松树往往又是松墨天牛的产卵对象。翌年,在罹病松树内寄生的松墨天牛羽化时又会携带大量线虫,并"接种"到健康的树上,导致病害的扩散蔓延。病原线虫近距离由天牛携带传播,远距离则随调运带有松材线虫的苗木、枝丫、木材及松木制品等传播。松树线虫雌雄虫交尾后产卵,每雌虫产卵约 100 粒。幼虫共 4 龄。在温度 30℃ 时,线虫 3d 即可完成一个世代。松材线虫生长繁殖的最适温度为 20℃,低于 10℃ 时不能发育,28℃ 以上繁殖会受到抑制,在 33℃ 以上则不能繁殖。

4. 防治方法

(1) 加强检疫,防治危险性病害的扩展与蔓延。松材线虫病属于检疫对象,应加强对传病材料的监控。

(2) 加强对传病昆虫的防治是防止松材线虫扩散蔓延的有效手段。例如,防治松材线虫的主要媒介松墨天牛,可用 0.5% 杀螟松乳剂喷洒从树体中飞出的天牛,或用溴甲烷 (40～60g/m^3) 熏蒸杀死松材内的松墨天牛幼虫。

(3) 清除侵染来源。及时挖除并烧毁病株,进行土壤消毒,可有效控制病害的扩展。

(4) 药剂防治。防治香石竹等枯萎病可在发病初期用 50% 多菌灵可湿性粉剂 800～1000 倍稀释液,或 50% 苯来特 500～1000 倍稀释液,灌注根部土壤,每隔 10d 灌 1 次,连灌 2～3 次。防治松材线虫病可在树木被侵染前用丰索磷、克线磷等进行树干注射或根部土壤处理。

5.3.3 花木藻斑病

藻斑病(图5-16)是我国南方花木上常见的一种病害,主要分布在长沙、广州、上海、杭州、无锡、南京、福州、合肥等市。藻斑病的为害主要是降低寄主植物的光合作用,使植株生长不良,枝干皮层有时剥离、枯死。

1. 症状; 2. 游动孢子、孢子囊及孢囊梗

(引自徐明慧《园林植物病虫害防治》)

图5-16 藻斑病症状及病原形态

主要侵害叶片及嫩枝。藻斑病侵害叶片的上、下表面,但以叶的正面为主。发病初期,叶片上出现针头大小的灰白色、灰绿色及黄褐色的圆斑;病斑逐渐扩大成为圆形的或不规则形的隆起斑,病斑边缘为放射状或羽毛状。病斑上有纤维状细纹和绒毛。藻斑颜色为暗褐色、暗绿色或桔褐色。藻斑直径为1~15mm。藻斑的大小和颜色常因寄主植物的种类而异,如含笑的藻斑直径为1~2mm,暗绿色;山茶的藻斑直径为2~15mm,灰绿色或橘黄色。

2. 病原

常见的病原物是头孢藻(*Cephaleuros virescens* Kunze.),属绿藻纲,橘色藻科,头孢藻属。孢囊梗呈叉状分枝,顶端大、近圆形,上生8~12个卵形孢子囊。游动孢子为椭圆形,双鞭毛,无色。

3. 发病规律

以丝网状营养体在寄主组织内越冬,孢子囊及游动孢子在潮湿条件下产生,由风雨传播。高温、高湿条件有利于游动孢子的产生、传播和萌发、侵入。一般来说,栽植密度及盆花摆放密度大、通风透光不良、土壤贫瘠、淹水、天气闷热、潮湿等均有可能加重病害的发生。

4. 防治方法

加强养护管理,控制病害的发生。花木要栽植在地势开阔、排水良好、土壤肥沃的地块上。及时修剪,以利通风透光,降低湿度。生长季节喷洒50%多菌灵可湿性粉剂500~800倍稀释液,或0.6:1.2:100至0.7:1.4:100半量式波尔多液,或含48%~53%碱式硫酸铜的0.25%的溶液,均有效,枝干上涂抹也有效。一般来说,化学农药的综合防治效果最好,叶片先喷洒2%尿素或2%氯化钾,之后再喷0.25%铜制剂,防治效果高达90%以上。

5.3.4 园艺植物毛毡病

园艺植物毛毡病(图5-17)发生普遍,我国各地均有发生,主要危害木本园艺植物,如

杨、柳、槭、枫杨、榕树等树种，也侵害梨、柑橘、葡萄、丁香、鹊梅盆景等观赏植物。毛毡病严重地破坏了叶片的光合作用，树木生长衰弱，果树产量降低。发病叶枯黄、早落。

核桃楸毛毡病症状

葡萄毛毡病症状

1.叶片受害症状；2.叶片表面

（引自徐明慧《园林植物病虫害防治》）

图 5-17　园艺植物毛毡病

1. 症状

毛毡病侵染各种观赏乔灌木的叶片。发病初期，叶片背面产生白色不规则形病斑，之后发病部位隆起，病斑上密生毛毡状物，灰白色。毛毡状物最后变为红褐色或暗褐色，有的为紫红色。毛毡色泽因寄主及病原物种类的不同而异。病斑主要分布于叶脉附近，也能相互连接覆盖整个叶片。病叶上的毛毡物是寄主表皮细胞受病原物的刺激后伸长和变形的结果。这种刺激往往在寄主细胞中产生褐色素或红色素。发病严重时，叶片发生皱缩或卷曲，质地变硬，引起早落叶。

2. 病原

病原是四足螨，属蛛形纲，瘿螨总科，绒毛瘿螨属。病原动物的体形近圆形至椭圆形；黄褐色；体长 $100\sim300\mu m$，体宽 $40\sim70\mu m$。头胸部有两对步足，腹部较宽大，尾部较狭小，尾部末端有1对细毛；背、腹面具有许多皱褶环纹，背部环纹很明显。卵球形、光滑、半透明。幼螨体形比成虫小，背、腹部环纹不明显。

3. 发生规律

瘿螨以成螨在芽的鳞片内，或在病叶内以及枝条的皮孔内越冬。次年春季，当嫩叶抽出时瘿螨便随着叶片的展开爬到叶背面进行为害、繁殖。为害不断扩大，但不深入到叶肉组织内。瘿螨在茸毛丛中隐居。在高温干燥条件下，瘿螨繁殖很快。夏秋季为发病盛期。天气干旱有利于该病的发生。

4. 防治方法

减少侵染来源，秋季清除病落叶并集中处理；在春季发芽前，喷洒5波美度的石硫合剂，杀死越冬病原物，减少初侵染来源。将有病苗木在50℃的温水中浸泡10min，即能杀死苗木上的卵；或有病苗木用硫黄粉熏蒸，也有较好的防治效果。6月幼虫发生盛期喷洒下列农药：$0.3\sim0.4$ 波美度的石硫合剂，或40%螨卵酯可湿性粉剂 $1000\sim2000$ 倍稀释液，或20%三氯杀螨砜可湿性粉剂800倍稀释液。

任务四　园艺植物寄生性种子植物防治技术

5.4.1　寄生性种子植物概述

植物大多数都是自养的。在种子植物中,少数植物种类由于根系或叶片退化,或者缺乏足够的叶绿素,必须从其他植物上获取营养物质而营寄生生活,称为寄生性植物,又称寄生性种子植物,全世界有2500种以上。寄生性植物在热带地区分布较多,如无根藤、独脚金、寄生藻类等;有些在温带,如菟丝子、桑寄生等;少数在比较干燥冷凉的高纬度或高海拔地区,如列当。

寄生性植物的寄主大多数是野生木本植物,少数寄生在农作物或果树上,从田间的草本植物、观赏植物、药用植物到果林树木和行道树木等均可受到不同种类寄生植物的为害。寄生性种子植物从寄主植物上吸取水分、矿物质、有机物供自身生长发育需要,而导致寄主植物生长衰弱,严重的导致植物死亡。

1. 一般性状

（1）寄生性　根据其对寄主植物的依赖程度,分为全寄生和半寄生两类。全寄生是指寄生性植物从寄主植物上获取它自身生活所需要的所有营养物质,包括水分、无机盐和有机物质的寄生方式,如菟丝子。半寄生是指寄生性植物茎叶内具有叶绿素,自身能够进行光合作用来合成有机物质如碳水化合物,但由于根系退化,需要从寄主植物中吸取水分和无机盐,以吸根的导管与寄主植物维管束的导管相连,如槲寄生。按照寄生性种子植物在寄主植物上的寄生部位分为根寄生和茎寄生。例如,列当、独脚金等属于根寄生,无根藤、菟丝子、槲寄生等属于茎寄生。

（2）致病性　寄生性种子植物对寄主植物的致病作用主要表现为对营养物质的争夺。一般来说,全寄生植物比半寄生植物的致病能力要强,如全寄生类植物主要寄生在一年生草本植物上,当寄主个体上的寄生物数量较多时,可引起寄主植物黄化和生长衰弱,严重时造成大片死亡,对产量影响极大。而半寄生类植物主要寄生在多年生的木本植物上,寄生初期对寄主生长无明显影响,发病速度较慢,但当寄生植物群体数量较大时,会造成寄主生长不良和早衰,最终也会导致死亡,但树势颓败速度较慢。有些寄生性植物除了争夺营养外,还能将病毒从病株传播到健株上。

（3）繁殖与传播　寄生性种子植物虽都以种子繁殖,但传播的动力和传播方式有很大的差异。例如,菟丝子种子或蒴果常随寄主种子的收获与调运而传播扩散;桑寄生科植物的果实被鸟类啄食并随鸟的飞翔活动而传播。这种依靠风力或鸟类介体传播,或与寄主种子一起随调运而传播的属于被动传播。还有少数寄生植物的种子成熟时,果实吸水膨胀开裂,将种子弹射出去,这是主动传播的类型。

2. 寄生性种子植物的主要类群

危害园艺植物的重要寄生性植物及其所致病害的特点见表5-4、图5-18、图5-19。

表 5-4　危害园艺植物的重要寄生性植物及其所致病害的特点

属名	形态特征	发生规律	致病特点	主要种类	寄主范围
菟丝子属	无根,茎多为黄色丝状体,用以缠绕寄主;叶片退化为鳞片状,无叶绿素;花小,淡黄色,聚成头状花序;果为蒴果,扁球形,内有1~4粒种子;种子很小,卵圆形,稍扁,黄褐色至深褐色	种子成熟后落入土壤或混入作物种子中,翌年受寄主分泌物刺激,种子发芽,长出旋卷的幼茎缠绕寄主,在与寄主接触部位产生吸盘,侵入到寄生植物维管束吸取水分和养分。寄生关系建立后,吸盘下部茎逐渐萎缩并与土壤分离,上部茎不断缠绕寄主,蔓延为害	寄主植物生长严重受阻,减产甚至绝收。传播病毒	中国菟丝子	豆科、菊科、茄科、百合科及伞形花科等草本植物
				南方菟丝子	
				田野菟丝子	
				日本菟丝子	多种果树和林木
列当属	根退化成吸根,以短须状次生吸器与寄主根部的维管束相连;茎肉质;叶片退化为鳞片状,无叶绿素;花两性,穗状花序;果为球状蒴果;种子极小,卵圆形,深褐色	种子落入土壤或混杂在作物种子中,遇适宜条件和植物根分泌物刺激,可萌发产生幼根,接触寄主根部后生成吸盘,与寄主植物的维管束相连,吸取寄主植物的水分和养分。茎在根外发育并向上长出花茎	寄主植物生长不良,严重减产	埃及列当	哈密瓜、西瓜、甜瓜、黄瓜、烟草、番茄等
				向日葵列当	向日葵、烟草及番茄等
桑寄生属	常绿小灌木,少数为落叶性。枝条褐色,圆筒状,有匍匐茎;叶为柳叶形,少数退化为鳞片状;花两性,多为总状花序;浆果,种胚和胚乳裸生,包在木质化的果皮中	鸟啄食果实后,种子被吐出或经消化道排出,黏附树皮上。种子萌发产生胚根,与寄主接触后形成吸盘,吸盘上产生初生吸根,侵入寄主到达活的皮层组织,形成假根和次生吸根,与寄主导管相连,吸取寄主的水分和无机盐。初生吸根和假根可不断产生新枝条,同时长出匍匐茎,沿枝干背光面延伸,并产生吸根侵入寄主树皮	受害植株生长衰弱,落叶早,次年放叶迟,严重时枝条枯死	桑寄生	多种林木和果树
				樟寄生	
槲寄生属	绿色小灌木。茎圆柱形,多分枝,节间明显,无匍匐茎;叶革质,对生,有些全部退化;花极小,单性,雌雄异株;果实为浆果			槲寄生、东方槲寄生	

1. 菟丝子自种子萌发至缠绕寄主的过程;
2. 菟丝子的茎和果实

图 5-18　菟丝子发育及侵染植物的过程

1. 列当在向日葵上的为害状;2. 列当的花序;
3. 枝条被害状态;4. 寄主和菟丝子茎切面

图 5-19　列当

(1) 菟丝子　菟丝子在全国各地均有分布,主要危害一串红、金鱼草、菊花、扶桑、榆叶梅、玫瑰、珍珠梅、小叶女贞等多种植物,轻者生长不良,重者导致植物死亡,严重影响观赏效果。

① 症状　菟丝子为全寄生种子植物。它以茎缠绕在寄主植物的茎干,并以吸器伸入寄主茎干或枝干内与其导管和筛管相连接,吸取全部养分,因而导致被害植物生长不良。通常表现为植株矮小、黄化,甚至死亡。

② 病原　常见有中国菟丝子与日本菟丝子两种,其形态区别见表5-5。

表5-5　中国菟丝子与日本菟丝子的形态区别

部位	中国菟丝子	日本菟丝子
茎	纤细,丝状,直径约1mm,橙黄色	粗壮,直径2mm,分枝多,黄白色,并有突起的紫斑;在尖端及以下3节上有退化的鳞片状叶
花	花淡黄色,头状花序;花萼杯状,长约1.5mm;花冠钟形,白色,稍长于花萼,短5裂	花萼碗状,有瘤状红紫色斑点;花冠管状,白色,长3~5mm,5裂
果实	蒴果近球形,内有种子2~4枚	蒴果卵圆形,内有种子1~2枚
种子	种子卵圆形,长约1mm,淡褐色,表面粗糙	种子微绿至微红色,表面光滑

③ 发生规律　菟丝子以成熟种子脱落在土壤中或混杂在草本花卉种子中休眠越冬,也有以藤茎在被害寄主上越冬的。以藤茎越冬的,翌年春温、湿度适宜时即可继续生长攀缠为害。越冬后的种子于次年春末初夏,当温、湿度适宜时在土中萌发,长出淡黄色细丝状的幼苗。随后不断生长,藤茎上端部分进行旋转并向四周伸出,当碰到寄主时,便紧贴在其上缠绕,不久在其与寄主的接触处形成吸盘,并伸入寄主体内吸取水分和养料。此后茎基部逐渐腐烂或干枯,藤茎上部与土壤脱离,靠吸盘从寄主体内获得水分、养料,不断分枝生长缠绕植物,开花结果,不断繁殖蔓延为害。

夏、秋季是菟丝子生长高峰期,11月开花结果。菟丝子的繁殖方法有种子繁殖和藤茎繁殖两种。靠鸟类传播种子,或成熟种子脱落土壤,再经人为耕作进一步扩散;另一种传播方式是借寄主树冠之间的接触,由藤茎缠绕蔓延到邻近的寄主上,或人为将藤茎扯断后有意无意地抛落在寄主的树冠上。

(2) 桑寄生　桑寄生科植物多分布于热带、亚热带地区,我国西南、华南最常见。通常危害山茶、石榴、木兰、蔷薇、榆、山毛榉及杨柳科等植物,可导致被害植物长势衰弱,严重时全株枯死(图5-20)。

① 症状　桑寄生科的植物为常绿小灌木,它寄生在树木的枝干上非常明显。由于寄生物夺走部分无机盐类和水分,并对寄主产生毒害作用,因而导致受害植物叶片变小,提早落叶,发芽晚,不开花或延迟开花,果实易落或不结果。植物枝干受害处最初略为肿大,以后逐渐形成瘤状,木质部纹理也受到破坏,严重时枝条或全株枯死。

② 病原　主要有桑寄生属(Loranthus)和槲寄生属(Visscum)。桑寄生属植物,树高1m左右,茎褐色;叶对生、轮生或互生,全缘;花两性,花瓣分离或下部合生成管状;果实为浆果状的核果。槲寄生属植物,枝绿色;叶对生,常退化成鳞片状;花单性异株,极小,单生或丛

生于叶腋内或枝节上,雄花被坚实;雌花子房下位,1室,柱头无柄或近无柄,垫状;果实肉质,果皮有黏胶质。

③ 发生规律 桑寄生科植物以植株在寄主枝干上越冬,每年产生大量的种子传播为害。鸟类是传播桑寄生的主要媒介。小鸟取食桑寄生浆果后,种子被鸟从嘴中吐出或随粪便排出后落在树枝上,靠外皮的黏性物质黏附在树皮上,在适宜的温度和光线下种子萌发,萌发时胚芽背光生长,接触到枝干即在先端形成不规则吸盘,以吸盘上产生的吸根自伤口或无伤体表侵入寄主组织,与寄主植物导管相连,从中吸取水分和无机盐。从种子萌发到寄生关系的建立需时10~

1. 被害枝条;2. 被害枝的横断面,示桑寄生的枝、叶果、吸盘及侵入寄主木质部的吸根

图5-20 桑寄生

20d。与此同时,胚芽发育长出茎叶。如有根出条则沿着寄主枝干延伸,每隔一定距离便形成一吸根钻入寄主组织定殖,并产生新的植株。

(3) 寄生性种子植物害的防治方法。

① 园艺措施防治 经常巡查,一旦发现病株,应及时清除。在种子成熟前,结合修剪,剪除有种子植物寄生的枝条,注意清除要彻底,并集中烧毁。例如,在菟丝子种子萌发期前进行深翻,将种子深埋在3cm以下的土壤中,使其难以萌芽出土。

② 药剂防治 对菟丝子发生较普遍的园地,一般5~10月酌情喷药1~2次。有效的药剂有10%草甘膦水剂400~600倍稀释液加0.3%~0.5%硫酸铵,或48%地乐胺乳油600~800倍稀释液加0.3%~0.5%硫酸铵。国外报道,防治桑寄生可用氯化苯氨基醋酸及2,4-D和硫酸铜。

 案例分析

案例 松材线虫病的防治措施

1. 加强检疫

防治危险性病害的扩展与蔓延。例如,香石竹枯萎病、松材线虫病都属于检疫对象,应加强对传病材料的监控。

2. 加强对传病昆虫的防治

这是防止松材线虫扩散蔓延的有效手段。防治松材线虫的主要媒介——松墨天牛可在天牛从树体中飞出时用0.5%杀螟松乳剂或乳油。用溴甲烷($40~60g/m^3$)或水浸100d,可杀死松材内的松墨天牛幼虫。

3. 清除侵染来源

及时挖除并烧毁病株,进行土壤消毒,可有效控制病害的扩展。

4. 药剂防治

防治香石竹枯萎病可在发病初期用50%多菌灵可湿性粉剂800~1000倍稀释液,或

50%苯来特500～1000倍稀释液,灌注根部土壤,每隔10d灌1次,连灌2～3次。防治松材线虫病可在树木被侵染前用丰索磷、克线磷等进行树干注射或根部土壤处理。

复习思考

1. 简述十字花科蔬菜软腐病的病原、发生规律、发病与害虫的关系及综合防治措施。
2. 简述番茄病毒病、青枯病的病原、症状特点、发病规律及防治措施。
3. 十字花科蔬菜病毒病在什么情况下容易发生?简述其病原、发生规律及防治的有效措施。
4. 菜豆细菌性疫病的防治措施有哪些?
5. 简述橘溃疡病的病原、发生规律及防治方法。
6. 如何防治寄生性种子植物?
8. 简述松材线虫病的病原、发生规律、发病与天牛的关系及综合防治措施。

实训项目1 植物病原细菌、线虫及寄生性种子植物形态观察

1.1 实训目标

认识植物病原细菌、线虫及寄生性种子植物的形态特征,学会细菌染色方法,为鉴别植物病害奠定基础。

1.2 实训材料

白菜软腐病、马铃薯环腐病、番茄青枯病、菜豆叶烧病标本或细菌的培养菌落;小麦线虫病、大豆根线虫病、菟丝子、列当等病害的新鲜材料或标本、挂图及多媒体课件等。

1.3 实训仪器和用具

显微镜、载玻片、盖玻片、解剖刀、挑针、蒸馏水、滴瓶、酒精灯、滤纸、香柏油、二甲苯、碱性品红或龙胆紫、95%乙醇、结晶紫、多媒体教学设备等。

1.4 实训内容和方法

1. 细菌性病害症状及病原细菌观察

(1) 细菌性病害症状观察 取白菜软腐病、马铃薯环腐病、番茄青枯病、菜豆叶烧病等标本观察,注意其症状特点和病部有无溢出的菌脓。

(2) 病组织检查 取新鲜细菌病害标本的病组织,选初发病的部位,切取一小块病、健交界处的病组织放在载玻片上的水滴中,加盖玻片在低倍显微镜下检查,观察有无大量的细菌从组织中流出。

(3) 细菌的形态观察 由于细菌个体很小,一般都要经过染色后观察,细菌的一般染色方法如下:

① 涂片 先取一小滴蒸馏水,滴加于清洁的载玻片上,再从病部或培养菌落上挑取少量细菌放入载玻片上的水滴中,用挑针搅匀摊开,涂成一薄层。

② 干燥和固定 在空气中干燥后通过火焰上方2～3次固定。

③ 染色 滴加碱性品红或龙胆紫等染色液于薄层处,约染1～2min。

④ 水洗 染色后,用洗瓶自染色处的上方轻轻冲去多余的染液,注意不要冲掉涂抹的细菌层。

⑤ 吸干　用滤纸吸去水分。

⑥ 观察　将染好的载玻片,依次用低倍、高倍镜检查,找到所要观察的部位,将镜头升起,在载玻片的观察部位滴少许香柏油,换用油镜并将油镜头慢慢放下,同时由侧面观察,使油镜头浸入油滴中,然后在油镜中观察,并用微动螺旋慢慢调节至观察物像清晰为止。镜检完后,用擦镜纸沾二甲苯轻擦镜头,除去香柏油。注意勿使二甲苯渗入镜头内部,防止损坏镜头。

(4) 革兰染色法　革兰染色反应是细菌分类和鉴定的重要性状。将培养 24～48h 的细菌,涂片固定后按以下步骤染色:

① 用结晶紫草酸铵染剂染色 1min。

② 水洗。

③ 在碘液中浸 1min。

④ 水洗。

⑤ 95% 乙醇褪色,时间约 30s。

⑥ 吸干后,用复染剂染色 10s。

⑦ 水洗、吸干、镜检。阳性反应的细菌染成紫色,阴性反应的细菌染成红色。

2. 线虫观察

取小麦线虫病虫瘿用水浸泡至发软时切开,挑取其中内容物微量制片,在低倍镜下观察线虫的形态。也可观察大豆根线虫,大豆根线虫的雌虫寄生于大豆细根外部,呈黄白色小粒状,可刮取镜检。

3. 菟丝子或列当观察

观察菟丝子或列当的形态特征,比较其与一般种子植物的主要区别。

1.5　实训作业

将所观察的细菌和线虫绘图。

实训项目 2　园艺植物病虫综合治理方案的制订

2.1　实训目标

通过学习和制定园艺植物病虫害综合治理方案,进一步了解病虫害综合治理的基本内容,掌握当地主要园艺植物病虫害的综合治理方案的方法,能结合实际撰写出技术水平较高的方案,并会实施或指导实施。进一步熟悉当地各种防治措施及当地园艺植物病虫害的发生、发展规律,自然条件和生产条件。

2.2　实训材料与用具准备

当地气象资料、栽培品种介绍、栽培技术措施方案和病虫害种类及分布情况等资料。

2.3　实训内容及方法步骤

1. 资料整理

包括调查资料、查阅文献资料、田间试验资料等。

(1) 调查当地园艺病虫害发生种类及为害情况。

(2) 调查或查阅文献得出病虫害侵入途径。

(3) 调查当地园艺植物种植情况,包括园艺植物配置、园艺植物种类、同一植物不同品种等。

（4）调查当地园艺植物感病情况。

（5）调查当地栽培技术对病虫害发生消长变化的影响。

（6）调查了解近几年病虫害预测预报资料。

（7）调查了解当地对病虫害的防治情况。

2. 确定防治对象

根据调查资料确定防治对象。当前综合治理类型大体上有三种：一是以一种病虫为对象；二是以一种植物整个生育期的所有病虫为对象；三是以某一区域为对象。

3. 制定防治标准

由于各地情况不同，对园艺植物和综合治理要求不同，则防治标准也不同。例如，对圃地等的园艺植物的病虫害防治偏重于经济效益兼顾生态效益等，而处于城市、街道、公园等园艺植物，以生态效益及绿化观赏效益为目的，其病虫害的防治不可单纯为了经济效益而忽略了病虫的防治。

4. 制定防治计划

（1）制定防治方法。贯彻以"预防为主、综合防治"的植保方针，根据病虫活动规律、侵入特点、植物栽培管理技术以及植物各发育阶段的病虫发生情况和防治标准等，采取植物检疫、园艺栽培技术等措施预防病虫害的发生，在病虫严重时采取化学防治等措施。要根据病虫轻重缓急进行考虑，明确关键时期的主攻对象，系统并有侧重地安排防治措施。初步构成一个因地制宜的防治系统。

（2）制定防治时间。根据病虫害预测预报，针对植物主要受害的敏感期及防治指标，掌握有利时机，及时进行防治。

（3）建立机构，组织力量。对病虫害防治工作，特别是大型的灭虫、治病活动应建立机构。说明需要的劳动力数量和来源，便于组织力量。

（4）准备防治物资。事先准备好防治器械、药剂品种等，以免影响防治工作。

（5）技术培训，按计划实施防治措施。对参加防治人员进行防治技术培训，确保每种防治措施的正确应用，保证防治效果。

（6）做出预算，拟定经费计划。

5. 园艺植物综合治理方案的基本内容

（1）标题：×××综合治理方案。

（2）单位：略。

（3）前言：根据方案类型概述本地区、园艺植物、病虫害的基本情况。

（4）正文包括：

① 基本生产条件：气候条件、土壤肥力、施肥、灌溉等基本生产条件。

② 主要栽培技术措施：园艺植物品种特性、肥料使用计划、灌溉量及次数、田间管理、主要技术措施指标等。

③ 发生的主要病虫害种类及天敌控制情况分析。

④ 综合治理措施：根据当地具体情况，依据园艺植物及主要病虫害发生的特点统筹考虑、确定各种防治方法的整合。

在正文中,要以综合治理防治措施为重点,按照指定综合治理防治方案的原则和要求具体撰写。

2.4 实训作业

结合当地情况对某一种虫害或病害做出综合治理方案。

2.5 成绩评定标准

按下表要求,根据实验态度、操作过程、实验报告等方面综合评定成绩。评定等级分为优秀(90~100分)、良好(80~89分)、及格(60~79分)、不及格(低于60分)。

评定项目(所占分值)	评定内容和环节	评定标准	备注
实训态度(10%)	积极、认真	主动、仔细地进行和完成实训内容	
操作过程(50%)	资料的查看 资料的整理 现场的调查	① 能通过资料的查阅进行情况的汇总和分析 ② 能根据某种病虫害合理协调各种防治措施	
实训报告(40%)	实训报告质量	① 目的明确,按时完成报告 ② 表述正确、翔实、规范	

主要参考文献

[1] 费显伟. 园艺植物病虫害防治. 北京:高等教育出版社,2005.
[2] 费显伟. 园艺植物病虫害防治实训. 北京:高等教育出版社,2005.
[3] 许志刚. 普通植物病理学. 北京:中国农业出版社,2002.
[4] 陈利锋,徐敬友. 农业植物病理学. 北京:中国农业出版社,2001.
[5] 王连荣. 园艺植物病理学. 北京:中国农业出版社,2000.
[6] 李鑫. 园艺昆虫学. 北京:中国农业出版社,2001.
[7] 华中农业大学. 蔬菜病理学. 北京:中国农业出版社,1986.
[8] 沈阳农学院. 蔬菜昆虫学. 北京:中国农业出版社,1969.
[9] 徐明慧. 园林植物病虫害防治. 北京:中国林业出版社,1993.
[10] 金波. 花卉病虫害防治. 北京:中国农业出版社,1994.
[11] 曹若彬. 果树病理学. 北京:中国农业出版社,1996.
[12] 张随榜. 园林植物保护. 北京:中国农业出版社,2001.
[13] 农业部药检所. 新编农药手册及续集. 北京:农业出版社,1998.
[14] 蔡平,祝树德. 园林植物昆虫学. 北京:中国农业出版社,2003.
[15] 北京农业大学. 昆虫学通论. 北京:中国农业出版社,1999.
[16] 华南农业大学. 普通昆虫学. 北京:中国农业出版社.
[17] 韩召军. 园艺昆虫学. 北京:中国农业大学出版社,2001.
[18] 袁锋. 昆虫分类学. 北京:中国农业出版社,1996.
[19] 郑乐怡,归鸿. 昆虫分类学. 南京:南京师范大学出版社,1999.
[20] 张孝羲. 昆虫生态及预测预报. 北京:中国农业出版社,1985.
[21] 张孝羲,等. 害虫预测预报的理论基础. 昆虫知识,1995,32(1):55-60.
[22] 吴福祯. 中国农业百科全书(昆虫卷). 北京:中国农业出版社,1990.
[23] 侯学文. 生物技术在植物性杀虫剂研究开发中的应用. 植物保护学报,2001,28(1):66-82.
[24] 吴文君. 农药学原理. 北京:中国农业出版社,2000.
[25] 王险峰. 进口农药应用手册. 北京:中国农业出版社,2000.
[26] 赵善欢. 植物化学保护(第3版). 北京:中国农业出版社,2000.
[27] 谢先芝. 抗虫转基因植物的研究进展与前景. 生物工程进展,1999,19(6):46-51.
[28] 李照会. 园艺植物昆虫学. 北京:中国农业出版社,2004.